JN050477

すぐに使える！
役に立つ！

オールカラー・総ルビ！

スクラッチプログラミング事例大全集

松下 孝太郎　山本 光［著］

技術評論社

本書は2020年9月時点での最新情報をもとに執筆されています。その後、ソフトウェアのバージョン、ホームページの内容などが変更される可能性があります。あらかじめご了承ください。

はじめに

　スクラッチ（Scratch）は、子どもから大人まで幅広い年齢層で楽しめるビジュアルプログラミング言語です。プログラミングの経験がない人でも、ブロックを並べるだけで手軽にプログラミングを楽しめます。スクラッチは小学校におけるプログラミング教育の必須化でも注目されています。今後、ますます利用範囲が広がることが予想されます。
　スクラッチは、インターネットから公式サイト（https://scratch.mit.edu/）にアクセスして自由に使用することができます。また、インターネットに接続しなくてもスクラッチを使用できるScratchアプリも用意されています。
　本書は、まったく経験のない人、ある程度経験のある人を問わず、豊富なサンプルプログラムにより、楽しくスクラッチを学習できるように編集しています。本書の特徴として次の点を挙げることができます。

・初歩から実践的、教育的なものまで、多彩な100例のサンプルが示されている。
・小学校などでの教材作成や、自由研究にも利用できる。
・全ての完成プログラムと素材を、サポートサイトからダウンロードができる。

　第0章では、スクラッチの画面や操作について解説しています。スクラッチの基本操作について学ぶことができます。
　第1章では、スクラッチの初歩的なプログラミング例について解説しています。スクラッチで使う簡単なアルゴリズムを学ぶことができます。
　第2章では、スクラッチの基本的なプログラミング例について解説しています。スクラッチでよく使う基本的なアルゴリズムを学ぶことができます。
　第3章では、スクラッチの実践的なプログラミング例について解説しています。簡単に作れるゲームと便利に使えるものを題材に、スクラッチで実現できることを総合的に学ぶことができます。
　第4章では、スクラッチによるゲームプログラミング例について解説しています。様々な種類のゲームを楽しみながら学ぶことができます。
　第5章では、小学校の各教科で使用する教材のプログラミング例について解説しています。スクラッチの各教科への適用について学ぶことができます。
　第6章では、外部のデバイスの利用例について解説しています。スクラッチの利用範囲や発展的な利用方法について学ぶことができます。
　巻末付録では、インターネットの接続なしで使用できるScratchアプリのダウンロードとインストール、さらにスクラッチ公式サイトへの参加登録などについて解説しています。
　なお、本書における操作手順や操作画面はスクラッチ3.0（Scratch3.0）により解説していますが、以前のバージョンであるスクラッチ2.0（Scratch2.0）においても、ほとんど同様の操作で行うことができます。
　最後に、本書の編集・制作においてご尽力いただいた技術評論社の渡邉悦司氏、松井竜馬氏、大橋涼氏、高野正俊氏および関係各位に深く感謝の意を表します。

2020年9月
著者　松下孝太郎
山本　光

目次

CONTENTS

サンプルプログラムの入手方法については
P006を参照してください。

本書の使い方

本書は1章から6章の中で、すぐに利用できる100例のサンプルプログラムを紹介しています。初歩的な例から実践的な例、ゲームや教科教材など、幅広い内容です。本文では各サンプルのファイル名や実行例、使用する背景やスプライト、コードなどを載せています。また、学習に役立つ知識も随所に盛り込まれています。

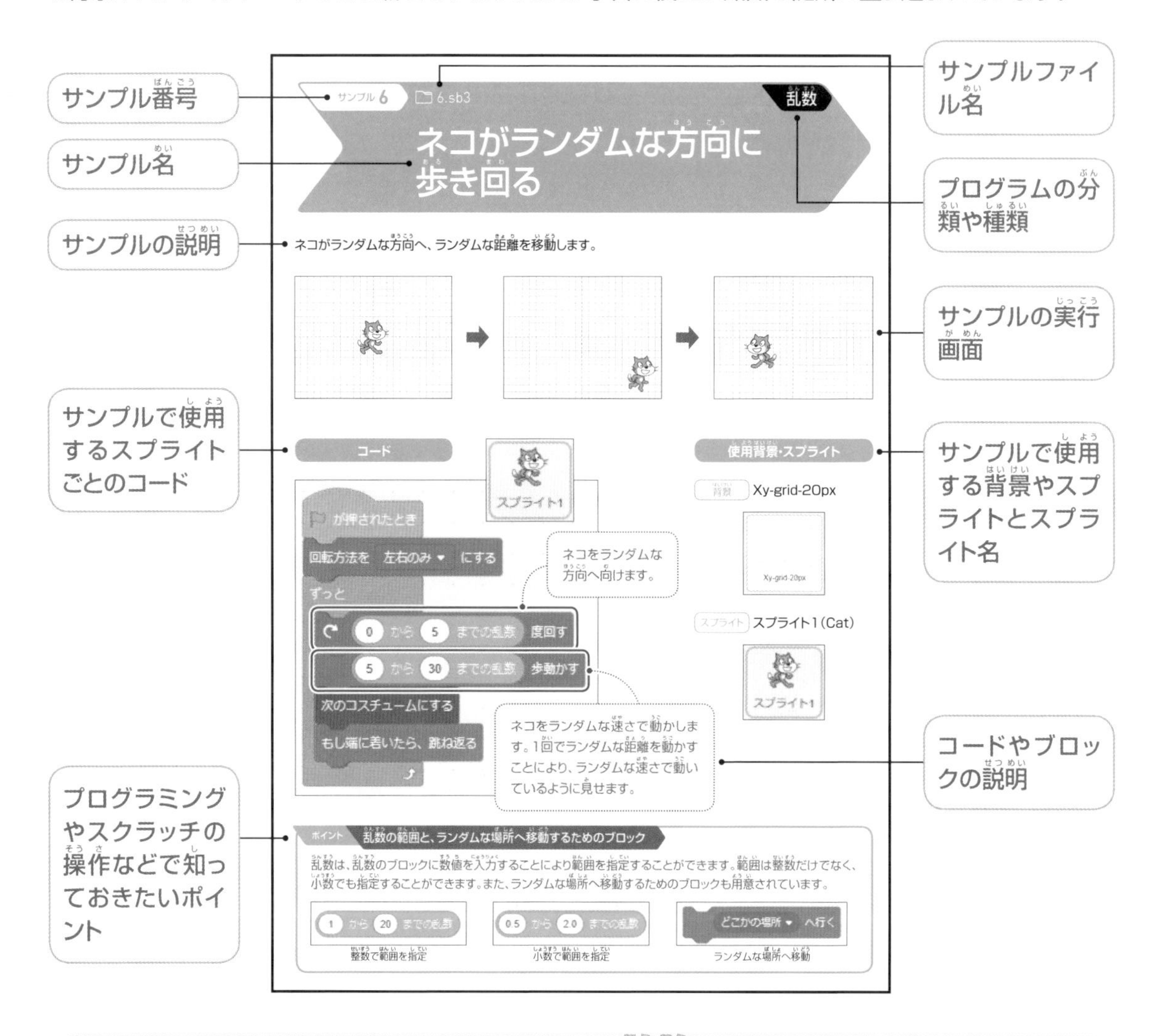

サンプルプログラムのダウンロード方法

本書で紹介されているサンプルプログラムは次の手順でダウンロードして入手することができます。

①Webブラウザーから「https://gihyo.jp/book/」にアクセス
②「本を探す」に「スクラッチプログラミング事例大全集」と入力し「検索」をクリック
③検索結果から「スクラッチプログラミング事例大全集」をクリック（注:検索結果の上の方には広告が表示されます。）
④「本書のサポートページ」をクリック
⑤ダウンロードのリンクと説明が表示されるので、クリックして保存

・直接ダウンロードページにアクセスする方法
　Webブラウザーから下記のURLにアクセスすれば、直接ダウンロードページが表示されます。
　https://gihyo.jp/book/2020/978-4-297-11502-9/support

準備と操作編

1 スクラッチとは

スクラッチは、世界的に使われているビジュアルプログラミング言語です。プログラミングの経験のない人でも、ブロック（コードブロック）を並べるだけで手軽にプログラミングを楽しめます。スクラッチは、教育、学術、ゲームなどさまざまな用途に用いられています。

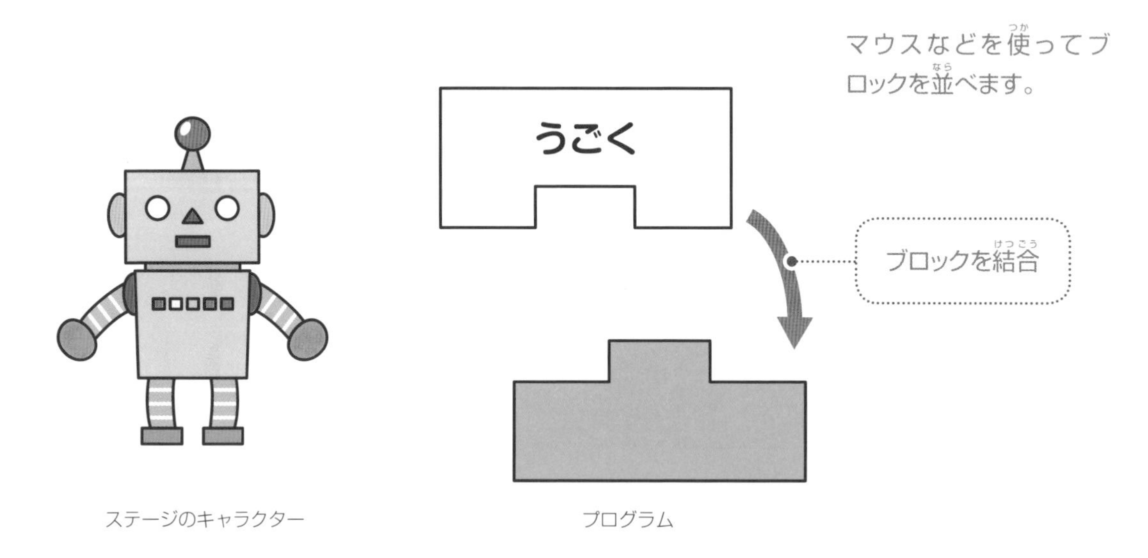

ステージのキャラクター　　プログラム

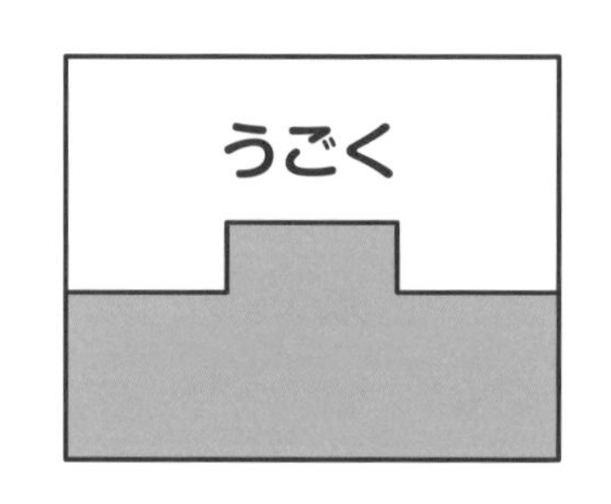

ブロックにはそれぞれ命令が書いてあり、プログラムを実行すると、プログラムが動作します。

プログラムを実行

ステージのキャラクター　　プログラム

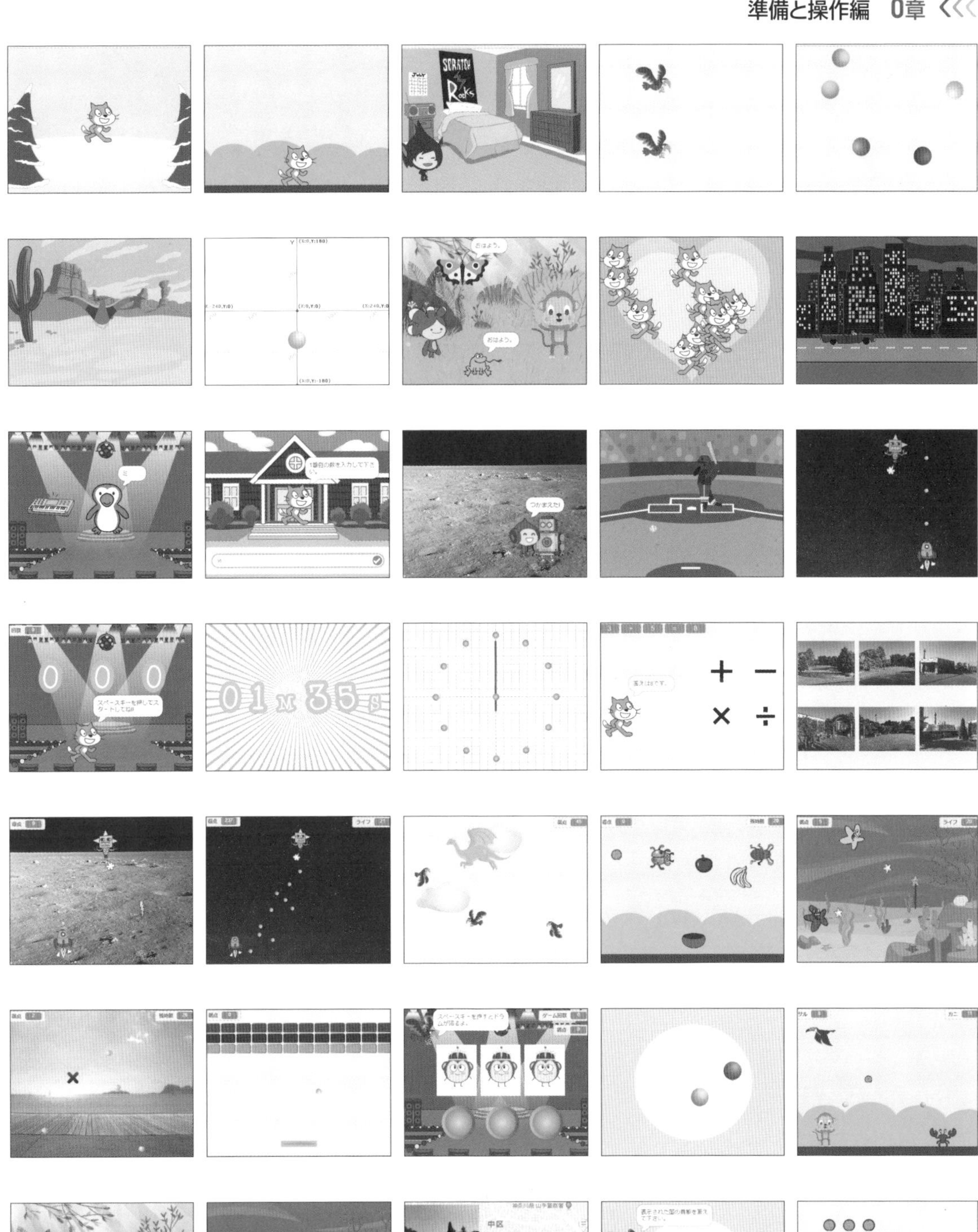
おはよう。
おはよう。
つかまえた!
+ −
× ÷
50円
100円

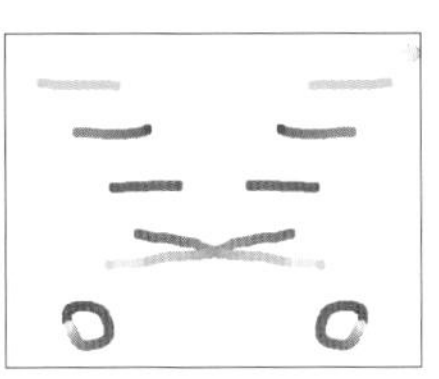

Hello

2 スクラッチへのアクセス

スクラッチ（Scratch3.0）は、インターネットによりWebブラウザーでスクラッチの公式サイト（https://scratch.mit.edu/）にアクセスして使用します。アクセスしたらまず使用する言語の設定を行います。

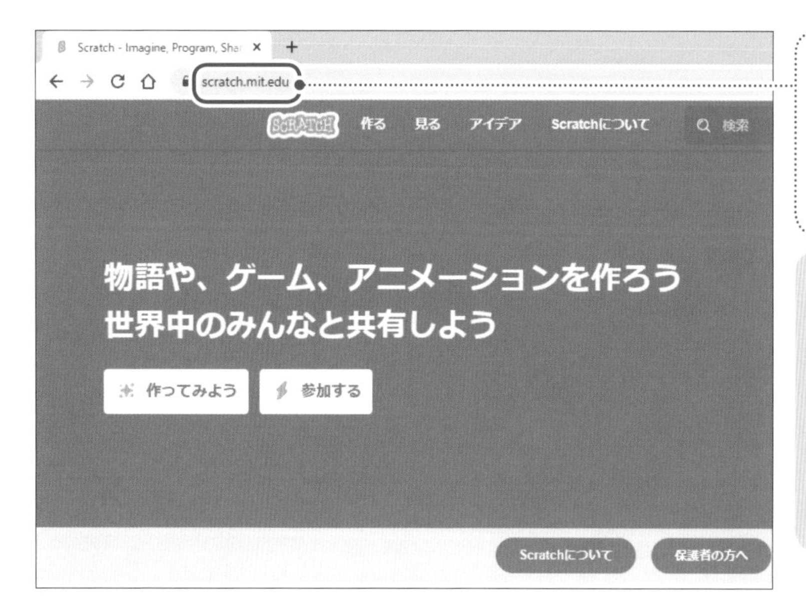

Webブラウザーでスクラッチの公式サイト「https://scratch.mit.edu/」にアクセスします。

Webブラウザーには次のようなものがあります。
- Edge（エッジ）
- Chrome（クローム）
- Firefox（ファイアーフォックス）
- Safari（サファリ）

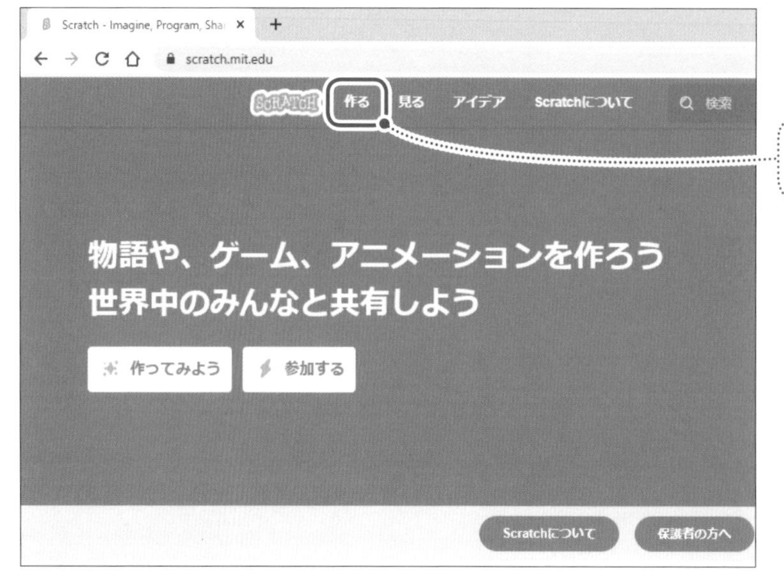

「作る」をクリックします。

スクラッチの画面が表示されます。

をクリックし、「にほんご」または「日本語」をクリックして選びます。

「にほんご」は全てひらがな表示、「日本語」は漢字とひらがな表示になります。また、世界各国の言語を選ぶことができます。

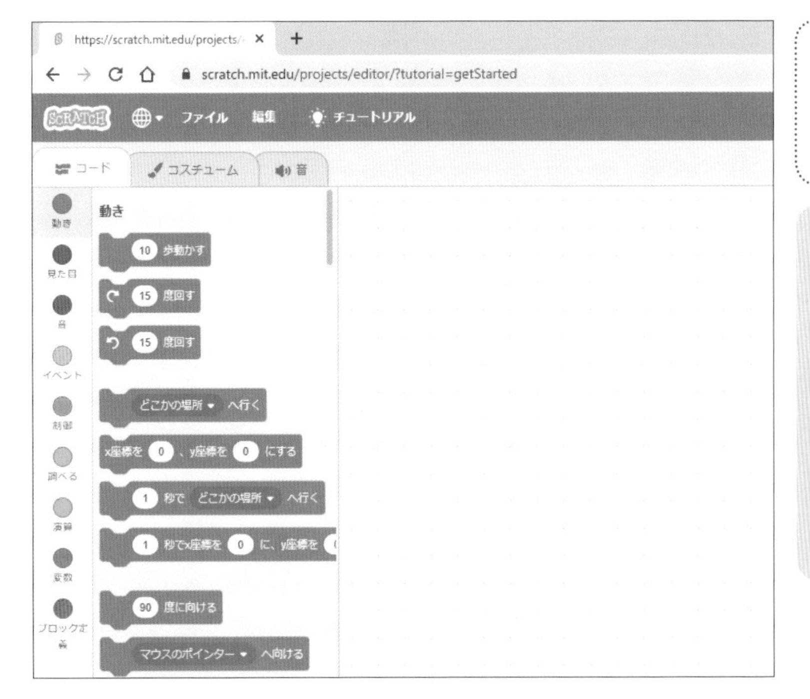

言語の設定が完了し、メニューなどが日本語で表示されるようになりました。

チュートリアルが表示されたら、「閉じる」をクリックして閉じておきます。

ポイント オフラインで使うなら「Scratchアプリ」

スクラッチには、オンライン版とオフライン版の2種類があります。オンライン版はWebブラウザーからスクラッチの公式サイトにアクセスすれば、すぐに始められますが、インターネットにつながっている必要があります。一方、オフライン版はScratchアプリをダウンロードしてパソコンにインストールするので、インターネットにつながっていなくても使うことができます。詳細は巻末の付録(P312)を参照してください。

3 スクラッチの画面構成

スクラッチ（Scratch3.0）の画面は、ステージ、スプライトリスト、ブロックパレット、コードエリアなどから構成されています。

ポイント　タブ

ブロックパレットの上にはタブがあります。必要に応じてタブをクリックして、スクラッチの画面の表示を切り替えます。

コード	コードの作成。
コスチューム	コスチュームの追加、ペイントエディターによるコスチュームの作成や編集。
音	音の追加、音の作成や編集。

ステージ

ステージはスプライト（キャラクター）が動作する舞台です。いくつものスプライトを表示したり、動かしたりすることができます。また、ステージには背景をつけることもできます。

スプライトリスト

キャラクターのことをスプライトといいます。スプライトはネコ以外にもたくさん用意されており、自分で作成することもできます。スプライトリストにはステージで動作するスプライトが表示されます。複数のスプライトがある場合は、スプライトリストからスプライトをクリックして選択することで、コードエリアも選択したスプライトのものに切り替わります。

ブロックパレット

ブロックパレットにはさまざまな種類のブロック（プログラムの部品）があります。ブロックパレットからブロックを選び、コードエリアに並べることでプログラムを作成していきます。ブロックは、「動き」や「見た目」などの用途ごとに分かれています。また、ブロックパレットの上には「コード」「コスチューム」「音」のタブがあります。タブをクリックして画面の表示を切り替えて、コードやコスチューム、音を作ることができます。

コードエリア

スクラッチではコードは映画の台本のような役割をします。キャラクターを台本に従って動作させることができます。ブロックパレットから必要なブロックをコードエリアに並べることでコードを完成させていきます。

ポイント　ステージの座標

スクラッチのステージには座標が設定されています。中心座標は（0, 0）です。x座標は－240から240、y座標は－180から180の範囲となっています。単位は画素（Pixel）です。また、スプライトの現在の位置がステージの下に表示されます。

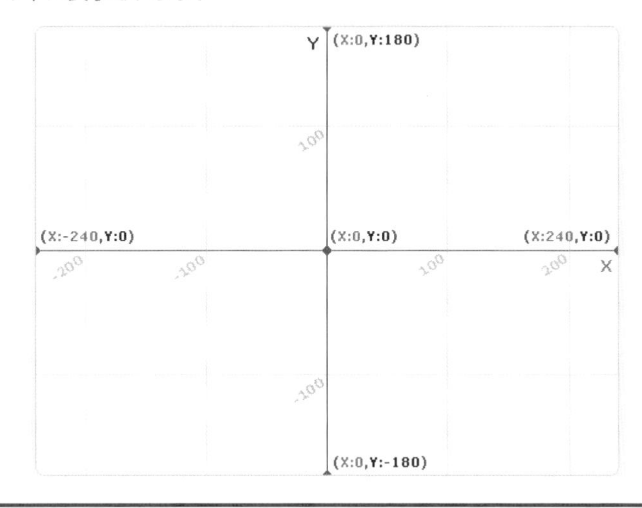

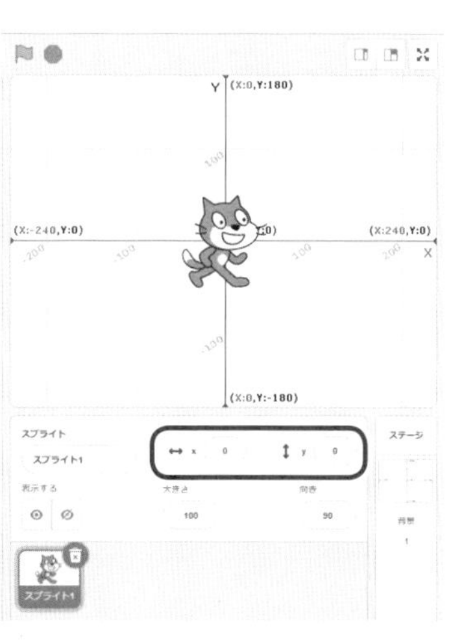

4 プログラムの作り方

ブロックの配置

ブロックは次のようにしてコードエリアに配置します。

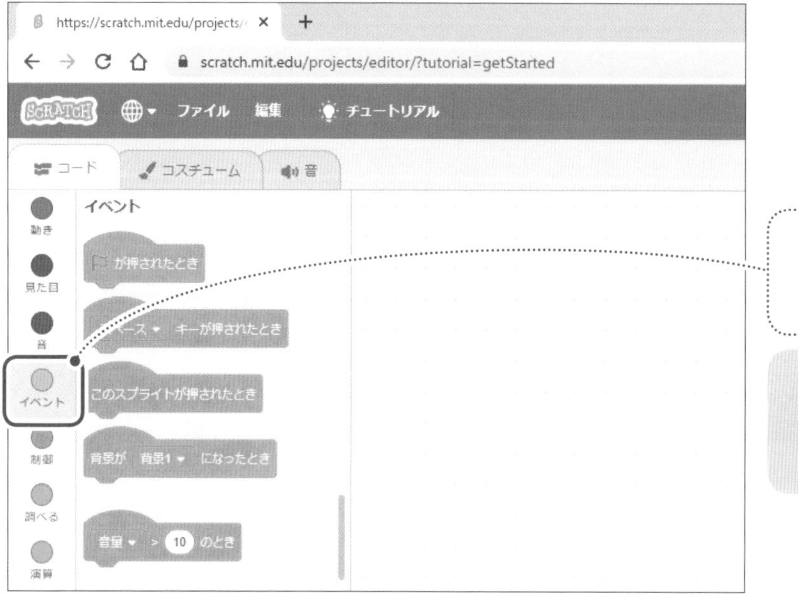

ブロックの種類をクリックして選びます。

ここでは  を選んでいます。

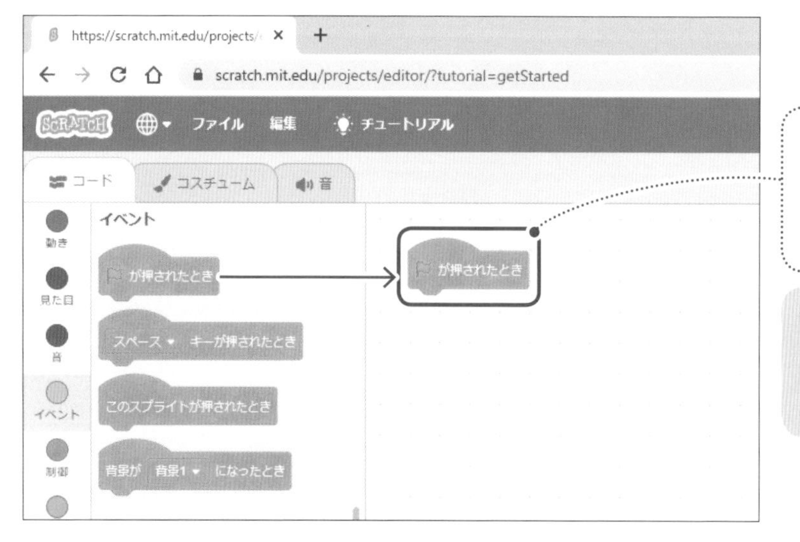

ブロックを選んでドラッグし、コードエリアに置きます。

ここでは  を選んでいます。

ブロックの種類をクリックして選びます。

ここでは 動き を選んでいます。

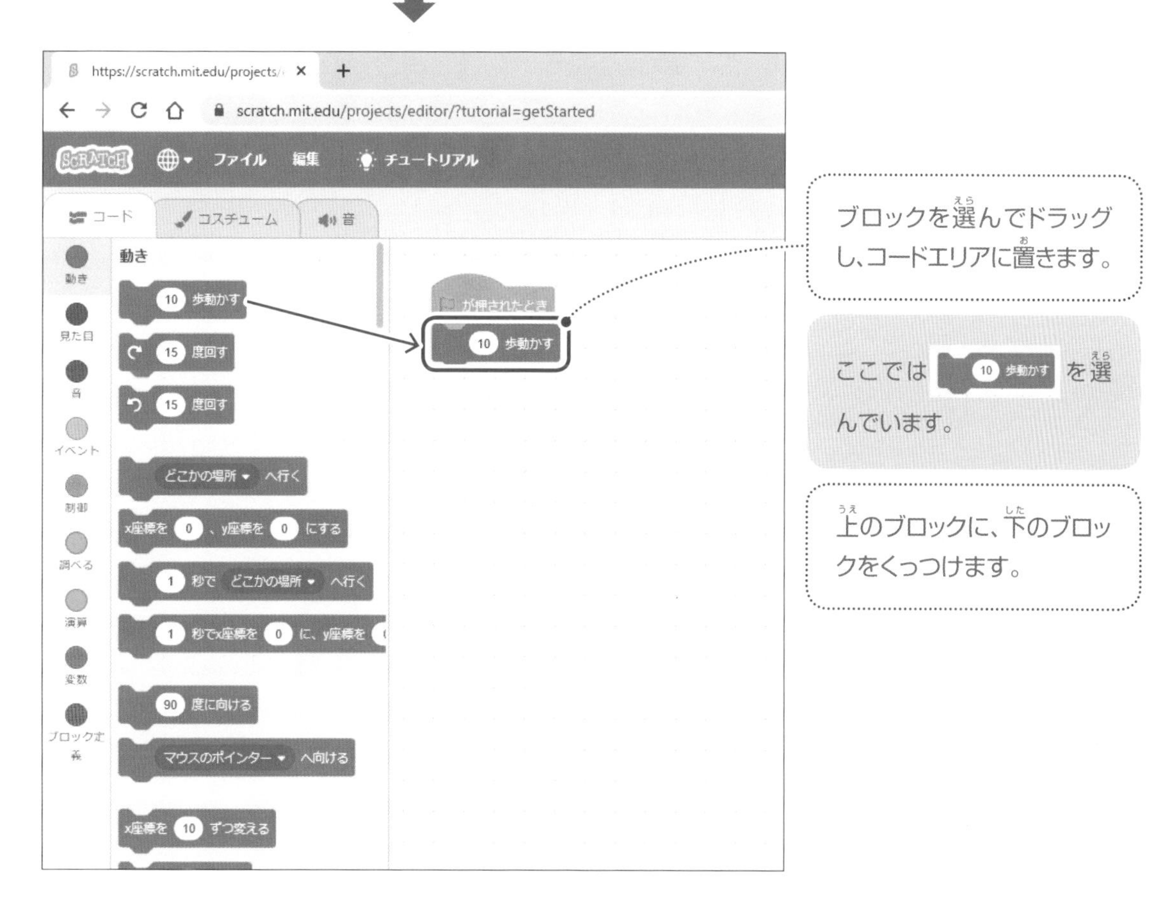

ブロックを選んでドラッグし、コードエリアに置きます。

ここでは 10 歩動かす を選んでいます。

上のブロックに、下のブロックをくっつけます。

スプライトの追加

スプライトは次のようにして追加します。

をクリックします。

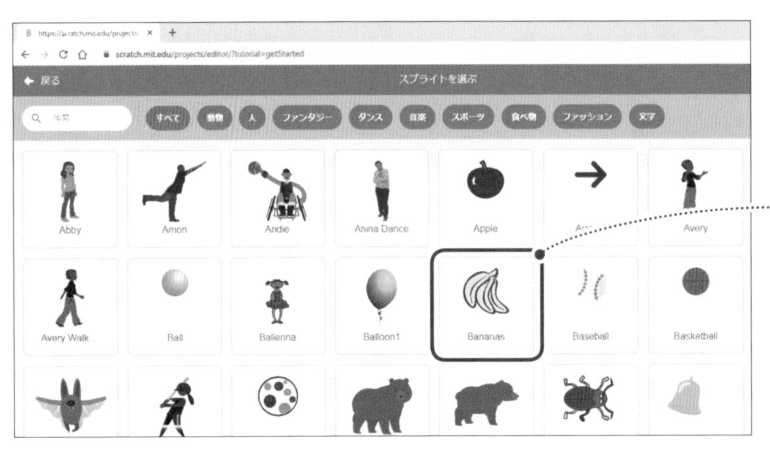

「スプライトを選ぶ」が表示されます。

スプライトをクリックして選びます。

ここでは  を選んでいます。

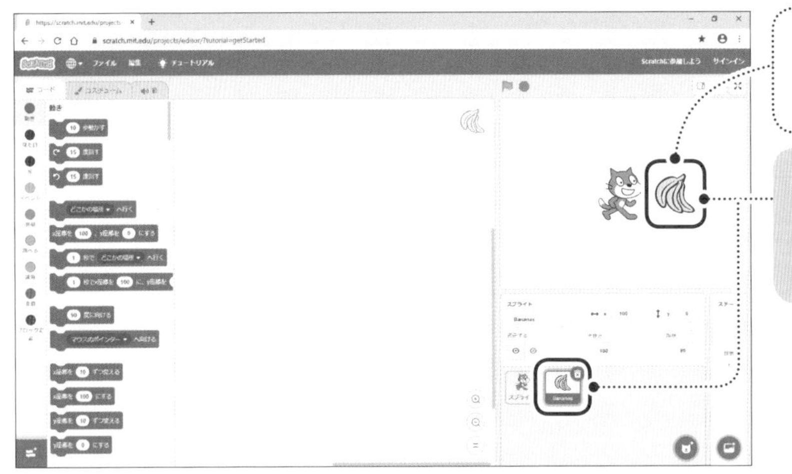

スプライトが追加されました。

追加されたスプライトは、スプライトリストとステージに表示されます。

背景の追加

背景は次のようにして追加します。

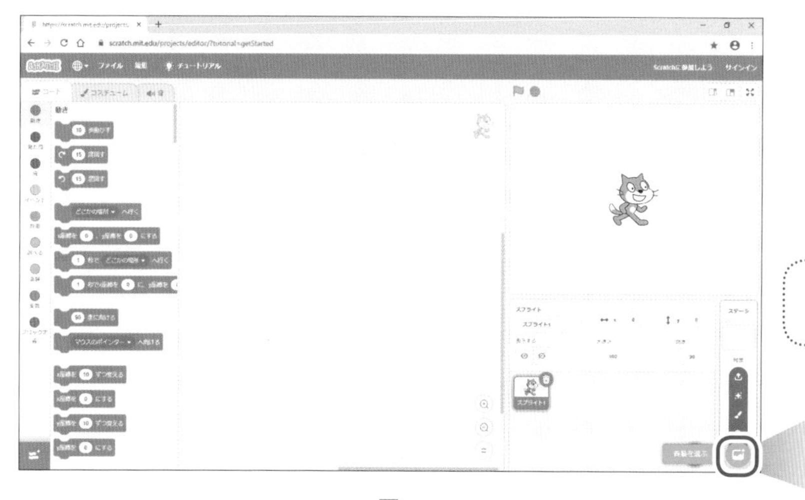

をクリックします。

↓

「背景を選ぶ」が表示されます。

背景をクリックして選びます。

ここでは  を選んでいます。

↓

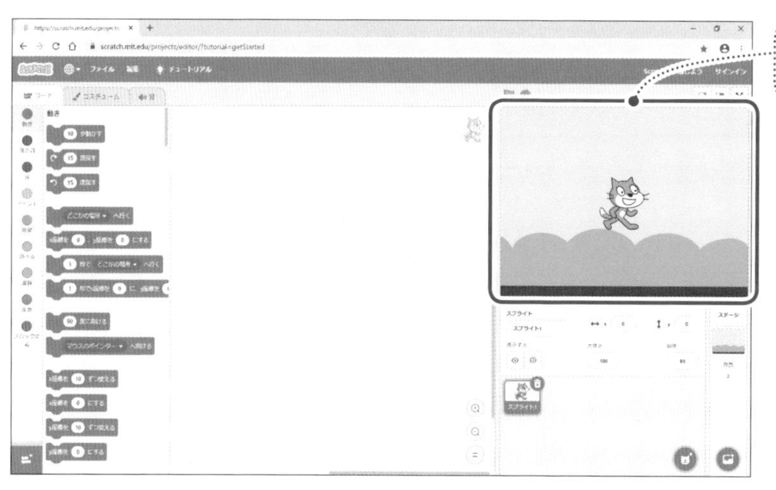

背景が追加されました。

5 プログラムの動かし方

プログラムは次のようにして動かします。

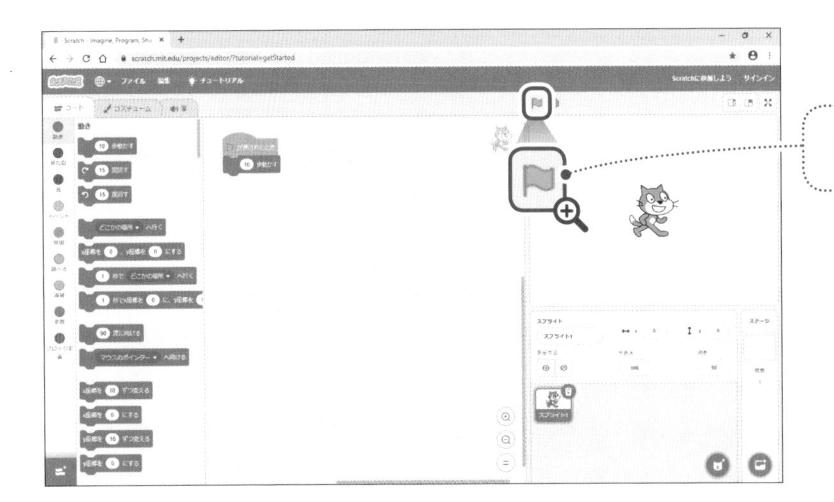

をクリックします。

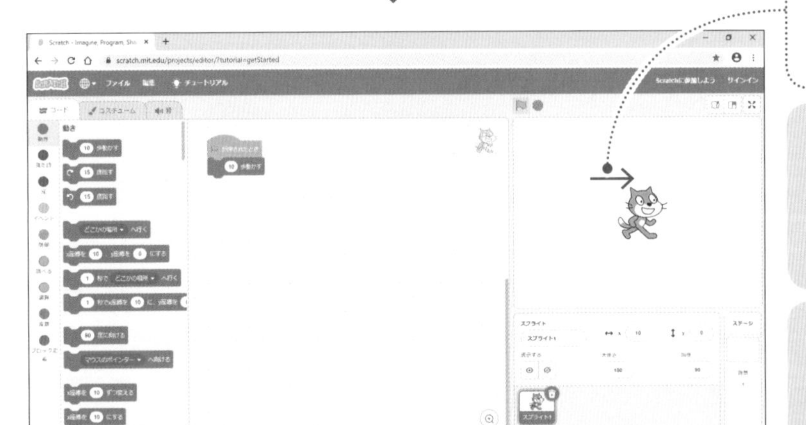

ネコが右に少し動きました。

10 歩動かす の中の数を大きくすると動きが大きくなります。

をクリックするたびに、ネコは右の方に進んで行きます。

ポイント　プログラムの停止

プログラムはずっと動いているタイプのものもあります。また動作の途中で止めたい場合もあります。プログラムは をクリックすると停止させることができます。

ポイント　ブロックの直接クリック

が押されたとき をコードエリアに置いていない場合、⚑は使えません。その場合は、コードエリアにあるブロック（ここでは 10 歩動かす ）をクリックするとスプライトを動かすことができます。

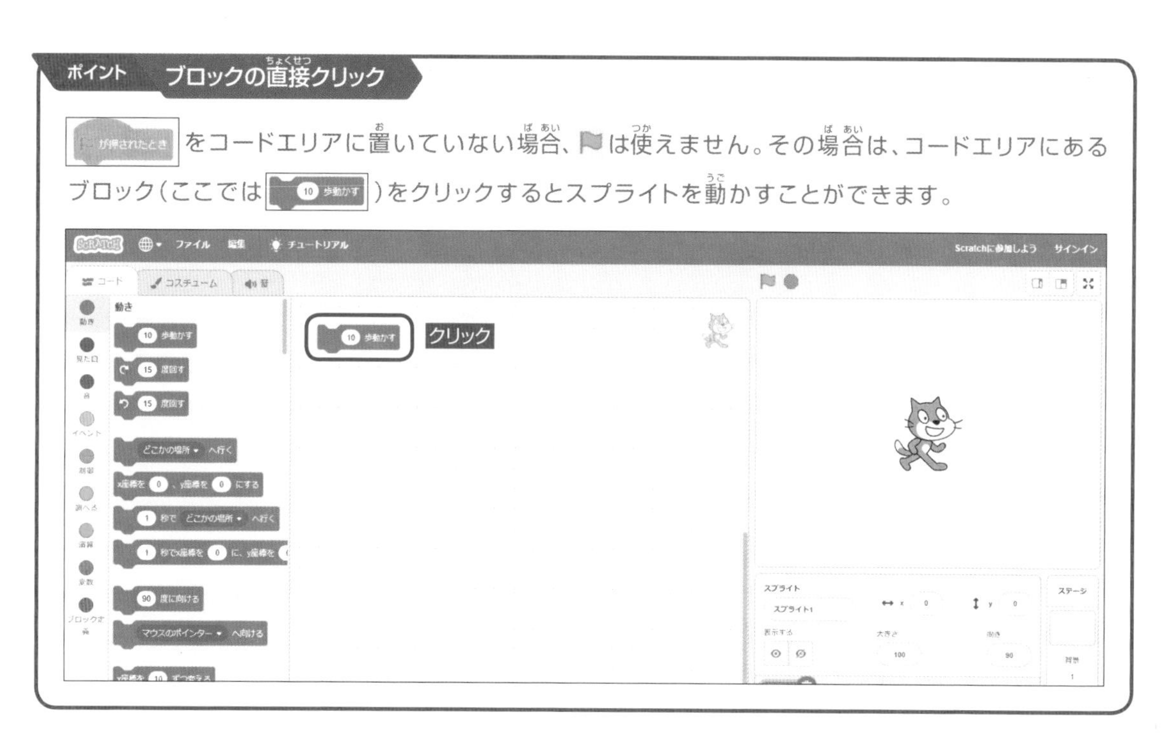

ポイント　ブロックの結合と分離

ブロックは結合するときは下側からドラッグして結合します。分離するときは下側にドラッグして分離します。

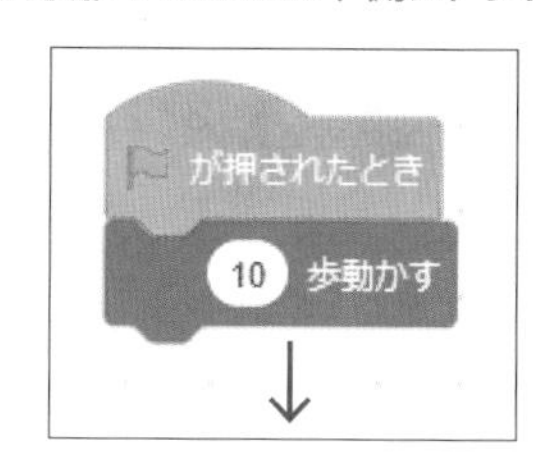

ポイント　ステージのスプライトの移動

ステージのスプライトをドラッグすると、ステージの任意の位置へ動かせます。スプライトがステージの端まで行って一部が隠れてしまった場合なども、スプライトをドラッグすれば移動できます。

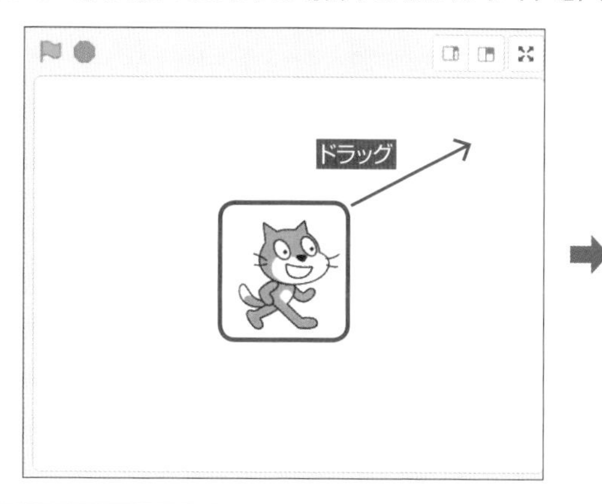

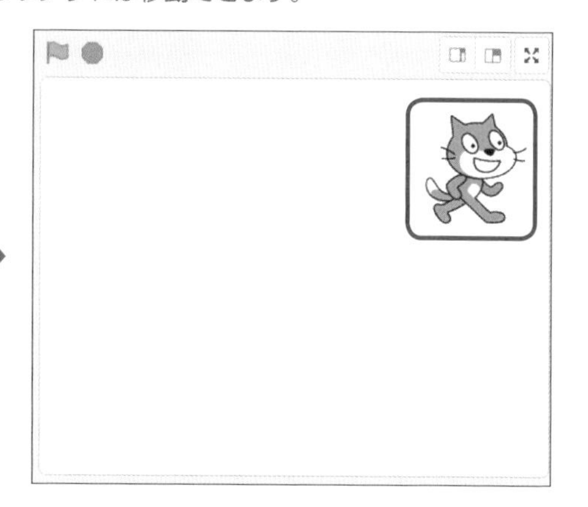

6 プログラムの保存

プログラムは次のようにして保存します。

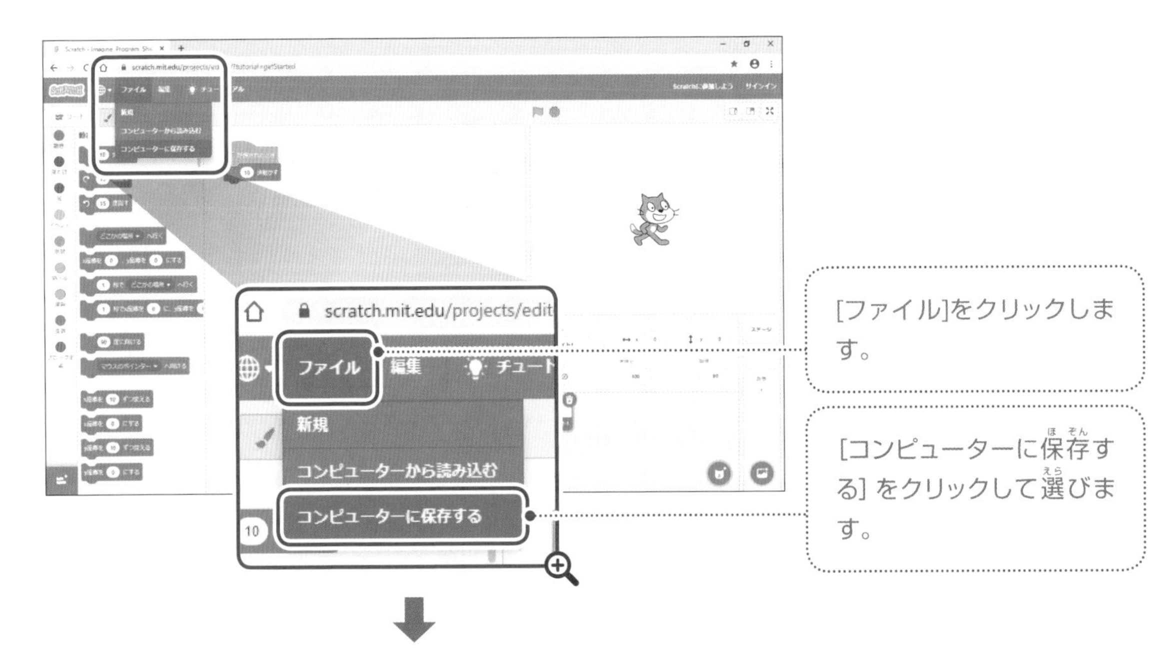

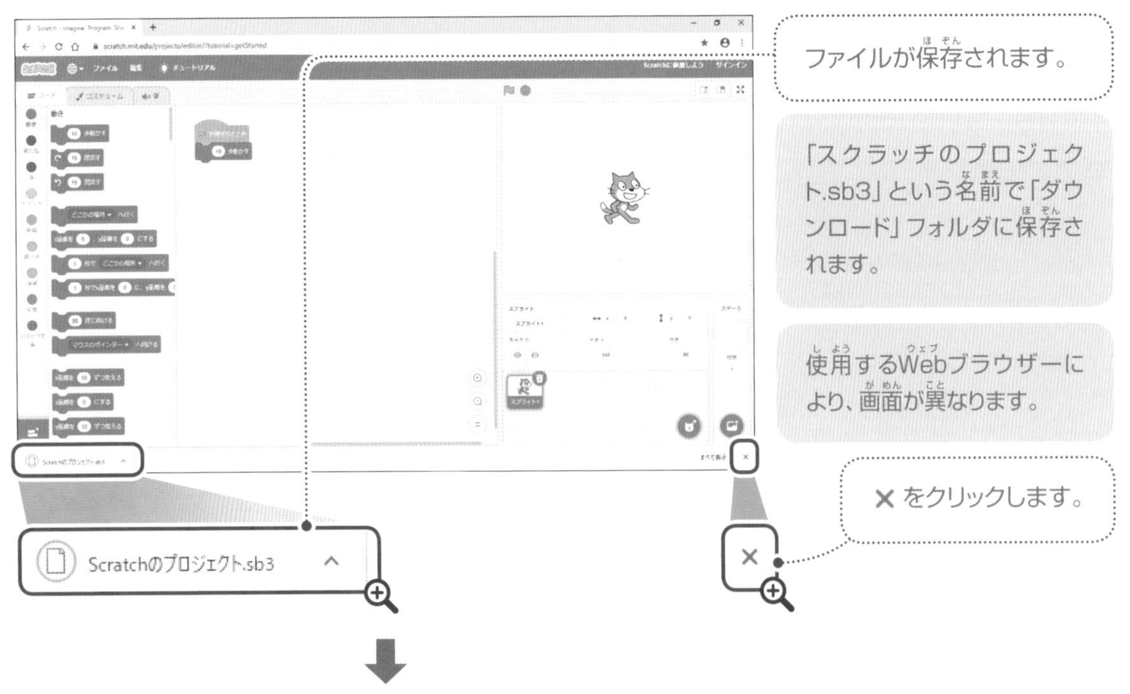

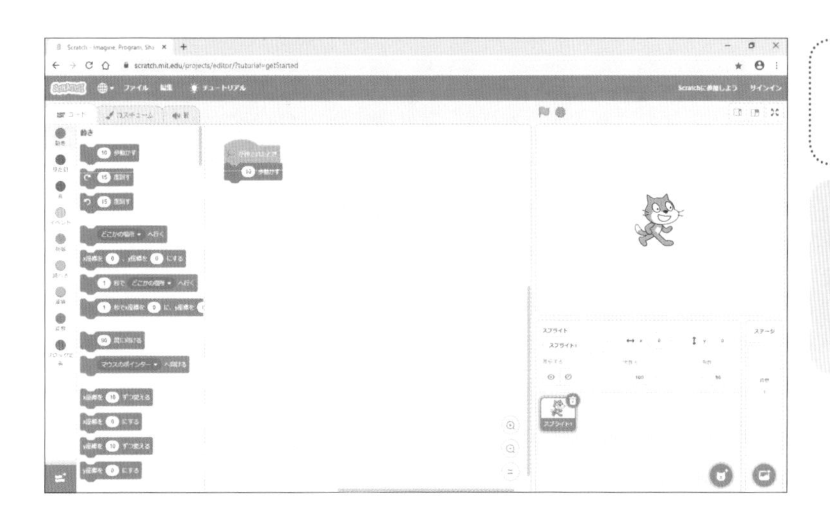

スクラッチの画面に戻ります。

ダウンロードしたファイルは、必要な場合は、保存するフォルダやファイル名の変更を行ってください。

ポイント　保存するときは拡張子に注意

保存するときは、ピリオド「.」と拡張子「sb3」を付けて保存します(例:sample.sb3)。拡張子を付けないで保存したときは、パソコンの使用環境により、自動的にピリオドと拡張子「.sb3」がファイル名の後に付いて保存される場合と、ピリオドと拡張子が付かないで保存される場合があります。もし、保存したファイルが開けなかったときは、自分でピリオドと拡張子を付けます。

ポイント　プログラムとファイル

コンピューターで扱うデータをファイルといいます。スクラッチのプログラムもファイルの一種です。

ポイント　ファイル名と拡張子

Windowsに保存されているファイルは、拡張子と呼ばれるファイルの種類を区別する文字がファイル名の末尾に付きます。スクラッチ3.0では「sb3」という文字が付いています。拡張子の前にはピリオド「.」が付きます。

例：sample.sb3

拡張子はパソコンの設定により、表示される場合と、表示されない場合があります。

7 プログラムの読み込み

プログラムは次のようにして読み込みます。読み込んだプログラムは再度編集することができます。

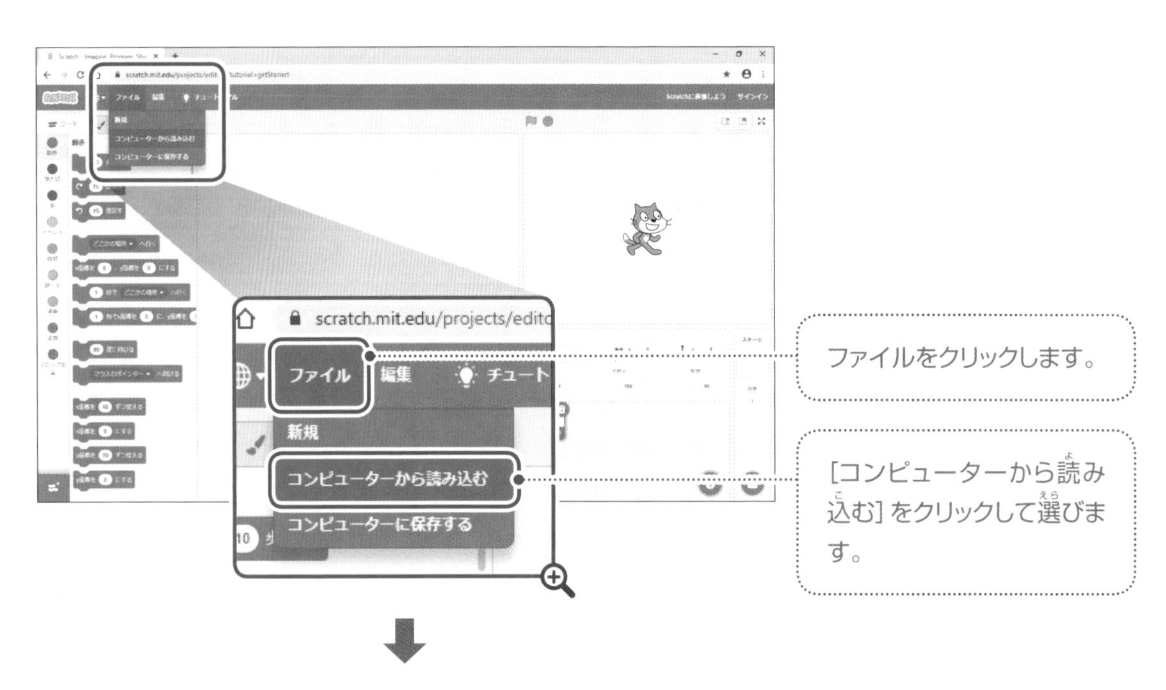

ファイルをクリックして選びます。

ここでは「ドキュメント」フォルダにあるファイルを選んでいます。

ここでは「sample.sb3」を選んでいます。

「ドキュメント」フォルダが表示されていない場合はここをクリックします。

［開く］をクリックします。

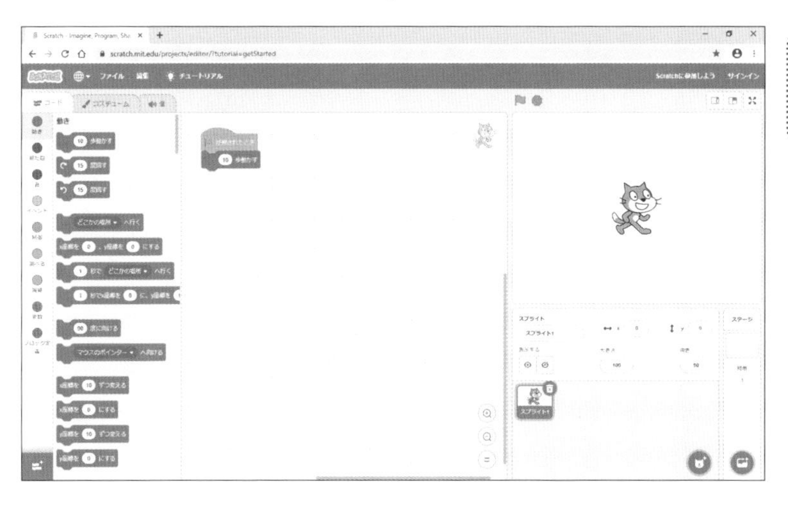

ファイルが読み込まれます。

ポイント　拡張子の表示

Windowsの場合、エクスプローラーの「表示」タブをクリックし、「ファイル名拡張子」の□に✓を入れると、拡張子が表示されます。

ブロック一覧

スクラッチには様々なブロックが用意されています。ここに示したブロック以外にも拡張機能のブロックがあります。

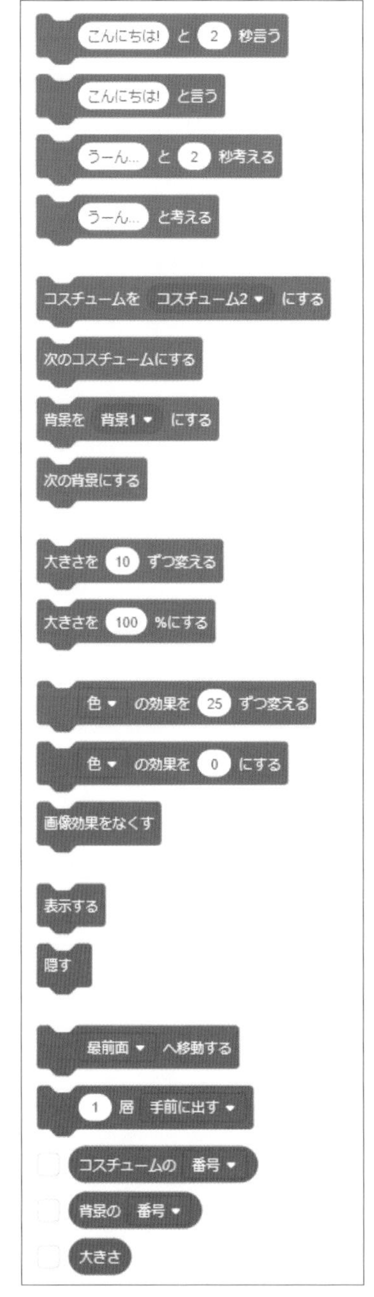

終わるまで ニャー の音を鳴らす
ニャー の音を鳴らす
すべての音を止める
ピッチ の効果を 10 ずつ変える
ピッチ の効果を 100 にする
音の効果をなくす
音量を -10 ずつ変える
音量を 100 %にする
音量

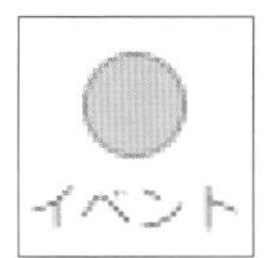
イベント

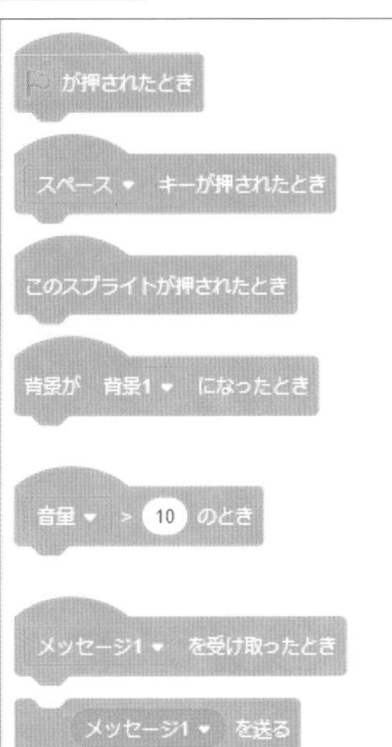
が押されたとき
スペース キーが押されたとき
このスプライトが押されたとき
背景が 背景1 になったとき
音量 > 10 のとき
メッセージ1 を受け取ったとき
メッセージ1 を送る
メッセージ1 を送って待つ

制御

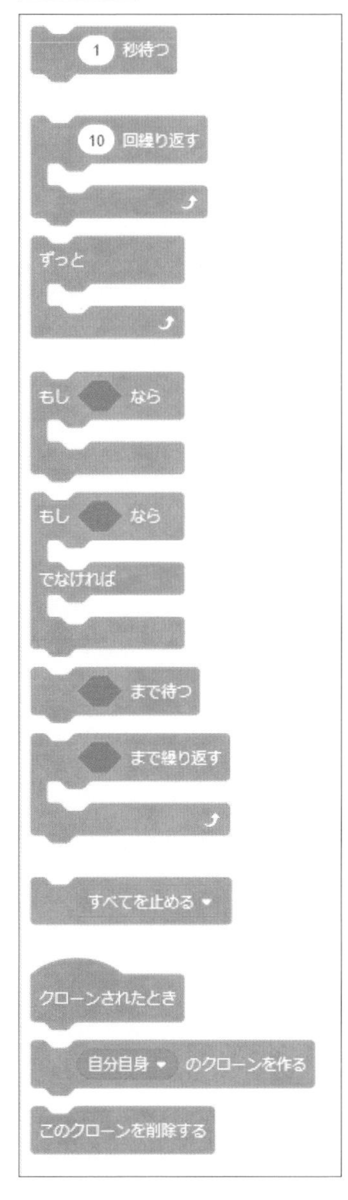
1 秒待つ
10 回繰り返す
ずっと
もし なら
もし なら
でなければ
まで待つ
まで繰り返す
すべてを止める
クローンされたとき
自分自身 のクローンを作る
このクローンを削除する

調べる

マウスのポインター に触れた
色に触れた
色が 色に触れた
マウスのポインター までの距離
あなたの名前は何ですか? と聞いて待つ
答え
スペース キーが押された
マウスが押された
マウスのx座標
マウスのy座標
ドラッグ できる ようにする
音量
タイマー
タイマーをリセット
ステージ の 背景#
現在の 年
2000年からの日数
ユーザー名

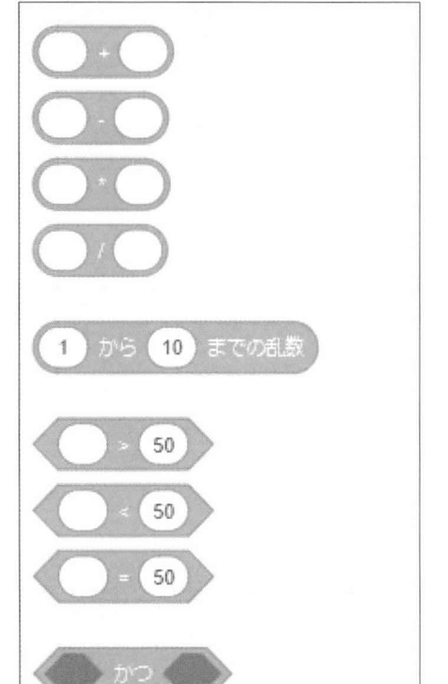

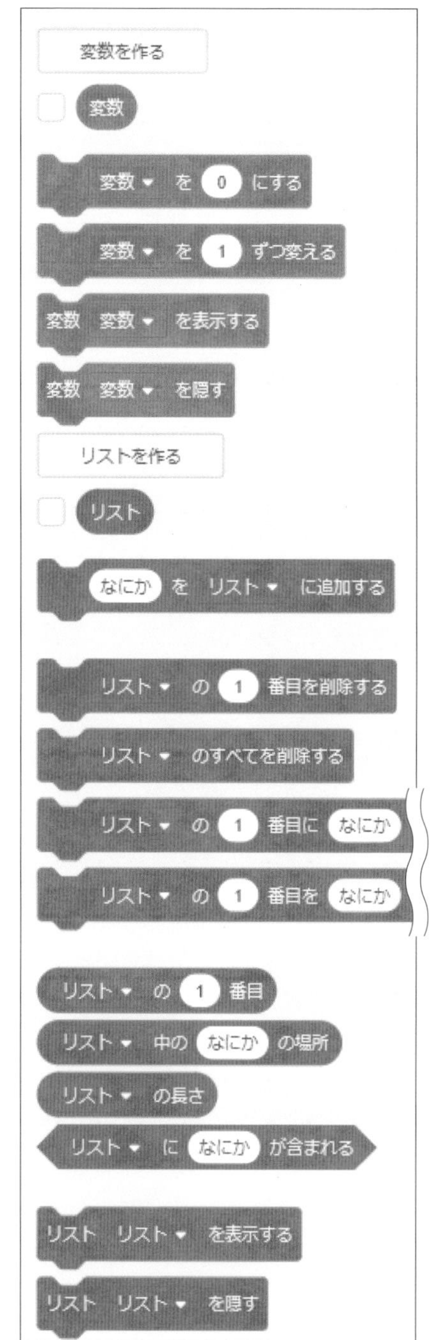

ブロックを作る

ブロック

ここでは、リストを作る をクリックして、「リスト」という名前でリストを作っています。

ここでは、ブロックを作る をクリックして、「ブロック」という名前でブロックを作っています。

初歩編

サンプル 1　1.sb3　背景

ネコが左右に動き元の位置に戻る

ネコが右に100歩動き、左へ100歩動き、もう一度左へ100歩動き、右へ100歩動き、元の位置に戻ります。

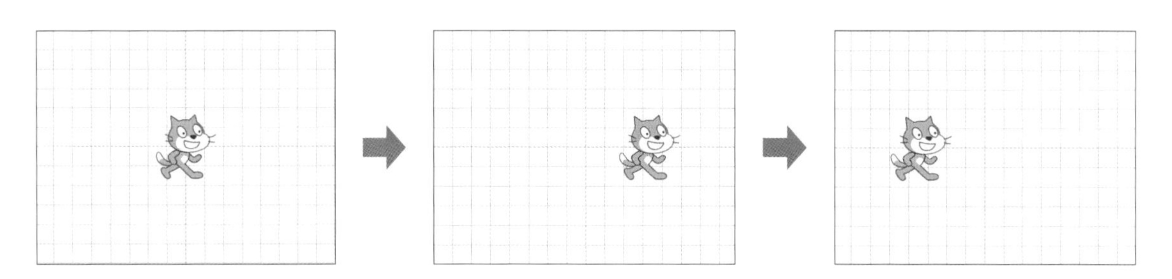

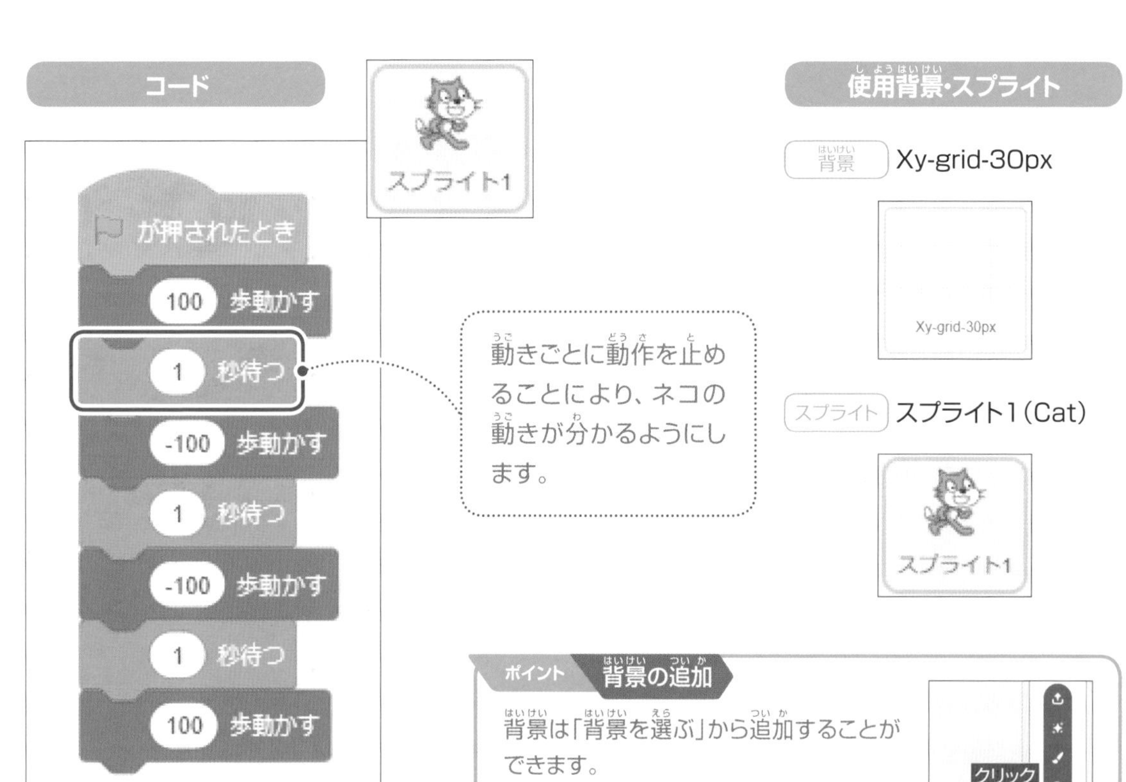

ポイント 背景の追加

背景は「背景を選ぶ」から追加することができます。

クリック

ポイント プログラムの実行

をクリックすると、プログラムが実行され、ステージのスプライトが動きます。

サンプル2 2.sb3

背景

ネコが左右上下に動き元の位置に戻る

ネコが右に100歩動き、上に100歩動き、左に100歩動き、右に100歩動き、元の位置に戻ります。

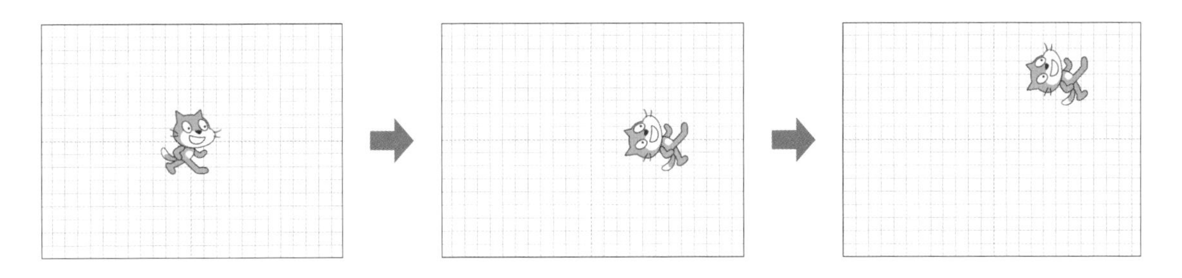

コード

```
🏳 が押されたとき
100 歩動かす
1 秒待つ
↺ 90 度回す
1 秒待つ
100 歩動かす
1 秒待つ
↺ 90 度回す
1 秒待つ
100 歩動かす
1 秒待つ
↺ 90 度回す
1 秒待つ
100 歩動かす
1 秒待つ
↺ 90 度回す
```

スプライト1

動きごとに動作を止めることにより、ネコの動きが分かるようにします。

使用背景・スプライト

背景 Xy-grid-20px

スプライト スプライト1(Cat)

ポイント 「背景を選ぶ」のカテゴリー

「背景を選ぶ」のカテゴリーのボタンをクリックして、背景を絞り込むことができます。

サンプル 3　3.sb3

ネコが左右にスケートをする

ネコが左右にスケートをします。ネコは端まで行ったら反対方向へスケートをします。

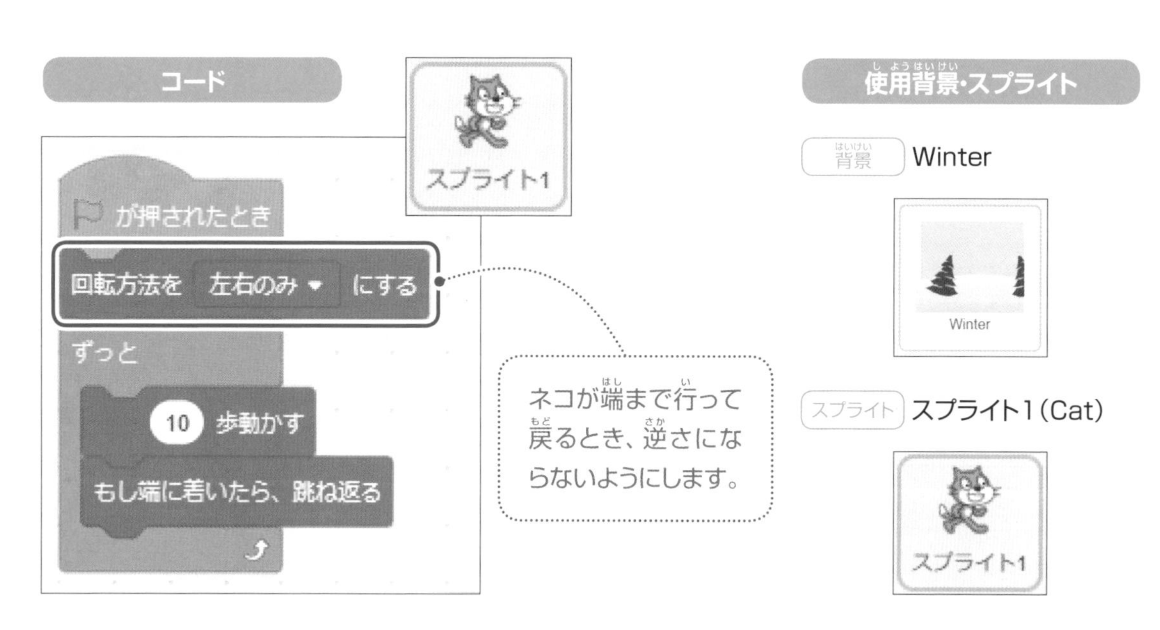

ポイント　繰り返し

同じ処理を繰り返すときは、繰り返しのブロックを利用することができます。繰り返しのブロックの中の処理が繰り返し行われます。

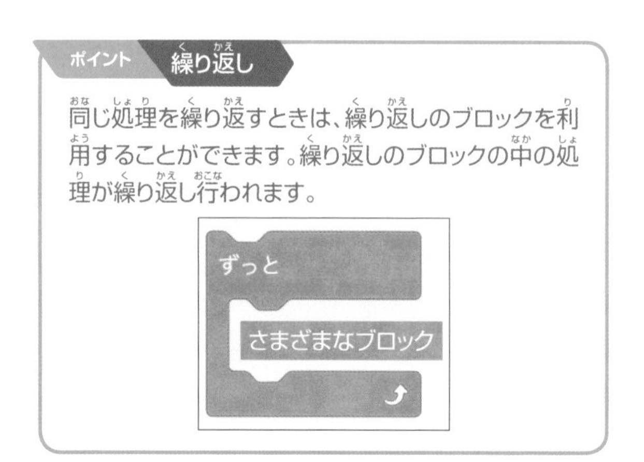

ポイント　プログラムの終了

● をクリックすると、プログラムが終了し、ステージのスプライトの動きが止まります。

サンプル4 4.sb3

繰り返し

ネコが左右に走る

ネコが左右に走ります。ネコは端まで行ったら反対方向へ走ります。

コード

使用背景・スプライト

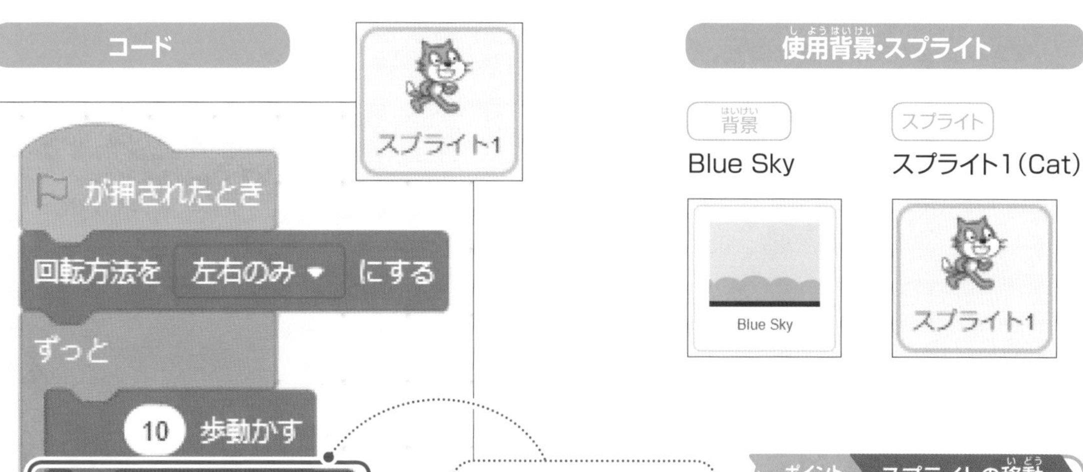

ネコのコスチュームを切り替えることにより、走っているように見せます。

ポイント スプライトの移動

ステージのスプライトは、ドラッグして移動できます。ここでは、ネコのスプライトを地面の上(ステージの下の方)に移動しています。

ポイント コスチュームとコスチュームの切り替え

ネコには2つのコスチュームが用意されています。2つのコスチュームを交互に表示させることにより、ネコが走っているように見せます。コスチュームは コスチューム をクリックすると、コスチュームの一覧が表示されますので、確認することができます。

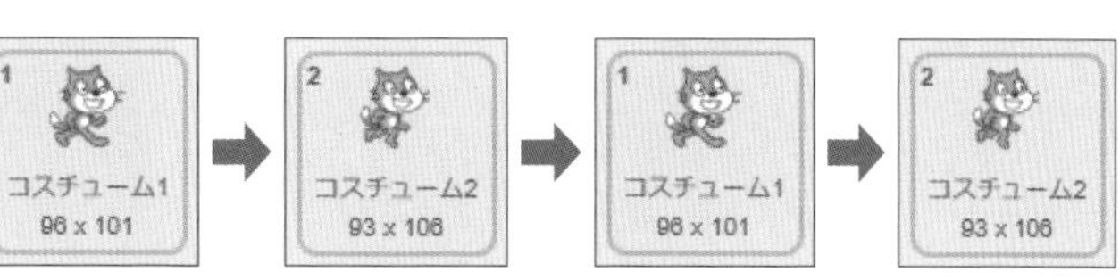

サンプル5 5.sb3

乱数

ネコが左右にランダムな速さで走る

ネコがランダムな速さで走ります。ネコは端まで行ったら反対方向へ走ります。

コード

ネコをランダムな速さで動かします。1回でランダムな距離を動かすことにより、ランダムな速さで動いているように見せます。

使用背景・スプライト

背景 Blue Sky

スプライト スプライト1(Cat)

ポイント スプライトの移動

ステージのスプライトは、ドラッグして移動できます。ここでは、ネコのスプライトを地面の上(ステージの下の方)に移動しています。

ポイント ランダムな数

乱数のブロックを利用すると、ランダムな数を発生させることができます。

サンプル6 6.sb3

乱数

ネコがランダムな方向に歩き回る

ネコがランダムな方向へ、ランダムな距離を移動します。

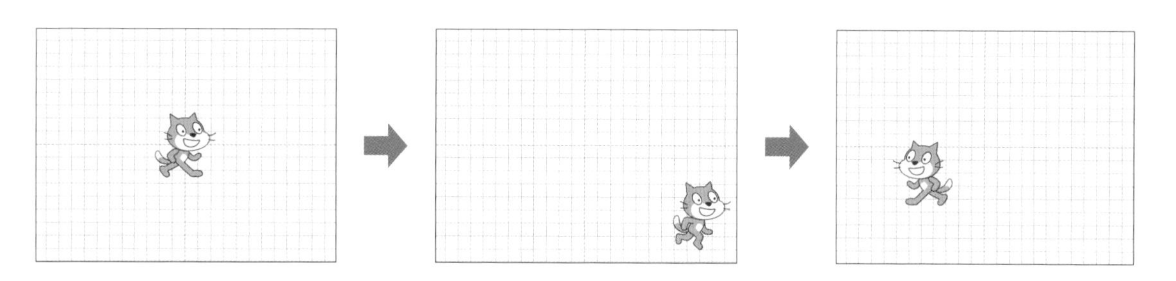

コード

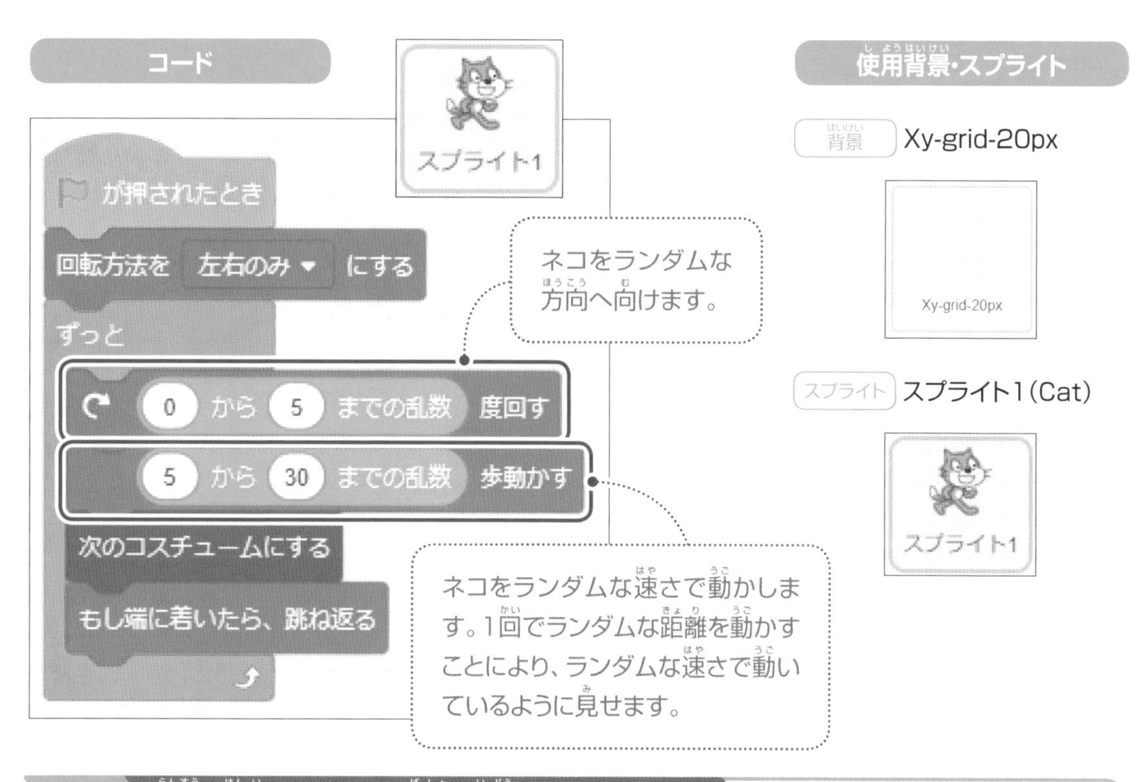

使用背景・スプライト

背景 Xy-grid-20px

Xy-grid-20px

スプライト スプライト1(Cat)

スプライト1

ポイント **乱数の範囲と、ランダムな場所へ移動するためのブロック**

乱数は、乱数のブロックに数値を入力することにより範囲を指定することができます。範囲は整数だけでなく、小数でも指定することができます。また、ランダムな場所へ移動するためのブロックも用意されています。

整数で範囲を指定

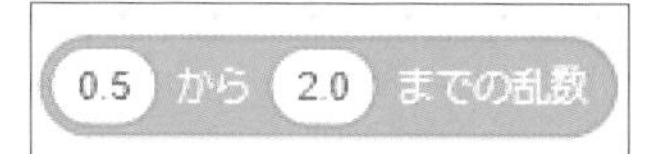

小数で範囲を指定

ランダムな場所へ移動

サンプル7　7.sb3

座標

ネコがランダムな位置にワープする

ネコがランダムな方向へ動き、ランダムな位置にワープして移動します。

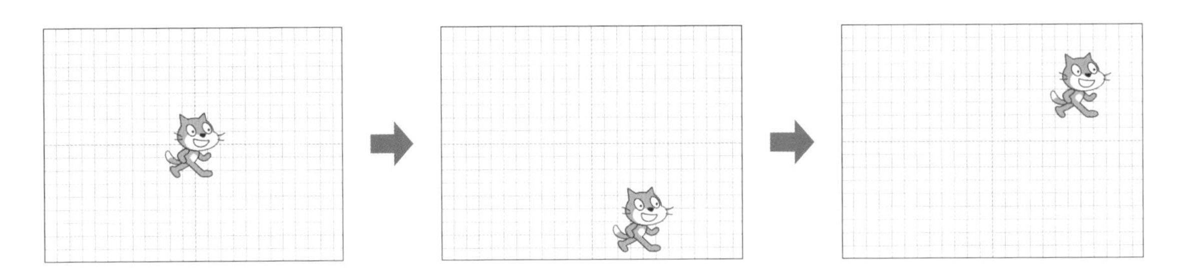

コード

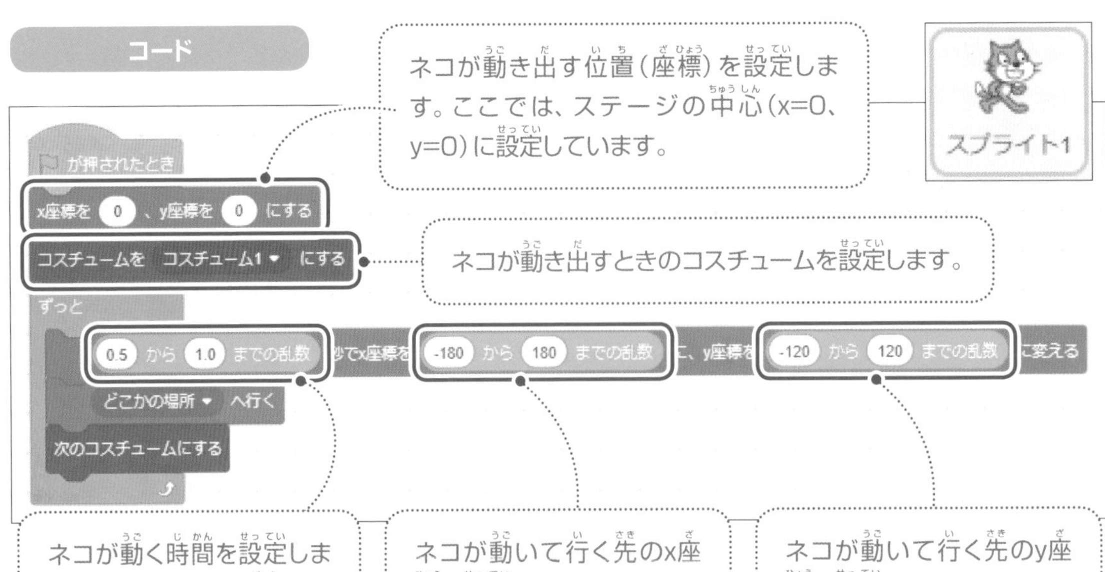

ネコが動き出す位置（座標）を設定します。ここでは、ステージの中心（x=0、y=0）に設定しています。

ネコが動き出すときのコスチュームを設定します。

ネコが動く時間を設定します。ここでは、0.5秒から1.0秒の間のランダムな時間に設定します。

ネコが動いて行く先のx座標を設定します。ここでは、−180から180の間の座標に設定します。

ネコが動いて行く先のy座標を設定します。ここでは、−120から120の間の座標に設定します。

使用背景・スプライト

背景　Xy-grid-20px

Xy-grid-20px

スプライト　スプライト1（Cat）

ポイント　ステージの座標

ステージの座標は、X軸方向は−240から240、Y軸方向は−180から180です。

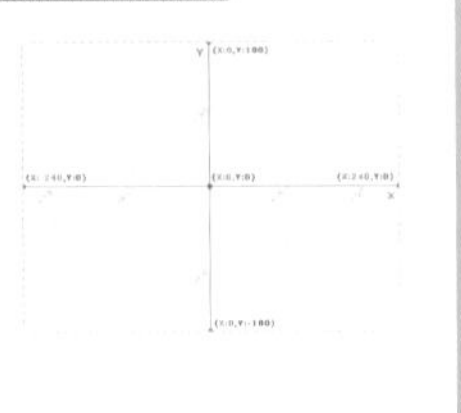

サンプル 8 8.sb3

スプライトの削除と追加

宇宙人が部屋で遊び回る

宇宙人が左端からベッドの方向へ移動し、ジャンプします。そして、1回転して、ベッドに着地します。

コード

```
が押されたとき
x座標を -170 、y座標を -100 にする
15 回繰り返す
    10 歩動かす
    次のコスチュームにする
1 秒でx座標を -20 に、y座標を 80 に変える
4 回繰り返す
    90 度回す
    0.1 秒待つ
1 秒でx座標を -20 に、y座標を 50 に変える
```

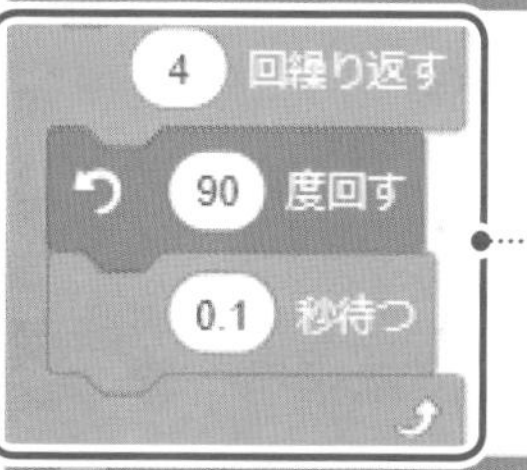

「10歩動かす」を15回繰り返すことにより、宇宙人をベッドの前に移動します。宇宙人の居るx座標は−170から−20へと変更されます。

宇宙人を90度ずつ、1回転（90度×4回=360度）させます。90度回転するごとに0.1秒動作を止め、宇宙人の回転を表現します。

ポイント スプライトの削除

スプライトは、スプライトリストのスプライトをクリックし、🗑をクリックすると削除できます。

使用背景・スプライト

背景 Bedroom 3

スプライト Giga Walking

ポイント スプライトの追加

スプライトは、「スプライトを選ぶ」から追加することができます。

二羽の鳥が左右に飛び回る

2羽の鳥がランダムな速さで左右に飛び回ります。鳥は端まで行ったら反対方向へ飛びます。

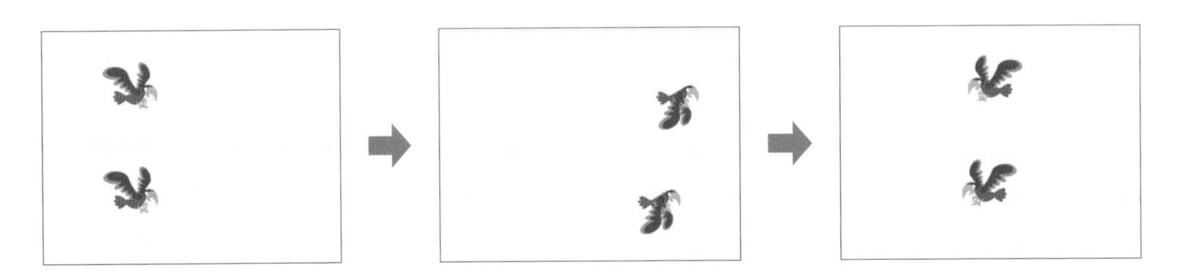

コード

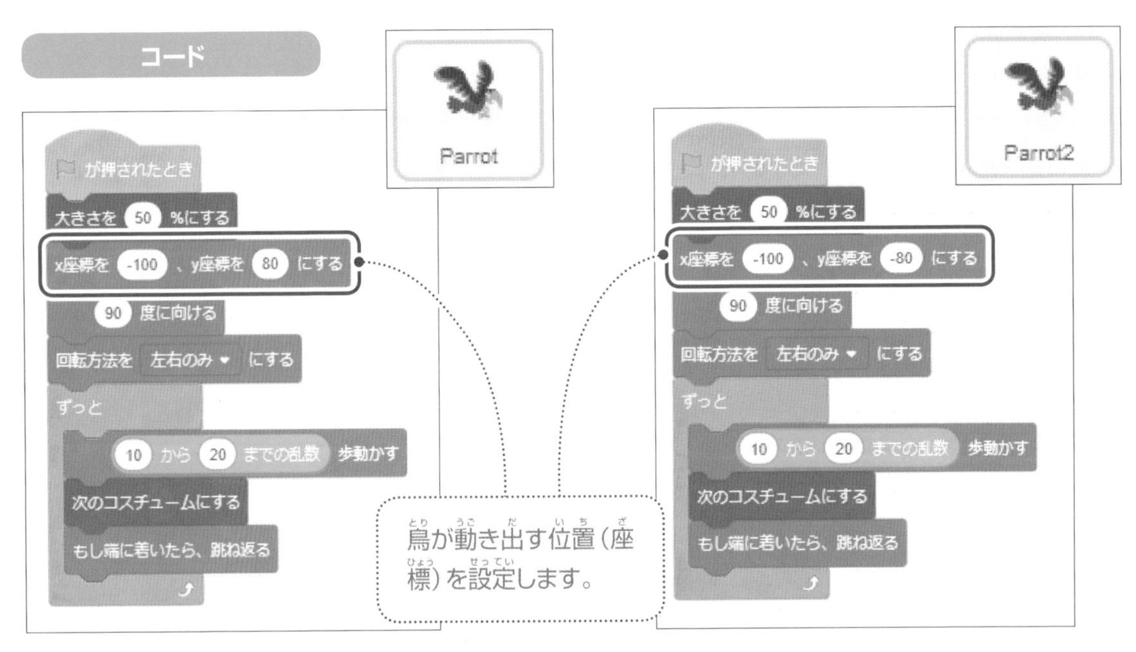

使用背景・スプライト

背景 Blue Sky 2　スプライト Parrot、Parrot2

ポイント スプライトのコピー

スプライトはコピーできます。その際、コードなども一緒にコピーされます。

サンプル 10　10.sb3

複数スプライト

複数の球がランダムに動き回る

5つの球がランダムに動き回ります。

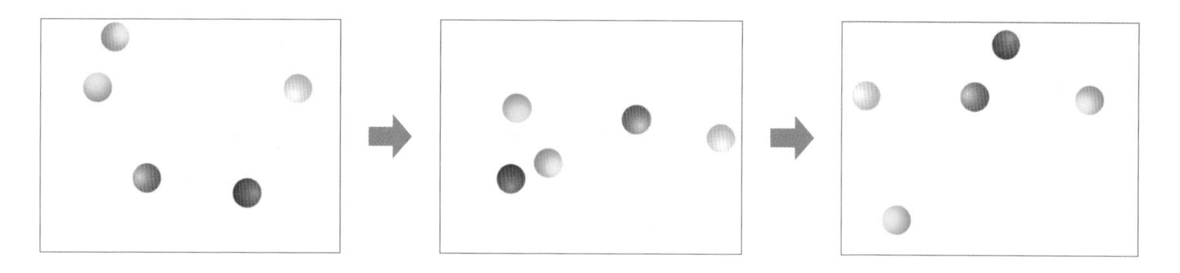

コード

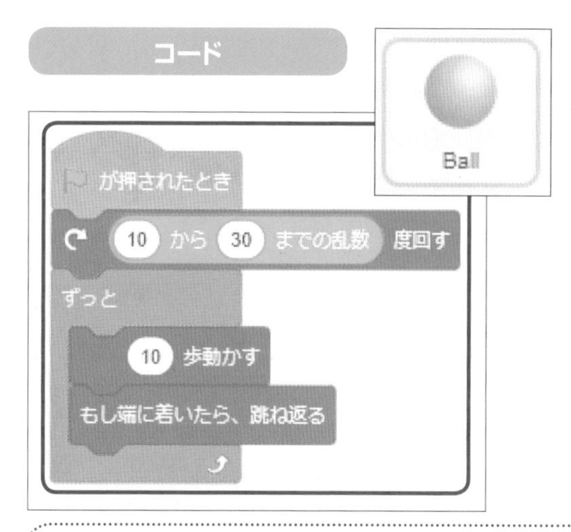

使用背景・スプライト

背景 Blue Sky 2

スプライト Ball、Ball2、Ball3、Ball4、Ball5

Ball2〜Ball5も、Ballと同じコードです。スプライトをコピーし、下の「ポイント」を参考にコスチュームを変更します。

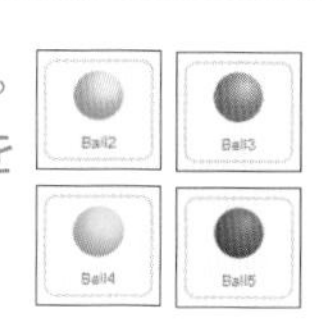

ポイント　コスチュームの変更

コスチュームの変更は、「コスチューム」タブをクリックし、コスチュームの一覧からコスチュームをクリックします。

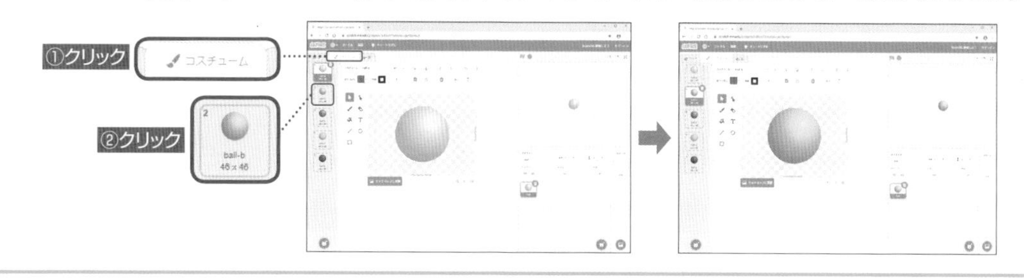

「背景を選ぶ」一覧

「背景を選ぶ」には沢山の背景（画像）が用意されています。

基礎編

サンプル 11　11.sb3

条件分岐

空飛ぶ恐竜

←→↑↓キーを押して恐竜を動かします。恐竜は動くたびに翼を動かし、表情も変えます。

使用背景・スプライト

Desert

Dinosaur3

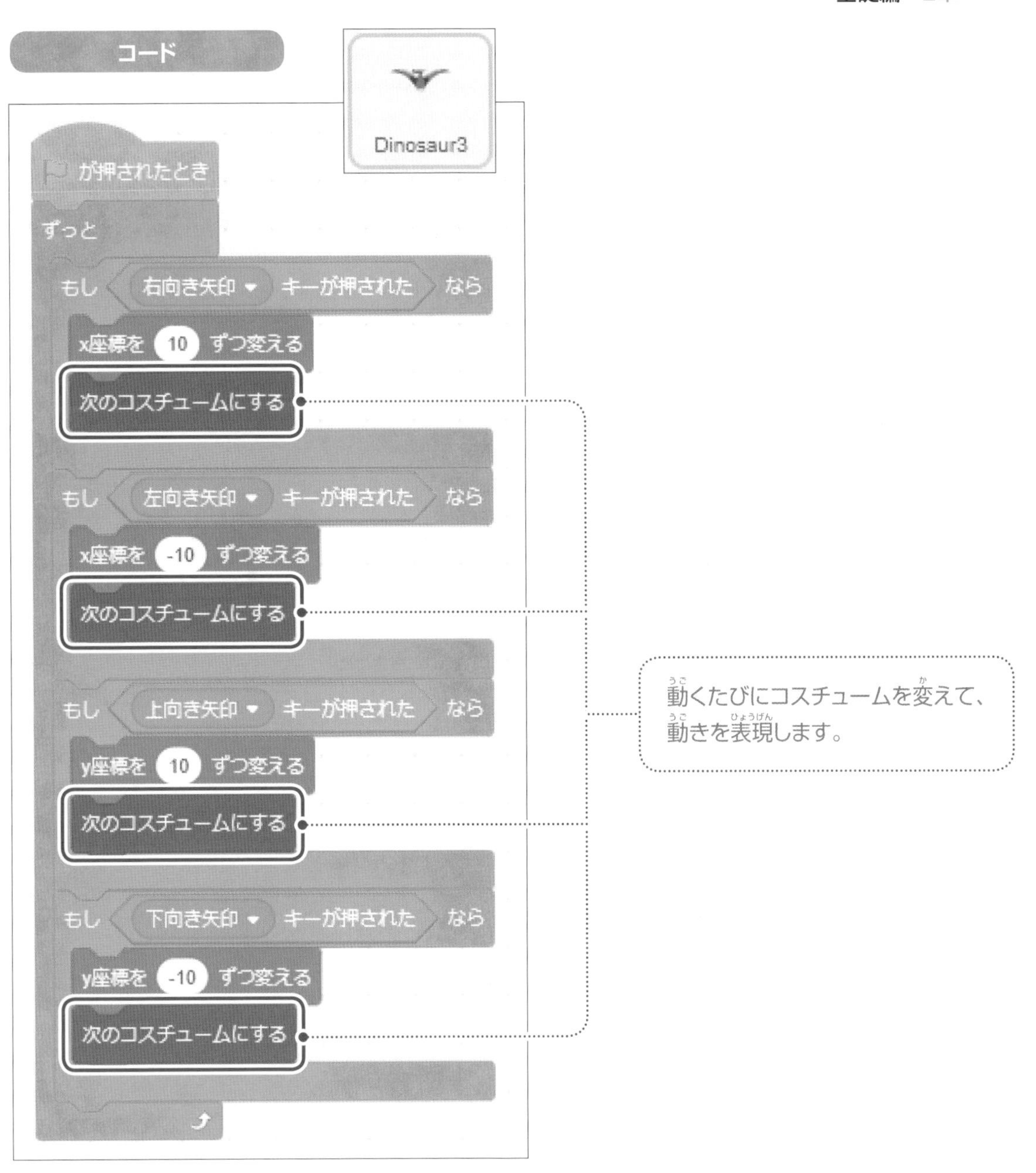

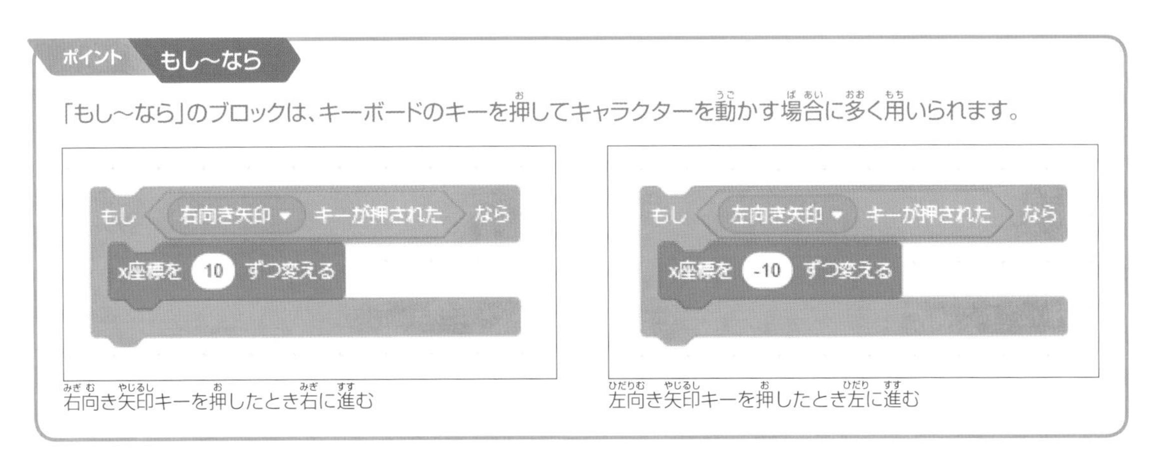

右向き矢印キーを押したとき右に進む

左向き矢印キーを押したとき左に進む

サンプル 12　12.sb3

条件分岐

重力に逆らおう

球が重力に引かれて下に落下します。スペースキーを押すと球は重力に反発して上に移動します。スペースキーを離すと球は下に再度落下します。

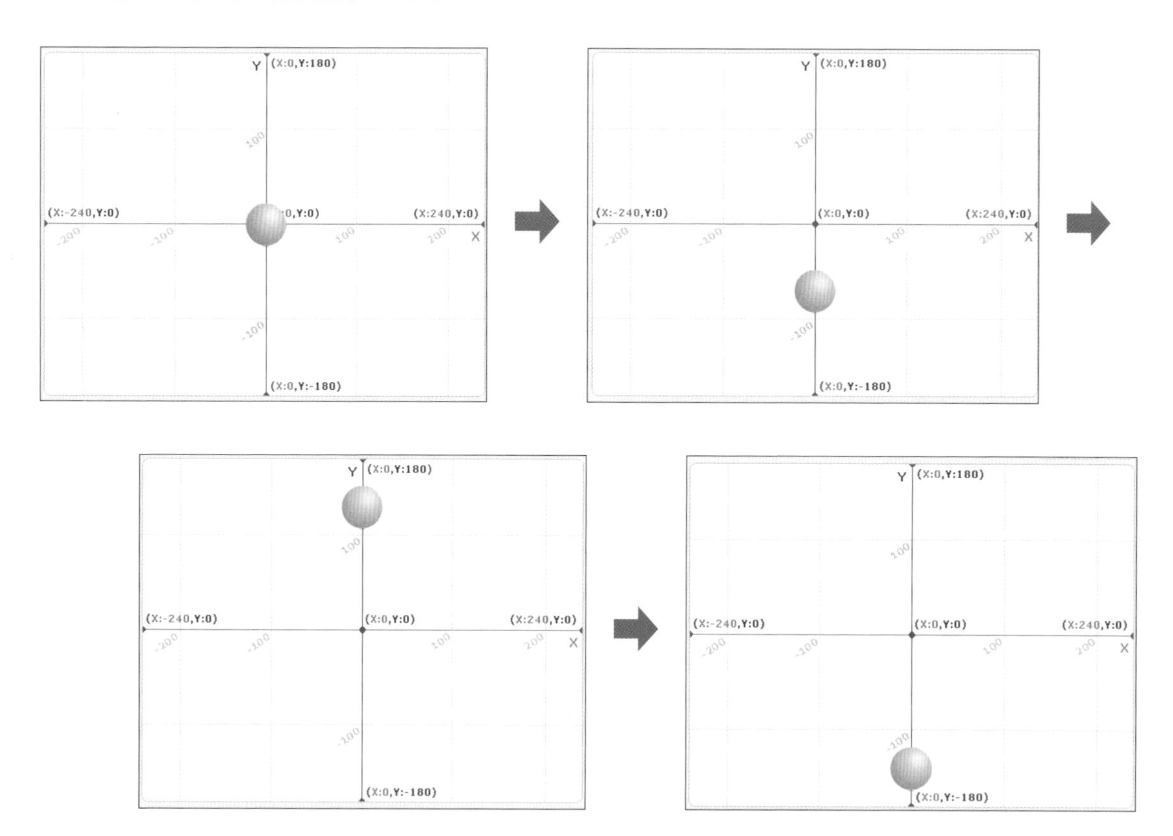

使用背景・スプライト

背景 Xy-grid

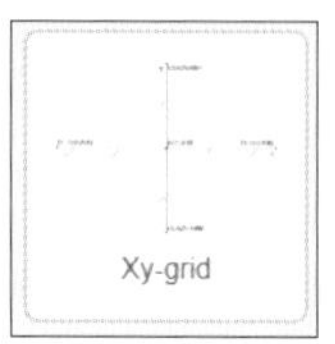

スプライト Ball

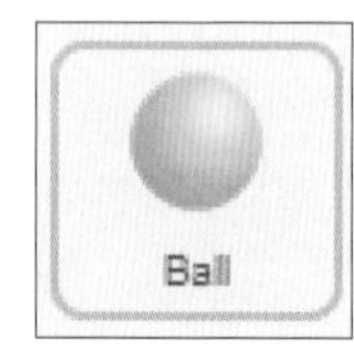

ポイント　ステージの座標

ステージの座標は、X軸方向は−240から240、Y軸方向は−180から180です。単位は画素（Pixel）です。

コード

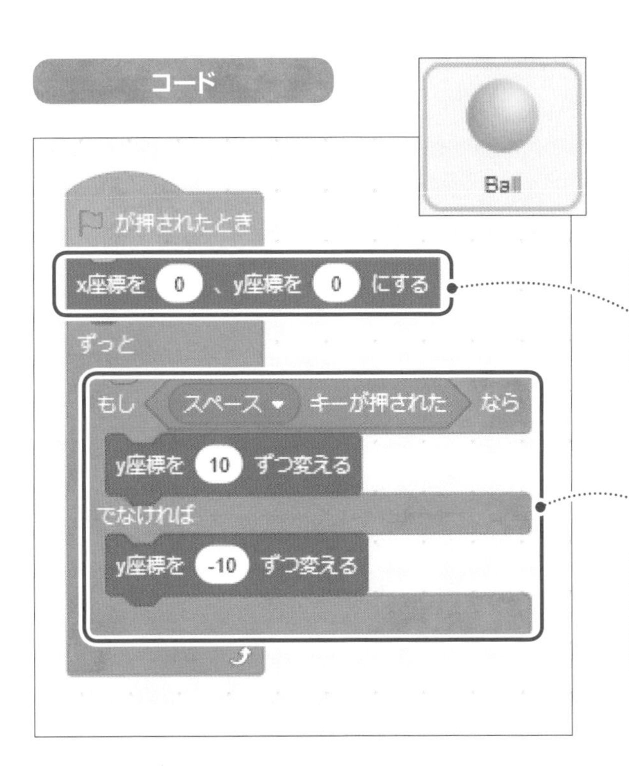

球の最初の位置（座標）を設定します。ここでは、ステージの中心（x=0、y=0）に設定しています。

スペースキーを押しているときは、球は上に向かって動きます。スペースキーを押していないときは、下に落下します。

ポイント　もし〜なら、でなければ

「もし〜なら、でなければ」のブロックは、条件を満たすとき、満たさないときの両方の処理を行う場合に用いられます。下の例では、マウス（マウスポインター）の位置のx座標が0より大きい場合は、ネコのスプライトが「マウスのx座標は0より大きいです。」と言います。そうでない場合は、ネコが「マウスのx座標は0以下です。」と言います。

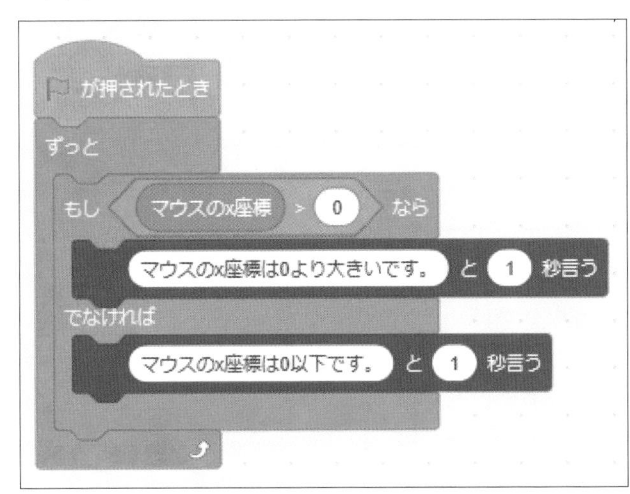

マウスのx座標が0より大きいとき

マウスのx座標が0以下のとき

サンプル 13 13.sb3

メッセージ

みんなであいさつ

サルが「おはよう。」と言ったら、宇宙人が「おはよう。」と言います。それに続いて、カエルと、チョウも「おはよう。」と言います。

背景 Forest　スプライト Monkey、Tera、Frog、Butterfly1

コード

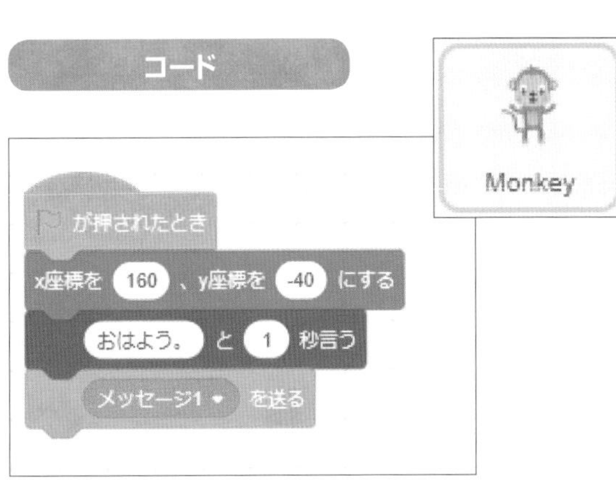

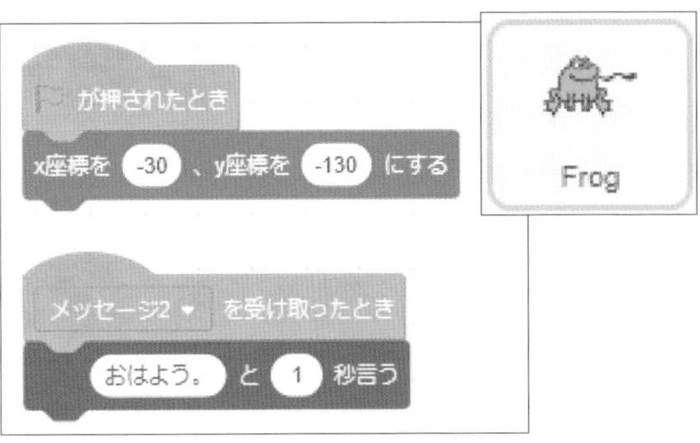

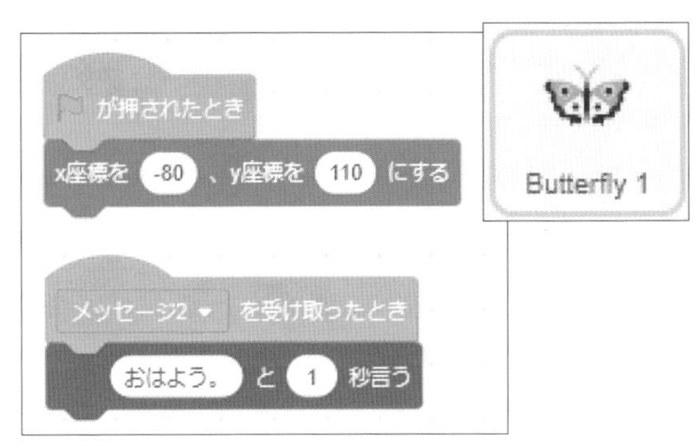

ポイント スプライトどうしのメッセージの送信と受信

スプライトどうしのメッセージの送信と受信の関係は次のようになります。

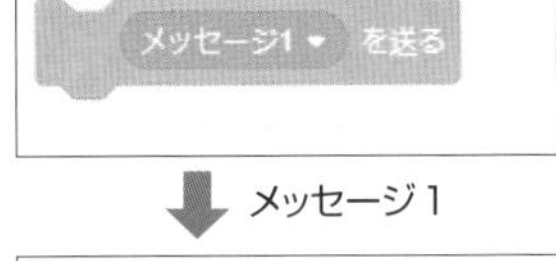

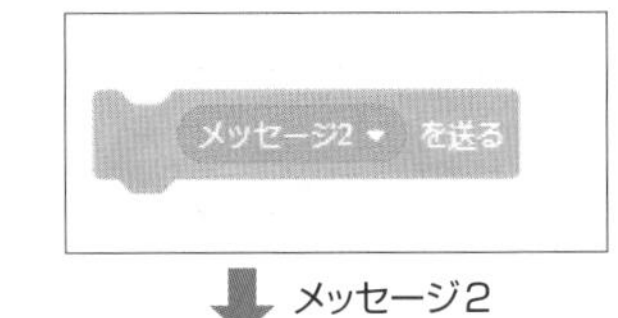

メッセージ1　　メッセージ2

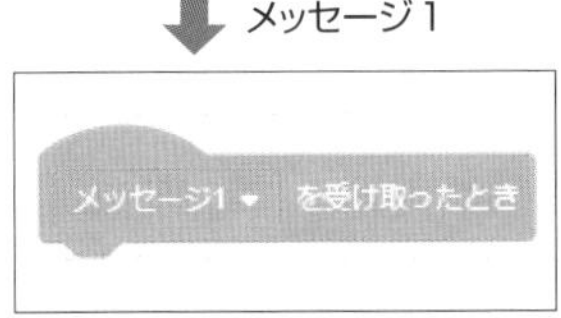

ポイント 新しいメッセージの作り方

「メッセージ1」以外のメッセージ(新しいメッセージ)は、次の手順で新規に作成します。

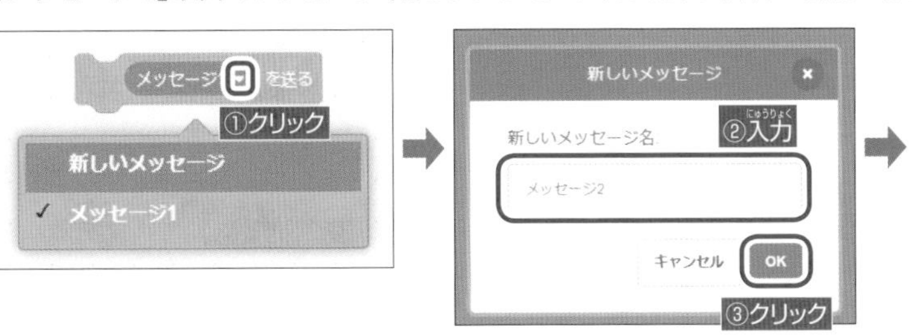

サンプル 14　14.sb3　メッセージ

みんな集合

宇宙人が、まず鳥を集めます。その次に魚を集めます。最初は宇宙の風景が表示されます。鳥を集める場面では地上の風景が、魚を集める場面では水中の風景が表示されます。

使用背景・スプライト

背景　Stars、Blue Sky、Underwater 1

Giga、Toucan、Rooster、Fish、Shark

ポイント　背景の切り替え

背景を切り替えるブロックを使い、背景を切り替えることができます。背景は、背景のコードエリアでも、スプライトのコードエリアでも切り替えを行うことができます。

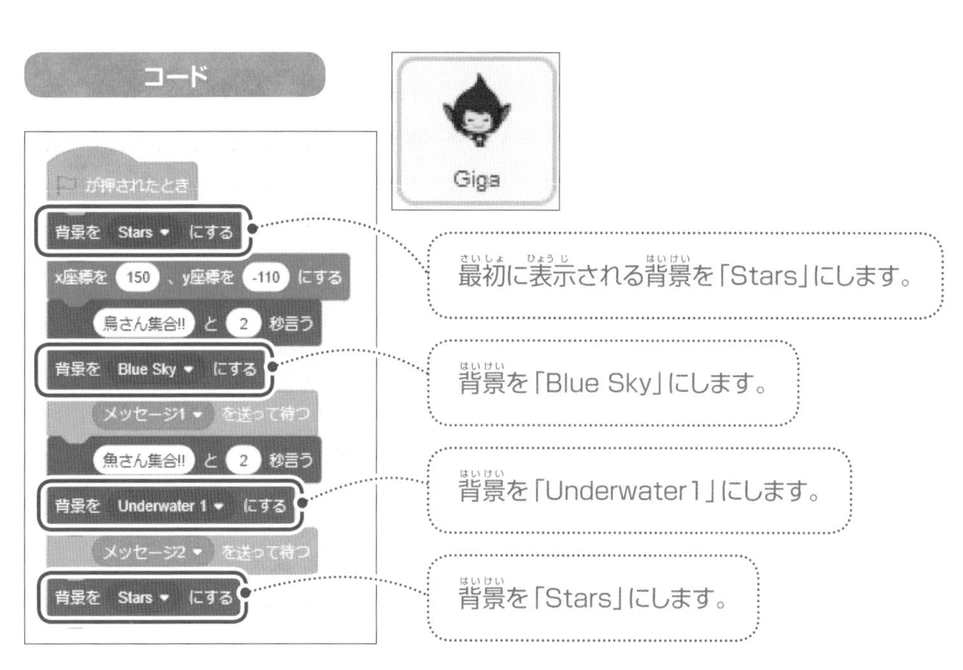

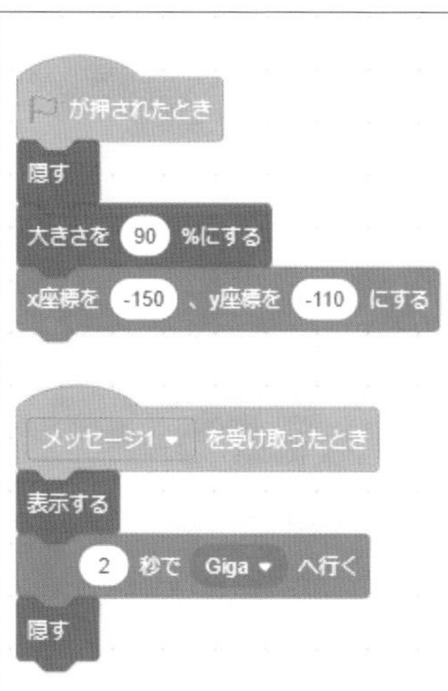

```
が押されたとき
隠す
大きさを 80 %にする
x座標を -150 、y座標を 110 にする

メッセージ2 を受け取ったとき
表示する
2 秒で Giga へ行く
隠す
```

ボールが分裂

ボールがうずを巻くように沢山飛んで行きます。ボールが飛んで行くとき音が鳴ります。

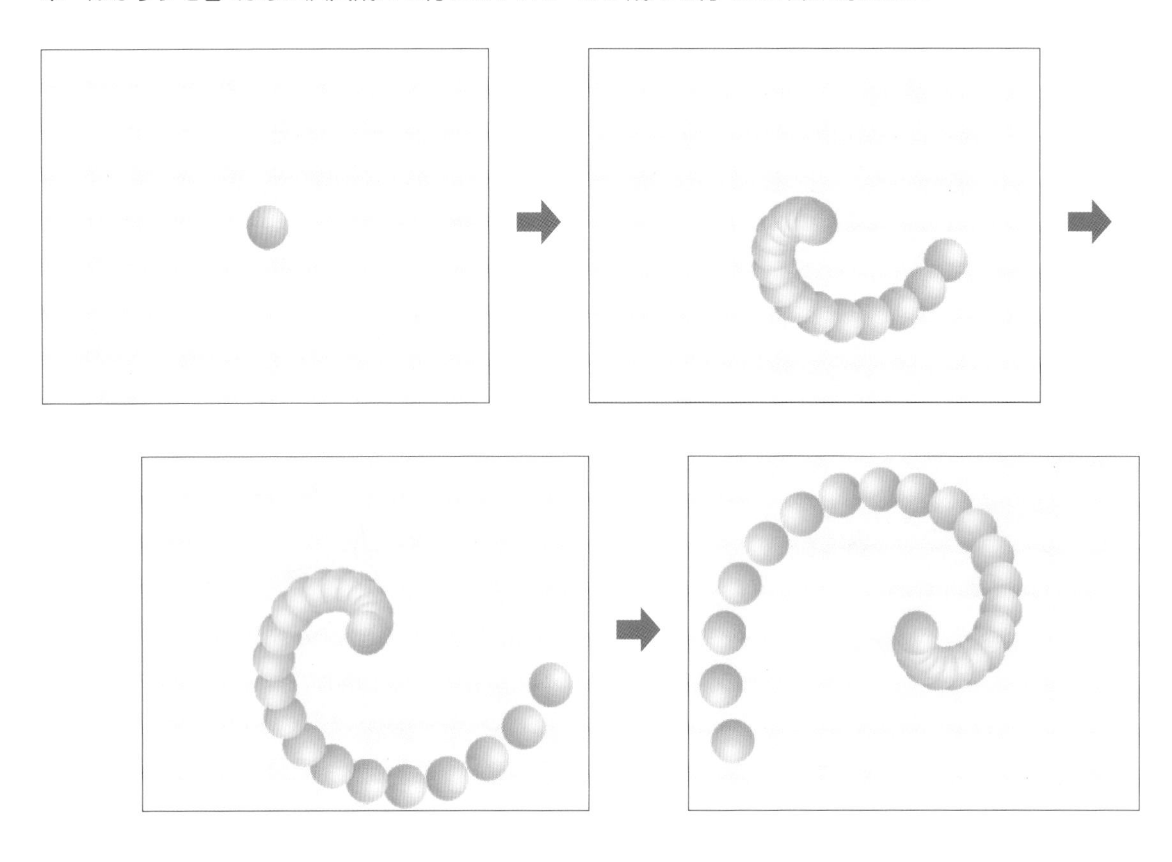

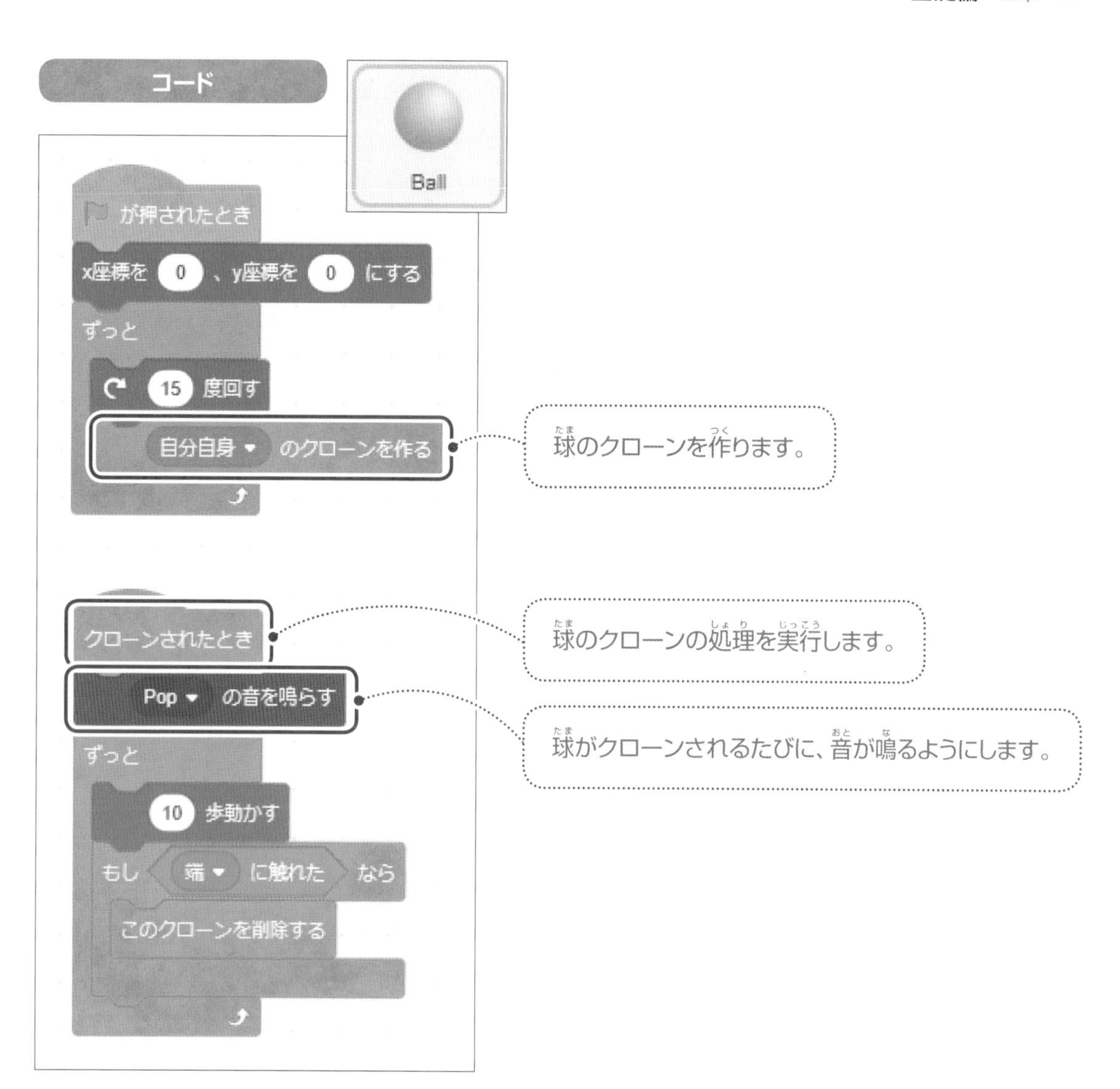

ポイント

クローンの処理の流れ

クローンによる一般的な処理は、「クローンの作成」→「クローンの処理」→「クローンの削除」という順序になります。クローンは自分自身のクローンだけでなく、スプライトリストにある他のスプライトのクローンも作成することができます。

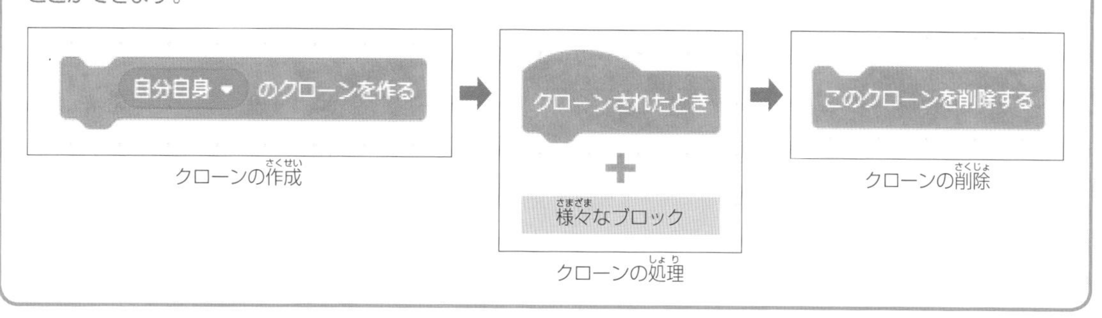

クローンの作成　クローンの処理　クローンの削除

サンプル 16　16.sb3　クローン

ネコ連打

ネコが動き回っています。スペースキーを押すと、ネコの分身があちこちに飛んでいきます。ネコが飛んでいくときネコが鳴きます。

スペースキーを押す　スペースキーを押す

使用背景・スプライト

背景 Hearts　スプライト スプライト1 (Cat)

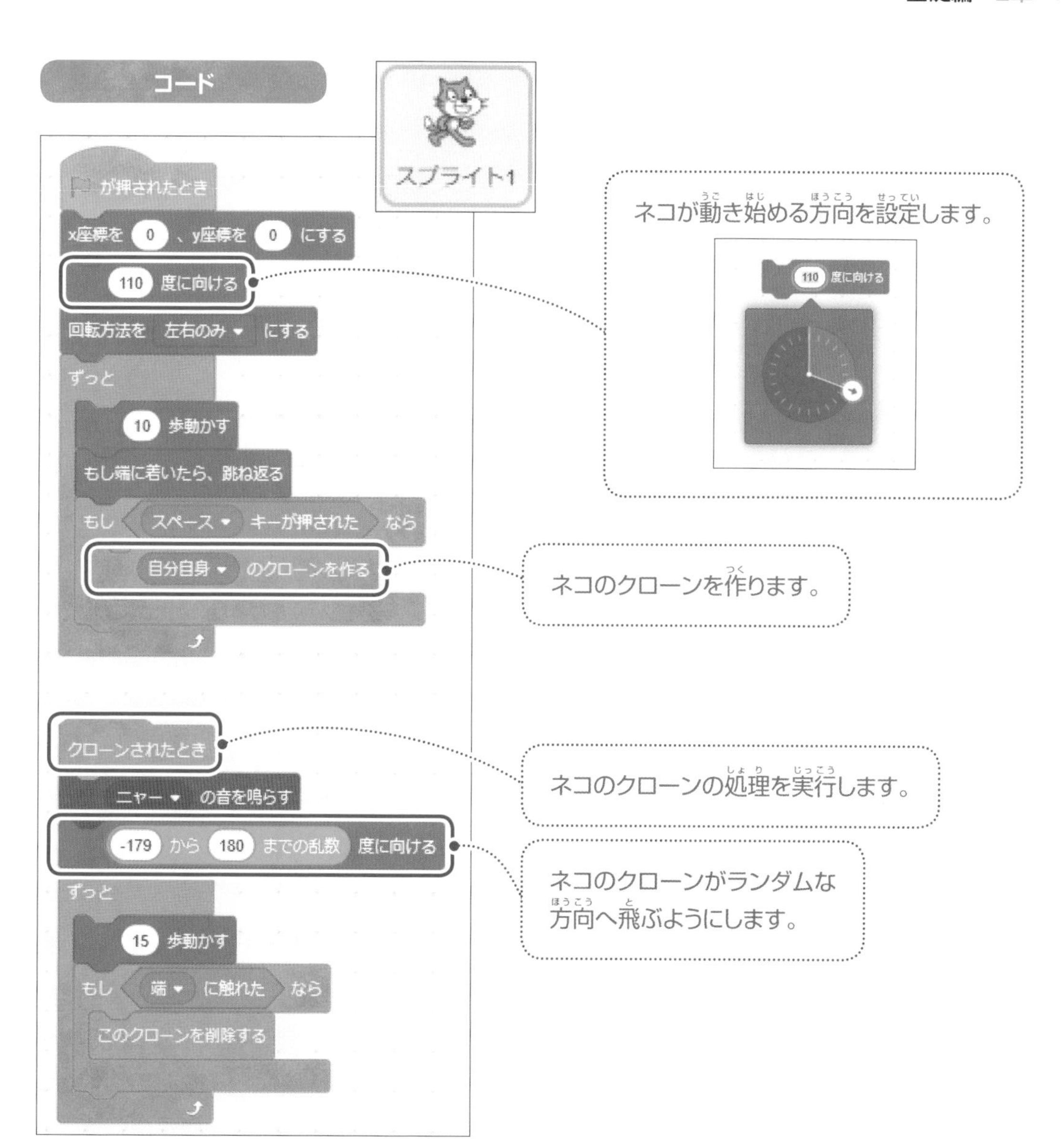

ポイント キー入力処理

キーが押されたら処理をする場合は「もし」のブロックを使います。また、キー入力を監視するためには「ずっと」のブロックを使います。

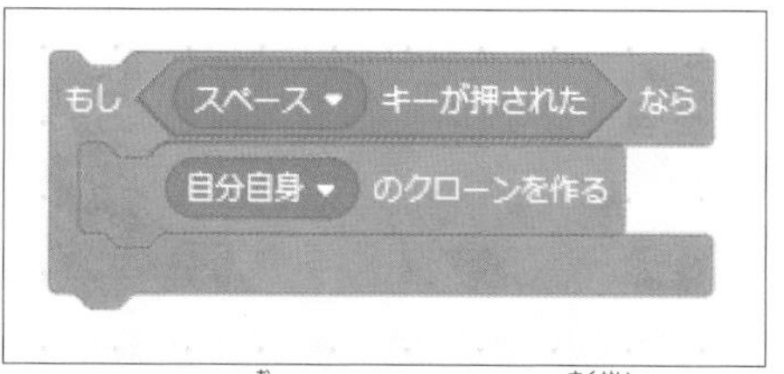

スペースキーが押されたらクローンを作成します。

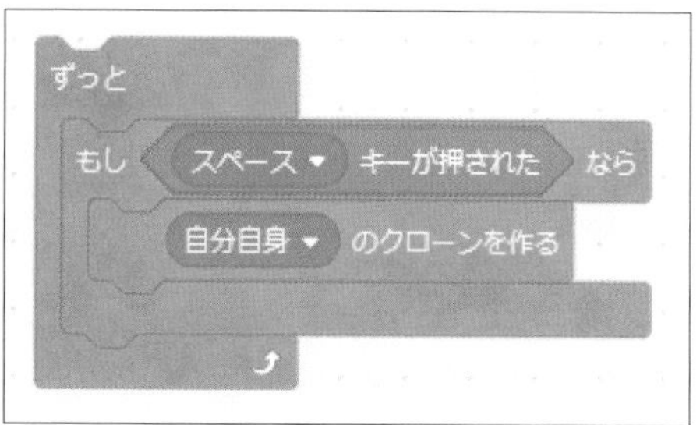

「ずっと」のブロックによりキー入力を監視します。

サンプル17　17.sb3

音

街を走る車

2台の車が時間差で道路を走り抜けていきます。車が走り抜けるときに車が走る音がします。

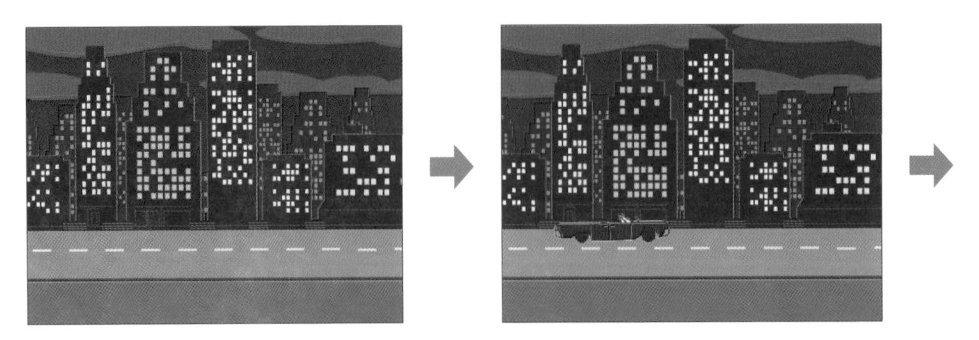

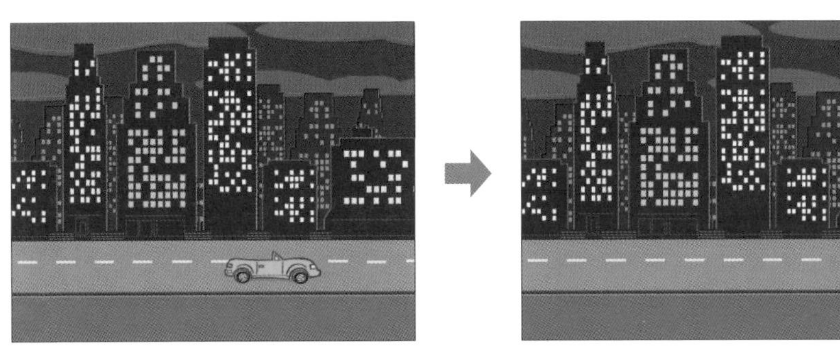

使用背景・スプライト

背景　Night City With Street　　スプライト　Convertible、Convertible 2

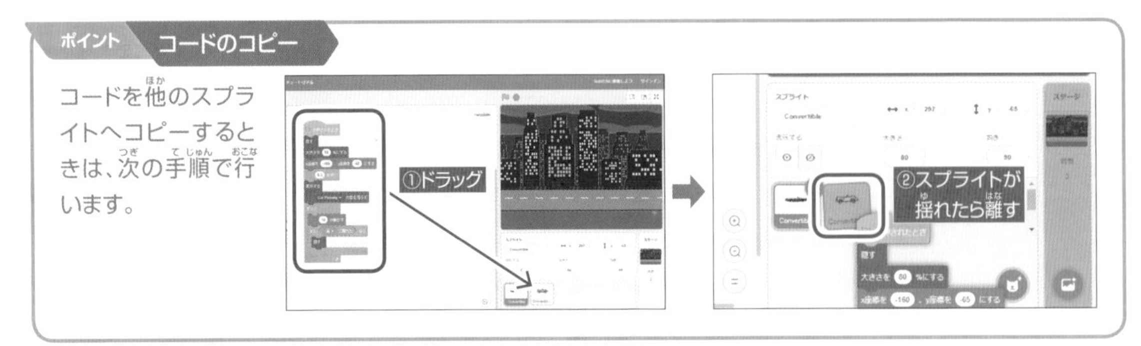

ポイント　コードのコピー

コードを他のスプライトへコピーするときは、次の手順で行います。

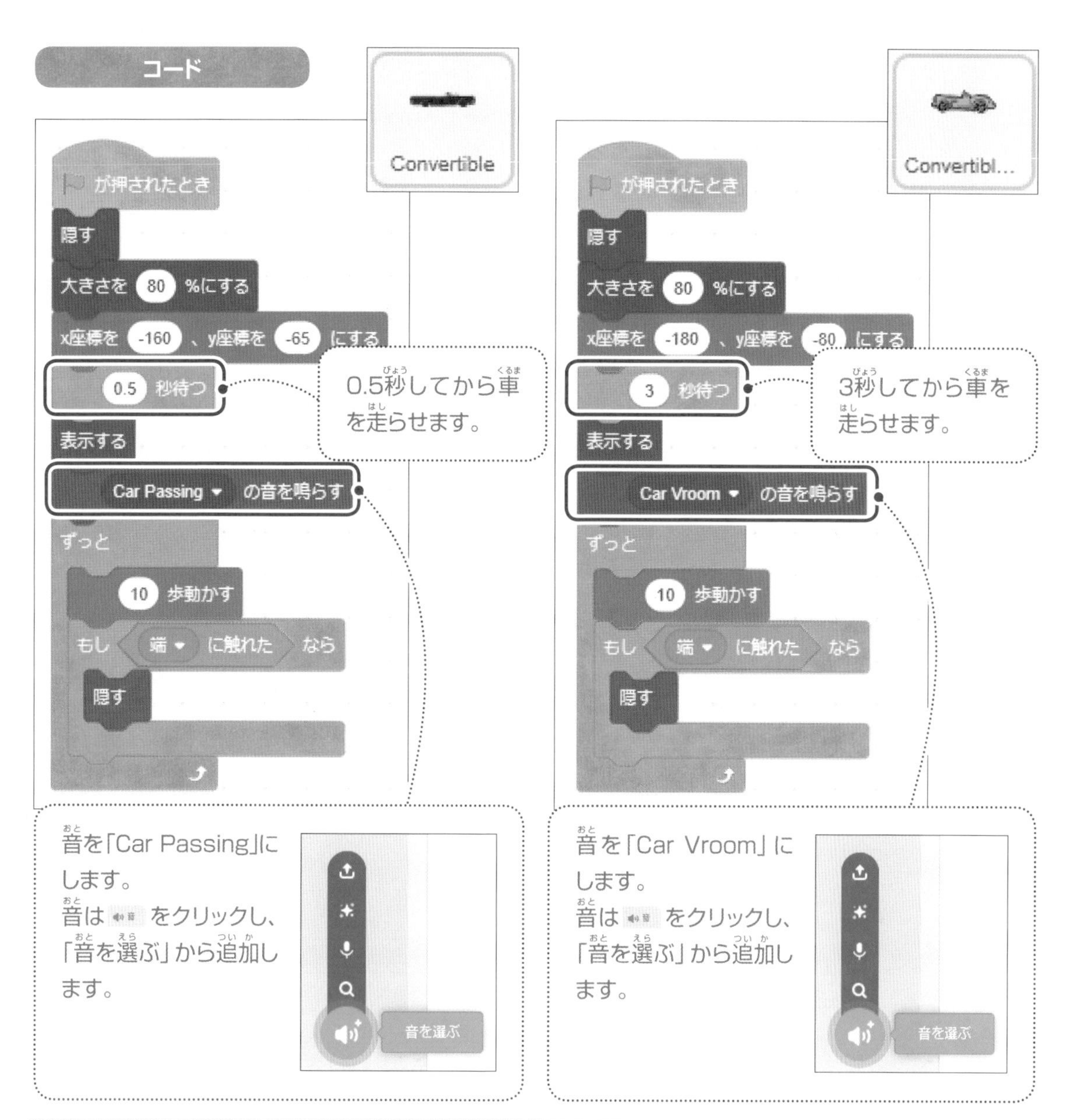

ポイント　音の追加

音を追加するには、まず、「音」タブをクリックします。次に、「音を選ぶ」をクリックします。最後に、音の一覧から音をクリックして選びます。

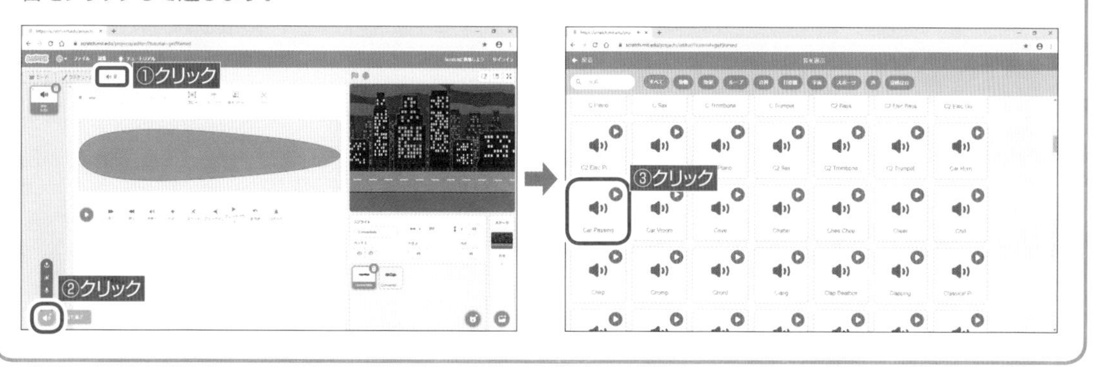

サンプル 18　18.sb3

拡張機能「音楽」

ペンギンのドレミファソラシド

キーボードが「ドレミファソラシド」を奏でます。ペンギンもキーボードの演奏に合わせて「ドレミファソラシド」と歌います。

使用背景・スプライト

背景 Spotlight

スプライト Penguin 2、Keyboard

ポイント **音の入力**

音楽のブロックへの音の入力は、音の番号で入力します。音の番号は、スクラッチの鍵盤のキーをクリックしても入力できます。音（音の番号）は、ド(60)、レ(62)、ミ(64)、ファ(65)、ソ(67)、ラ(69)、シ(71)、ド(72)となります。

コード

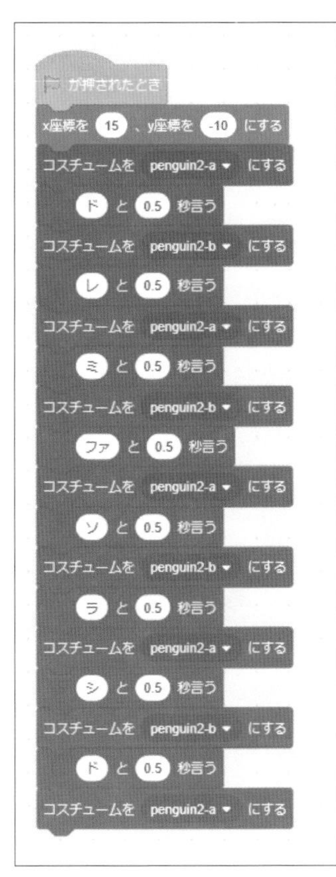

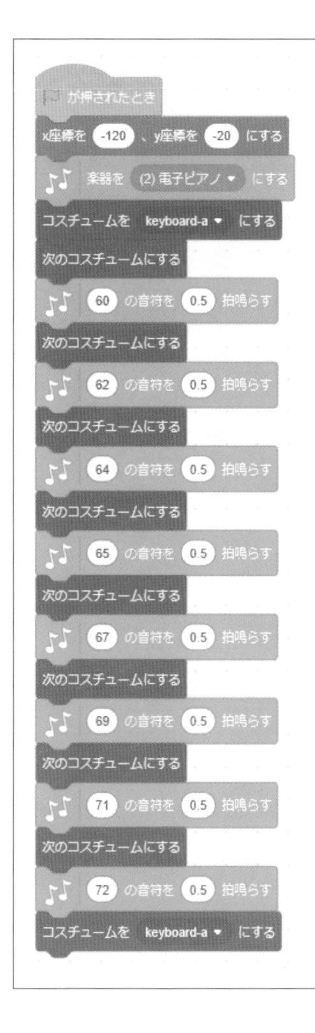

ポイント　拡張機能の「音楽」を追加する

拡張機能の「音楽」は、画面の左下の「拡張機能を追加」をクリックし、「拡張機能を選ぶ」から「音楽」をクリックして追加します。拡張機能の「音楽」が追加されると、ブロックパレットに「音楽」のブロックが表示されます。

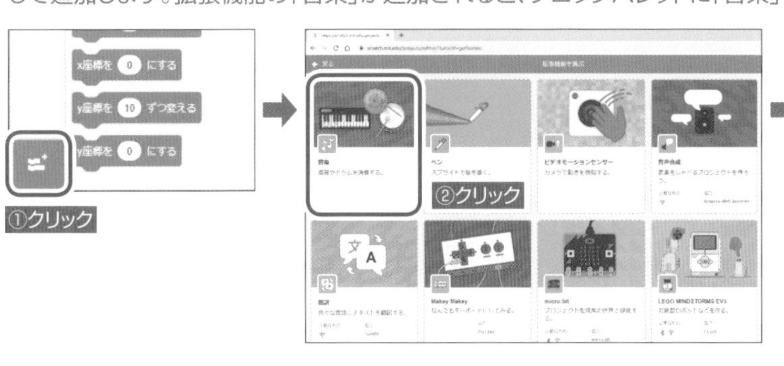

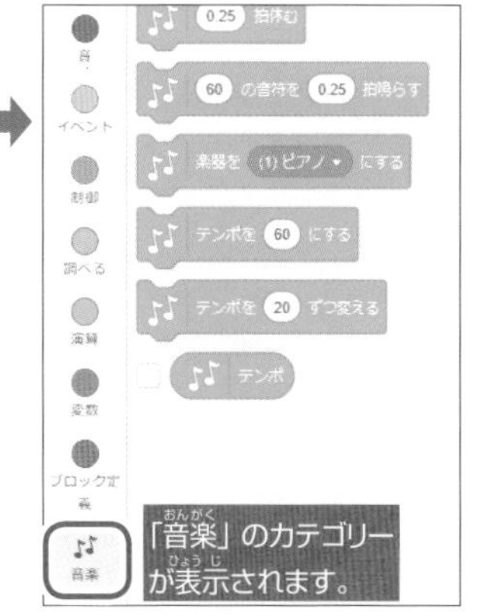

サンプル 19　19.sb3

拡張機能「音楽」

楽器と音楽

楽器をクリックすると音が出ます。楽器は音が出ているときは音が出ているように表示されます。

使用背景・スプライト

背景 Concert　スプライト Penguin 2、Drums Conga、Drum Kit、Drum-cymbal、Keyboard

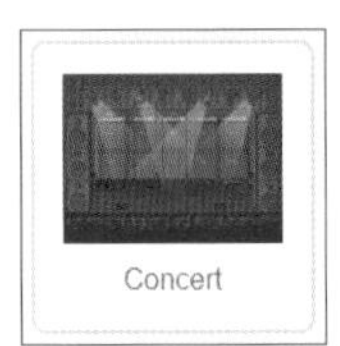

ポイント **楽器の演奏シーン**

楽器もコスチュームを切り替えることにより、演奏している雰囲気を出すことができます。

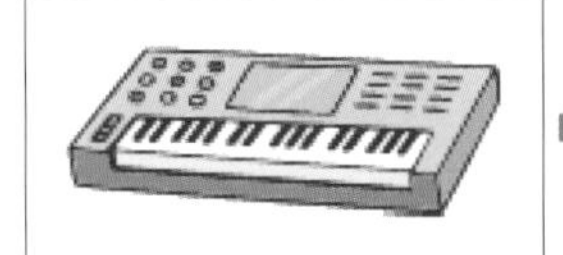

コード

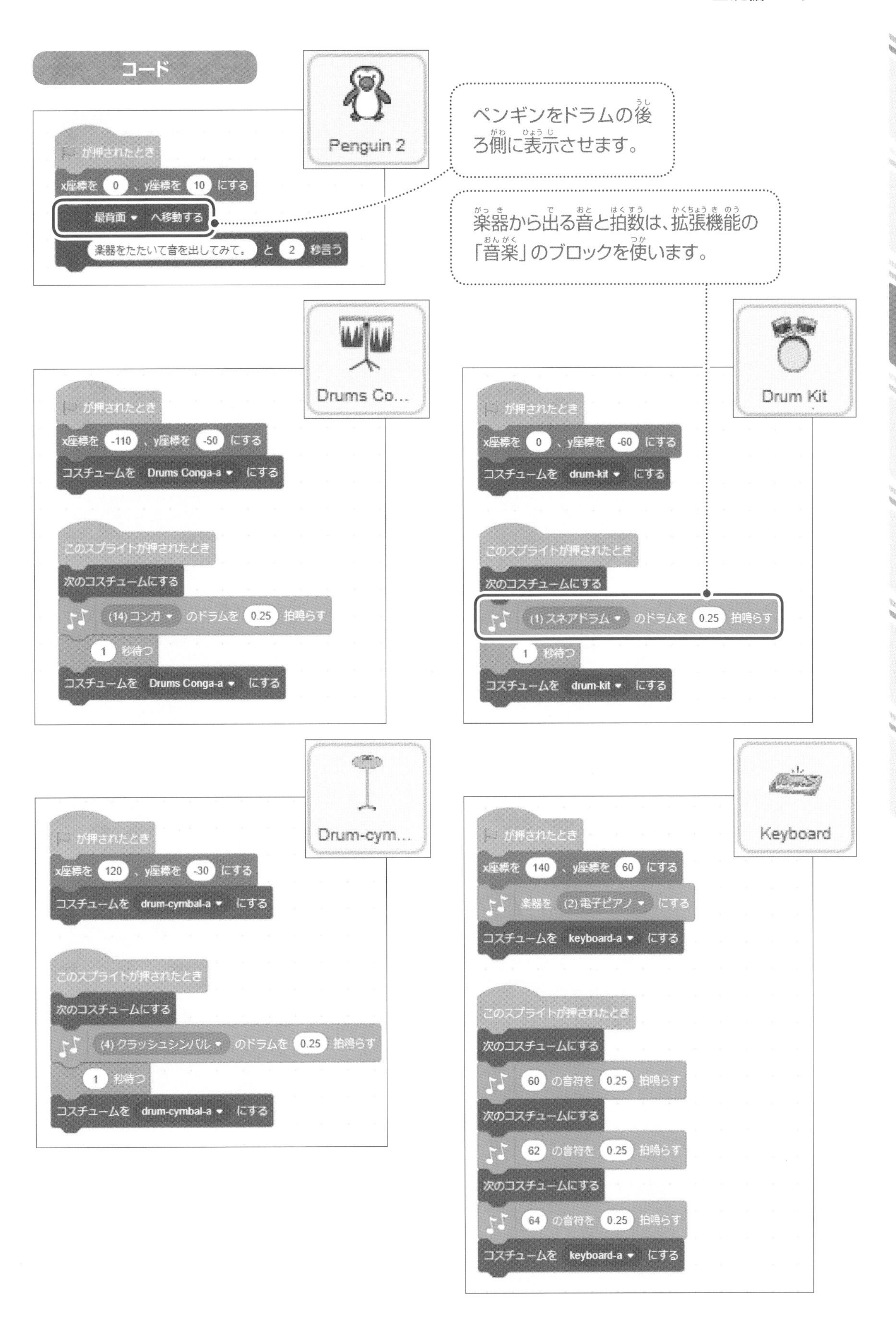
Penguin 2
が押されたとき
x座標を 0 、y座標を 10 にする
最背面 へ移動する
楽器をたたいて音を出してみて。 と 2 秒言う
ペンギンをドラムの後ろ側に表示させます。
楽器から出る音と拍数は、拡張機能の「音楽」のブロックを使います。
Drums Co...
が押されたとき
x座標を -110 、y座標を -50 にする
コスチュームを Drums Conga-a にする
このスプライトが押されたとき
次のコスチュームにする
(14) コンガ のドラムを 0.25 拍鳴らす
1 秒待つ
コスチュームを Drums Conga-a にする
Drum Kit
が押されたとき
x座標を 0 、y座標を -60 にする
コスチュームを drum-kit にする
このスプライトが押されたとき
次のコスチュームにする
(1) スネアドラム のドラムを 0.25 拍鳴らす
1 秒待つ
コスチュームを drum-kit にする
Drum-cym...
が押されたとき
x座標を 120 、y座標を -30 にする
コスチュームを drum-cymbal-a にする
このスプライトが押されたとき
次のコスチュームにする
(4) クラッシュシンバル のドラムを 0.25 拍鳴らす
1 秒待つ
コスチュームを drum-cymbal-a にする
Keyboard
が押されたとき
x座標を 140 、y座標を 60 にする
楽器を (2) 電子ピアノ にする
コスチュームを keyboard-a にする
このスプライトが押されたとき
次のコスチュームにする
60 の音符を 0.25 拍鳴らす
次のコスチュームにする
62 の音符を 0.25 拍鳴らす
次のコスチュームにする
64 の音符を 0.25 拍鳴らす
コスチュームを keyboard-a にする

サンプル 20　20.sb3

拡張機能「ペン」

ボールがいっぱい

球がランダムに描画され、増えていきます。描画される球の色もランダムに変わります。

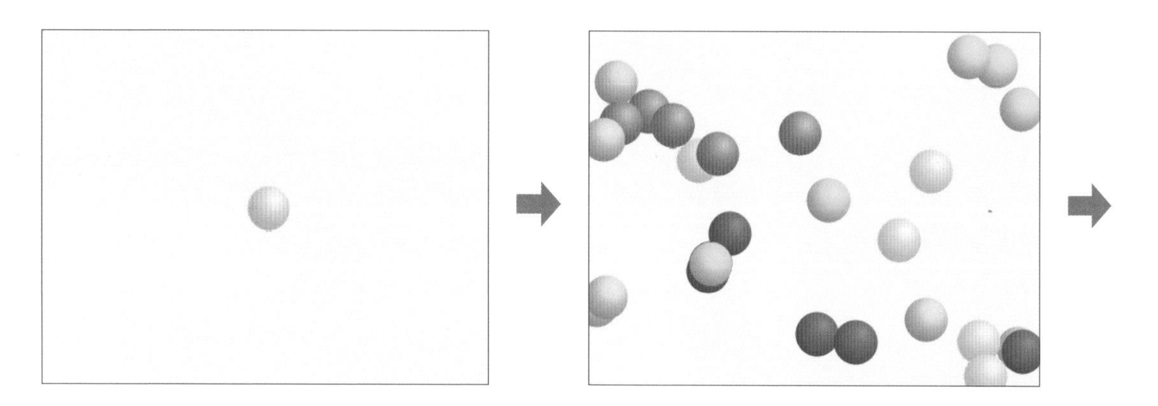

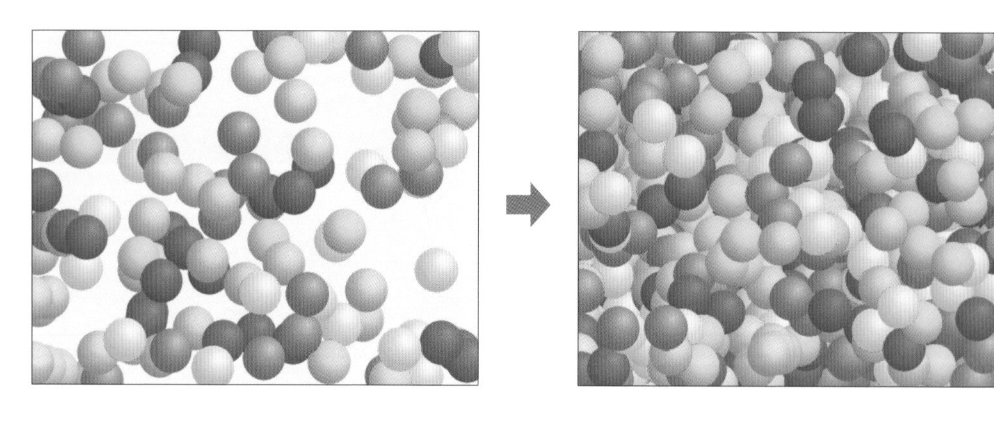

使用背景・スプライト

背景 Blue Sky 2　スプライト Ball

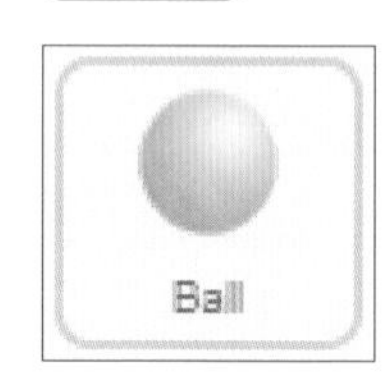

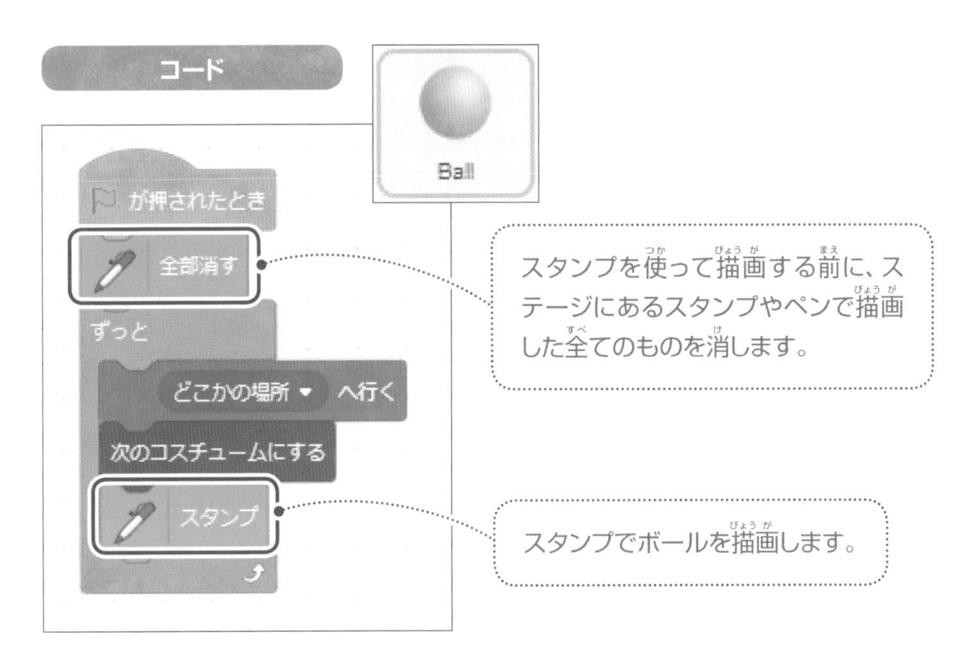

ポイント　拡張機能の「ペン」を追加

拡張機能の「ペン」は、スクラッチの画面の左下の拡張機能をクリックし、「拡張機能を選ぶ」から「ペン」をクリックして追加します。拡張機能の「ペン」が追加されると、ブロックパレットに「ペン」のブロックが表示されます。

ポイント　拡張機能の「ペン」の「スタンプ」

拡張機能の「ペン」の「スタンプ」のブロックは、スプライトをハンコを押すようにしてステージに描画します。描画したものを消す場合は、「全部消す」のブロックを使います。

サンプル 21　21.sb3

拡張機能「ペン」

ネコが描く三角形

ネコが三角形を描きます。ネコは原点（0, 0）から三角形の描画を開始し、描き終わったら原点（0, 0）に戻ります。

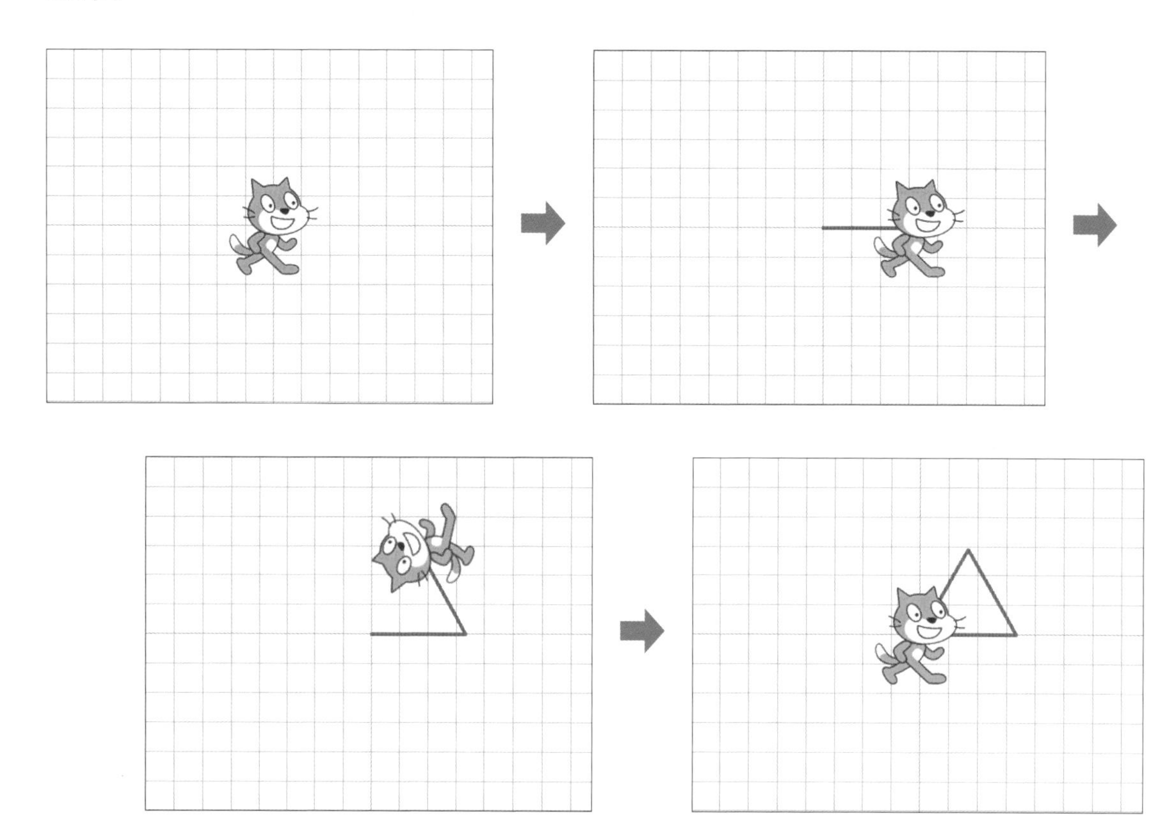

使用背景・スプライト

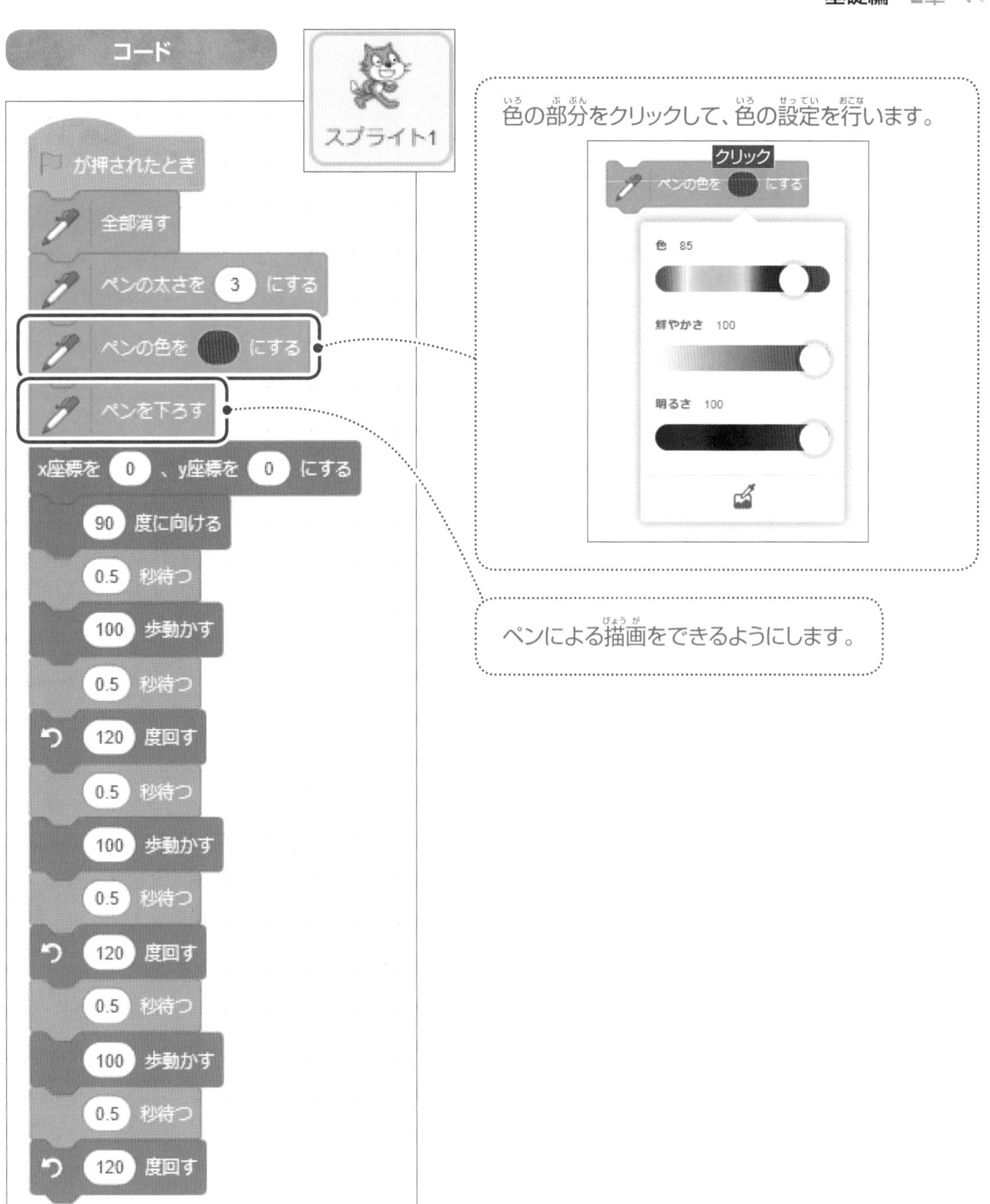

ポイント **拡張機能の「ペン」の「ペンを下す」**

拡張機能の「ペン」の「ペンを下す」のブロックは、スプライトの軌跡を線でステージに描画します。描画したものを消す場合は、「全部消す」のブロック使います。

サンプル 22　22.sb3

ユーザー入力

オウムにしゃべらせよう

女の子がしゃべった後、入力欄が表示されます。入力欄に入力すると、オウムが入力した内容と同じことをしゃべります。

使用背景・スプライト

背景 Forest　スプライト Abby、Parrot

コード

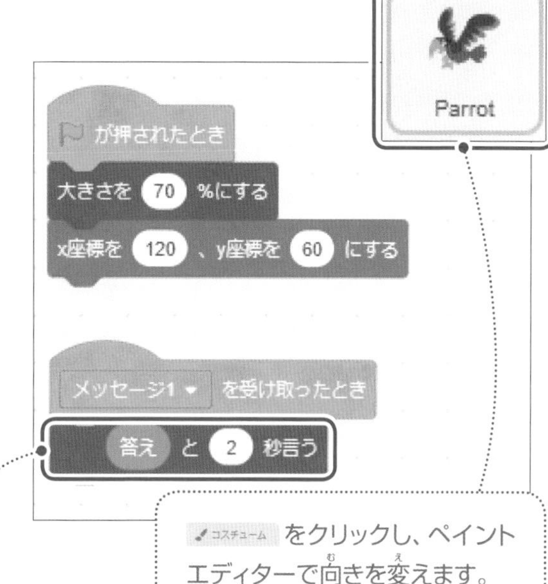

ユーザーが入力欄に入力した内容が変数「答え」に保存されています。それをオウムがしゃべります。

コスチューム をクリックし、ペイントエディターで向きを変えます。

ポイント スプライトの向きの変更

スプライト(スプライトのコスチューム)の向きを変えるには、「コスチューム」タブをクリックしてペイントエディターを表示させ、「左右反転」ボタンをクリックします。

ポイント ユーザー入力

ユーザー入力のブロックを利用すると、キーボードから入力した値(数や文字)が 答え に保存されます。答え に保存された値(数や文字)は、スプライトにしゃべらせたりすることができます。

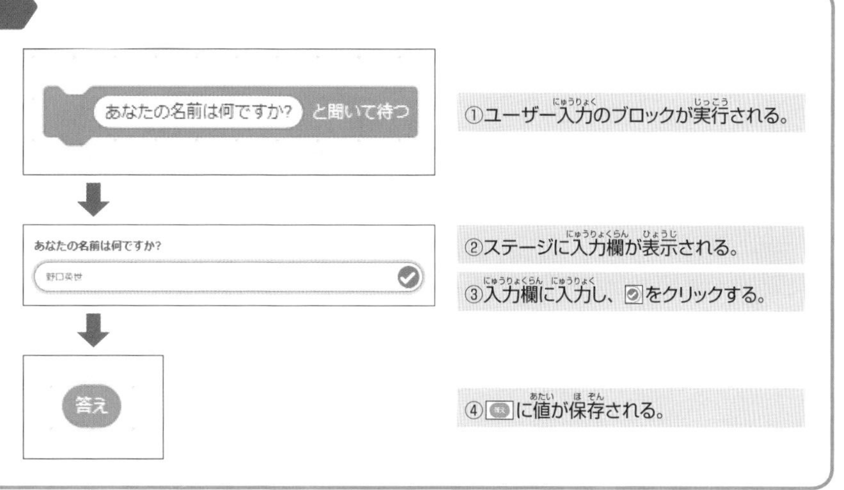

サンプル 23　23.sb3　変数

足し算

ネコが2つの数を聞いてきますので、順番に入力します。数を入力すると、入力した2つの数の足し算が行われ、ネコが答えを言います。

使用背景・スプライト

背景 School　スプライト スプライト1（Cat）

ポイント 数字の入力

への数字の入力は、半角で行います。

コード

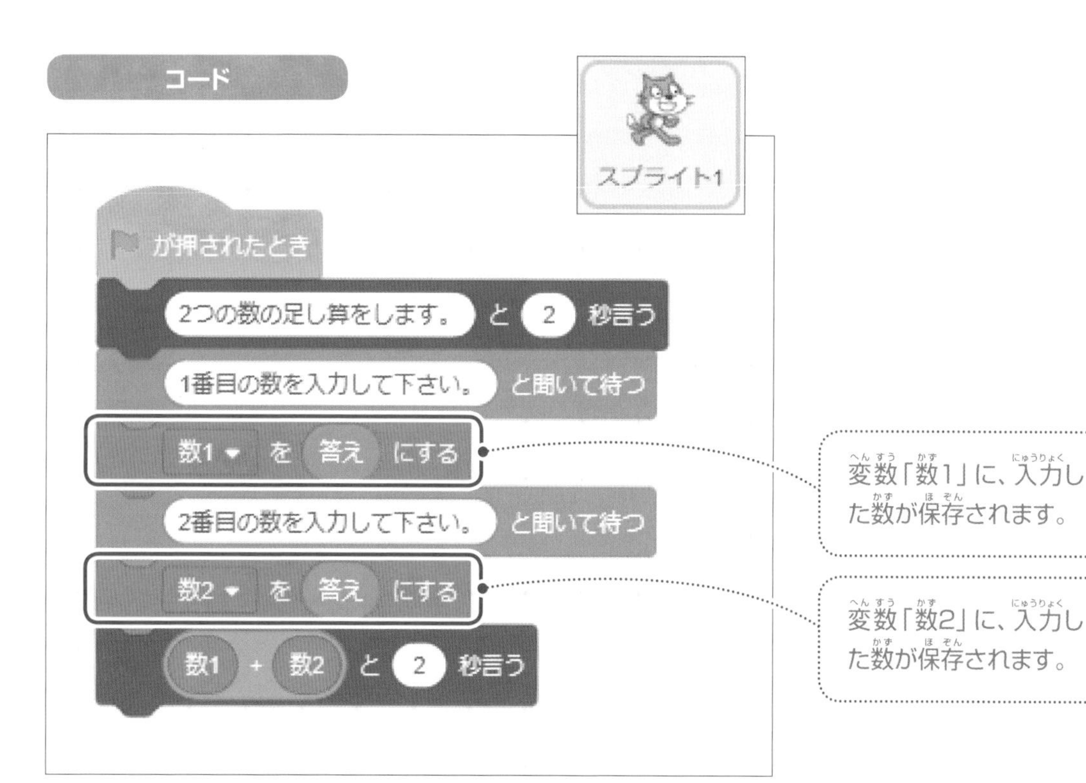

変数を作成します。変数はステージに表示しないので、□に✓を入れないようにします。

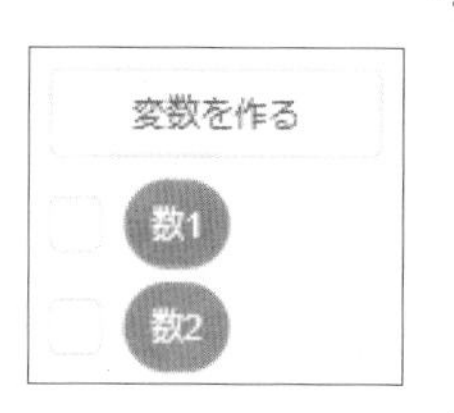

ポイント **変数の作成**

変数を作成するには、まず「変数を作る」ボタンをクリックします。次に、変数名を入力し、最後に「OK」ボタンをクリックします。なお、変数の左にある□の✓をクリックして外すと、ステージに変数が表示されないようになります。

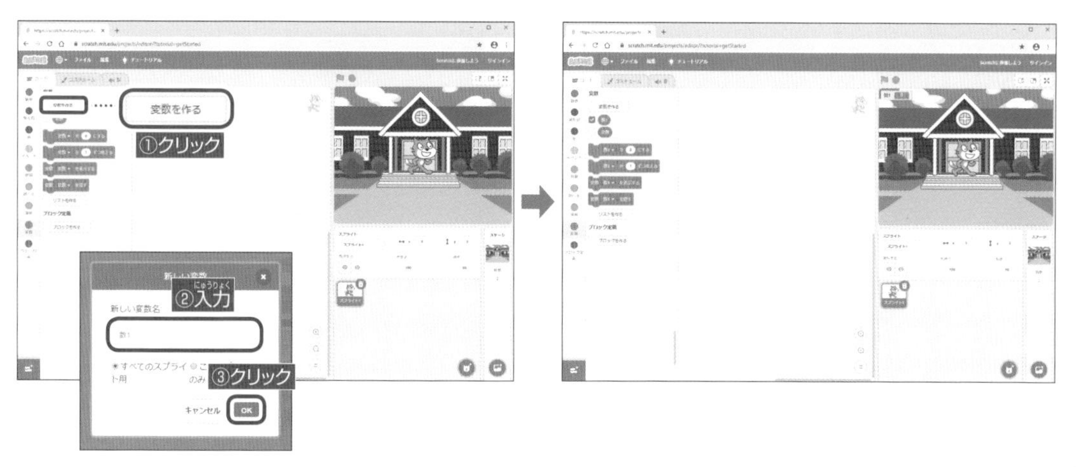

サンプル 24　24.sb3　リスト

乱数の保存

ネコが、発生させる乱数の数を聞いてきます。入力欄に発生させたい乱数の数を入力すると、乱数が発生してリストに保存（表示）されます。

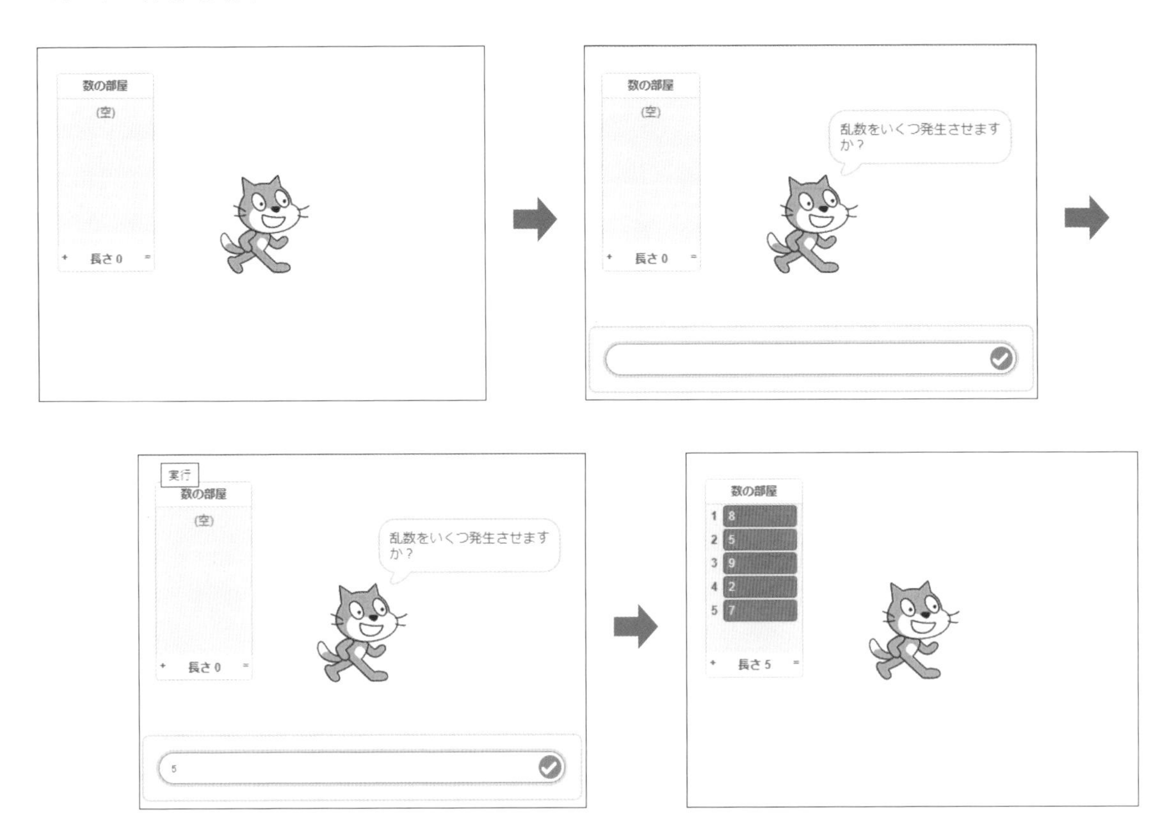

使用背景・スプライト

背景 なし　スプライト スプライト1 (Cat)

ポイント 数字の入力

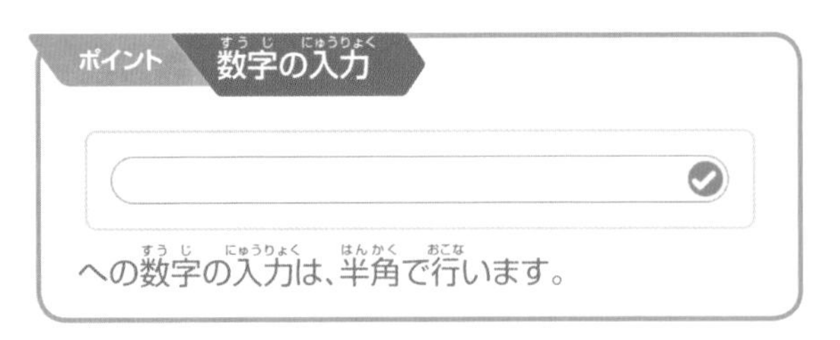

への数字の入力は、半角で行います。

コード

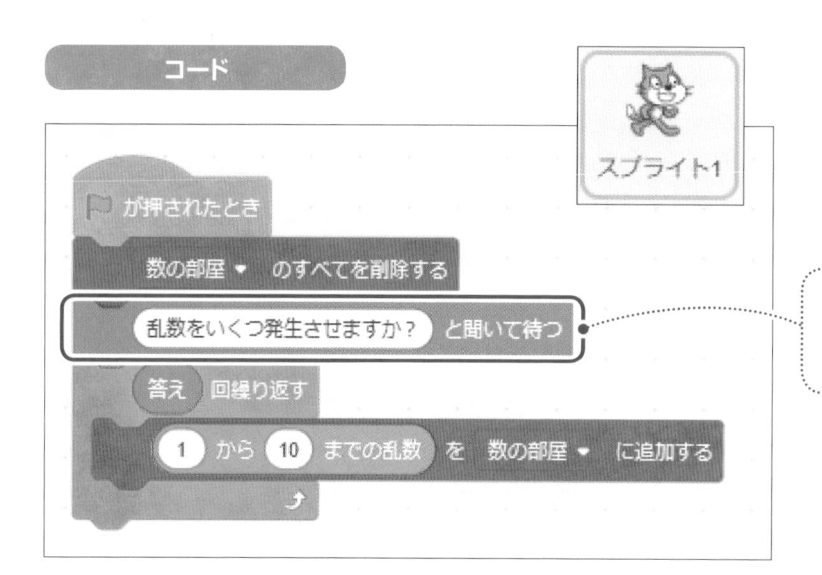

ネコがしゃべり、その後に、入力欄が表示されます。

リストを作成します。リストはステージに表示するので、□に✓を入れます。

ポイント **リストの作成**

リストを作成するには、まず「リストを作る」ボタンをクリックします。次に、リスト名を入力し、最後に「OK」ボタンをクリックします。なお、リストの左にある□の✓をクリックして外すと、ステージにリストが表示されないようになります。

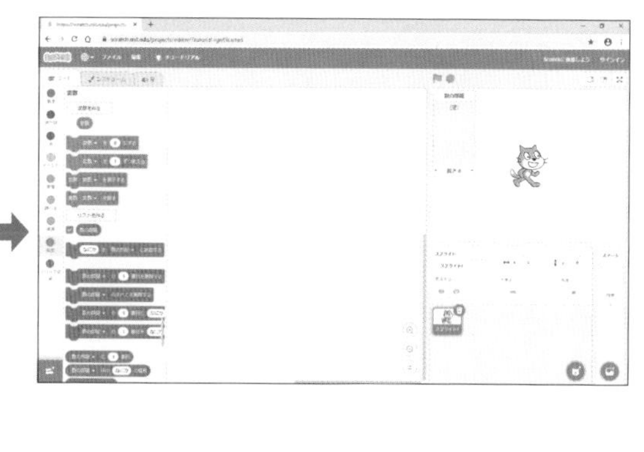

サンプル 25　25.sb3

リスト

出席番号の人は誰

ネコが出席番号を聞いてきます。入力欄に出席番号を入力すると、その出席番号の人の名前をネコが言います。

使用背景・スプライト

背景 School　スプライト スプライト1（Cat）

ポイント リストへの値の入力

リストへの値の入力は、必要な数の要素を確保し、値を入力します。

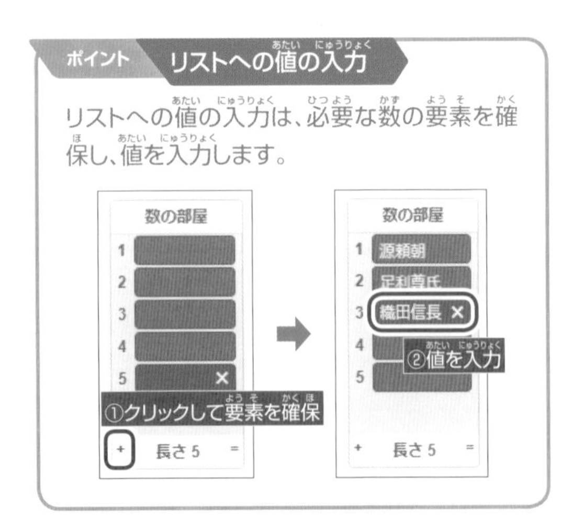

ネコがしゃべり、その後に、入力欄が表示されます。

リストを作成します。リストはステージに表示するので、□に✓を入れます。

ポイント　**リストからのデータの抽出**

リストから値（データ）を取り出すには、リストの要素（部屋）の番号を指定して取り出します。次の例では、リストの2番目の要素（部屋）の値を取り出しています。

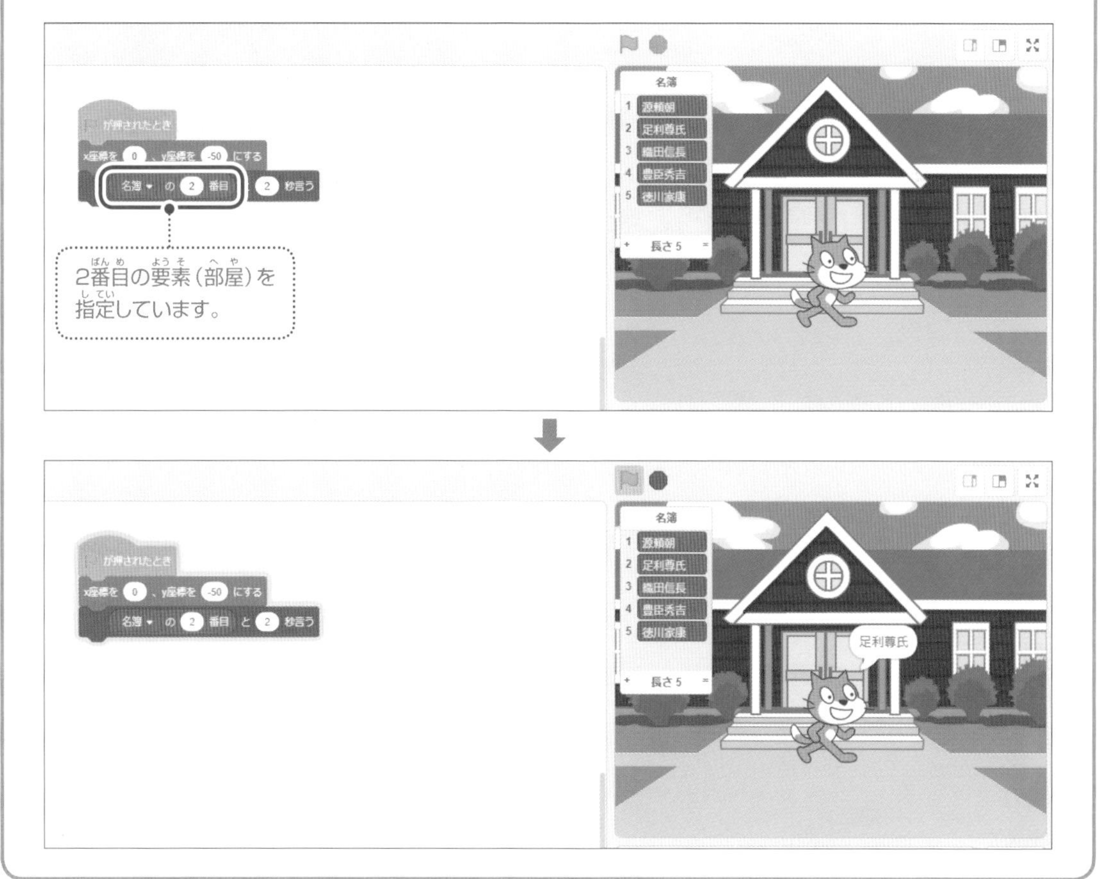

サンプル 26　26.sb3　関数

足し算と引き算

ネコが1番目と2番目の数を聞いてきますので入力します。次に、足し算か引き算かを聞いてきますので、足し算なら1、引き算なら2を入力します。ネコが答えを言います。

ポイント　ブロック定義のブロックの作成

「ブロックの定義」のブロックを作成するには、まず、「ブロックを作る」ボタンをクリックします。次に、ブロック名を入力し、最後に「OK」ボタンをクリックします。

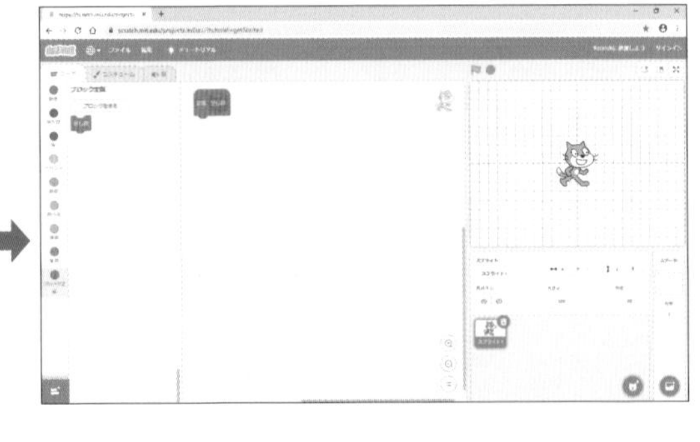

使用背景・スプライト

背景 School　スプライト スプライト1(Cat)

ポイント 関数とブロック定義のブロック

複数の処理を1つにまとめたものを関数といいます。ブロック定義のブロックにより1つにまとめられた処理は、関数として何度も繰り返し使うことができます。

コード

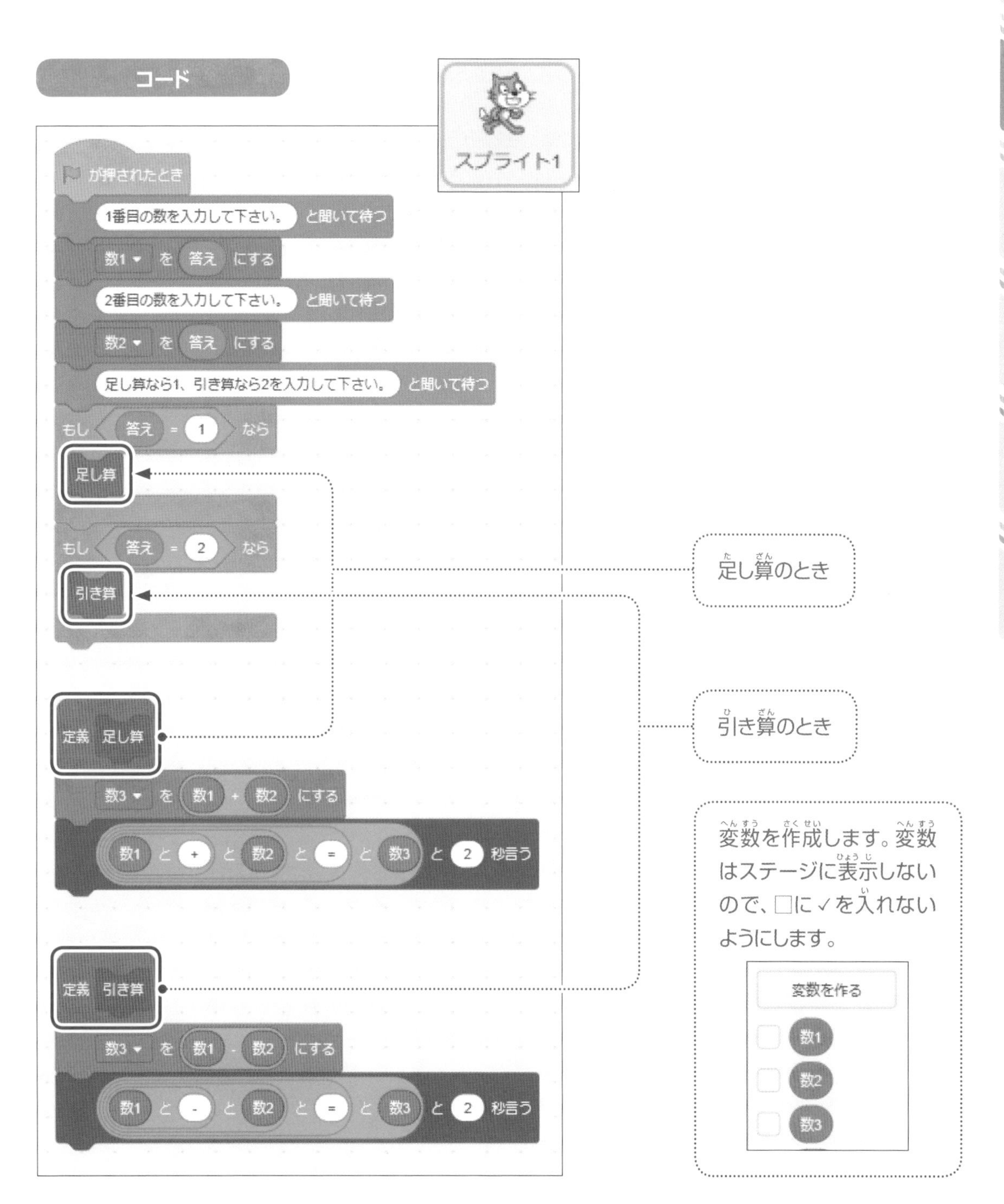

サンプル 27　27.sb3　関数

ネコが描く三角形と四角形

ネコが三角形と四角形をそれぞれ描きます。

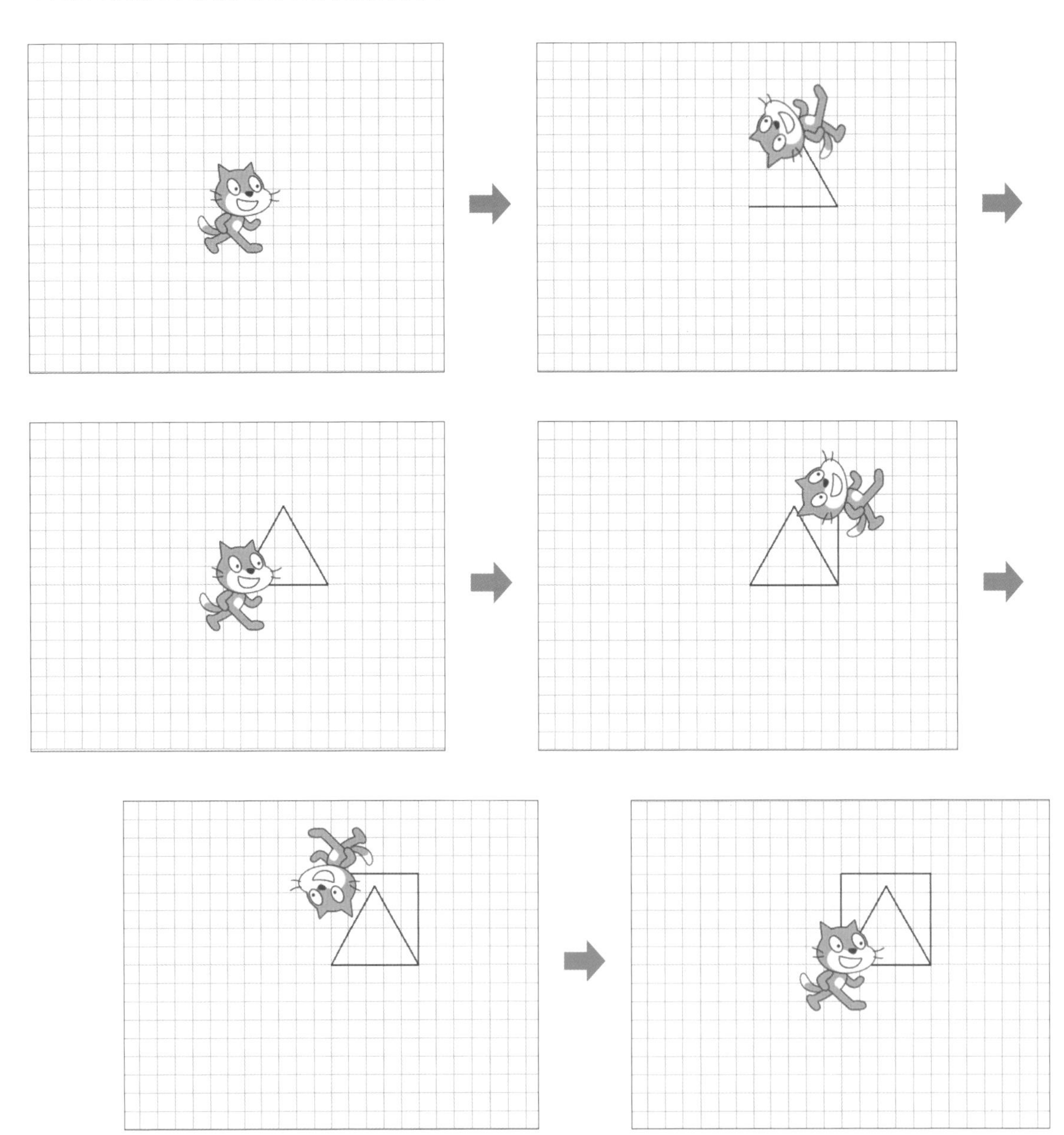

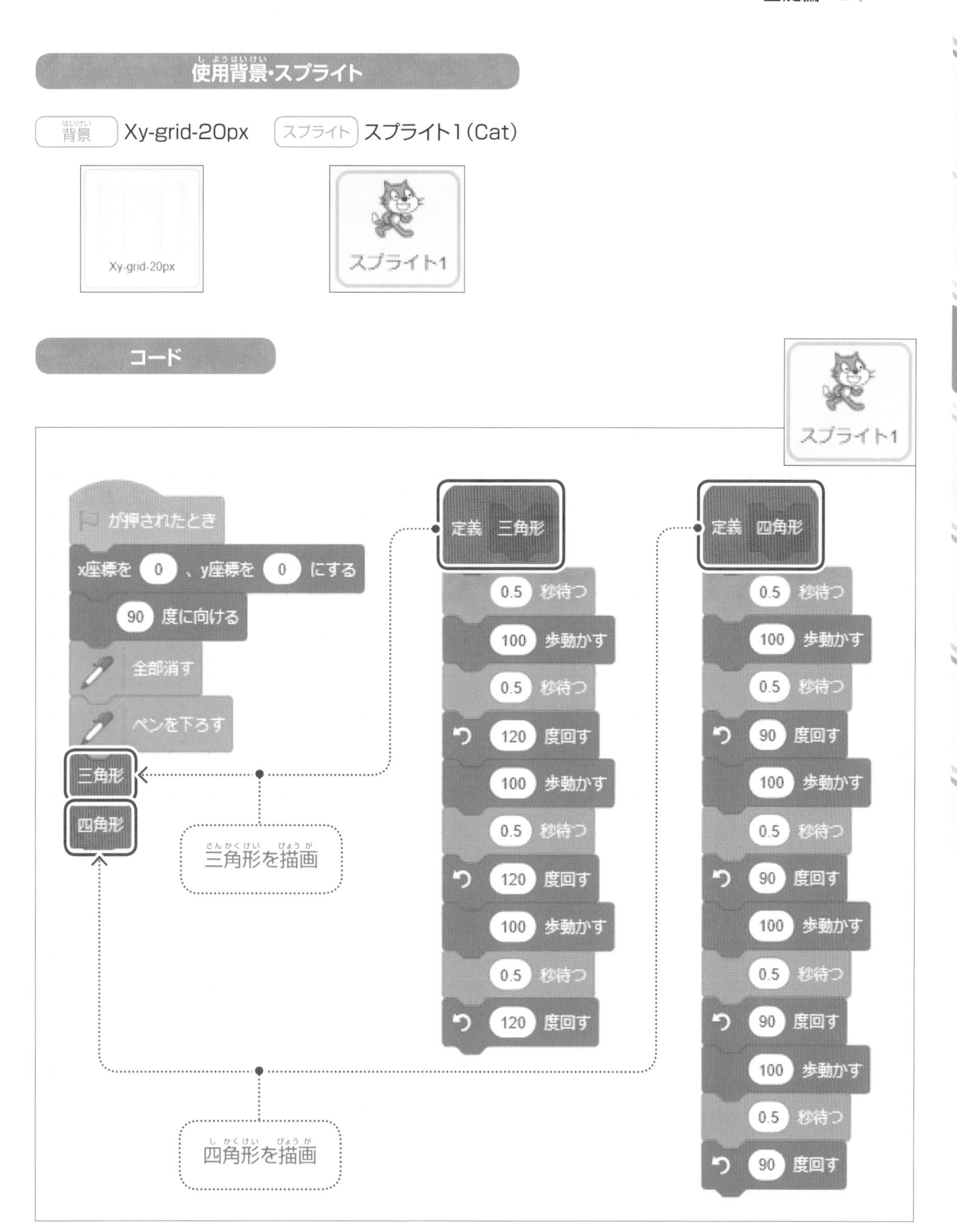
使用背景・スプライト
背景 Xy-grid-20px
スプライト スプライト1（Cat）
Xy-grid-20px
スプライト1
コード
スプライト1
が押されたとき
x座標を 0 、y座標を 0 にする
90 度に向ける
全部消す
ペンを下ろす
三角形
四角形
三角形を描画
四角形を描画
定義 三角形
0.5 秒待つ
100 歩動かす
0.5 秒待つ
120 度回す
100 歩動かす
0.5 秒待つ
120 度回す
100 歩動かす
0.5 秒待つ
120 度回す
定義 四角形
0.5 秒待つ
100 歩動かす
0.5 秒待つ
90 度回す
100 歩動かす
0.5 秒待つ
90 度回す
100 歩動かす
0.5 秒待つ
90 度回す
100 歩動かす
0.5 秒待つ
90 度回す

サンプル 28　28.sb3　複数背景

鳥の旅行

鳥が左から右に向かって飛んでいきます。鳥が右端まで行くと、背景が変わります。最後の背景が表示されたあとは、最初の背景に戻ります。

使用背景・スプライト

背景　Blue Sky、Desert、Forest、Mountain、Savanna

Blue Sky

Desert

Forest

Mountain

Savanna

スプライト　Parrot

Parrot

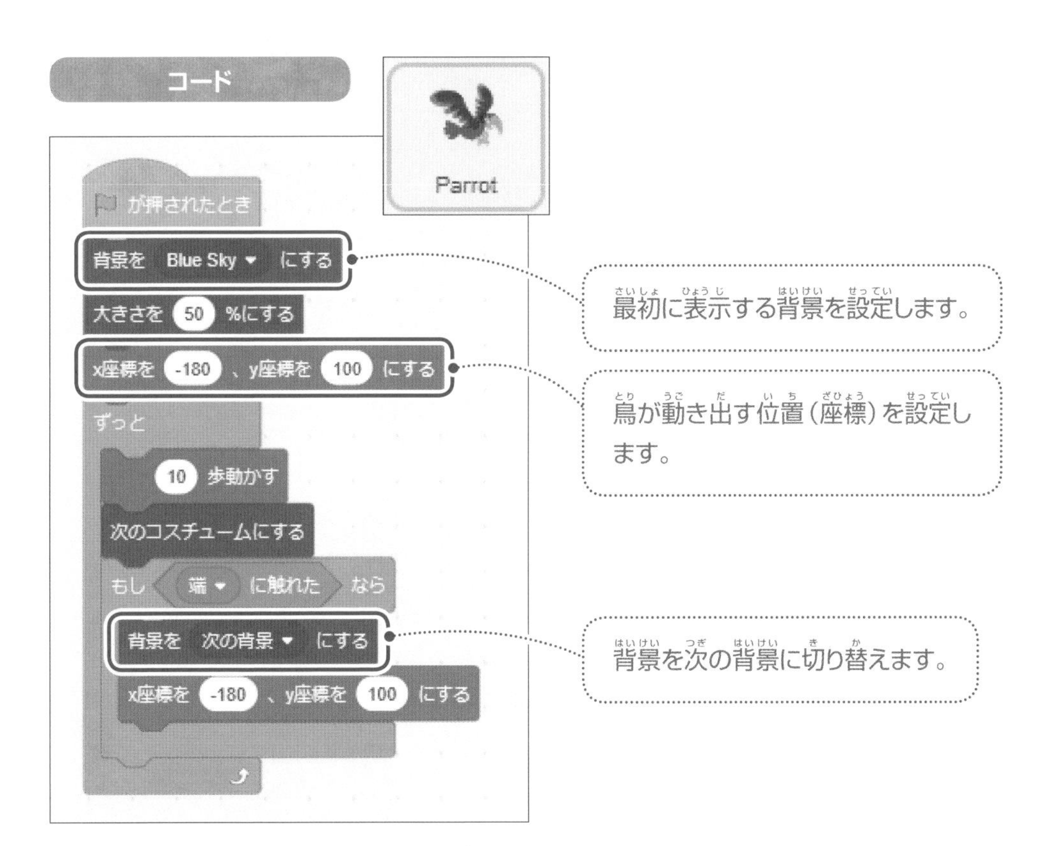

ポイント 背景の追加

背景を追加するには、「背景を選ぶ」をクリックし、「背景を選ぶ」から背景をクリックして選びます。同じ手順で背景は複数追加できます。なお、ここでは不要な「白い背景」は削除しています。

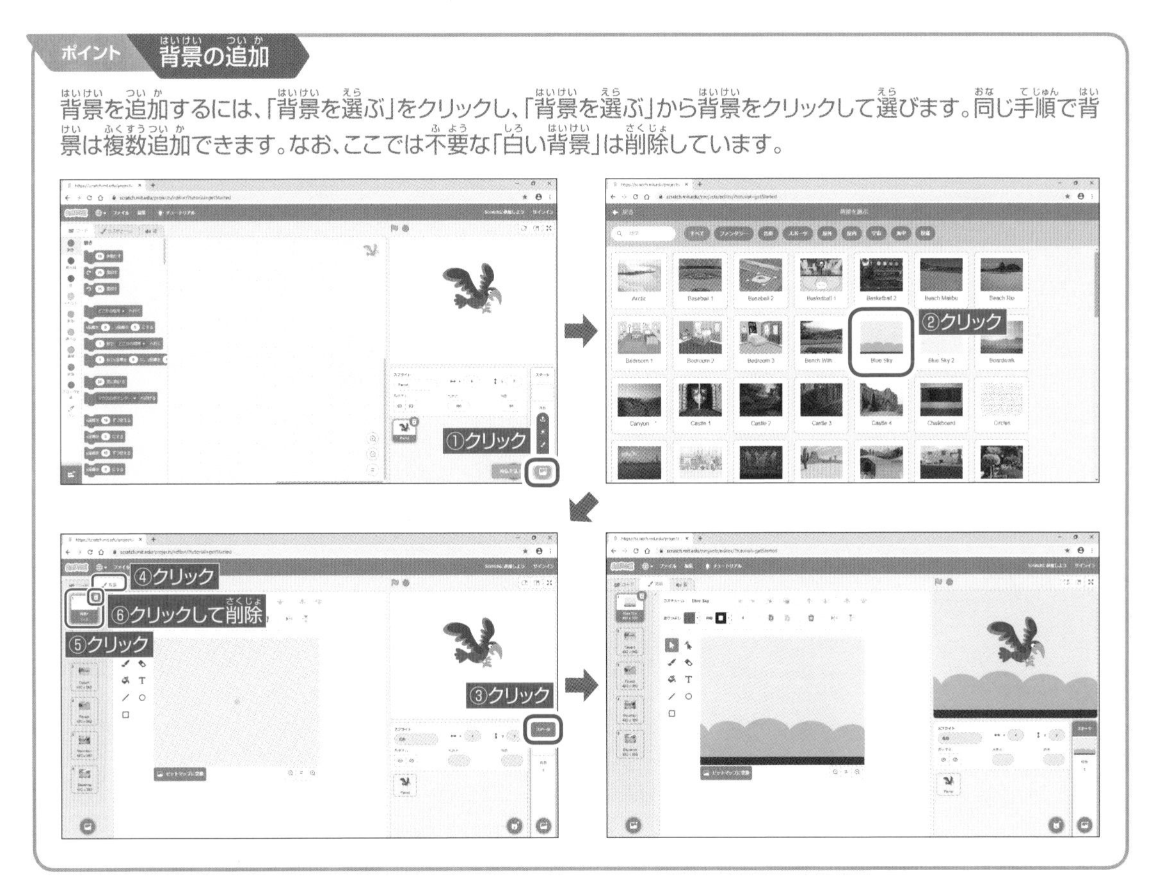

サンプル 29　29.sb3

複数背景

時間で変わる背景

背景が一定時間ごとに、次の背景に変わります。最後の背景が表示された後は、最初の背景に戻ります。

ポイント　複数の背景(素材の利用)

背景に使用する画像は写真なども利用できます。ここでは、撮影した横浜の山手西洋館の写真を利用しています。ここで使用している写真は本書のダウンロードサイトよりダウンロードできます。

背景1
(01_外交官の家.jpg)

背景2
(02_ブラフ18番館.jpg)

背景3
(03_ベーリックホール.jpg)

背景4
(04_エリスマン邸.jpg)

背景5
(05_山手234番館.jpg)

背景6
(06_横浜市イギリス館.jpg)

背景7
(07_山手111番館.jpg)

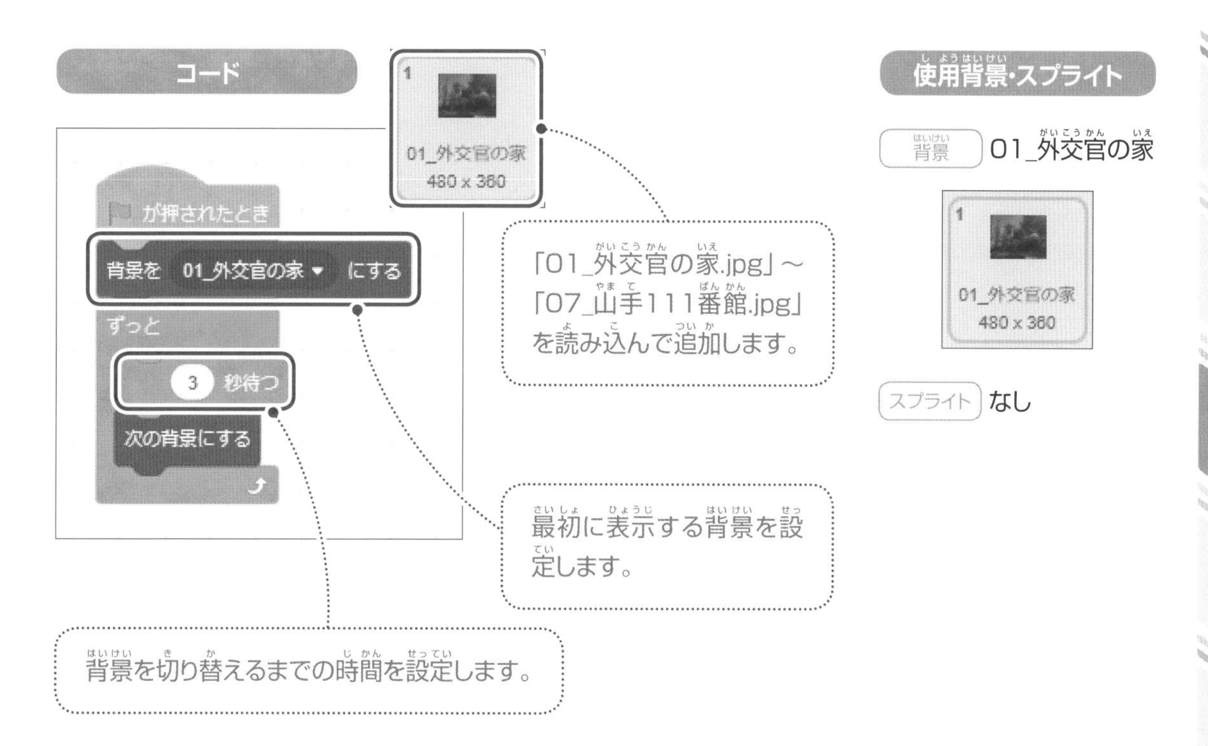

使用背景・スプライト

背景　01_外交官の家

1
01_外交官の家
480 x 360

スプライト　なし

ポイント　背景の追加(素材の利用)

背景として写真などを追加する場合は、次の手順で行います。なお、ここでは不要な「白い背景」は削除しています。

サンプル 30　30.sb3　複数コスチューム

次々に変わるコスチューム

スプライトがランダムな場所に出現します。スプライトのコスチュームは、場所が変わるたびに次のコスチュームへ変わります。最後のコスチュームが表示されたあとは、最初のコスチュームに戻ります。

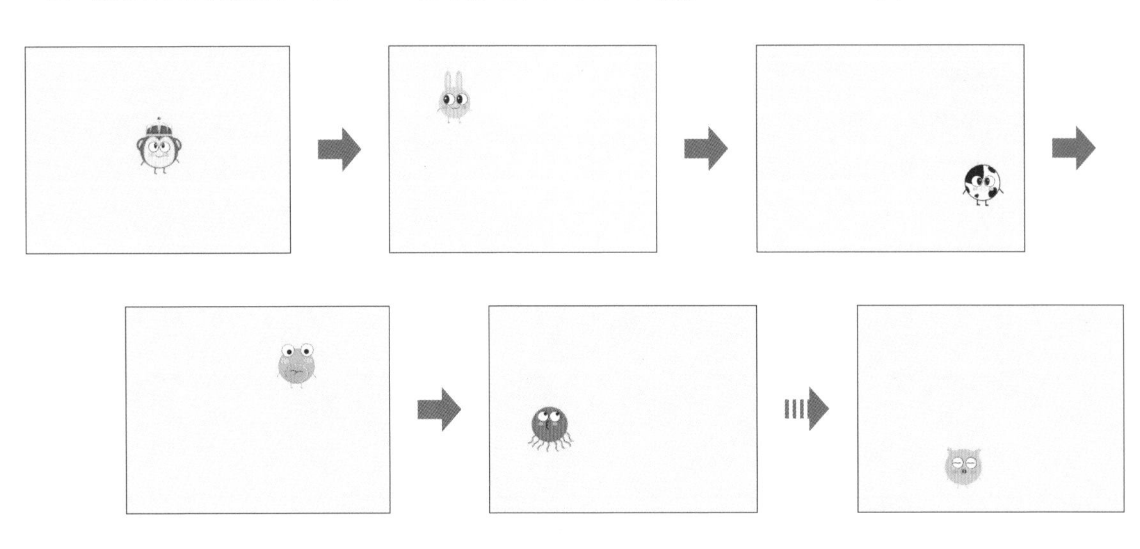

ポイント　スプライトと複数のコスチューム（素材の利用）

背景やスプライト（スプライトのコスチューム）は自分で作ることもできます。ここでは自作したイラストをスプライトのコスチュームに利用しています。ここで使用しているイラストは本書のダウンロードサイトよりダウンロードできます。

コスチューム1
(01_サル.png)

コスチューム2
(02_ウサギ.png)

コスチューム3
(03_ウシ.png)

コスチューム4
(04_カエル.png)

コスチューム5
(05_タコ.png)

コスチューム6
(06_ネコ.png)

コスチューム7
(07_ネズミ.png)

コスチューム8
(08_パンダ.png)

コスチューム9
(09_ヒツジ.png)

コスチューム10
(10_ヒヨコ.png)

コスチューム11
(11_ブタ.png)

コード

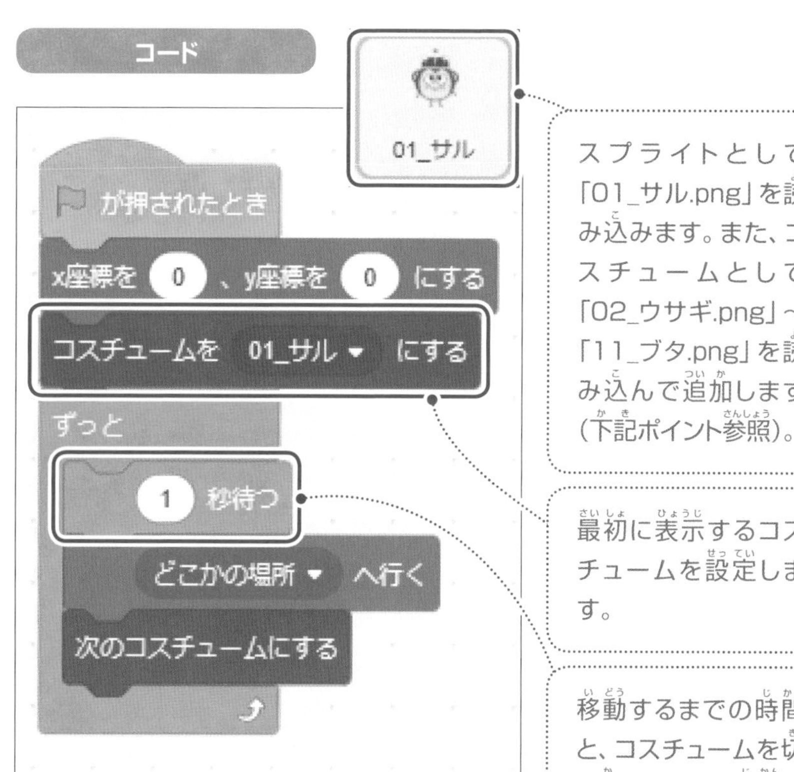

スプライトとして「01_サル.png」を読み込みます。また、コスチュームとして「02_ウサギ.png」〜「11_ブタ.png」を読み込んで追加します(下記ポイント参照)。

最初に表示するコスチュームを設定します。

移動するまでの時間と、コスチュームを切り替えるまでの時間を設定します。

使用背景・スプライト

背景 Blue Sky 2

スプライト 01_サル

ポイント スプライトとコスチュームの追加(素材の利用)

自作したスプライトに、自作したコスチュームを追加するときは、次の手順で行います。追加したコスチュームはコスチュームの一覧に表示されます。

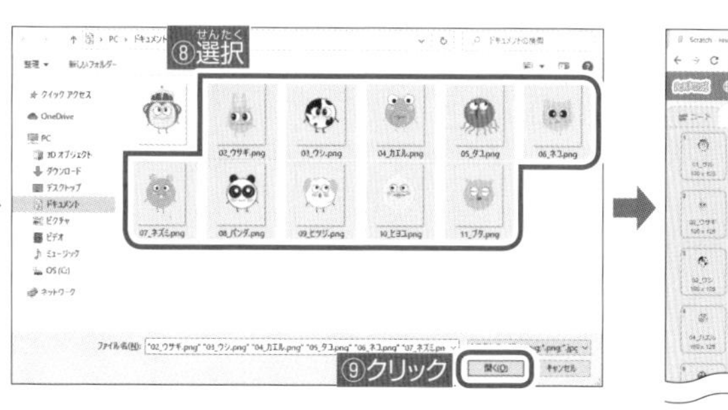

「スプライトを選ぶ」一覧

「スプライトを選ぶ」には沢山のスプライト（キャラクター）が用意されています。

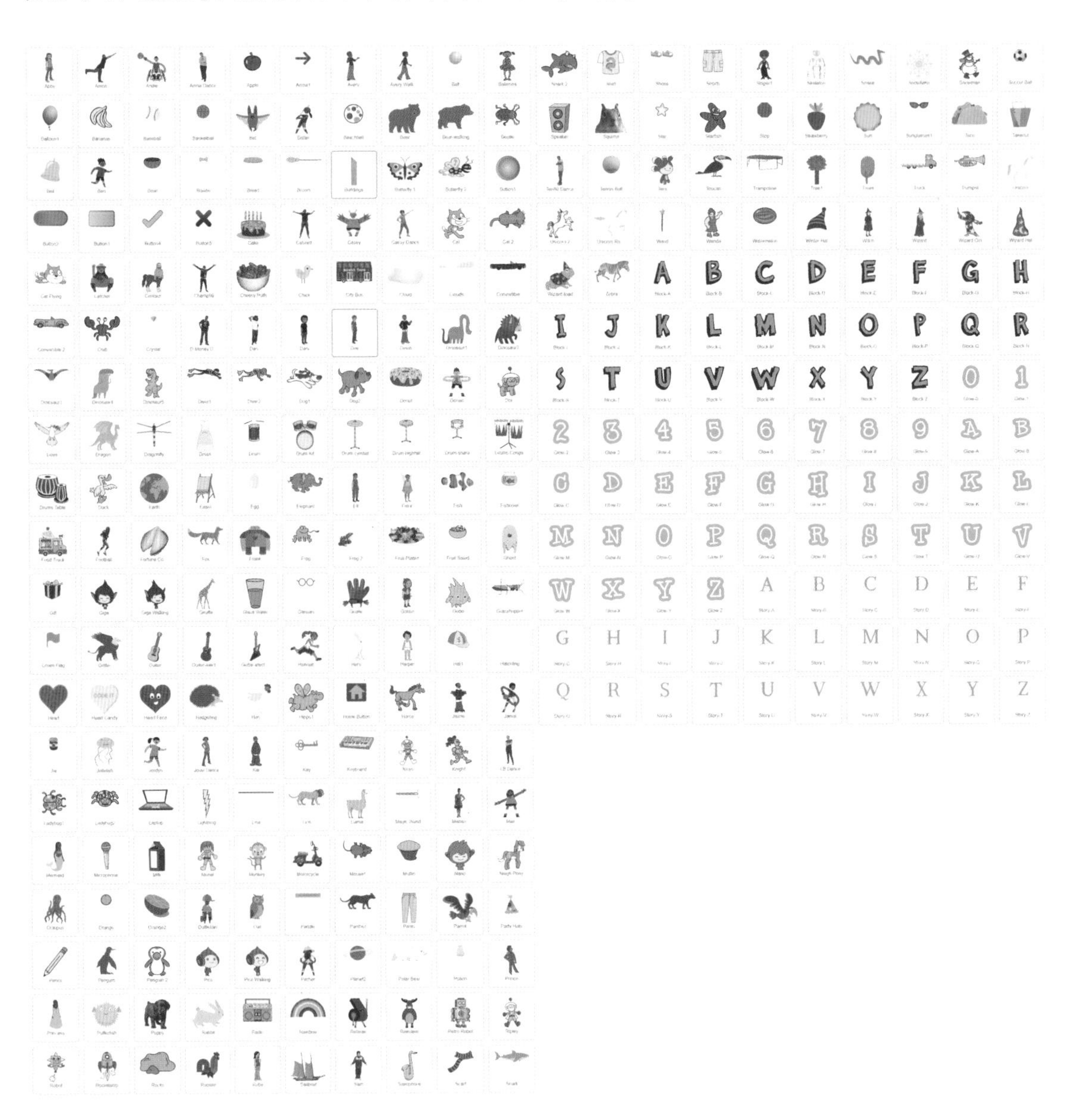

実践編

サンプル31 31.sb3　簡単なゲーム

ロボット捕獲ゲーム

ロボットが月面をワープしながら移動します。←→↑↓キーを押して宇宙人を動かしてロボットを捕まえます。宇宙人はロボットを捕まえたとき「つかまえた!」と言います。

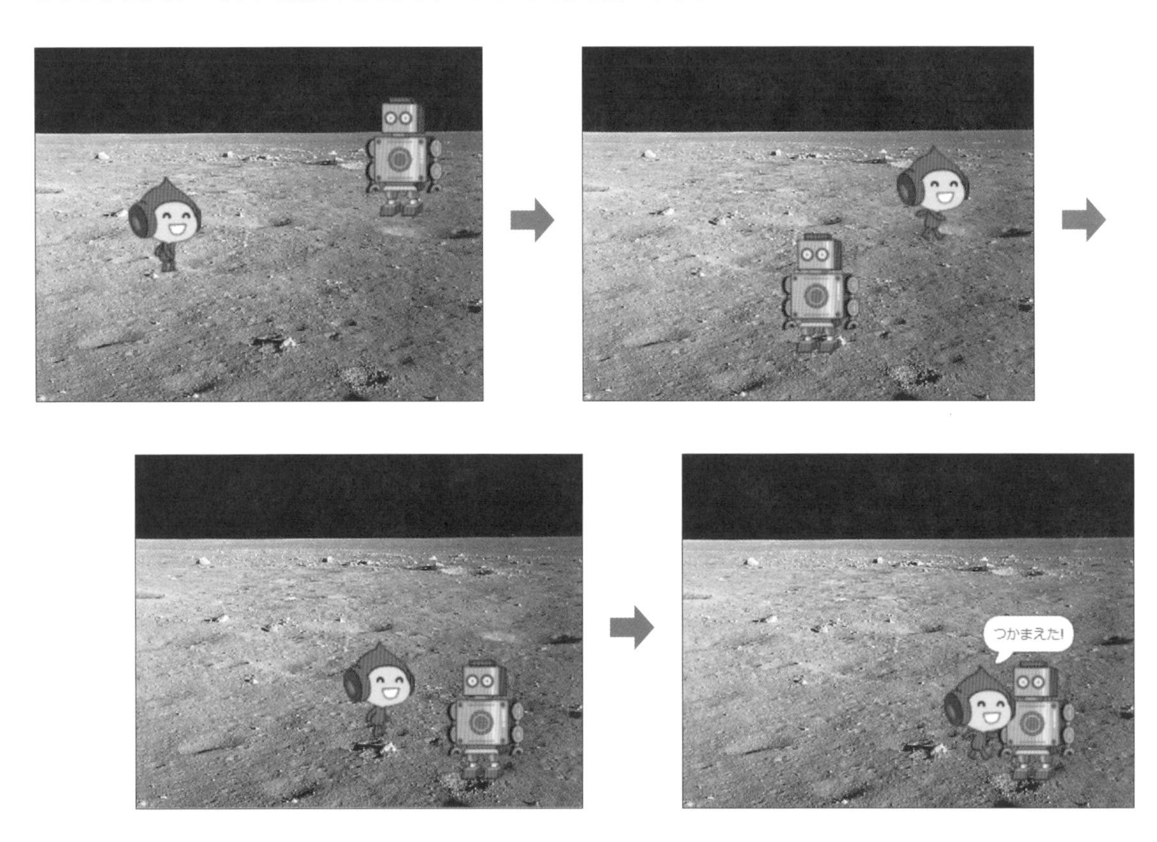

使用背景・スプライト

背景 Moon　スプライト Pico Walking、Retro Robot

コード

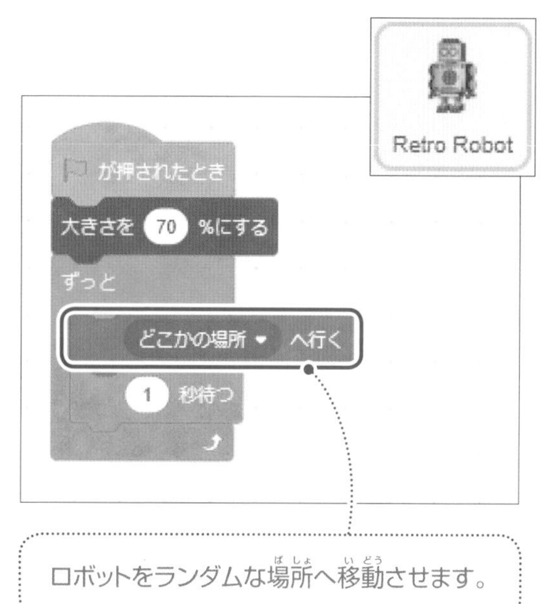

ロボットをランダムな場所へ移動させます。

宇宙人がロボットに触れたとき、宇宙人に「つかまえた!」と言わせます。

ポイント **スプライトのランダムな場所への移動**

スプライトをランダムな場所に移動したい場合は、「どこかの場所へ行く」のブロックを使います。スプライトをランダムな場所に移動し続けたい場合は、「ずっと」のブロックの中に、「どこかの場所へ行く」のブロックを入れます。

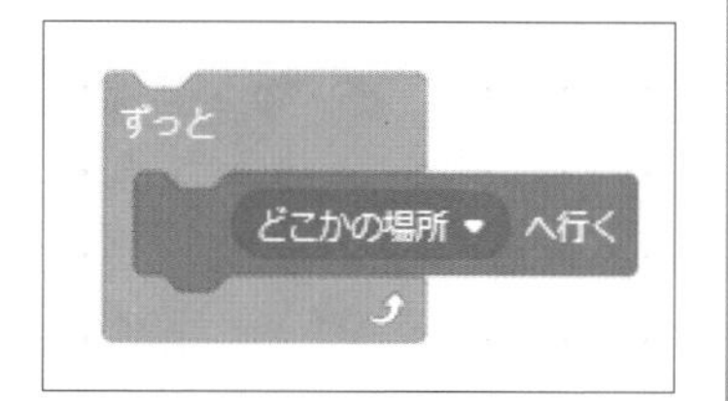

サンプル 32　32.sb3　簡単なゲーム

10秒ぴったり当てゲーム

ネコが「スタート」と言ってから、ちょうど10秒経ったときにスペースキーを押します。10秒ちょうどなら、ネコが「ぴったり。」と言います。ずれていた場合は「ずれてるよ。」と言います。

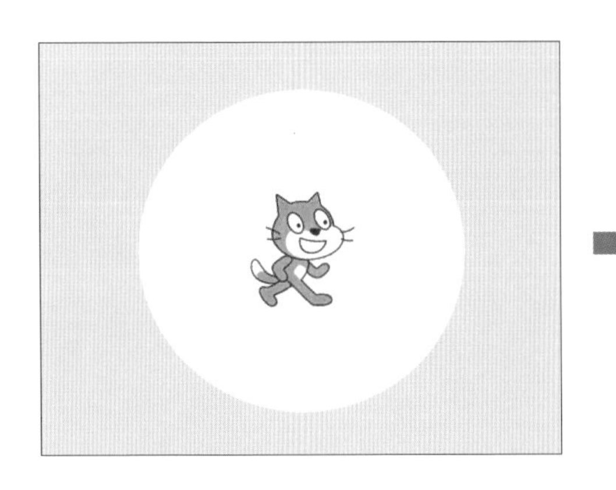

当たりの場合

外れの場合

使用背景・スプライト

Light

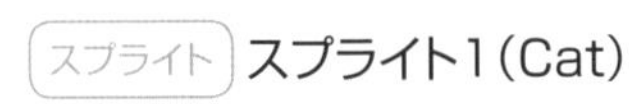

スプライト1（Cat）

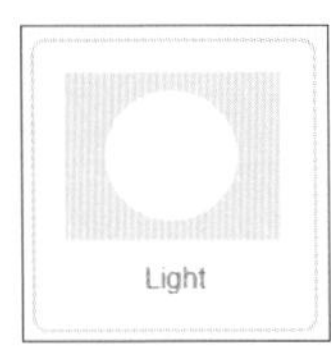

コード

タイムラグがあるため、10秒前後約0.5秒以内を「ぴったり。」としています。

ポイント **入れ子構造**

繰り返しのブロックや、条件分岐のブロックの中に、さらにこれらのブロックを入れることができます。このような構造を「入れ子構造」と言います。入れ子構造には様々な組み合わせがあります。

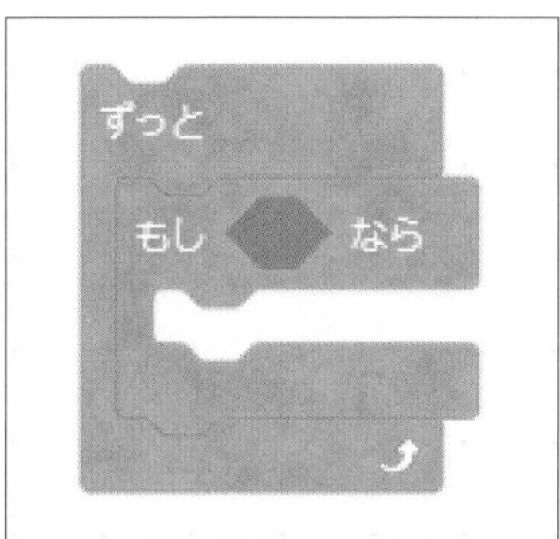

「ずっと」と「もし～なら」の入れ子構造

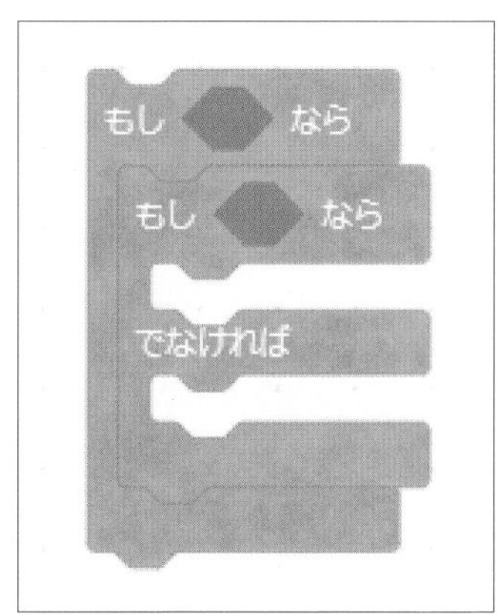

「もし～なら」と「もし～なら、でなければ」の入れ子構造

サンプル 33　33.sb3

簡単なゲーム

サメ避けゲーム

サメがヒトデを追いかけてきます。マウスでヒトデを動かしてサメから逃げます。ヒトデがサメに捕まるとゲームオーバーです。

使用背景・スプライト

背景 Underwater 1　スプライト Starfish、Shark 2

コード

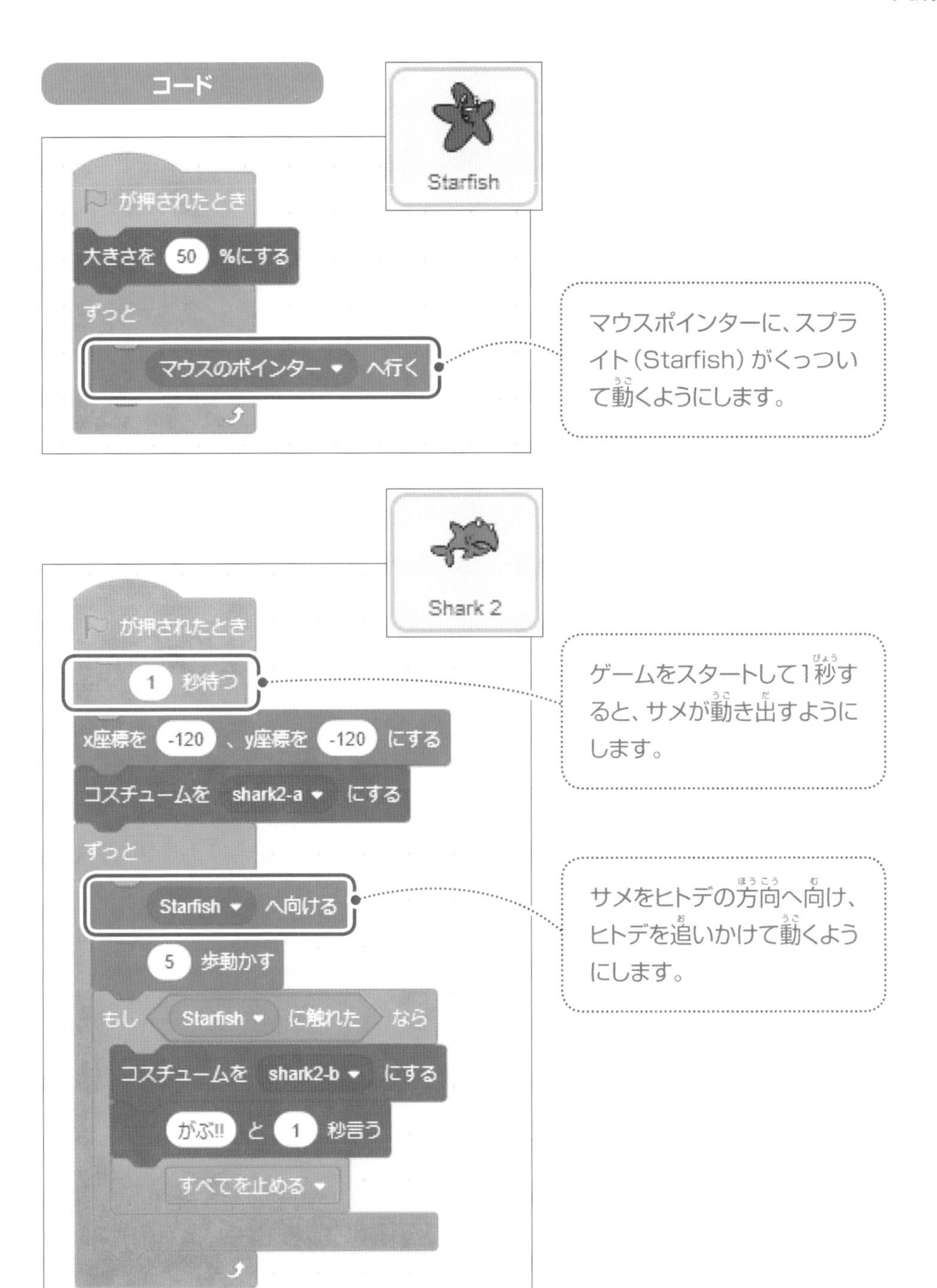

ポイント **マウスによるスプライトの操作**

マウスの動きにスプライトの動きを合わせたい場合は、「ずっと」のブロックを使います。「ずっと」のブロックの中に、「マウスのポインターへ行く」のブロックを入れると、マウスポインターにスプライトが貼りつき、マウスの動きとスプライトの動きが連動します。

サンプル 34　34.sb3

簡単なゲーム

野球ゲーム

↑キーを押してボールを投げます。スペースキーを押すとバッターがバットを振ります。ボールにバットが当たるとボールが飛んでいきます。

使用背景・スプライト

背景 Baseball 1　スプライト Batter、Baseball

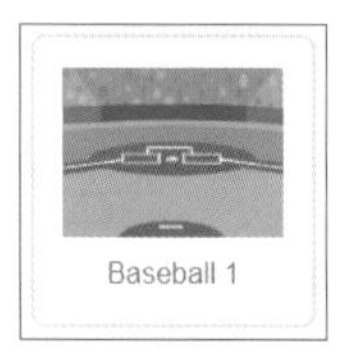

Baseball 1

Batter

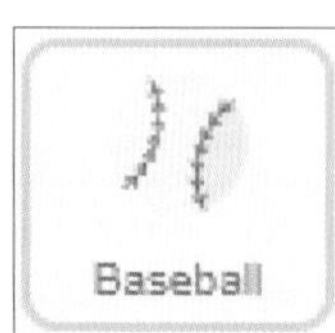

Baseball

コード

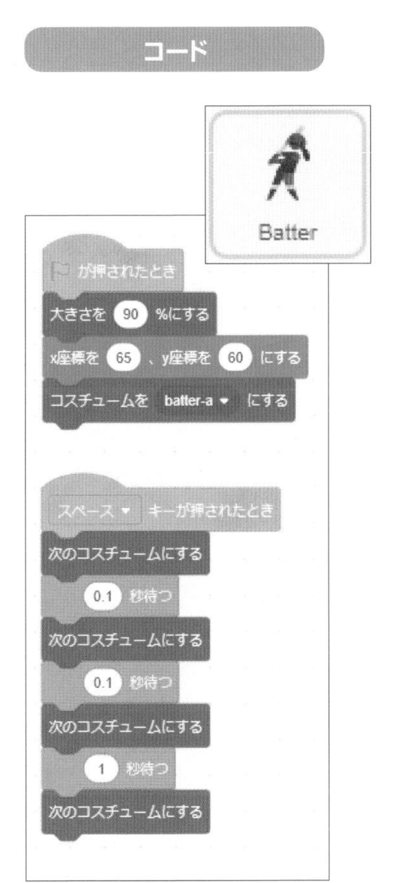

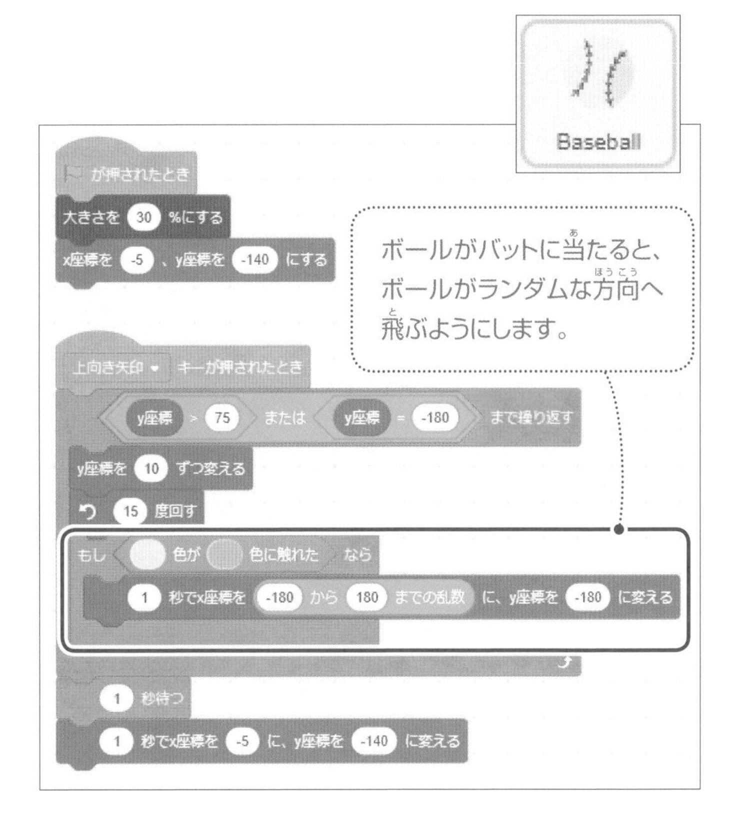

ポイント　色による判定

スプライトどうしが触れた判定は、スプライト名での判定以外にも、色による判定ができます。ここでは、スイングしているバッターの体にボールが当たってもヒットになってしまう可能性があるので、ボールの色(白色)とバットの色(黄土色)により判定を行っています。ブロックへの色による判定の設定は次のようにして行います。

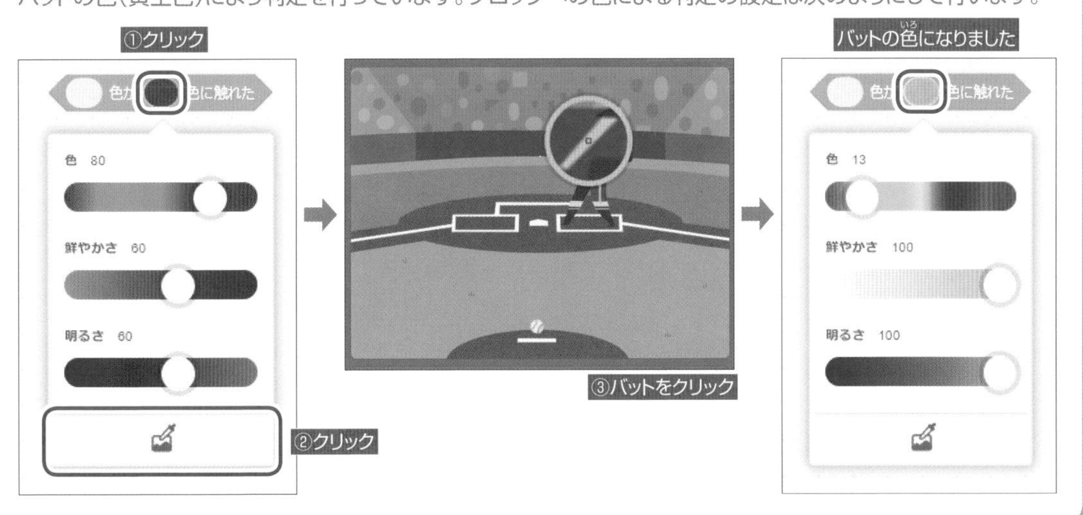

サンプル 35　35.sb3　簡単なゲーム

ロボット弾当てゲーム

ロボットが左右に動いています。[←][→]キーを押して宇宙船を左右に動かします。スペースキーを押すと弾を発射します。スペースキーを押しっぱなしにすると連射します。ロボットに弾が当たると、ロボットの色が変わり、音が鳴ります。

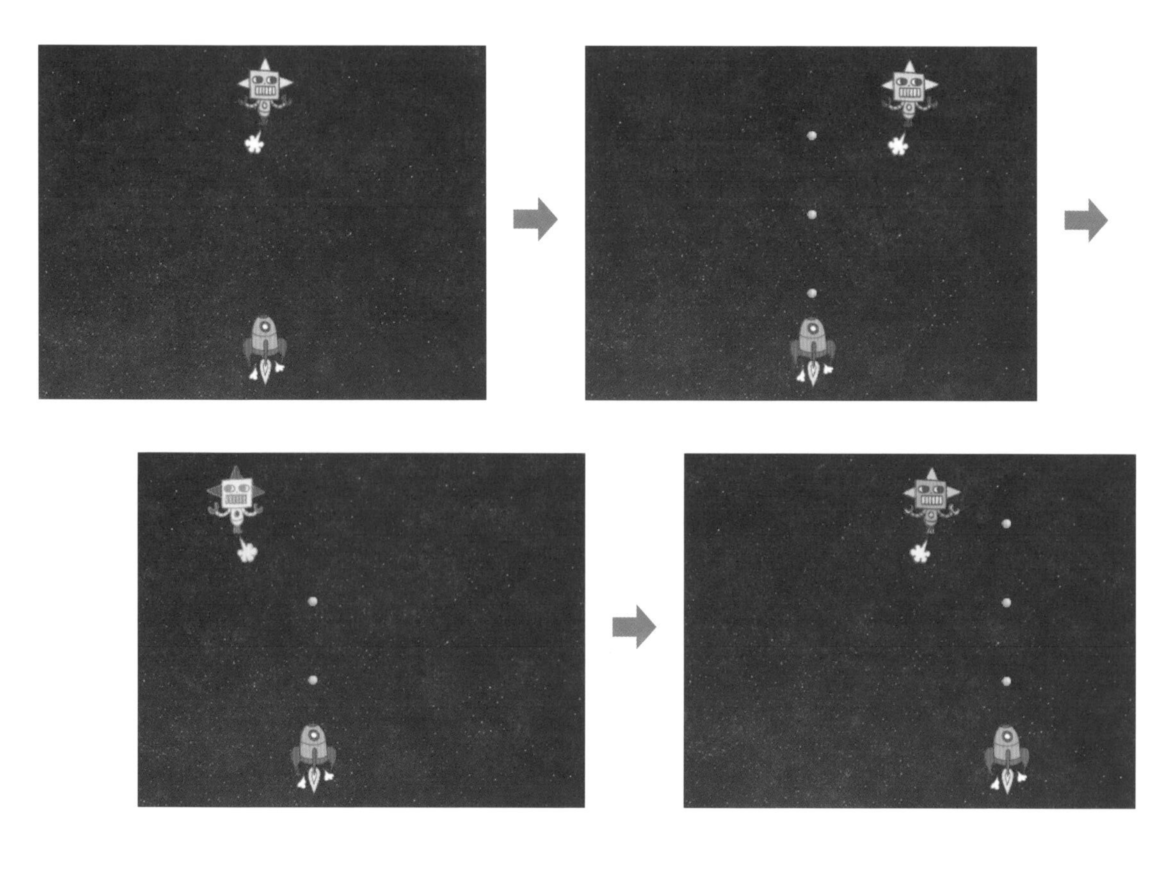

使用背景・スプライト

背景 Stars　スプライト Rocketship、Ball、Robot

コード

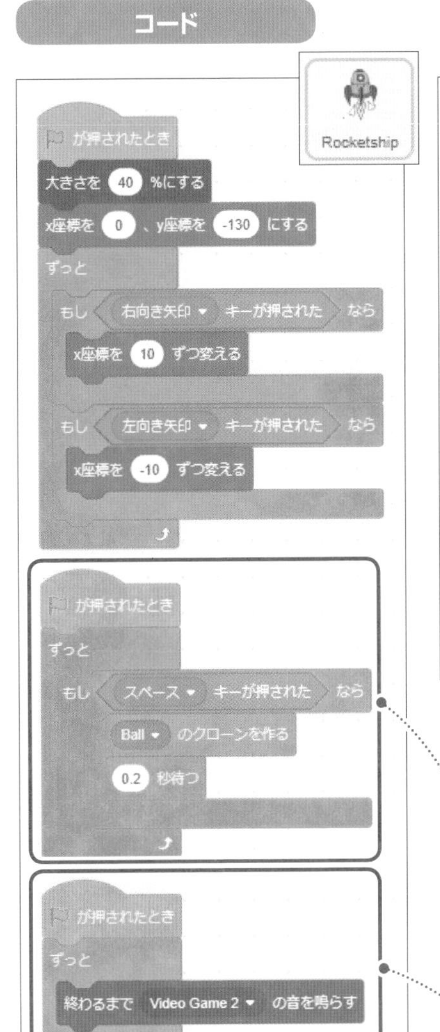

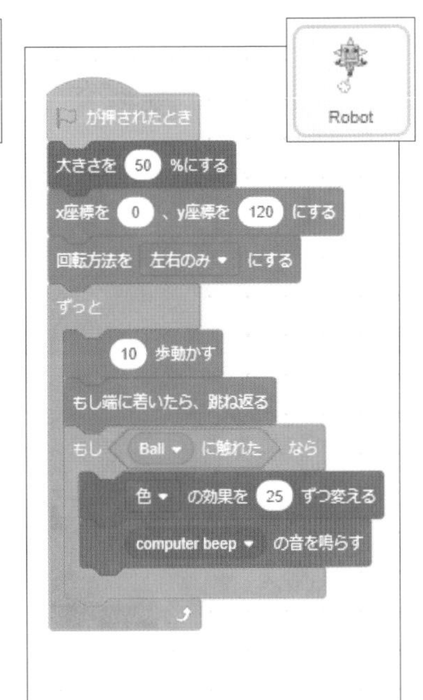

球を発射する「ずっと」のブロックは、宇宙船を動かす「ずっと」のブロックと別にします。もし1つの「ずっと」のブロックに入れると、「0.2秒待つ」のブロックがあるため、球を撃っている間は宇宙船の動きがにぶくなります。

ゲーム中は効果音を鳴らします。

ポイント 効果音の挿入

効果音を挿入するには、まず「音」タブをクリックし、次に「音を選ぶ」をクリックします。最後に、挿入したい音をクリックして選びます。ここでは、効果音に「Video Game 2」を選んでいます。宇宙船のコードに音（Video Game 2）のブロックを置いています。

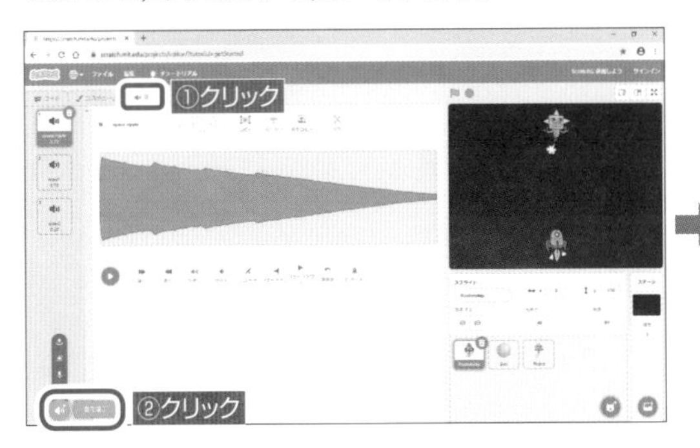

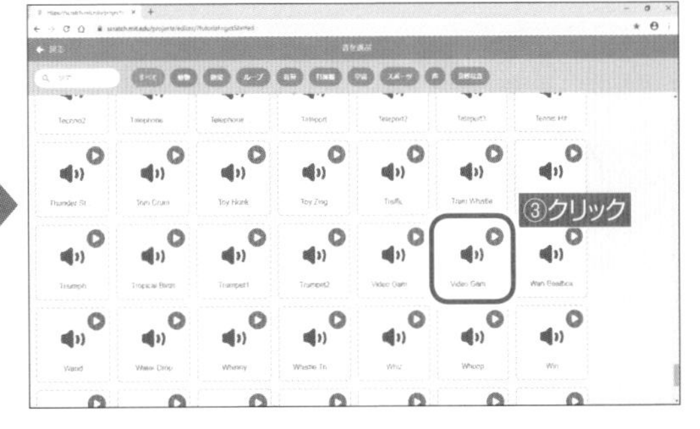

サンプル 36　36.sb3

簡単なゲーム

風船球当てゲーム

風船が左右に動いています。[←][→]キーを押してサルを左右に動かします。スペースキーを押すとサルが球を上に投げます。スペースキーを押しっぱなしにすると連射します。風船に球が当たると、音が鳴り、1点得点されます。

使用背景・スプライト

背景 Blue Sky　スプライト Monkey、Ball、Balloon1

ポイント 得点の表示

変数「得点」を作り、ステージに得点を表示させます。変数の作り方はサンプル23(P065)を参照してください。

コード

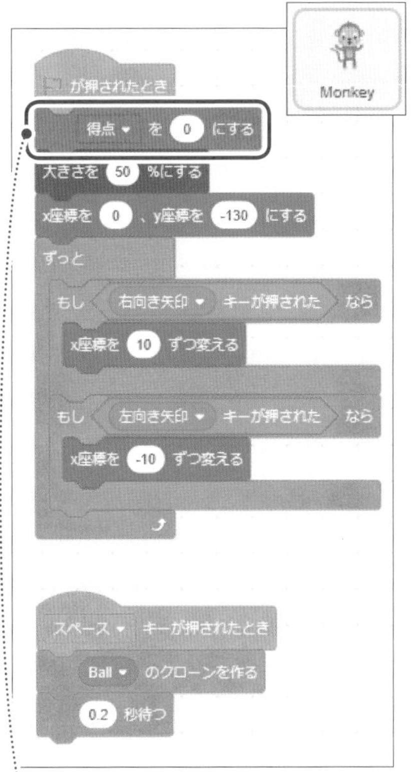

ゲームをスタートしたときに、得点が「0」に初期化されるようにします。

球が風船に当たると、1点が得点されます。

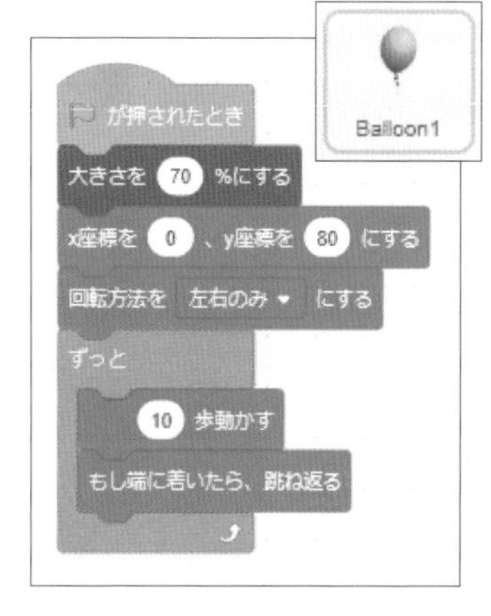

球が風船に当たったとき、音を鳴らします。

変数を作成します。変数はステージに表示するので、□に✓を入れます。

ポイント　処理による違い

連射の設定は、下記のどちらでもできます。左のブロックの組み合わせの場合は、発射するスプライト(ここではサル)を動かすと、再度スペースキーを押す操作が必要になります。

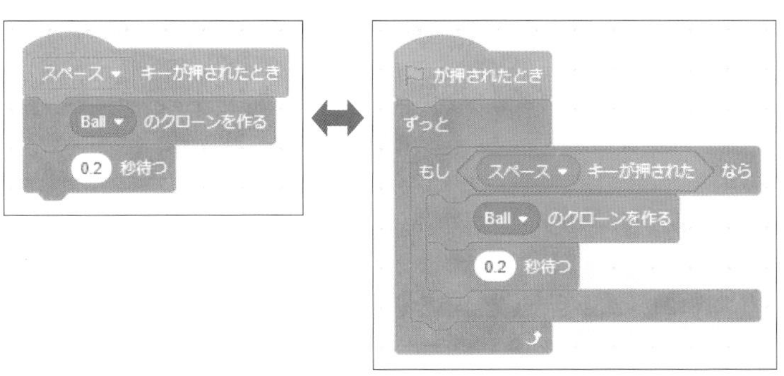

サンプル 37　37.sb3

簡単なゲーム

サッカーボール避けゲーム

右からサッカーボールがネコの方に向かって転がってきます。スペースキーを押してネコをジャンプさせて、ネコがサッカーボールに当たらないようにします。ネコがサッカーボールに当たるとゲームオーバーです。20秒間避け続ければゲームクリアです。

使用背景・スプライト

背景 Blue Sky　スプライト スプライト1（Cat）、Soccer Ball

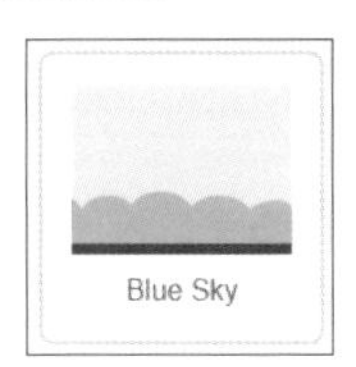

コード

スプライト1

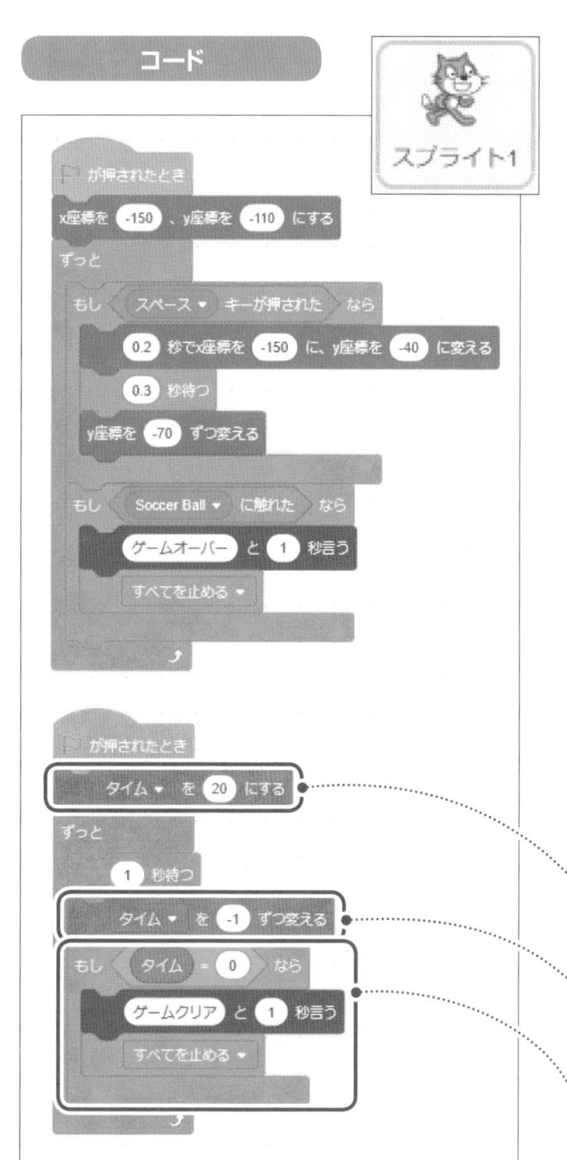

Soccer Ball

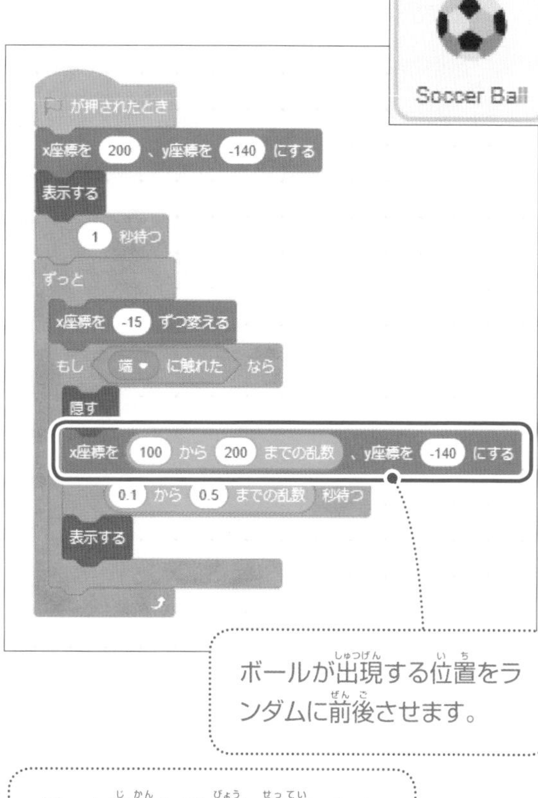

ボールが出現する位置をランダムに前後させます。

ゲーム時間を20秒に設定します。

ゲーム時間を1秒ずつ減らします。

「タイム」が0になったら、ゲームが終了(ゲームクリア)するようにします。

ポイント タイムの表示

変数「タイム」を作成し、□をクリックして✓を入れます。ステージに変数「タイム」が表示されます。

ポイント 時間管理

時間管理の変数を作成することにより、ゲーム時間を設定できます。ここでは、変数「タイム」を作成し、変数「タイム」の値が0になるとゲームクリアとなるようにしています。

サンプル 38　38.sb3　簡単なゲーム

リンゴキャッチゲーム

リンゴが上から落ちてきます。[←][→]キーを押し、カゴを左右に動かしてリンゴをキャッチします。リンゴをキャッチすると1点得点されます。リンゴを落としたらゲーム終了です。

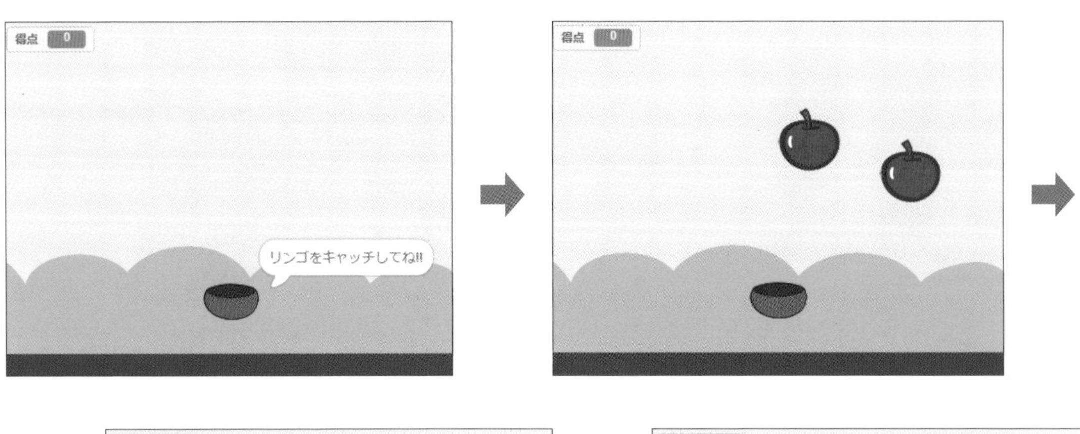

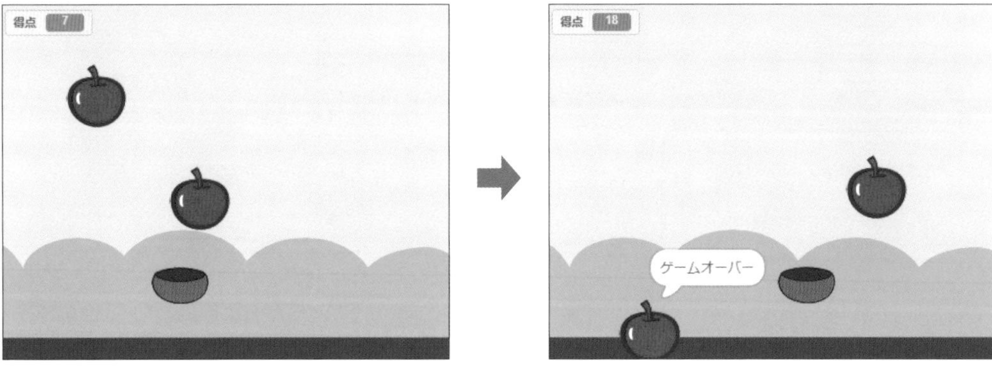

使用背景・スプライト

背景 Blue Sky　スプライト Bowl、Apple、Apple2

コード

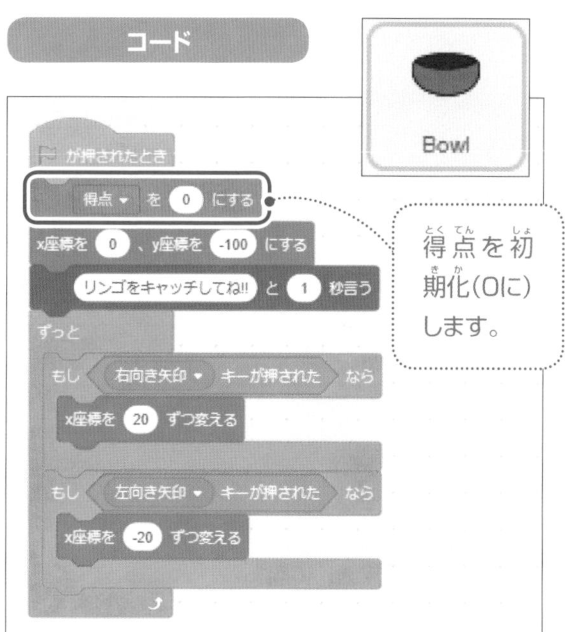

ポイント 得点の表示

変数「得点」を作成し、□をクリックして✓を入れます。ステージに変数「得点」が表示されます。

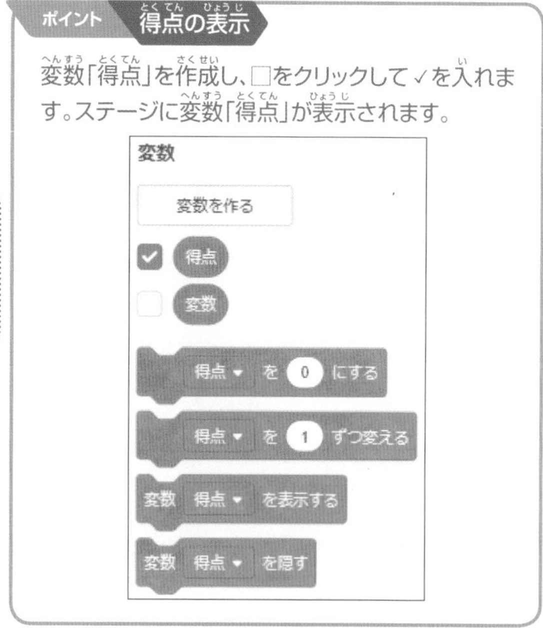

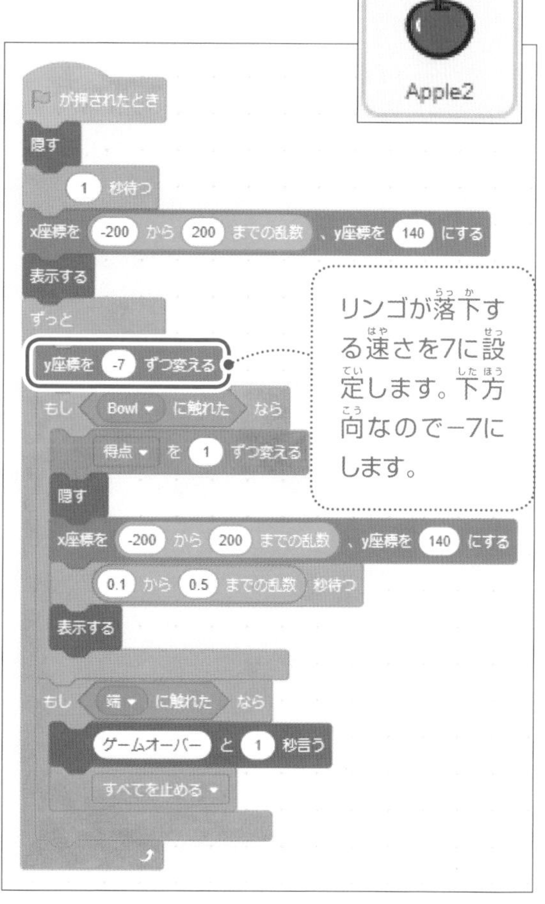

サンプル 39　39.sb3　**簡単なゲーム**

球避けゲーム

上から球が落ちてきます。←→キーを押して宇宙船を左右に動かして球を避けます。球を避けると1点得点されます。宇宙船が球に当たるとゲーム終了です。

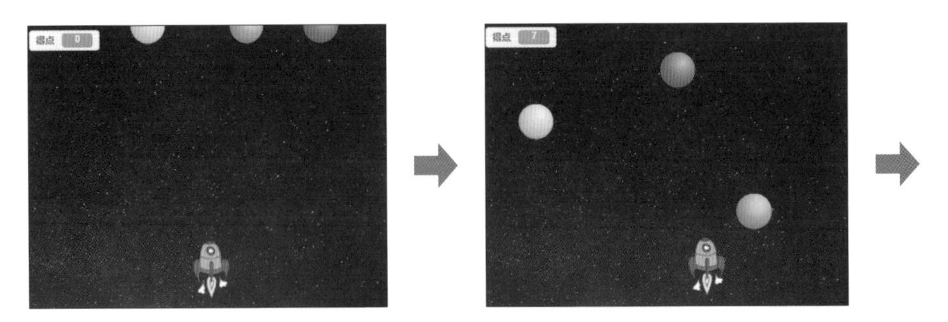

使用背景・スプライト

背景 Stars　スプライト Rocketship、Ball、Ball2、Ball3

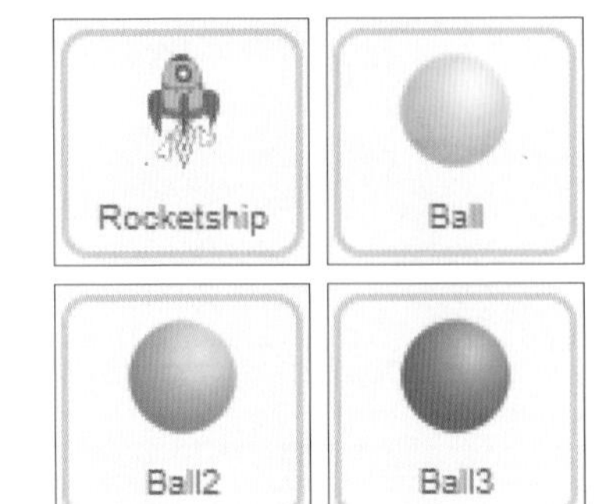

ポイント コスチュームの変更

コスチュームの変更は、「コスチューム」タブをクリックし、コスチュームの一覧から選びます。

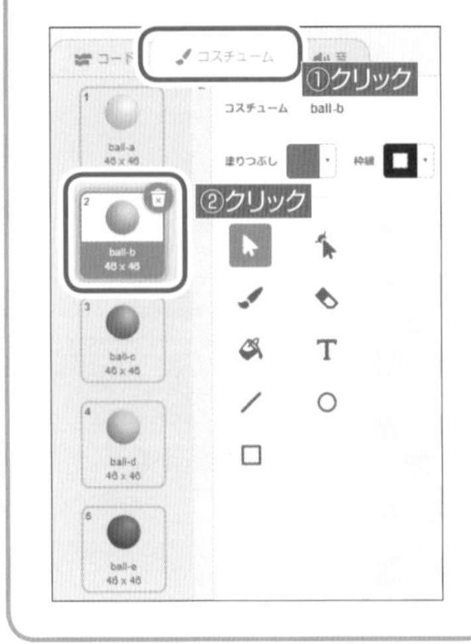

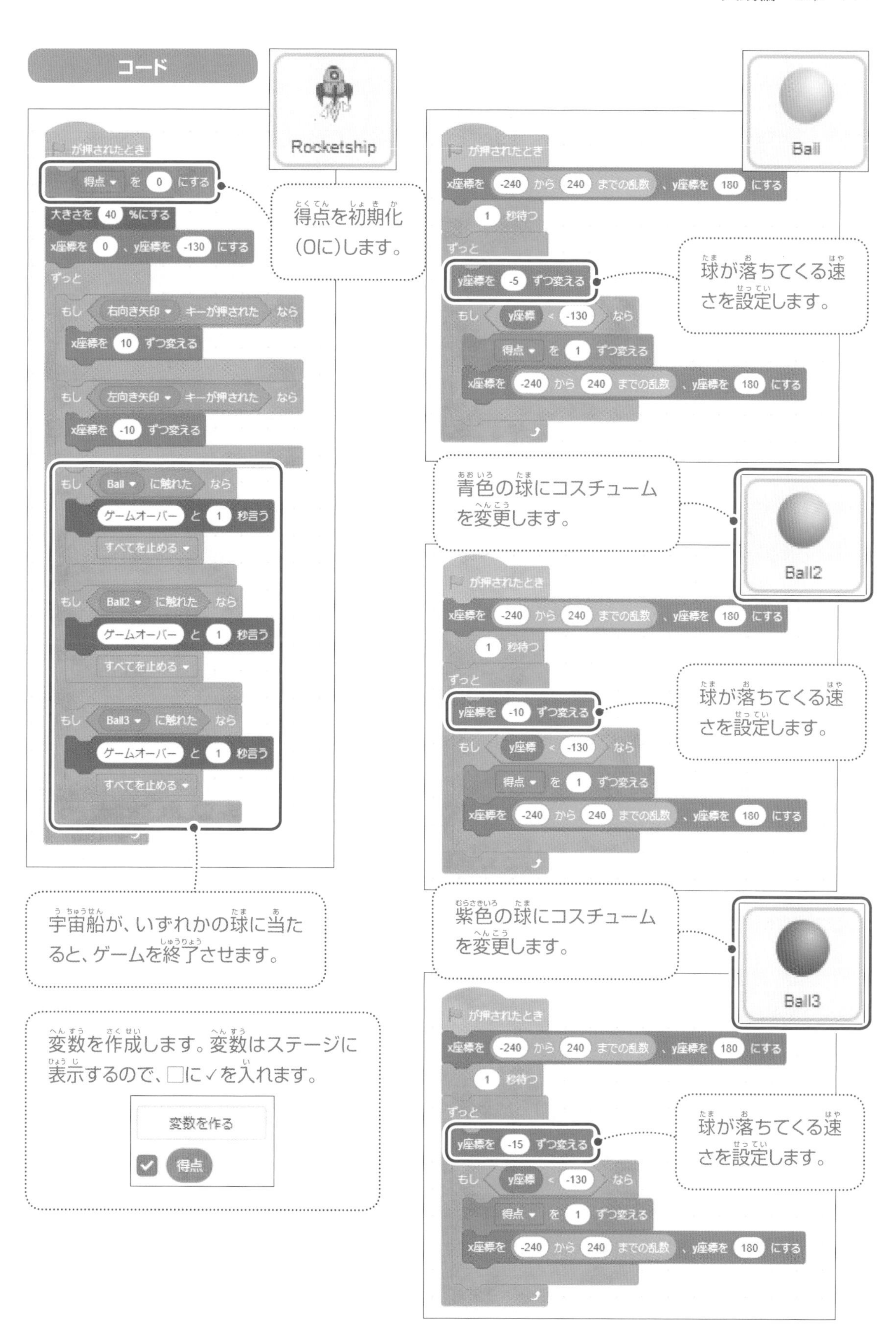
コード
Rocketship
が押されたとき
得点 を 0 にする
大きさを 40 %にする
x座標を 0 、y座標を -130 にする
ずっと
もし 右向き矢印 キーが押された なら
x座標を 10 ずつ変える
もし 左向き矢印 キーが押された なら
x座標を -10 ずつ変える
もし Ball に触れた なら
ゲームオーバー と 1 秒言う
すべてを止める
もし Ball2 に触れた なら
ゲームオーバー と 1 秒言う
すべてを止める
もし Ball3 に触れた なら
ゲームオーバー と 1 秒言う
すべてを止める
得点を初期化(0に)します。
宇宙船が、いずれかの球に当たると、ゲームを終了させます。
変数を作成します。変数はステージに表示するので、□に✓を入れます。
変数を作る
得点
Ball
が押されたとき
x座標を -240 から 240 までの乱数 、y座標を 180 にする
1 秒待つ
ずっと
y座標を -5 ずつ変える
もし y座標 < -130 なら
得点 を 1 ずつ変える
x座標を -240 から 240 までの乱数 、y座標を 180 にする
球が落ちてくる速さを設定します。
青色の球にコスチュームを変更します。
Ball2
が押されたとき
x座標を -240 から 240 までの乱数 、y座標を 180 にする
1 秒待つ
ずっと
y座標を -10 ずつ変える
もし y座標 < -130 なら
得点 を 1 ずつ変える
x座標を -240 から 240 までの乱数 、y座標を 180 にする
球が落ちてくる速さを設定します。
紫色の球にコスチュームを変更します。
Ball3
が押されたとき
x座標を -240 から 240 までの乱数 、y座標を 180 にする
1 秒待つ
ずっと
y座標を -15 ずつ変える
もし y座標 < -130 なら
得点 を 1 ずつ変える
x座標を -240 から 240 までの乱数 、y座標を 180 にする
球が落ちてくる速さを設定します。

サンプル 40　40.sb3　簡単なゲーム

スロットマシン(自動停止型)

スペースキーを押すとドラムが回転します。左のドラムから順番に止まります。また、左上にゲームをした回数が表示されます。

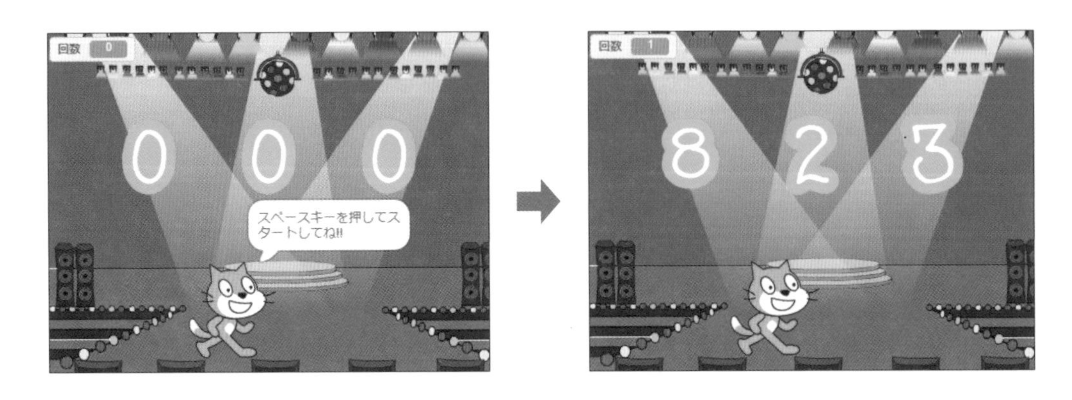

使用背景・スプライト

背景 Spotlight　スプライト スプライト1(Cat)、Glow-0

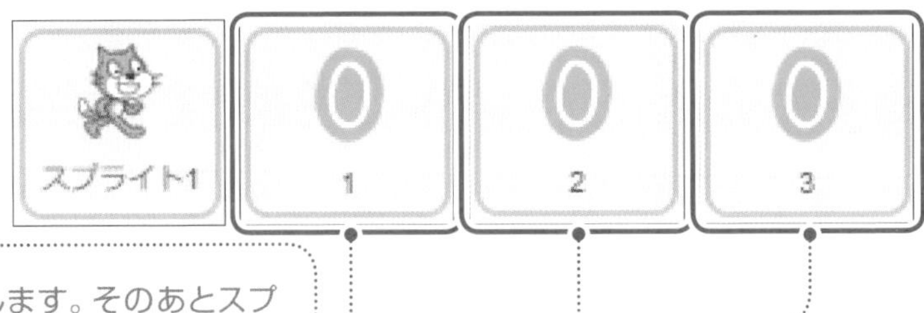

Glow-0を3つ追加します。そのあとスプライト名を1、2、3にそれぞれ変更します。

ポイント スプライト名の変更

スプライト名を変更するには、名前を変更したいスプライトをクリックし、スプライト名を入力します。

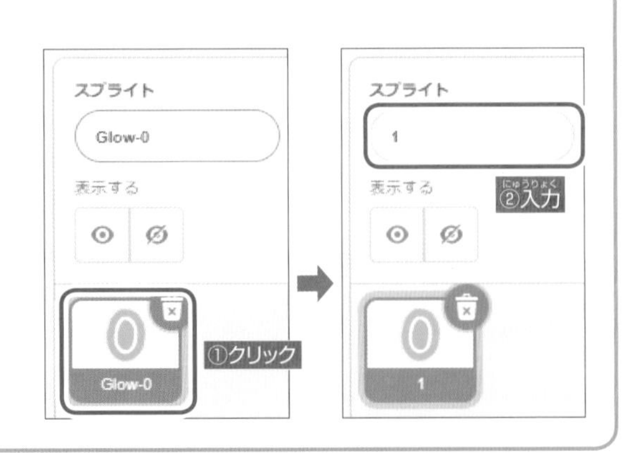

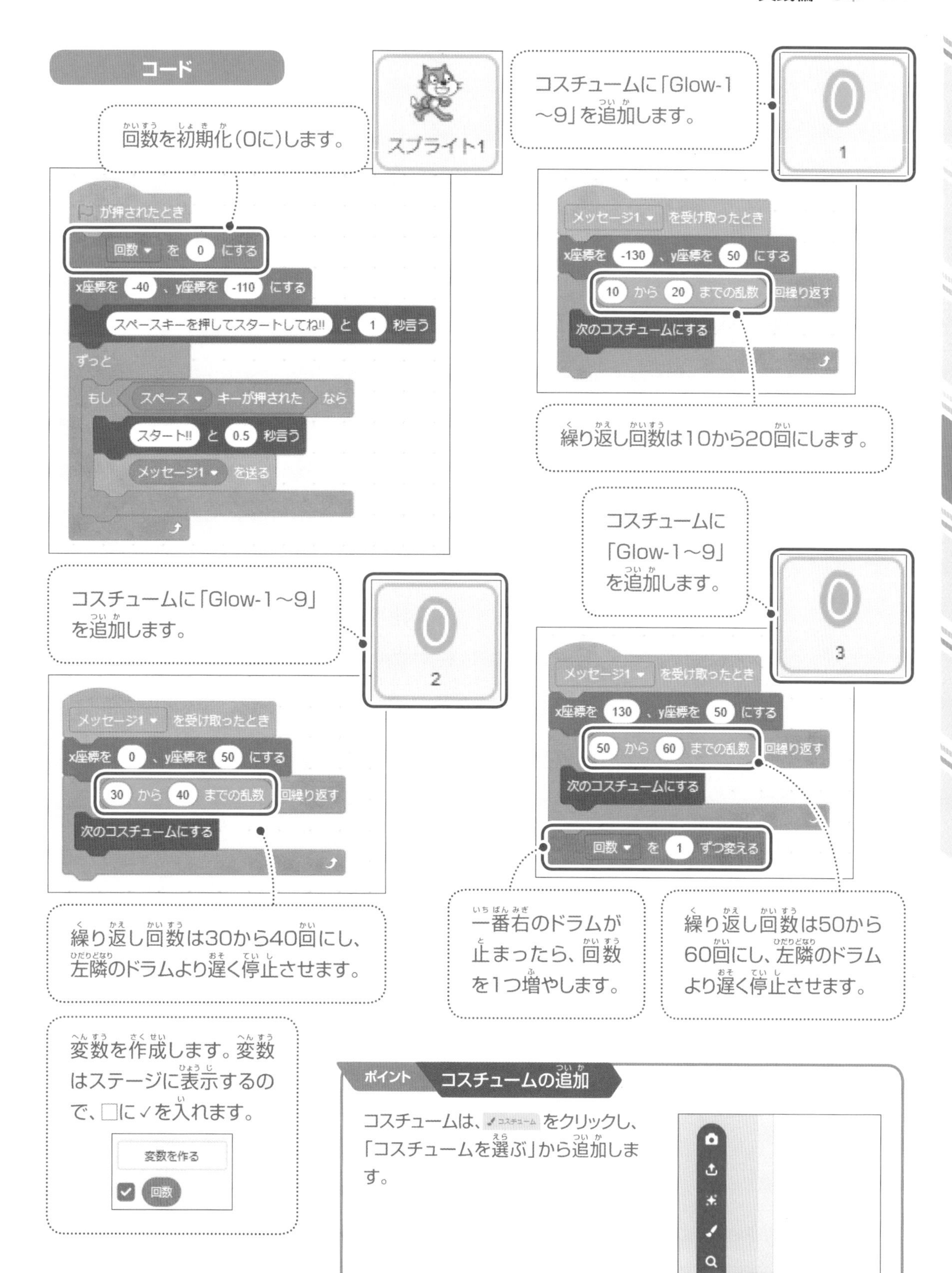

ポイント　コスチュームの追加

コスチュームは、コスチューム をクリックし、「コスチュームを選ぶ」から追加します。

サンプル41　41.sb3　便利に使えるもの

ストップウォッチ(秒表示)

🏴 をクリックすると、ストップウォッチが1秒ずつカウントを開始します。● をクリックしてストップウォッチを止めます。999秒までカウント表示できます。

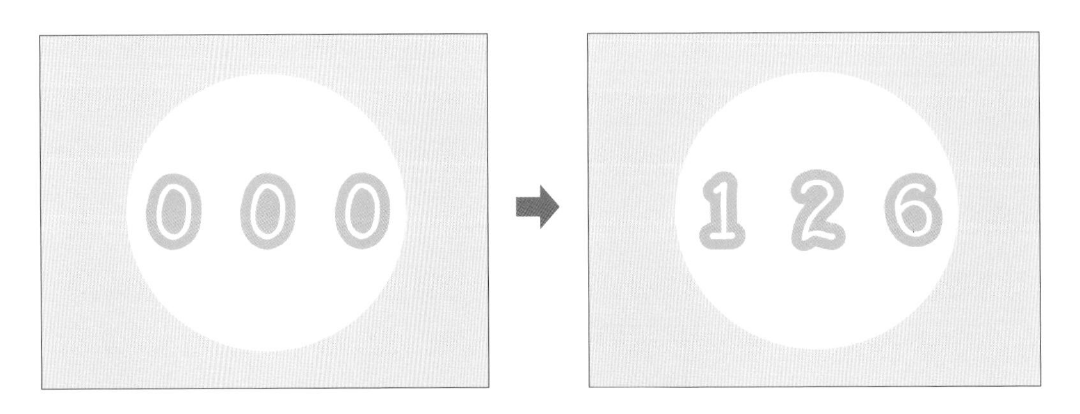

使用背景・スプライト

背景 Light　スプライト Glow-1

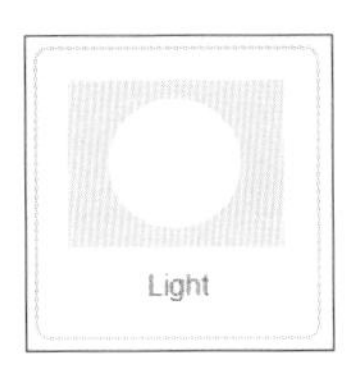

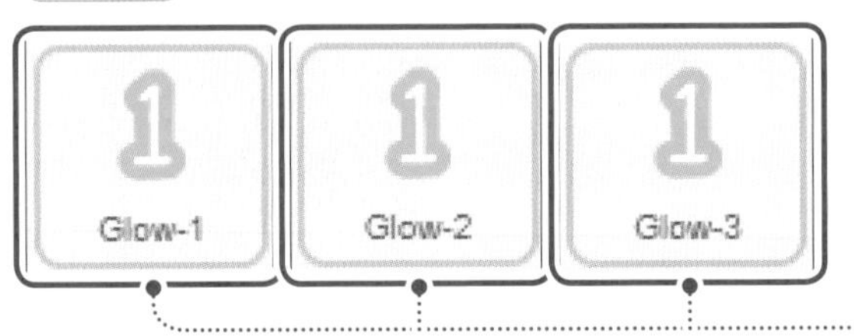

Glow-1を3つ追加します。スプライト名はGlow-1、2、3と表示されます。

ポイント　タイマーの値の表示

タイマー の□に✓を入れると、ステージにタイマーの値(秒) タイマー 10.385 を表示できます。

ポイント　数の各桁の数値の抽出

数の各桁の数値は次のようにして抽出できます。

位	抽出方法
100の位	元の数を100で割った「商」を求める→その「商」を10で割った「余り」
10の位	元の数を10で割った「商」を求める→その「商」を10で割った「余り」
1の位	元の数を10で割った「余り」

(例1) 1234の10の位を抽出する。
　1234÷10=123…4 → 123÷10=12…3 →「3」

(例2) 1234の100の位を抽出する。
　1234÷100=12…34 → 12÷10=1…2 →「2」

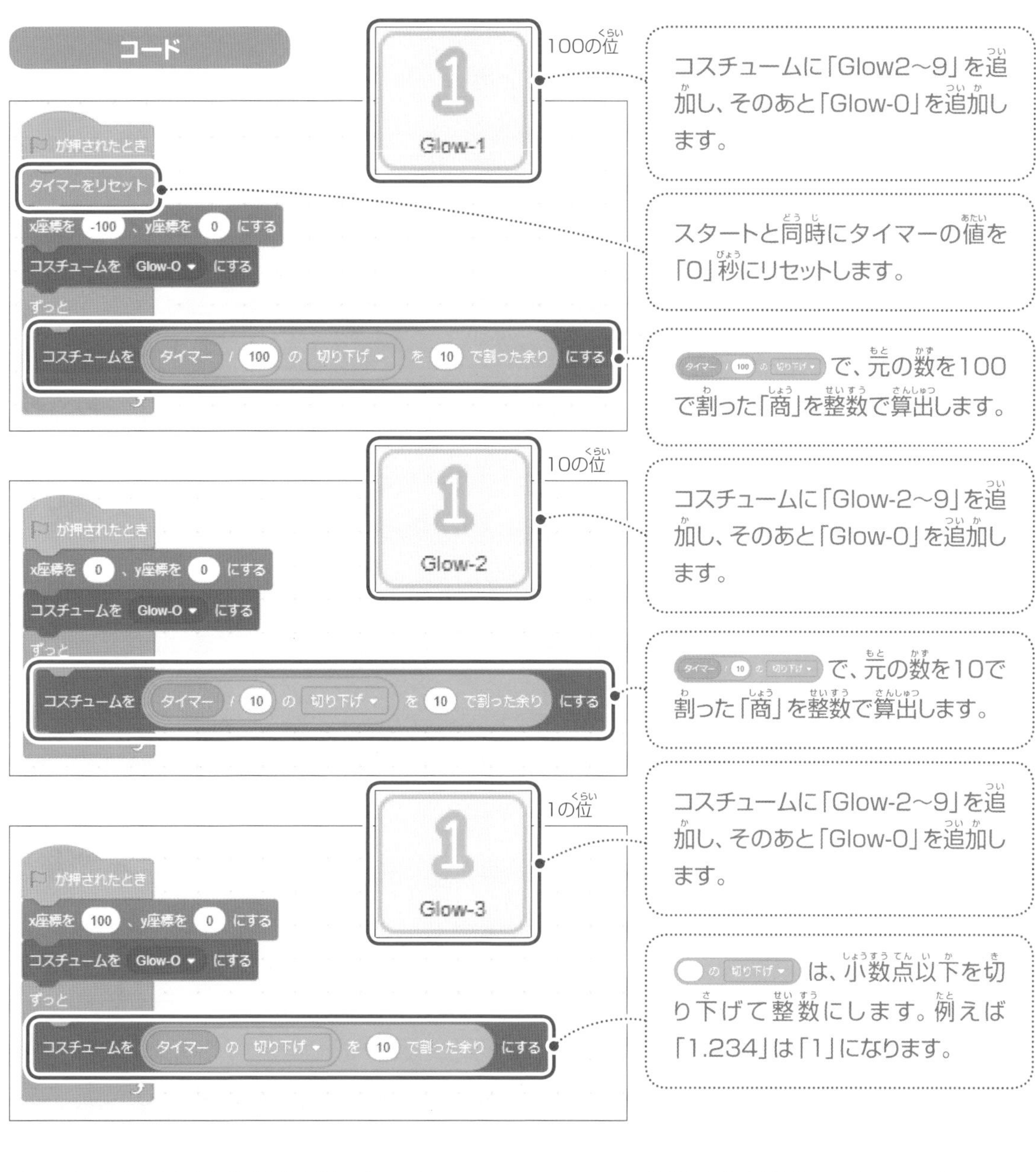

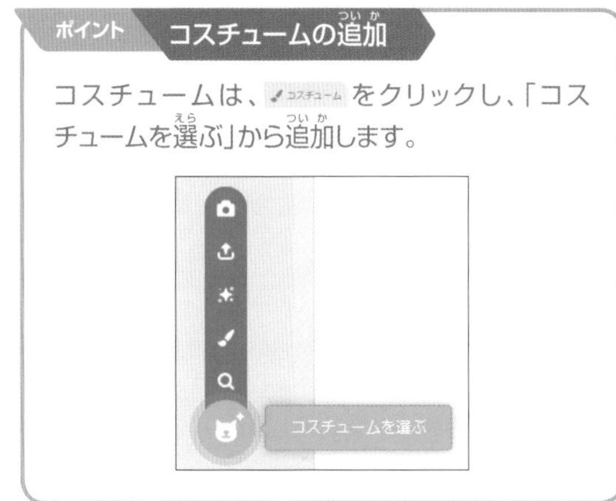

ポイント **コスチュームの追加**

コスチュームは、コスチューム をクリックし、「コスチュームを選ぶ」から追加します。

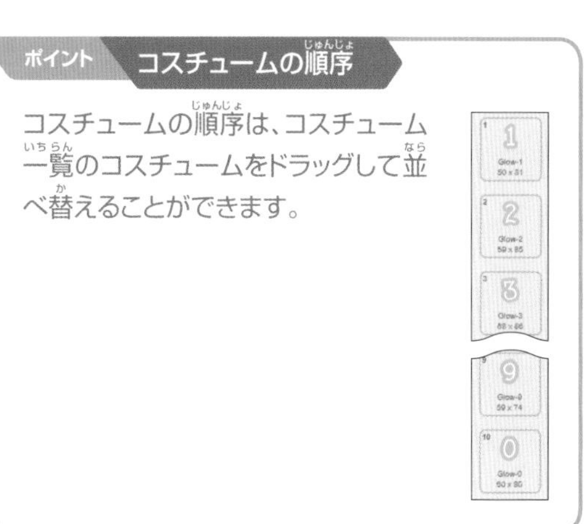

ポイント **コスチュームの順序**

コスチュームの順序は、コスチューム一覧のコスチュームをドラッグして並べ替えることができます。

サンプル 42　42.sb3　便利に使えるもの

ストップウォッチ（分秒表示）

をクリックすると、ストップウォッチが1秒ずつカウントを開始します。 をクリックしてストップウォッチを止めます。59分59秒までカウントできます。

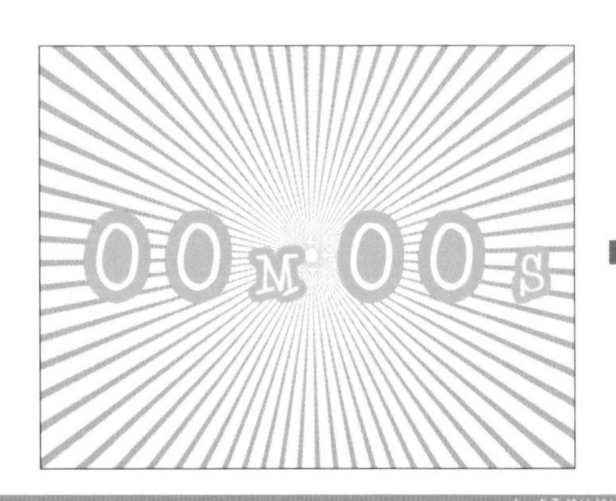

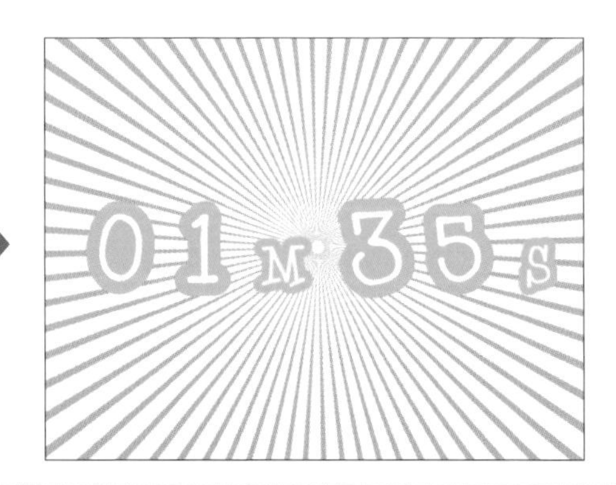

使用背景・スプライト

背景 Rays

スプライト Glow-1、Glow-M、Glow-S

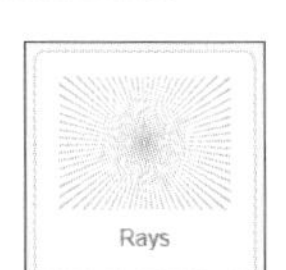

Glow-1を4つ追加します。スプライト名はGlow-1、2、3、4と表示されます。

ポイント　秒表示を分秒表示にしたあとの各桁の数値の抽出

秒を時分秒にしたとき、「分」と「秒」の各桁の数値は次のようにして抽出できます。

分／秒	位	抽出方法
分	10の位	元の数を60で割った「商」を求める(この段階で分の部分が求まる)。 →その「商」を60で割った「余り」を求める。→その「商」を10で割った「商」
	1の位	元の数を60で割った「商」を求める(この段階で分の部分が求まる)。 →その「商」を10で割った「余り」
秒	10の位	元の数を60で割った「余り」を求める(この段階で秒の部分が求まる)。 →その「商」を10で割った「商」
	1の位	元の数を10で割った「余り」

(例1) 12345秒を時分秒にしたとき、「分」の1の位を求める。
12345÷60=205…45(205分45秒) → 205÷10=20…5 →「5」

(例2) 12345秒を時分秒にしたとき、「分」の10の位を求める。
12345÷60=205…45(205分45秒) → 205÷60=3…25(3時間25分45秒)
→ 25÷10=2…5 →「2」

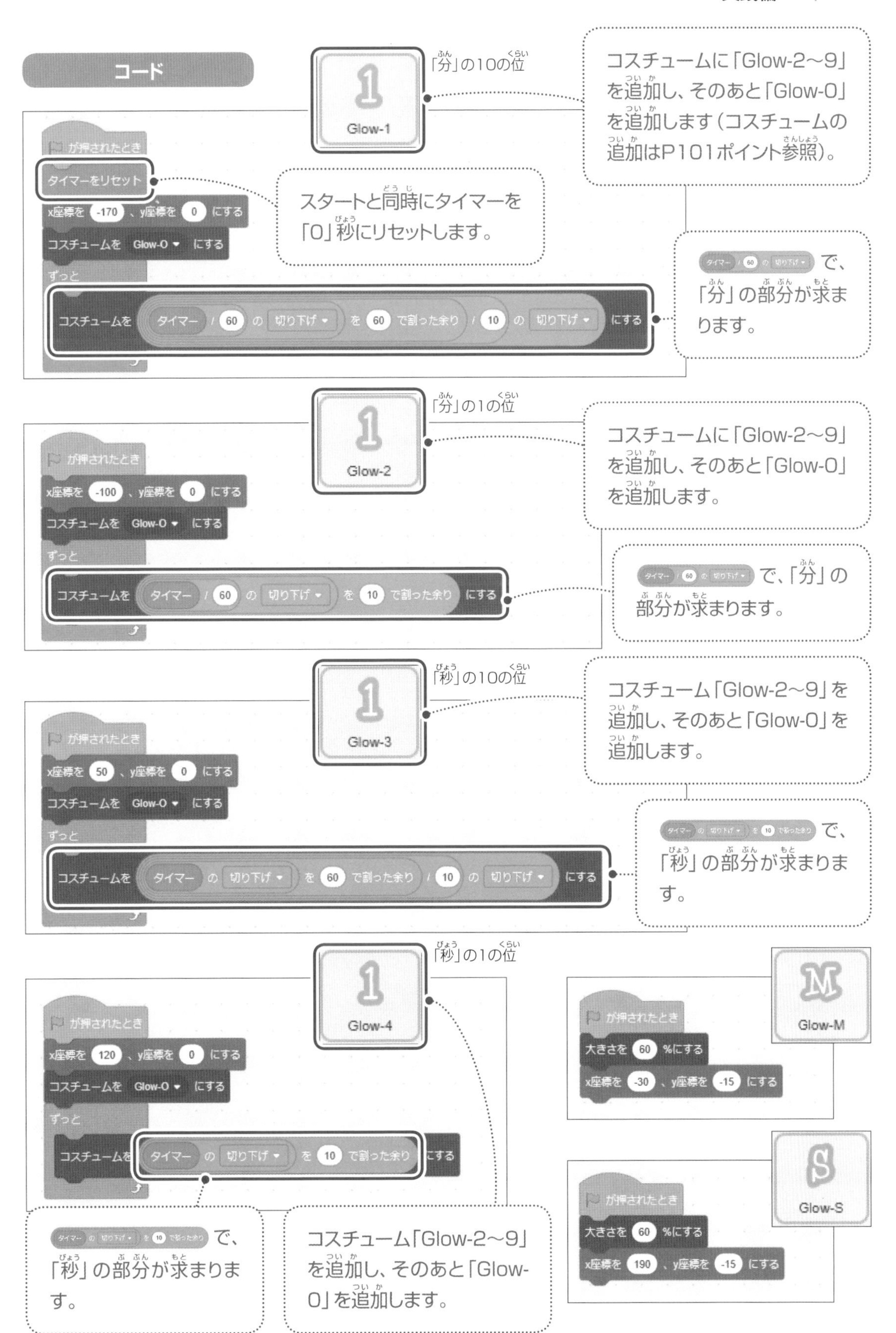
コード
「分」の10の位
Glow-1
コスチュームに「Glow-2～9」を追加し、そのあと「Glow-0」を追加します（コスチュームの追加はP101ポイント参照）。
が押されたとき
タイマーをリセット
x座標を -170 、y座標を 0 にする
コスチュームを Glow-0 にする
ずっと
コスチュームを タイマー / 60 の 切り下げ を 60 で割った余り / 10 の 切り下げ にする
スタートと同時にタイマーを「0」秒にリセットします。
で、「分」の部分が求まります。
「分」の1の位
Glow-2
コスチュームに「Glow-2～9」を追加し、そのあと「Glow-0」を追加します。
が押されたとき
x座標を -100 、y座標を 0 にする
コスチュームを Glow-0 にする
ずっと
コスチュームを タイマー / 60 の 切り下げ を 10 で割った余り にする
で、「分」の部分が求まります。
「秒」の10の位
Glow-3
コスチューム「Glow-2～9」を追加し、そのあと「Glow-0」を追加します。
が押されたとき
x座標を 50 、y座標を 0 にする
コスチュームを Glow-0 にする
ずっと
コスチュームを タイマー の 切り下げ を 60 で割った余り / 10 の 切り下げ にする
で、「秒」の部分が求まります。
「秒」の1の位
Glow-4
が押されたとき
x座標を 120 、y座標を 0 にする
コスチュームを Glow-0 にする
ずっと
コスチュームを タイマー の 切り下げ を 10 で割った余り にする
で、「秒」の部分が求まります。
コスチューム「Glow-2～9」を追加し、そのあと「Glow-0」を追加します。
Glow-M
が押されたとき
大きさを 60 %にする
x座標を -30 、y座標を -15 にする
Glow-S
が押されたとき
大きさを 60 %にする
x座標を 190 、y座標を -15 にする

サンプル 43　43.sb3　便利に使えるもの

1分計

🏳 をクリックすると、時計が動き出します。秒針はスムーズに連続的に動きます。60秒（1分）になると時計が停止して、60秒（1分）になったことを知らせる音が鳴ります。

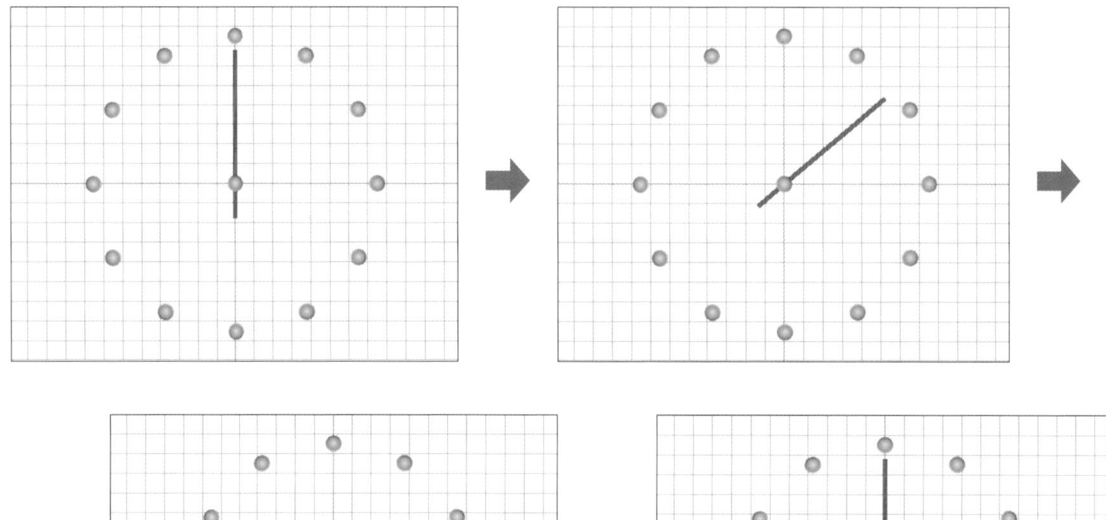

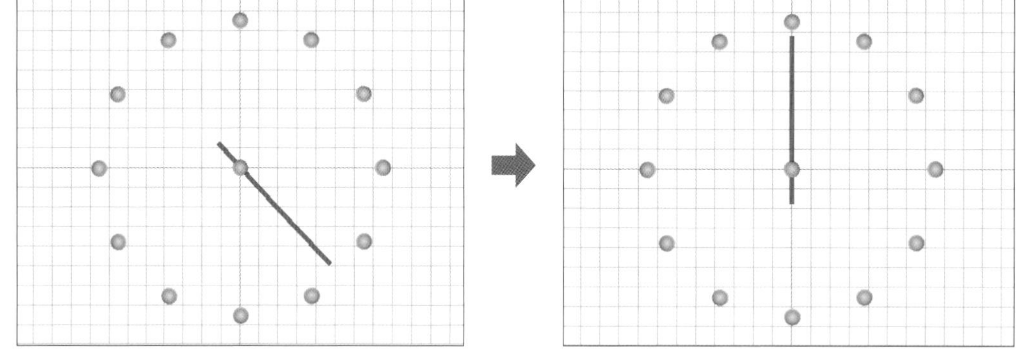

使用背景・スプライト

背景 Xy-grid-20px　スプライト Button1、Line

Xy-grid-20px　Button1　Line

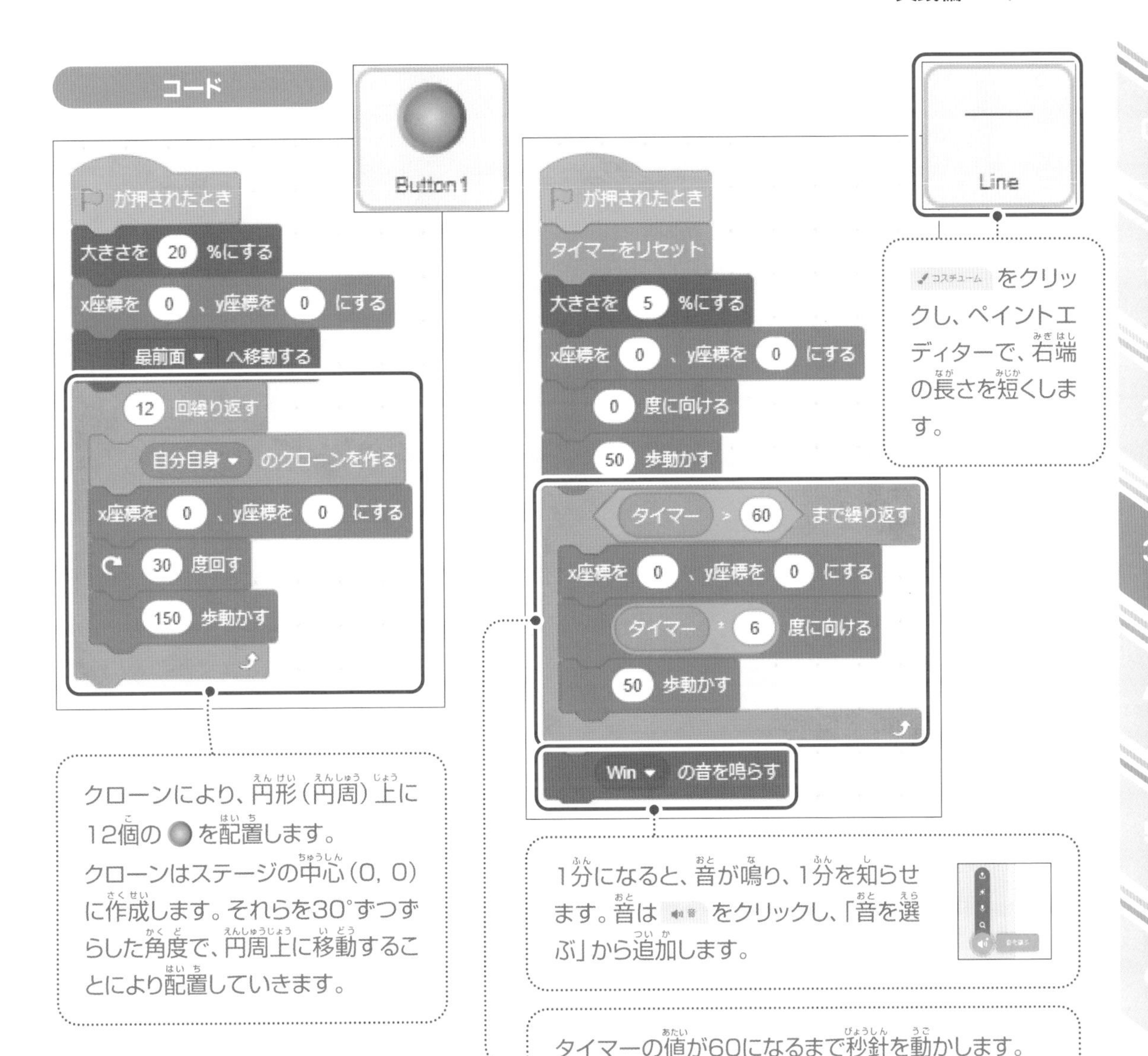
コード
Button1
が押されたとき
大きさを 20 %にする
x座標を 0 、y座標を 0 にする
最前面 へ移動する
12 回繰り返す
自分自身 のクローンを作る
x座標を 0 、y座標を 0 にする
30 度回す
150 歩動かす
クローンにより、円形（円周）上に12個の を配置します。クローンはステージの中心（0, 0）に作成します。それらを30°ずつずらした角度で、円周上に移動することにより配置していきます。
Line
が押されたとき
タイマーをリセット
大きさを 5 %にする
x座標を 0 、y座標を 0 にする
0 度に向ける
50 歩動かす
タイマー > 60 まで繰り返す
x座標を 0 、y座標を 0 にする
タイマー * 6 度に向ける
50 歩動かす
Win の音を鳴らす
コスチューム をクリックし、ペイントエディターで、右端の長さを短くします。
1分になると、音が鳴り、1分を知らせます。音は 音 をクリックし、「音を選ぶ」から追加します。
タイマーの値が60になるまで秒針を動かします。

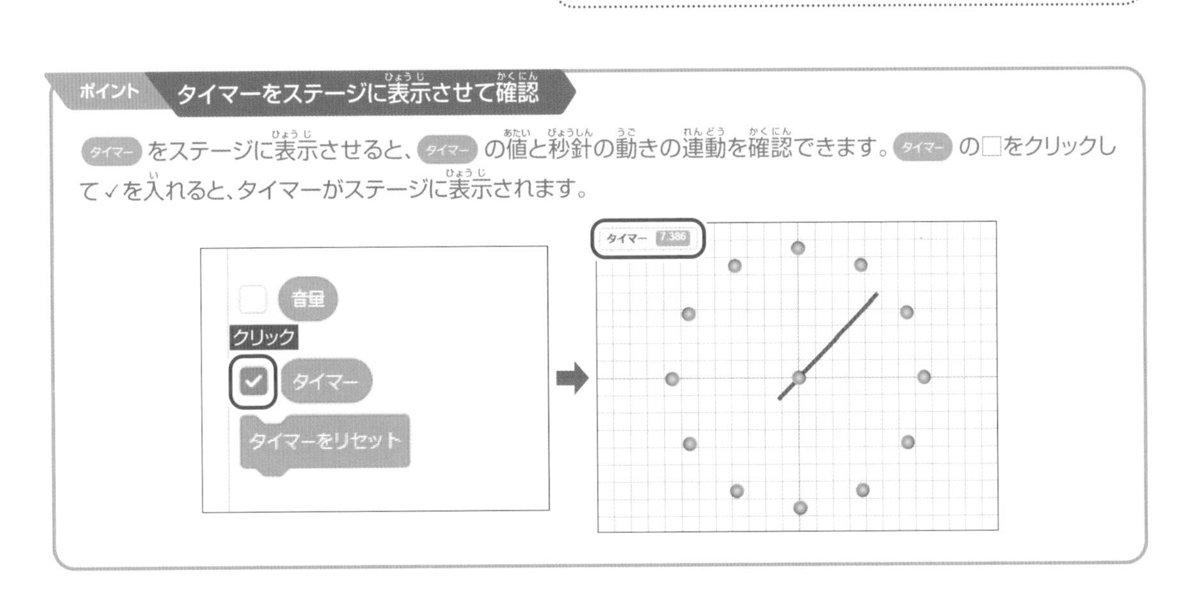
ポイント
タイマーをステージに表示させて確認
タイマー をステージに表示させると、タイマー の値と秒針の動きの連動を確認できます。タイマー の□をクリックして✓を入れると、タイマーがステージに表示されます。
音量
クリック
タイマー
タイマーをリセット
タイマー 7.386

サンプル44 44.sb3

便利に使えるもの

疑似1分計

をクリックすると、時計が動き出します。秒針は1秒ごとに動きます。60秒（1分）になると時計が停止して、60秒（1分）になったことを知らせる音が鳴ります。

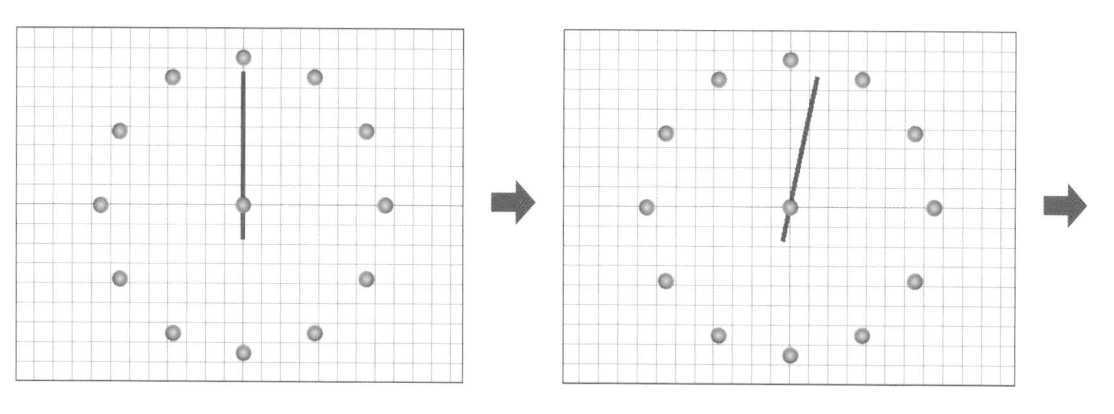

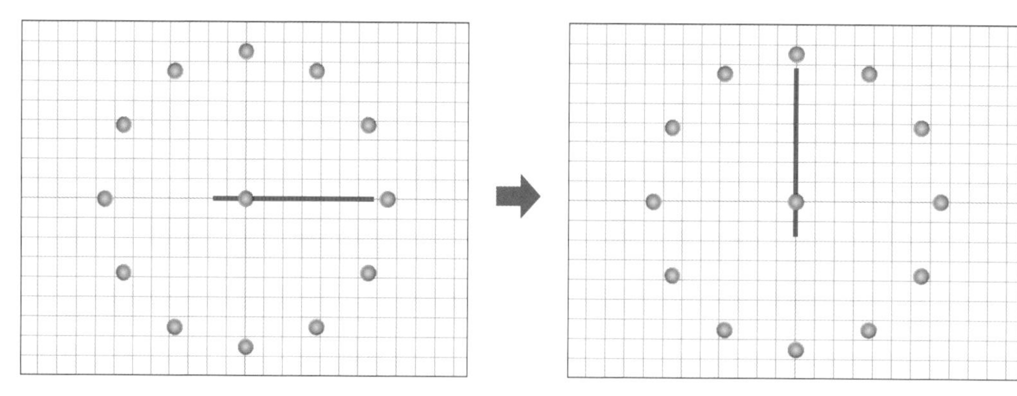

使用背景・スプライト

背景 Xy-grid-30px　スプライト Button1、Line

Xy-grid-30px

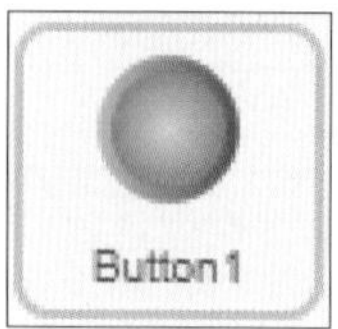

Line

コード

コスチューム をクリックし、ペイントエディターで、右側の長さを短くします。

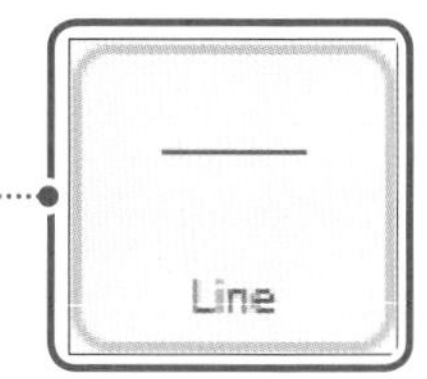

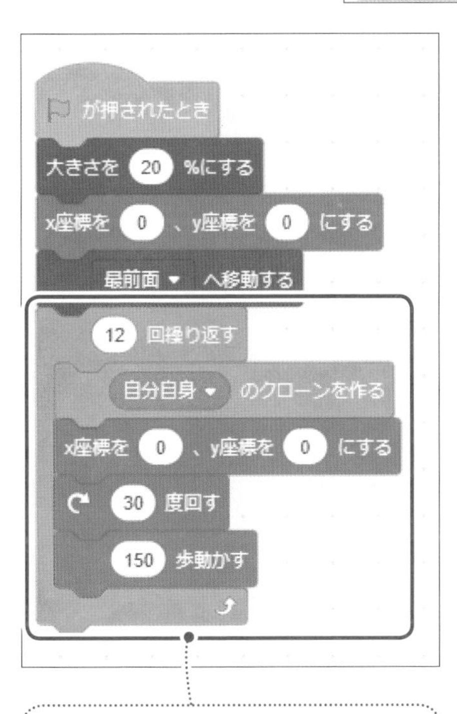

クローンにより、円形（円周）上に12個の ● を配置します。クローンはステージの中心（0, 0）に作成します。それらを30°ずつずらした角度で、円周上に移動することにより配置していきます。

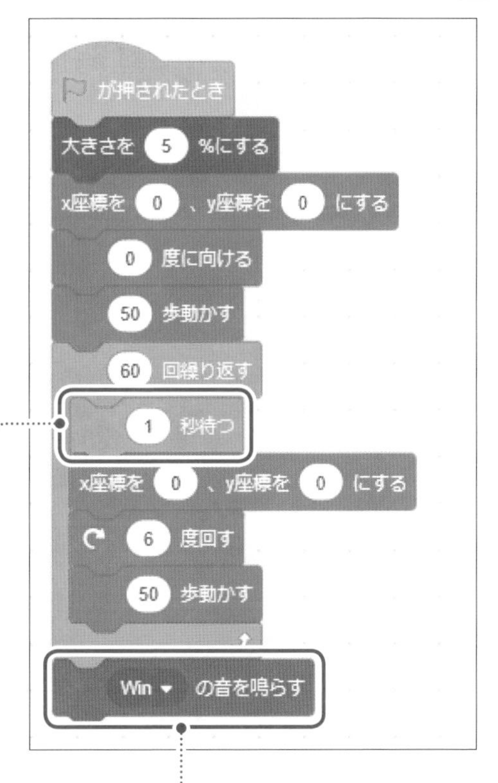

1分になると、音が鳴り、1分を知らせます。音は 音 をクリックし、「音を選ぶ」から追加します。

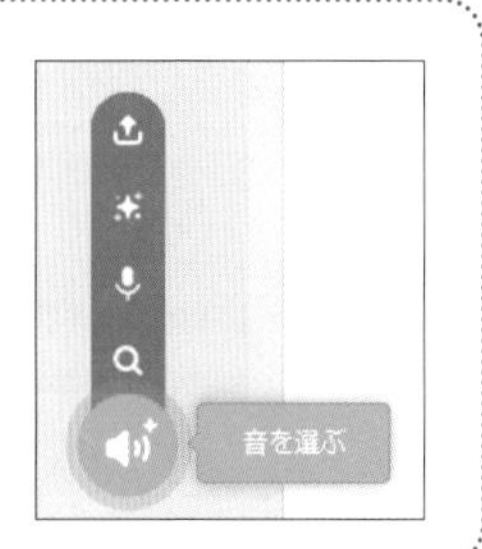

処理を1秒止めることにより1秒をカウントします。

ポイント **タイマー使用時との違い**

タイマー を使用していないので、おおよその時間（おおよその1分）となります。ここでは、 1 秒待つ により、処理を1秒止めて1秒をカウントしています。しかし、1秒をカウントする以外の処理も動いているため、ここでの1分は、実際の1分より長くなります。

サンプル 45　45.sb3　便利に使えるもの

デジタル時計

をクリックするとデジタル時計に現在の時刻が表示されます。時刻は24時間表示です。時刻は自動的に更新されます。

11:25 → 11:26

使用背景・スプライト

背景 Stripes　スプライト Glow-1、Ball、Ball2

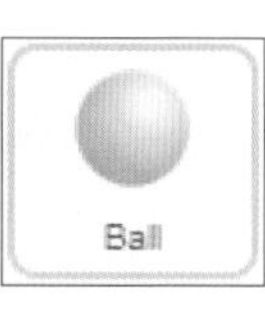

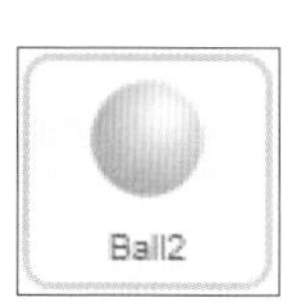

Glow-1を4つ追加します。スプライト名はGlow-1、2、3、4と表示されます。

ポイント 「時」と「分」の各桁の数値の抽出

「時」と「分」の各桁の数値は次のようにして抽出することができます。

時／分	位	抽出方法
時	10の位	「時」の数を10で割った「商」
	1の位	「時」の数を10で割った「余り」
分	10の位	「分」の数を10で割った「商」
	1の位	「分」の数を10で割った「余り」

(例1) 11時25分の「分」の1の位を抽出する。
25÷10=2…5 →「5」 ※「余り」の部分
(例2) 11時25分の「分」10の位を求める。
25÷10=2…5 →「2」 ※「商」の部分

ポイント コスチュームの追加

コスチュームは、コスチューム をクリックし、「コスチュームを選ぶ」から追加します。

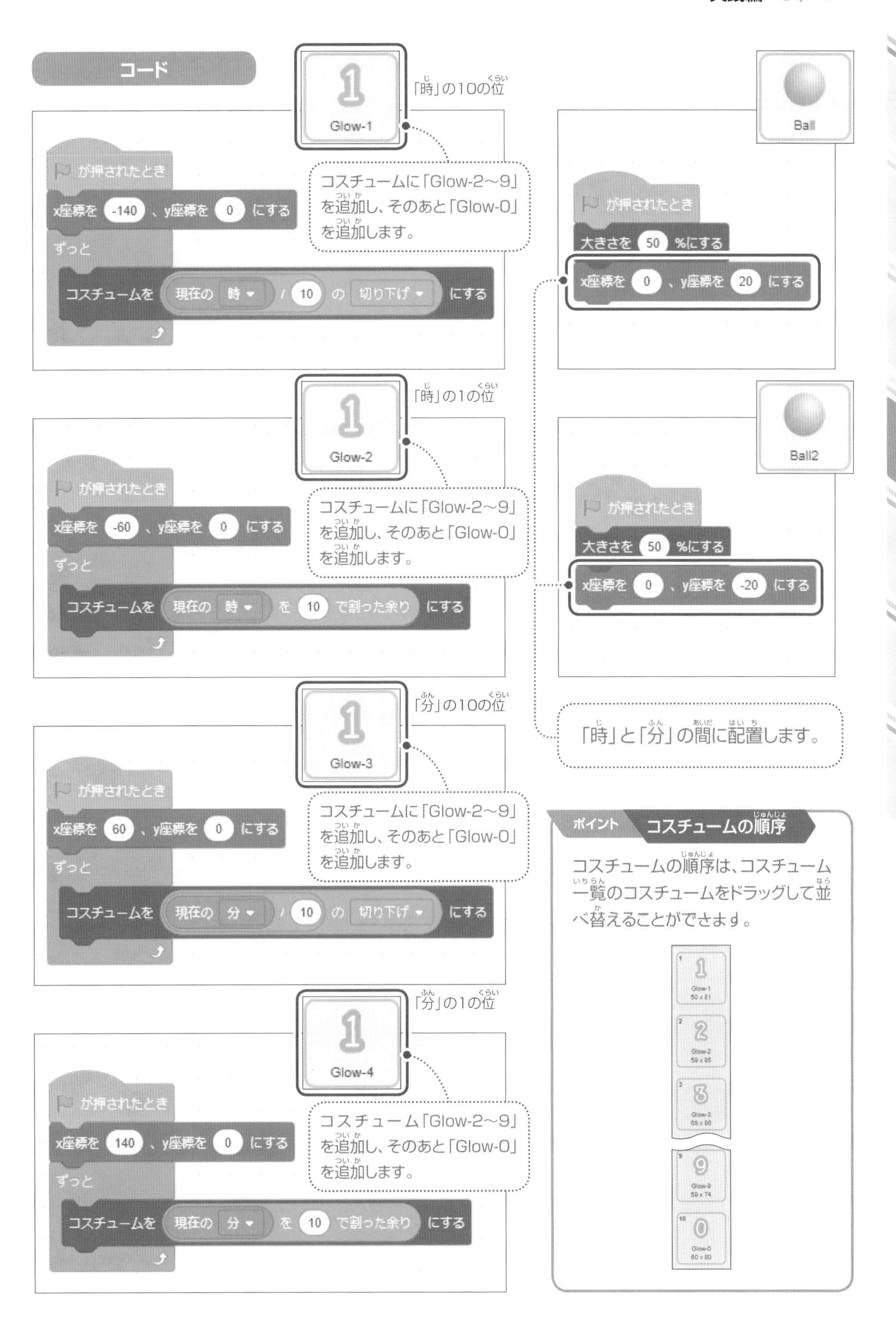

コード
「時」の10の位
Glow-1
が押されたとき
x座標を -140 、y座標を 0 にする
ずっと
コスチュームを 現在の 時 / 10 の 切り下げ にする
コスチュームに「Glow-2〜9」を追加し、そのあと「Glow-0」を追加します。
「時」の1の位
Glow-2
が押されたとき
x座標を -60 、y座標を 0 にする
ずっと
コスチュームを 現在の 時 を 10 で割った余り にする
コスチュームに「Glow-2〜9」を追加し、そのあと「Glow-0」を追加します。
「分」の10の位
Glow-3
が押されたとき
x座標を 60 、y座標を 0 にする
ずっと
コスチュームを 現在の 分 / 10 の 切り下げ にする
コスチュームに「Glow-2〜9」を追加し、そのあと「Glow-0」を追加します。
「分」の1の位
Glow-4
が押されたとき
x座標を 140 、y座標を 0 にする
ずっと
コスチュームを 現在の 分 を 10 で割った余り にする
コスチューム「Glow-2〜9」を追加し、そのあと「Glow-0」を追加します。
Ball
が押されたとき
大きさを 50 %にする
x座標を 0 、y座標を 20 にする
Ball2
が押されたとき
大きさを 50 %にする
x座標を 0 、y座標を -20 にする
「時」と「分」の間に配置します。
ポイント
コスチュームの順序
コスチュームの順序は、コスチューム一覧のコスチュームをドラッグして並べ替えることができます。
Glow-1
Glow-2
Glow-3
Glow-9
Glow-0

サンプル46　46.sb3　便利に使えるもの

四則計算

まず、1つめの数を入力します。次に四則演算の記号をクリックします。最後に2つめの数を入力すると、ネコが計算結果をしゃべります。また、ステージ上にも数式と計算結果が表示されます。

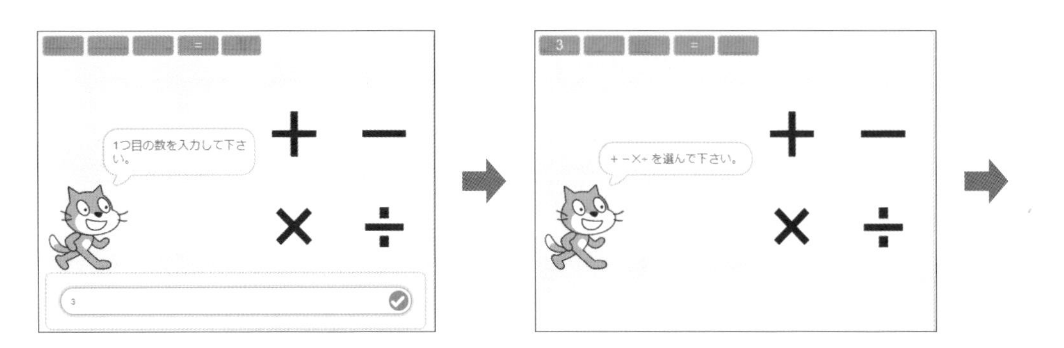

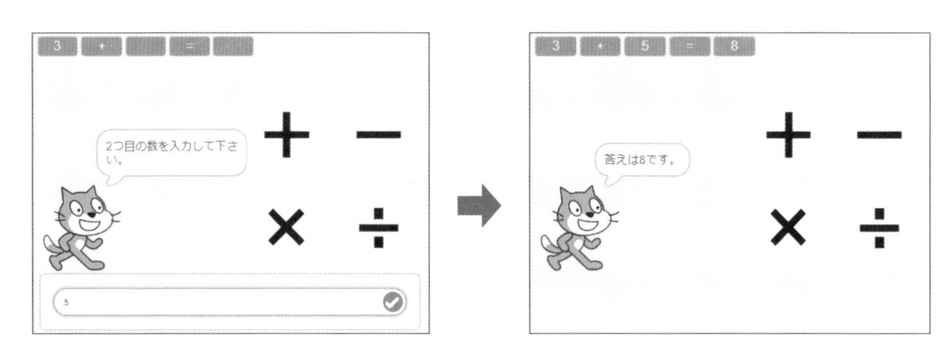

使用背景・スプライト

背景　Blue Sky 2　　スプライト　スプライト1（Cat）、足し算、引き算、掛け算、割り算

ポイント　ステージ上の変数の表示

ステージ上の変数の表示は右のようにして変更することができます。ここでは、「大きな表示」に設定しています。

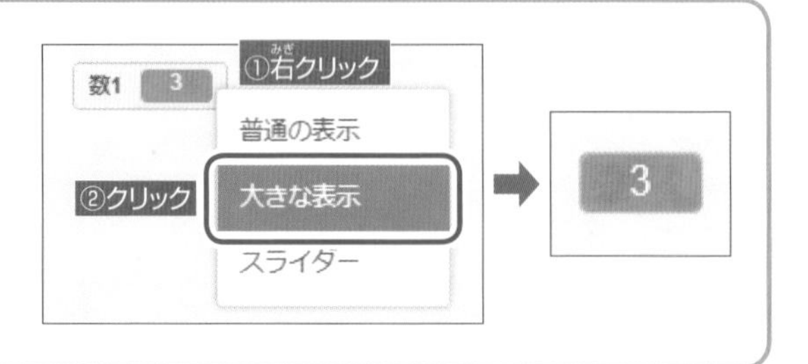

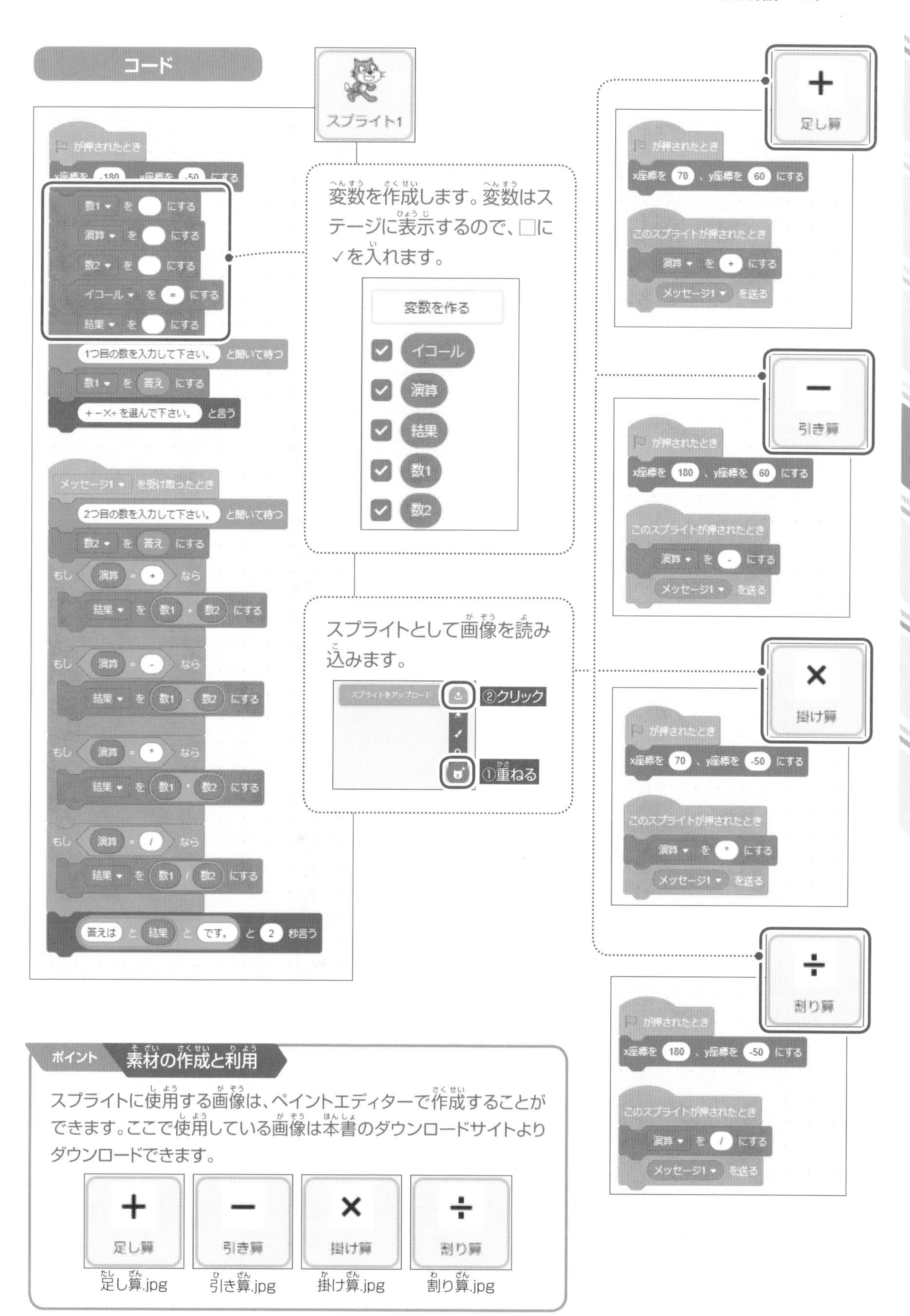
コード
スプライト1
が押されたとき
数1 を にする
演算 を にする
数2 を にする
イコール を = にする
結果 を にする
1つ目の数を入力して下さい。 と聞いて待つ
数1 を 答え にする
+−×÷を選んで下さい。 と言う
メッセージ1 を受け取ったとき
2つ目の数を入力して下さい。 と聞いて待つ
数2 を 答え にする
もし 演算 = + なら
結果 を 数1 + 数2 にする
もし 演算 = - なら
結果 を 数1 - 数2 にする
もし 演算 = * なら
結果 を 数1 * 数2 にする
もし 演算 = / なら
結果 を 数1 / 数2 にする
答えは と 結果 と です。 と 2 秒言う
変数を作成します。変数はステージに表示するので、□に✓を入れます。
変数を作る
イコール
演算
結果
数1
数2
スプライトとして画像を読み込みます。
スプライトをアップロード
②クリック
①重ねる
+
足し算
が押されたとき
x座標を 70 、y座標を 60 にする
このスプライトが押されたとき
演算 を + にする
メッセージ1 を送る
−
引き算
が押されたとき
x座標を 180 、y座標を 60 にする
このスプライトが押されたとき
演算 を - にする
メッセージ1 を送る
×
掛け算
が押されたとき
x座標を 70 、y座標を -50 にする
このスプライトが押されたとき
演算 を * にする
メッセージ1 を送る
÷
割り算
が押されたとき
x座標を 180 、y座標を -50 にする
このスプライトが押されたとき
演算 を / にする
メッセージ1 を送る
ポイント 素材の作成と利用
スプライトに使用する画像は、ペイントエディターで作成することができます。ここで使用している画像は本書のダウンロードサイトよりダウンロードできます。
足し算
引き算
掛け算
割り算
足し算.jpg
引き算.jpg
掛け算.jpg
割り算.jpg

サンプル47　47.sb3　便利に使えるもの

外国語に翻訳

日本語を入力すると、外国語（英語）に翻訳されます。入力した日本語と、翻訳されたものは、リストにそれぞれ表示されます。🏠をクリックすると、入力した日本語と、翻訳されたものを全て消すことができます。

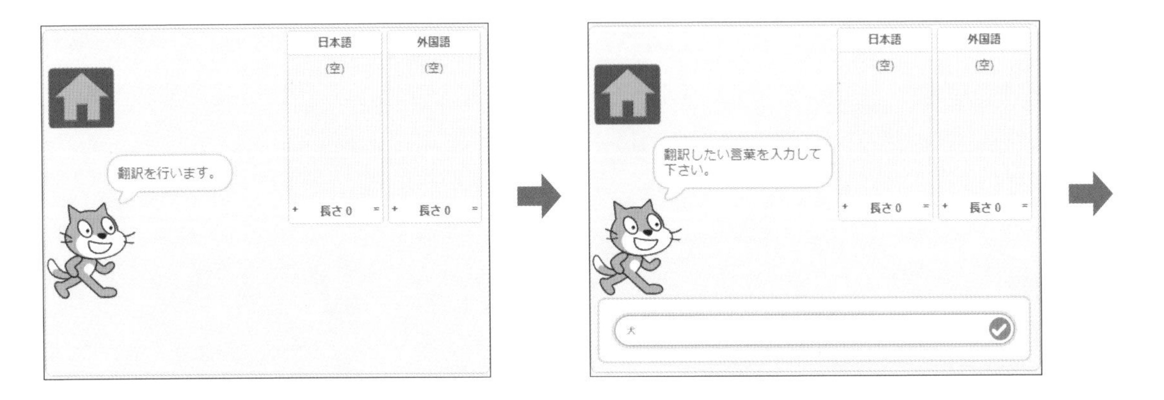

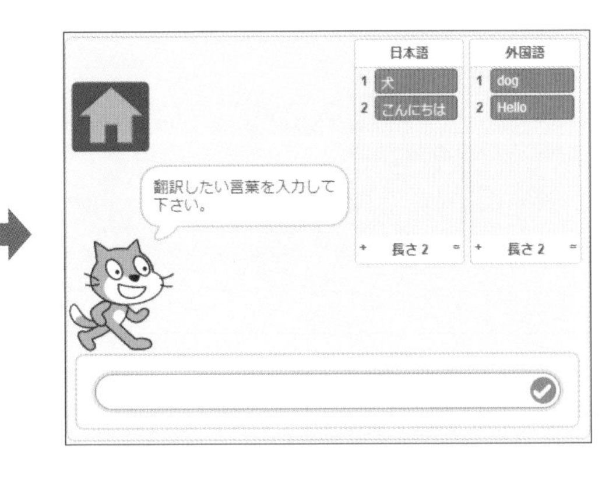

使用背景・スプライト

背景 Blue Sky 2　スプライト スプライト1（Cat）、Home Button

ポイント　リストの表示

リスト「日本語」とリスト「外国語」を作り、ステージに内容を表示させます。リストの作り方はサンプル24（P067）を参照してください。

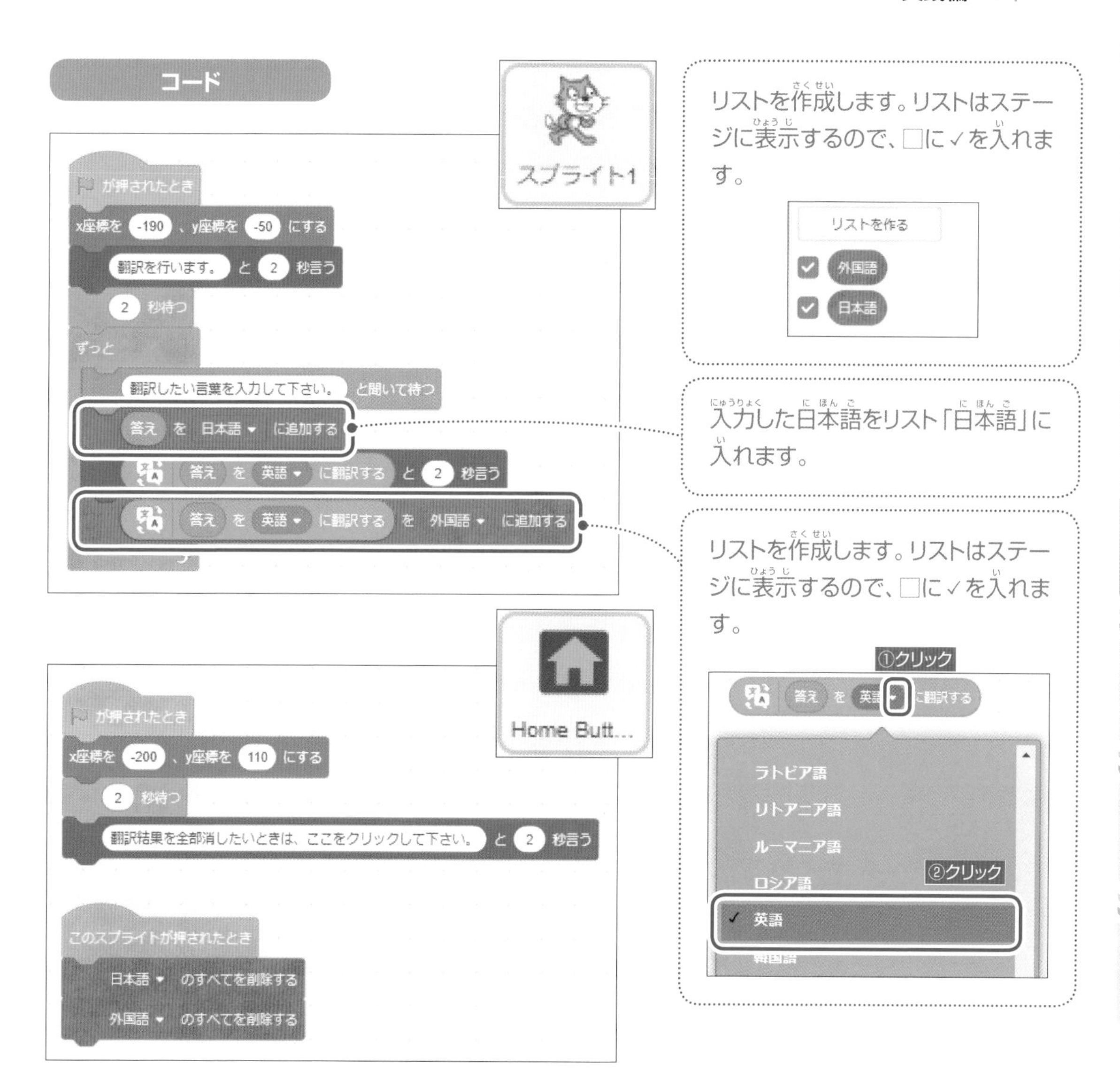

ポイント　拡張機能「翻訳」を追加

拡張機能の「翻訳」を利用すると外国語への翻訳ができます。様々な言語への翻訳ができます。拡張機能の「翻訳」は、次の手順で追加します。

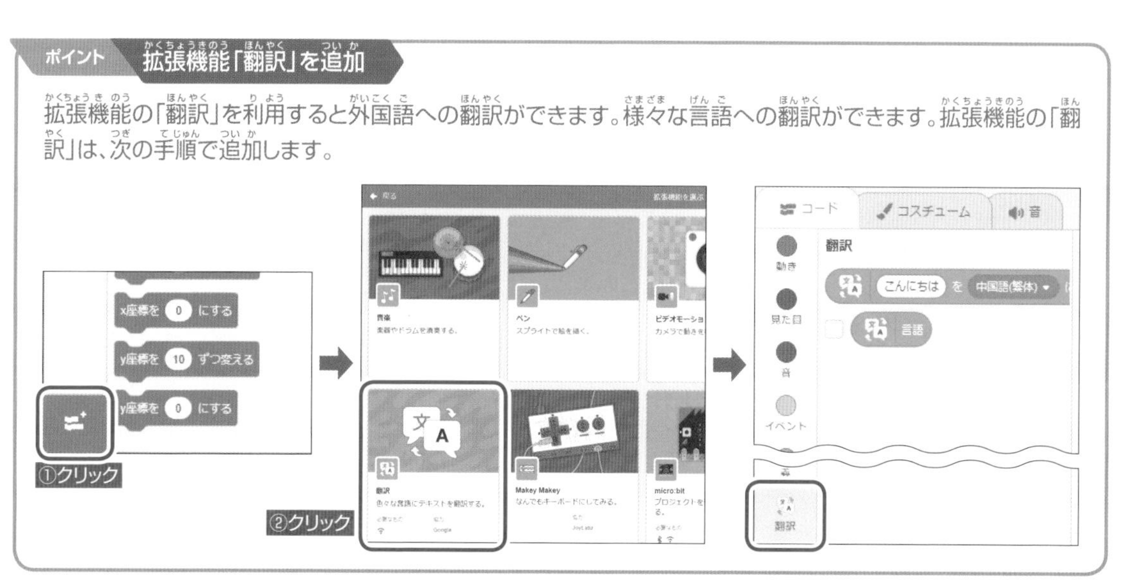

サンプル 48　48.sb3　便利に使えるもの

落書き帳

鉛筆をドラッグして動かすと線が描けます。黄色の球、青色の球をクリックすると、それぞれ線の色が黄色、青色になります。🏠をクリックすると、描いたものを全て消すことができます。

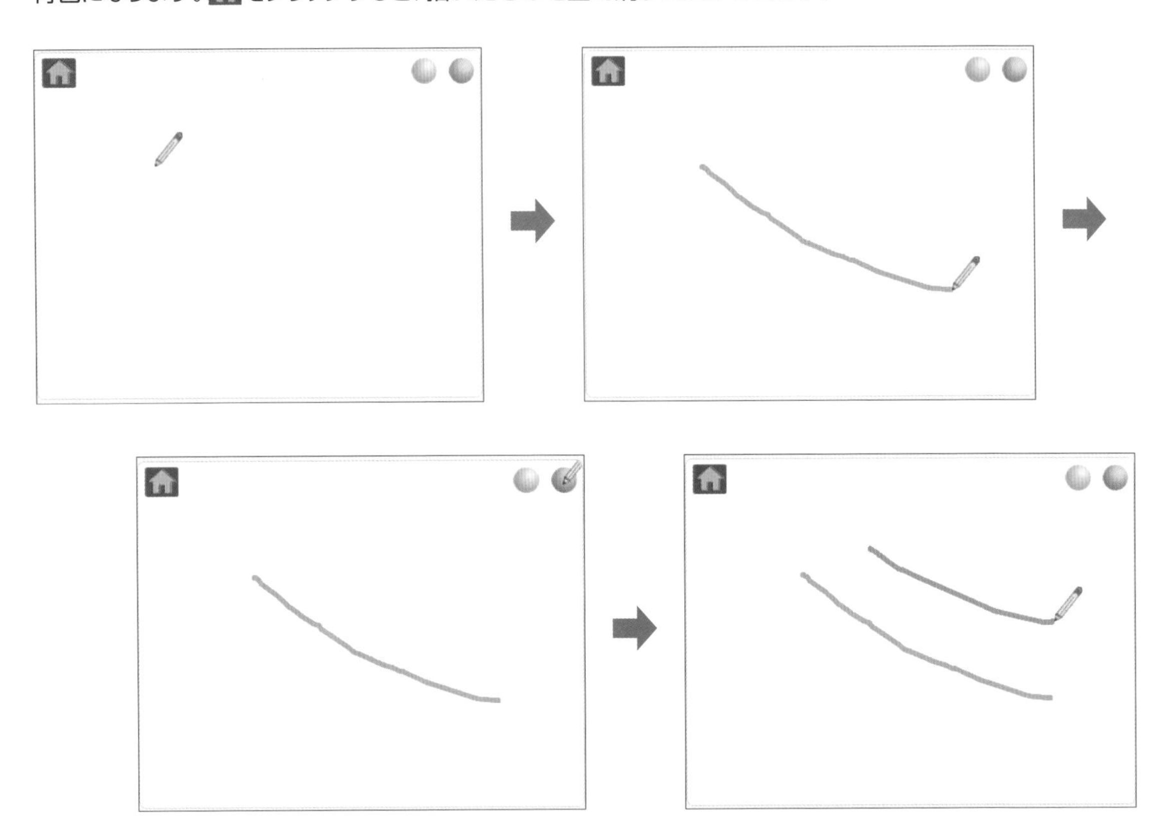

使用背景・スプライト

背景 ー　スプライト Pencil、Home Button、Ball、Ball2

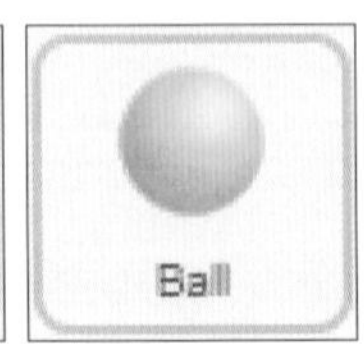

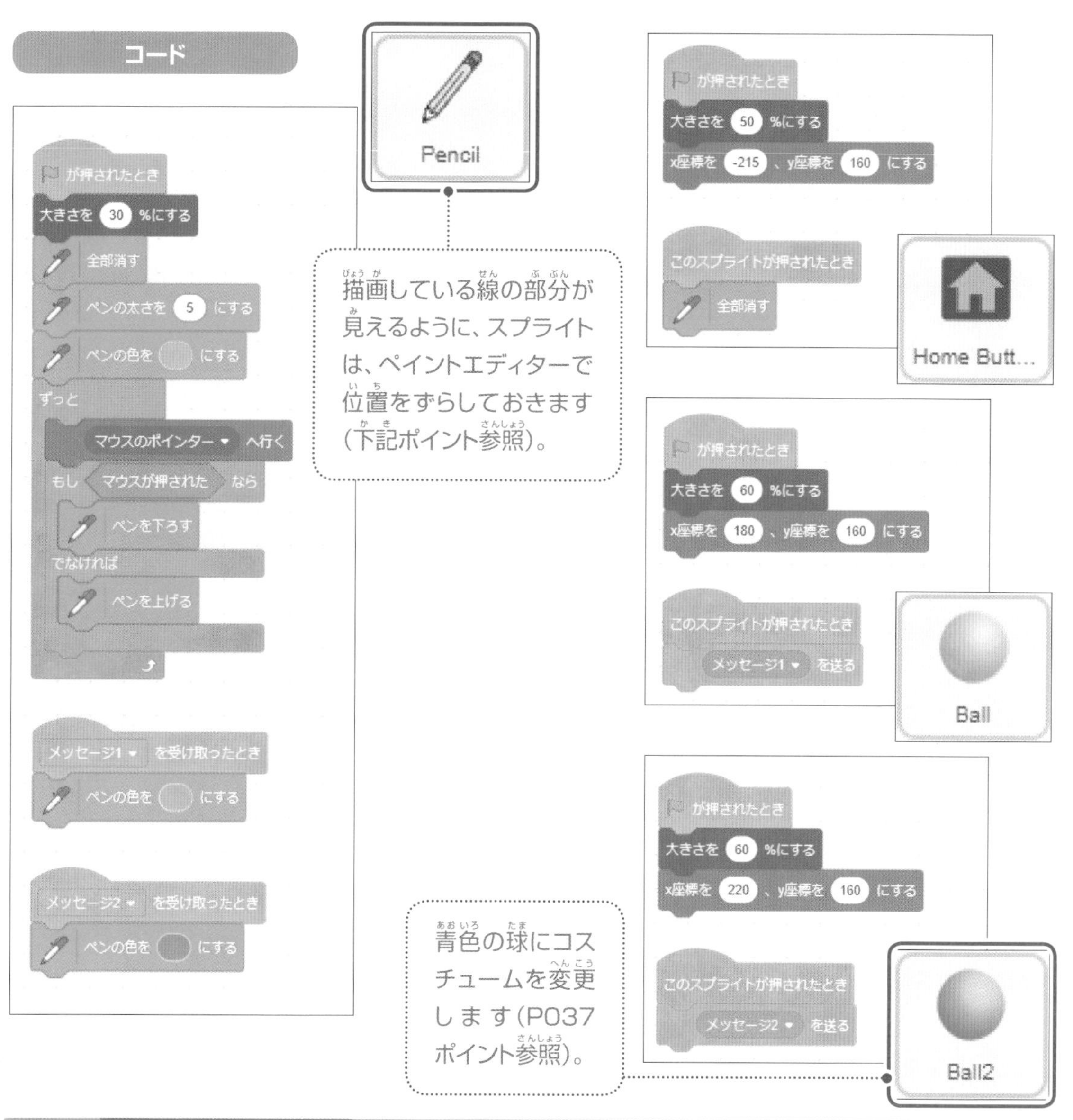

ポイント　スプライトの座標移動

スプライトとして使われている画像はペイントエディターで様々な加工をすることができます。スプライト画像中の物体の位置を動かすこともできます。ここでは、スプライト（Pencil）画像中の物体（鉛筆）の位置を右上方向に動かしています。スプライト画像中の物体の位置は次のようにして動かすことができます。

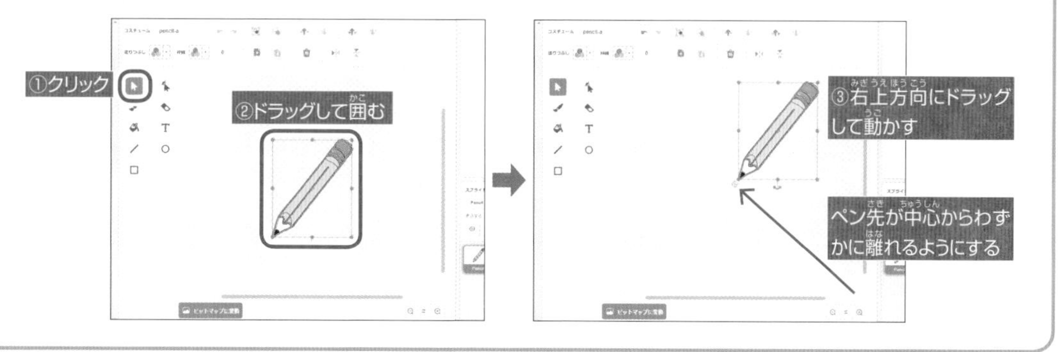

サンプル 49　49.sb3

便利に使えるもの

アルバム

ステージに写真の一覧が表示されます。写真をクリックすると、写真がステージ中央に全画面表示されます。全画面表示された写真は、設定した時間が経過すると消えます。

使用背景・スプライト

背景 Blue Sky 2　スプライト 写真01、写真02、写真03、写真04、写真05、写真06

ポイント 素材の利用

スプライトには写真も利用できます。ここでは、撮影した横浜のアメリカ山公園の写真を利用しています。ここで使用している写真は本書のダウンロードサイトよりダウンロードできます。

写真01.jpg

写真02.jpg

写真03.jpg

写真04.jpg

写真05.jpg

写真06.jpg

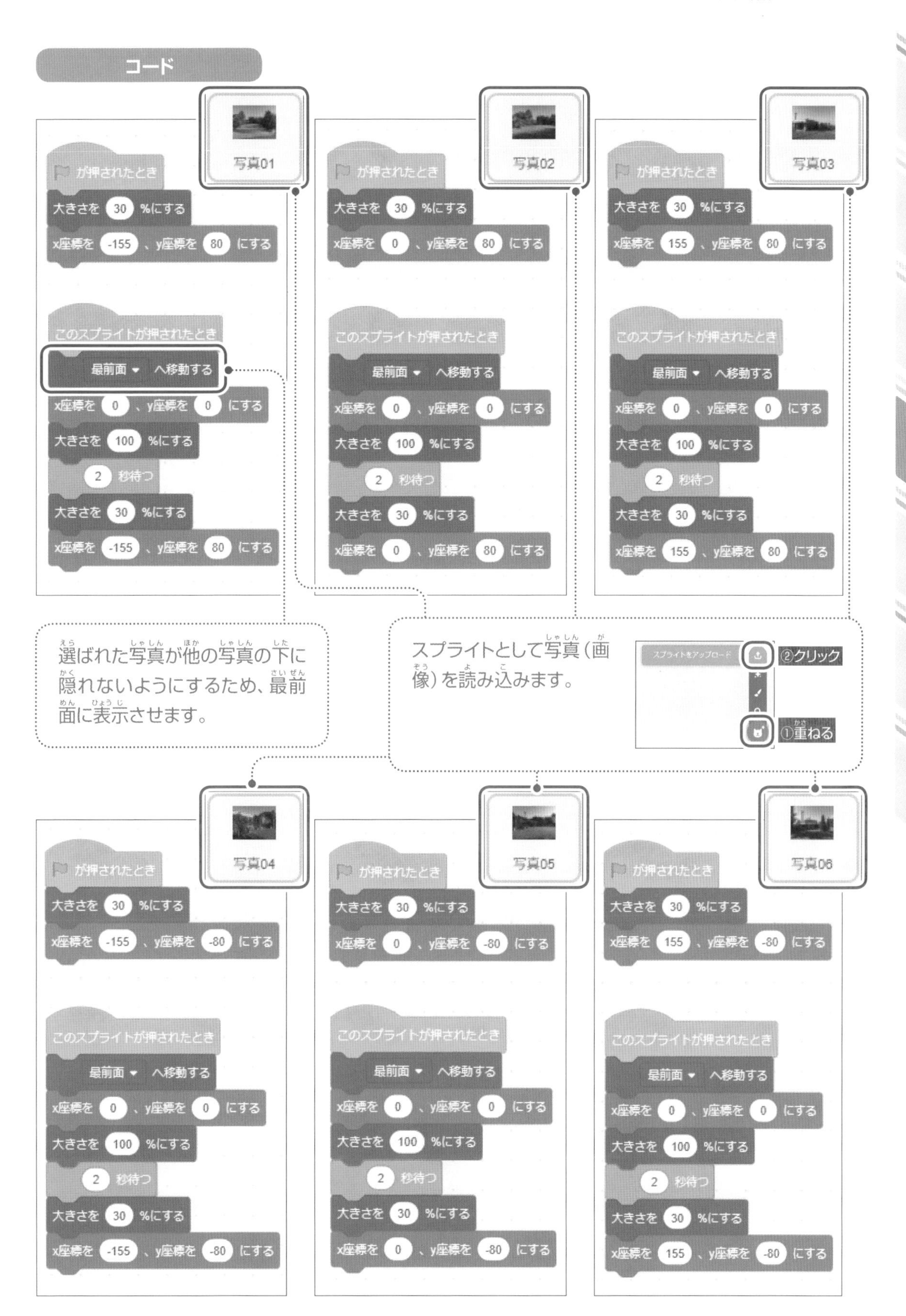

コード
写真01
が押されたとき
大きさを 30 %にする
x座標を -155 、y座標を 80 にする
このスプライトが押されたとき
最前面 へ移動する
x座標を 0 、y座標を 0 にする
大きさを 100 %にする
2 秒待つ
大きさを 30 %にする
x座標を -155 、y座標を 80 にする
写真02
が押されたとき
大きさを 30 %にする
x座標を 0 、y座標を 80 にする
このスプライトが押されたとき
最前面 へ移動する
x座標を 0 、y座標を 0 にする
大きさを 100 %にする
2 秒待つ
大きさを 30 %にする
x座標を 0 、y座標を 80 にする
写真03
が押されたとき
大きさを 30 %にする
x座標を 155 、y座標を 80 にする
このスプライトが押されたとき
最前面 へ移動する
x座標を 0 、y座標を 0 にする
大きさを 100 %にする
2 秒待つ
大きさを 30 %にする
x座標を 155 、y座標を 80 にする
選ばれた写真が他の写真の下に隠れないようにするため、最前面に表示させます。
スプライトとして写真（画像）を読み込みます。
スプライトをアップロード
②クリック
①重ねる
写真04
が押されたとき
大きさを 30 %にする
x座標を -155 、y座標を -80 にする
このスプライトが押されたとき
最前面 へ移動する
x座標を 0 、y座標を 0 にする
大きさを 100 %にする
2 秒待つ
大きさを 30 %にする
x座標を -155 、y座標を -80 にする
写真05
が押されたとき
大きさを 30 %にする
x座標を 0 、y座標を -80 にする
このスプライトが押されたとき
最前面 へ移動する
x座標を 0 、y座標を 0 にする
大きさを 100 %にする
2 秒待つ
大きさを 30 %にする
x座標を 0 、y座標を -80 にする
写真06
が押されたとき
大きさを 30 %にする
x座標を 155 、y座標を -80 にする
このスプライトが押されたとき
最前面 へ移動する
x座標を 0 、y座標を 0 にする
大きさを 100 %にする
2 秒待つ
大きさを 30 %にする
x座標を 155 、y座標を -80 にする

サンプル50 50.sb3

便利に使えるもの

今日の運勢

音が流れるなか、ネコがサングラスの形をした占い師の前に歩いていきます。占い師は占いをします。「大吉」「吉」「中吉」「小吉」「末吉」が出た場合、ネコは「はい!!」と答えます。「凶」が出た場合のみ、ネコは「えっ!!」と答え、ネコの色が徐々に変わっていきます。

使用背景・スプライト

背景 Party　スプライト スプライト1(Cat)、Sunglasses1

コード

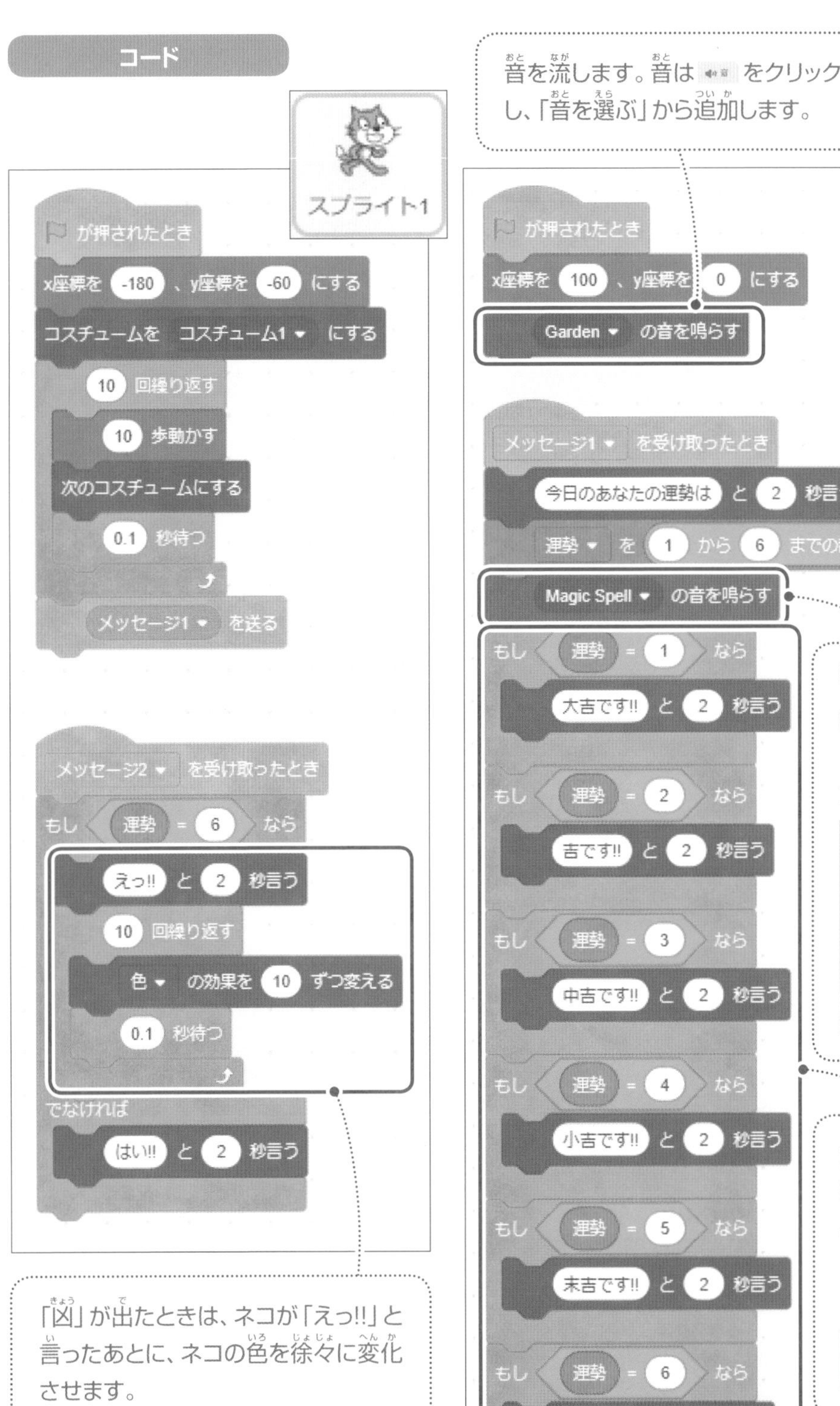

音を流します。音は 音 をクリックし、「音を選ぶ」から追加します。

音を鳴らします。音は 音 をクリックし、「音を選ぶ」から追加します。

音を選ぶ

変数を作成します。変数はステージに表示しないので、□に✓を入れないようにします。

変数を作る
運勢

「凶」が出たときは、ネコが「えっ!!」と言ったあとに、ネコの色を徐々に変化させます。

ペイントエディター

スクラッチには、背景やスプライト（スプライトのコスチューム）の作成や編集を行うペイントエディターがあります。ペイントエディターを使って、オリジナルのスプライトや背景を作成することができます。

描画

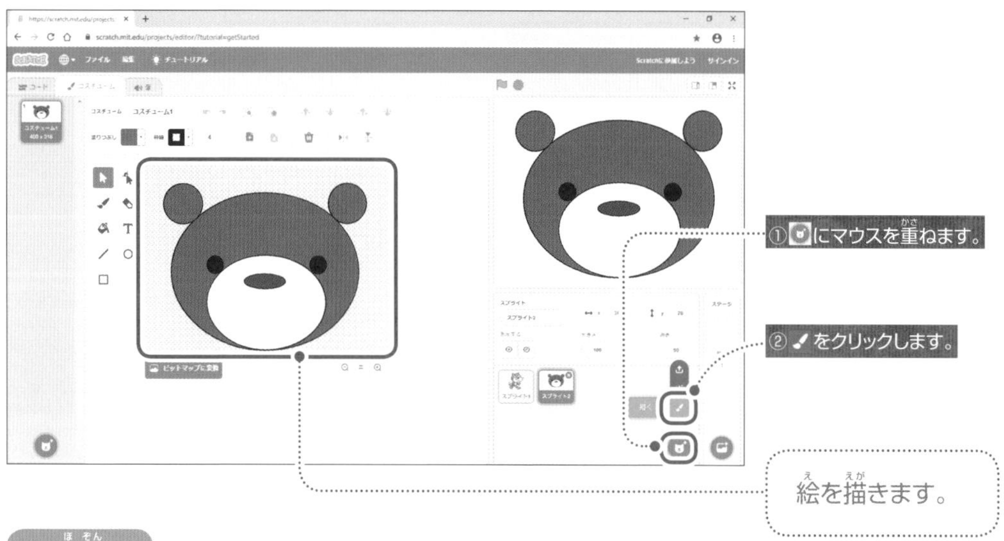

保存

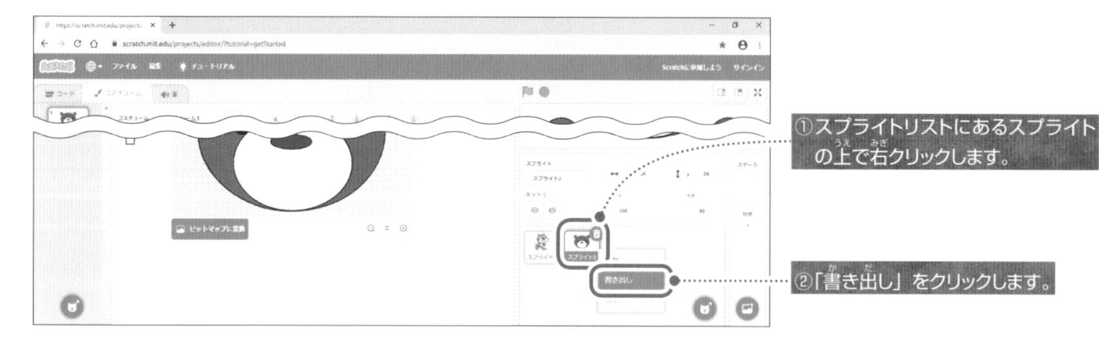

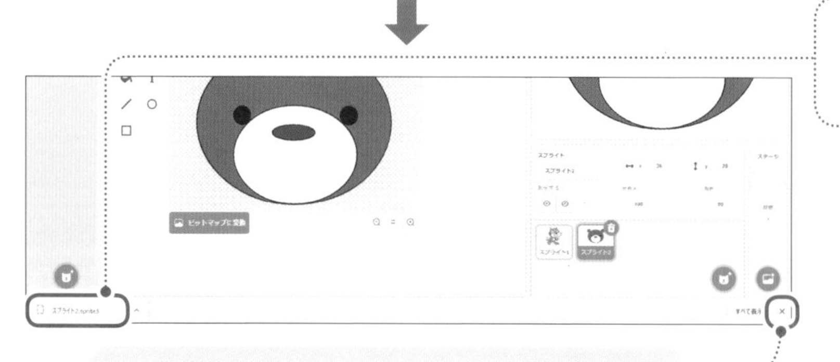

スプライトが保存されました。

「スプライト2.sprite3」という名前で「ダウンロード」フォルダに保存されます。

✕をクリックすると、ダウンロードの表示が消えます。

使用するWebブラウザーにより、画面が異なります。

ゲーム編

サンプル 51　51.sb3

1人用ゲーム

月面ロボットシューティングゲーム

ロボットが左右に動いています。ロボットはイナズマを発射してきます。←→キーを押して宇宙船を左右に動かして、ロボットからのイナズマを避けながら、スペースキーを押してロボットに向けて弾を発射します。ロボットに弾が当たると1点得点されます。宇宙船がイナズマに当たるとゲームオーバーです。

使用背景・スプライト

背景 Moon　スプライト Rocketship、Ball、Robot、Lightning

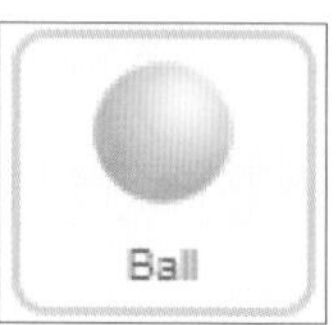

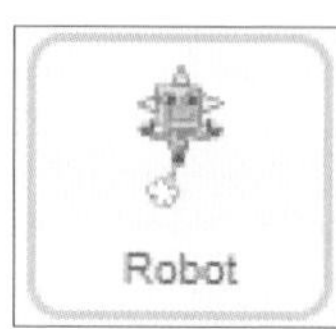

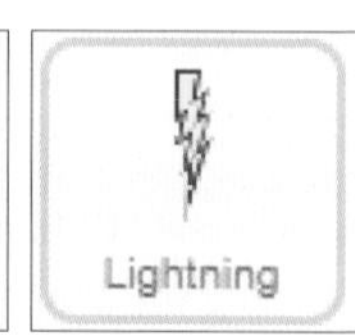

コード

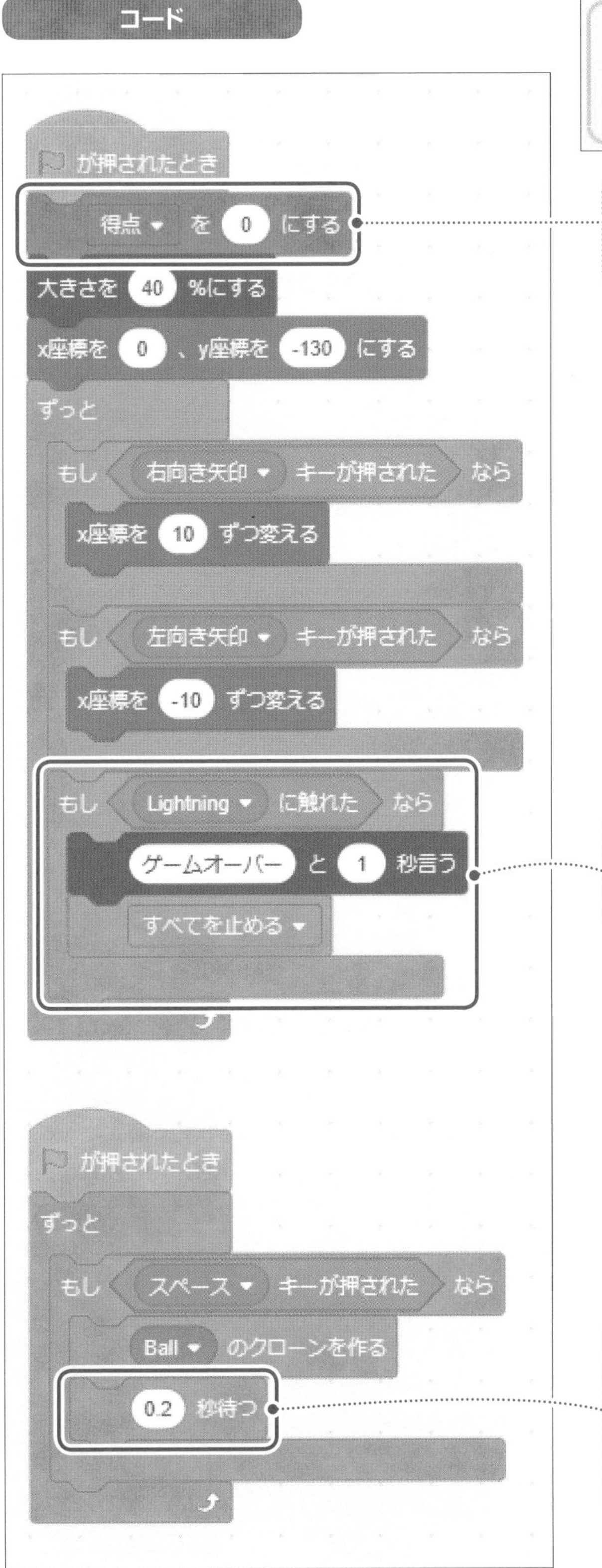

ゲームをスタートしたときに、得点が「0」に初期化されるようにします。

変数を作成します。変数はステージに表示するので、□に✓を入れます。

宇宙船がイナズマに当たったらゲーム終了にします。

宇宙船が発射する弾の連射間隔を調節します。数値を小さくするほど、連射間隔が短くなり、宇宙船から発射される弾の数が多くなります。

サンプル 51 月面ロボットシューティングゲーム

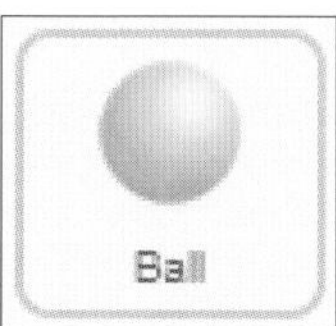

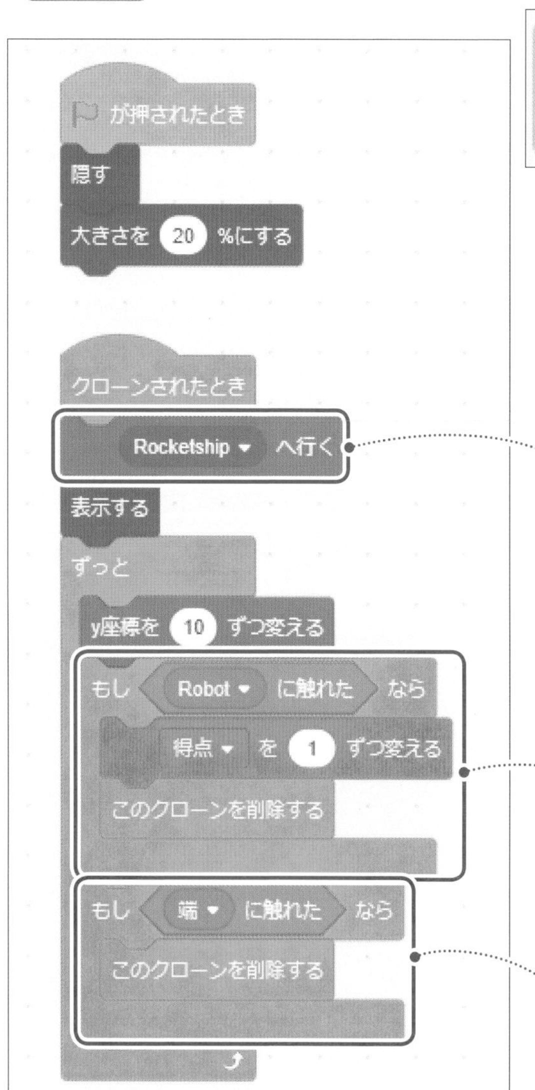

弾が宇宙船から発射されるようにします。

弾がロボットに当たったら1点得点するようにします。また、ロボットに当たった弾は消えるようにします。クローンを削除することにより弾を消します。

弾が上端まで行ったら消えるようにします。クローンを削除することにより弾を消します。

ポイント クローンによる弾の連射

シューティングゲームなどでは、クローンを利用すると弾を連射させることができます。スプライト(弾の本体)は表示させせないようにしておきます。一方、クローン(弾のクローン)は、クローンされたら表示させるようにします。なお、これらには必要に応じてブロックを追加します。

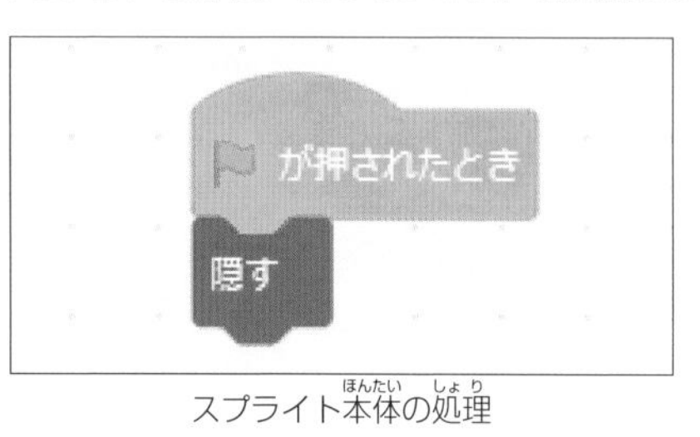

スプライト本体の処理

クローンによる処理

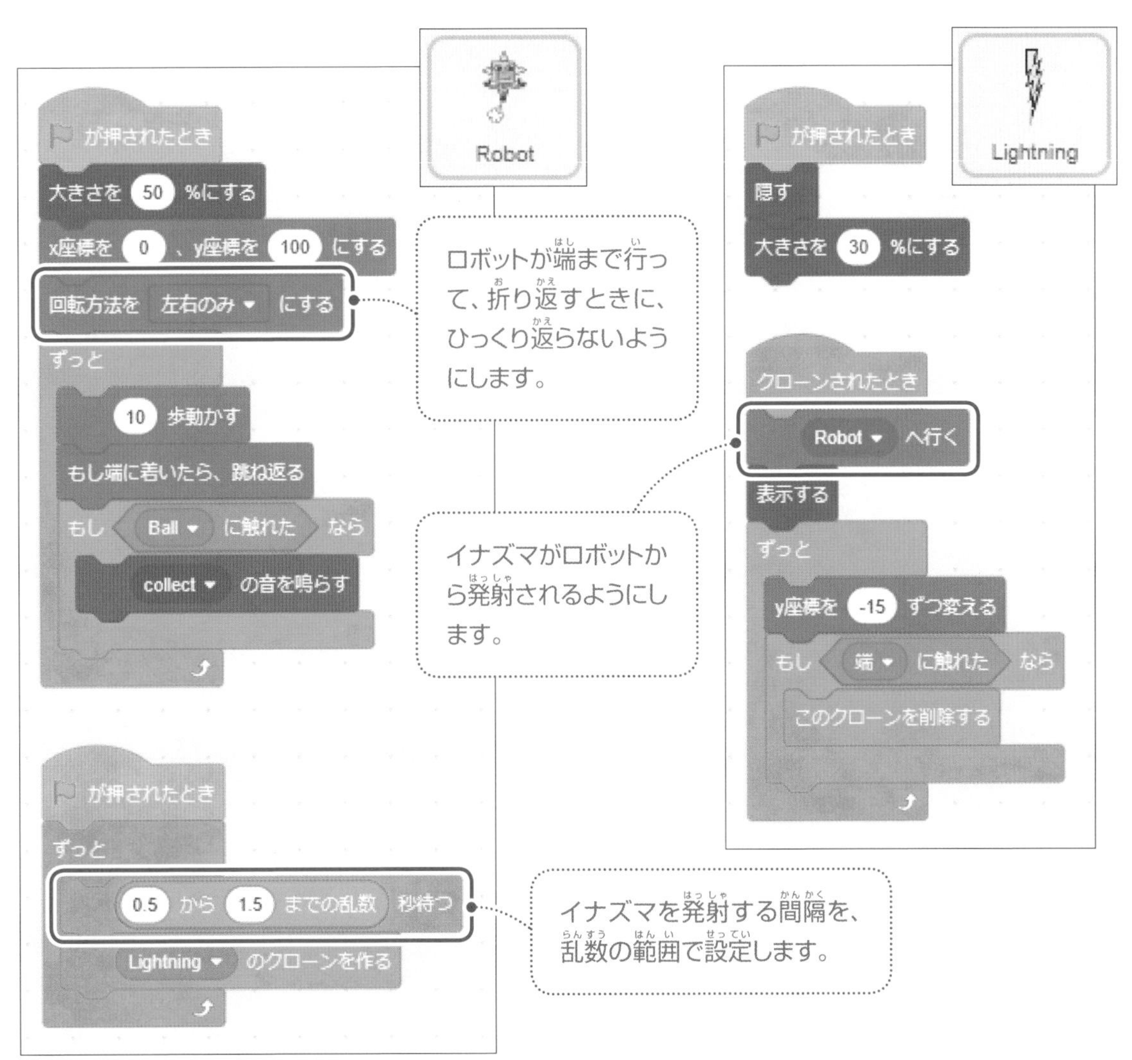

ポイント　処理による違い

←→キーを利用した左右への移動の設定は、下記のどちらでもできます。右のブロックの組み合わせを使う方が、スムーズな動きになります。

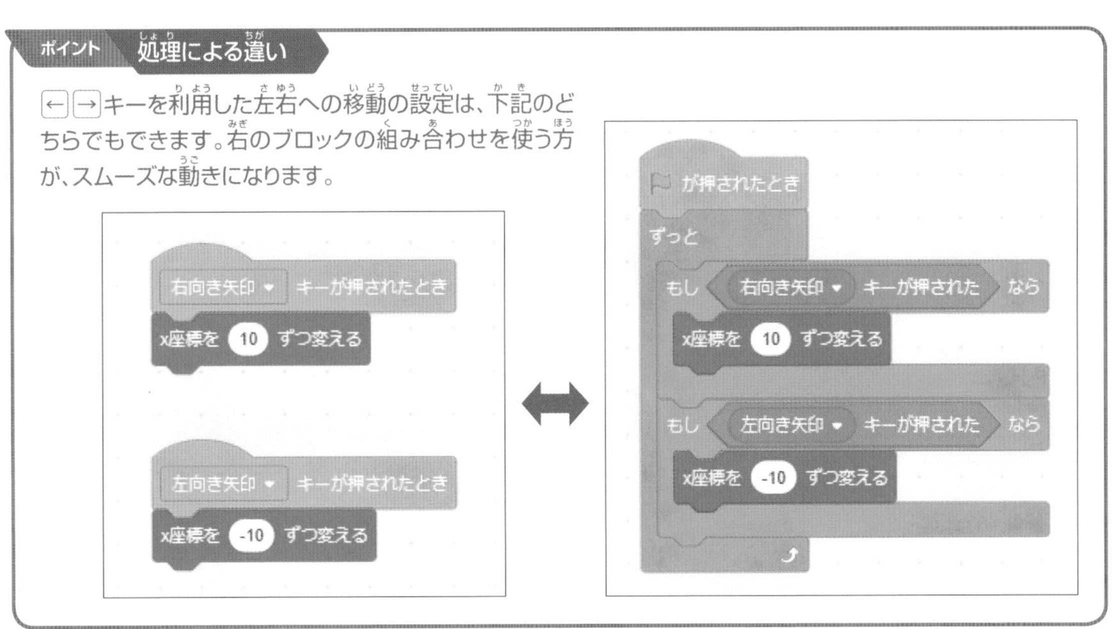

サンプル 52 52.sb3

1人用ゲーム

宇宙遭遇シューティングゲーム

ロボットが弾を発射しながらいろいろなところへワープします。←→キーを押して宇宙船を左右に動かして、ロボットからの弾を避けながら、スペースキーを押してロボットに向けて弾を発射します。弾がロボットに当たると得点が加算されます。得点が増えると、ロボットから発射される弾の数が増えて難易度が上がります。ロボットが発射する弾に当たるとライフが減ります。ライフが0になるとゲームオーバーです。

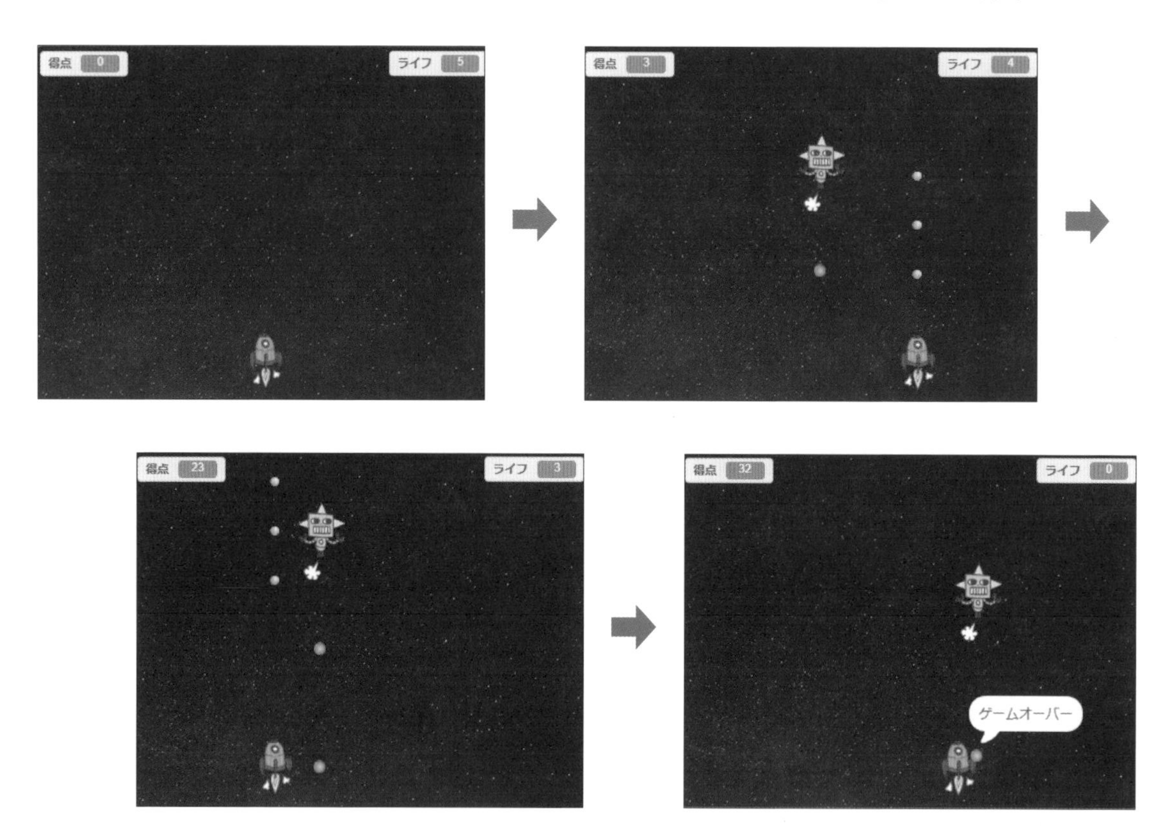

使用背景・スプライト

背景 Stars　スプライト Rocketship、Ball、Robot、Button1

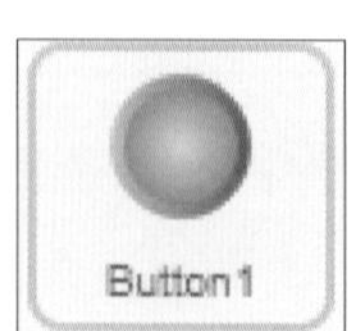

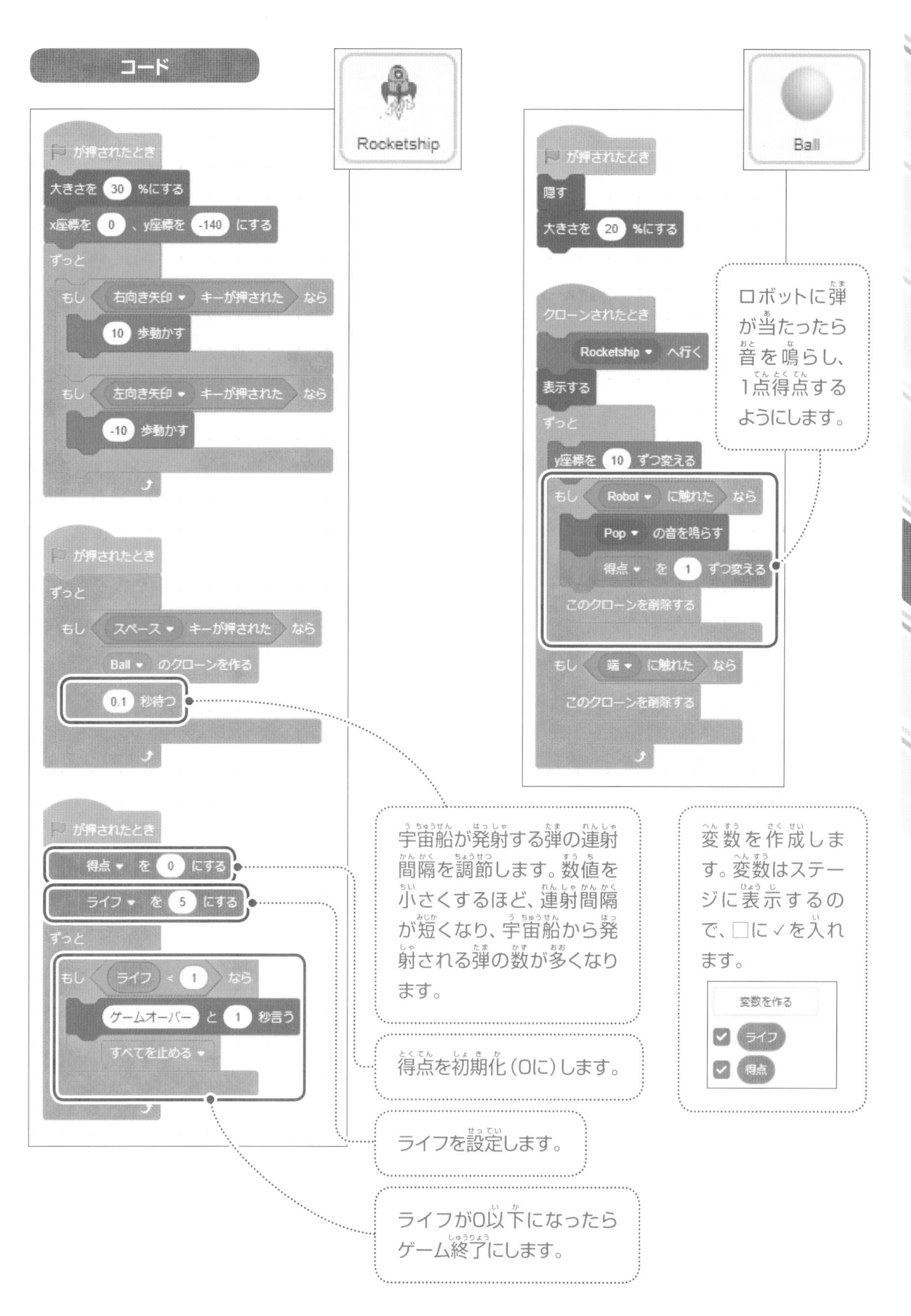
コード
Rocketship
が押されたとき
大きさを 30 %にする
x座標を 0 、y座標を -140 にする
ずっと
もし 右向き矢印 キーが押された なら
10 歩動かす
もし 左向き矢印 キーが押された なら
-10 歩動かす
が押されたとき
ずっと
もし スペース キーが押された なら
Ball のクローンを作る
0.1 秒待つ
が押されたとき
得点 を 0 にする
ライフ を 5 にする
ずっと
もし ライフ < 1 なら
ゲームオーバー と 1 秒言う
すべてを止める
Ball
が押されたとき
隠す
大きさを 20 %にする
クローンされたとき
Rocketship へ行く
表示する
ずっと
y座標を 10 ずつ変える
もし Robot に触れた なら
Pop の音を鳴らす
得点 を 1 ずつ変える
このクローンを削除する
もし 端 に触れた なら
このクローンを削除する
ロボットに弾が当たったら音を鳴らし、1点得点するようにします。
宇宙船が発射する弾の連射間隔を調節します。数値を小さくするほど、連射間隔が短くなり、宇宙船から発射される弾の数が多くなります。
変数を作成します。変数はステージに表示するので、□に✓を入れます。
変数を作る
ライフ
得点
得点を初期化(0に)します。
ライフを設定します。
ライフが0以下になったらゲーム終了にします。

サンプル 52 宇宙遭遇シューティングゲーム

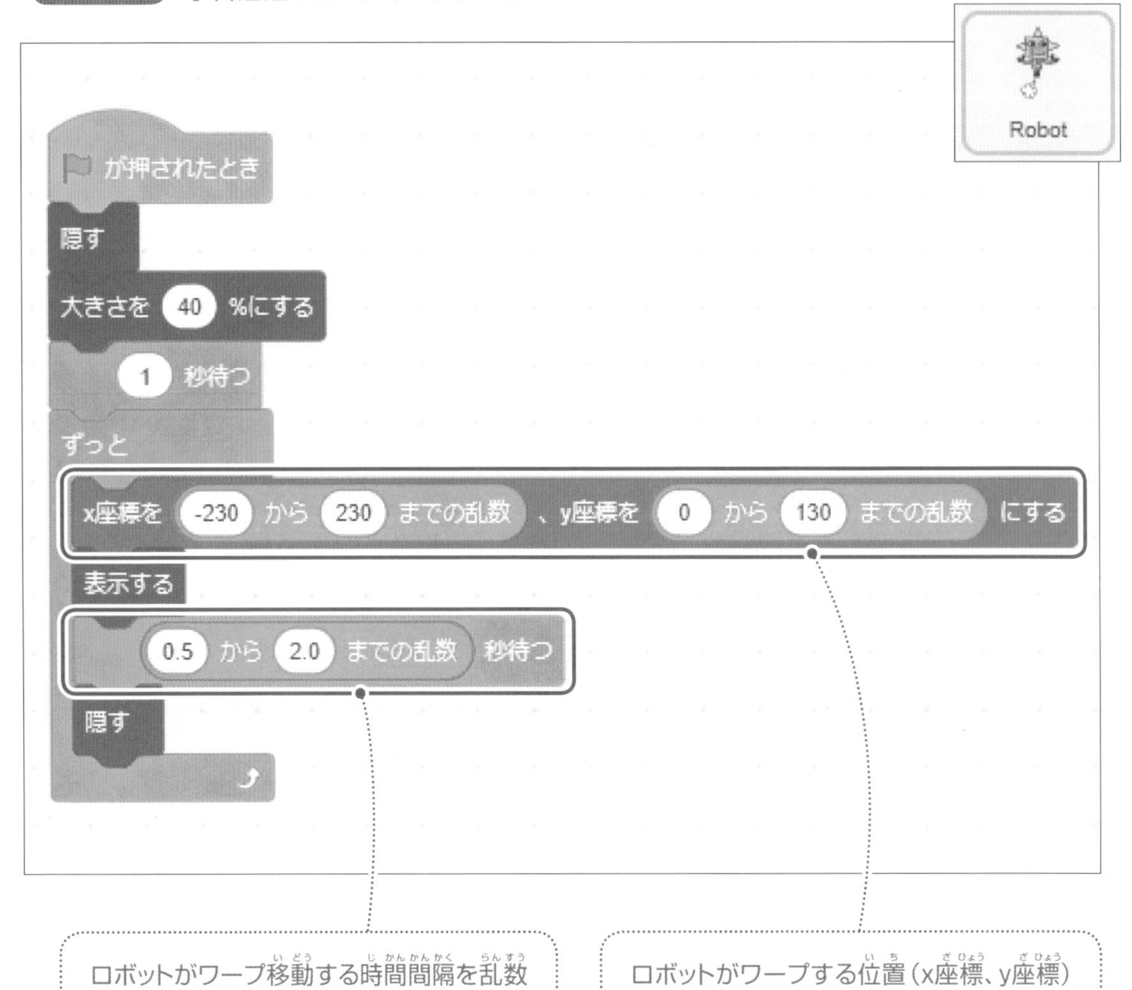

ロボットがワープ移動する時間間隔を乱数で設定します。ロボットは、設定した時間の範囲で、次の場所に移動します。

ロボットがワープする位置（x座標、y座標）の範囲を乱数で設定します。ロボットは、設定した範囲で、ワープして移動します。

ポイント 自分自身のクローンによる弾の処理

シューティングゲームなどでは、敵が自動的に発射してくる弾の処理に、「自分自身のクローンを作る」ブロックを使った処理が利用できます。なお、「ずっと」のブロックの中に「〇秒待つ」のブロックを追加すると、敵が弾を発射する間隔を調節することができます。

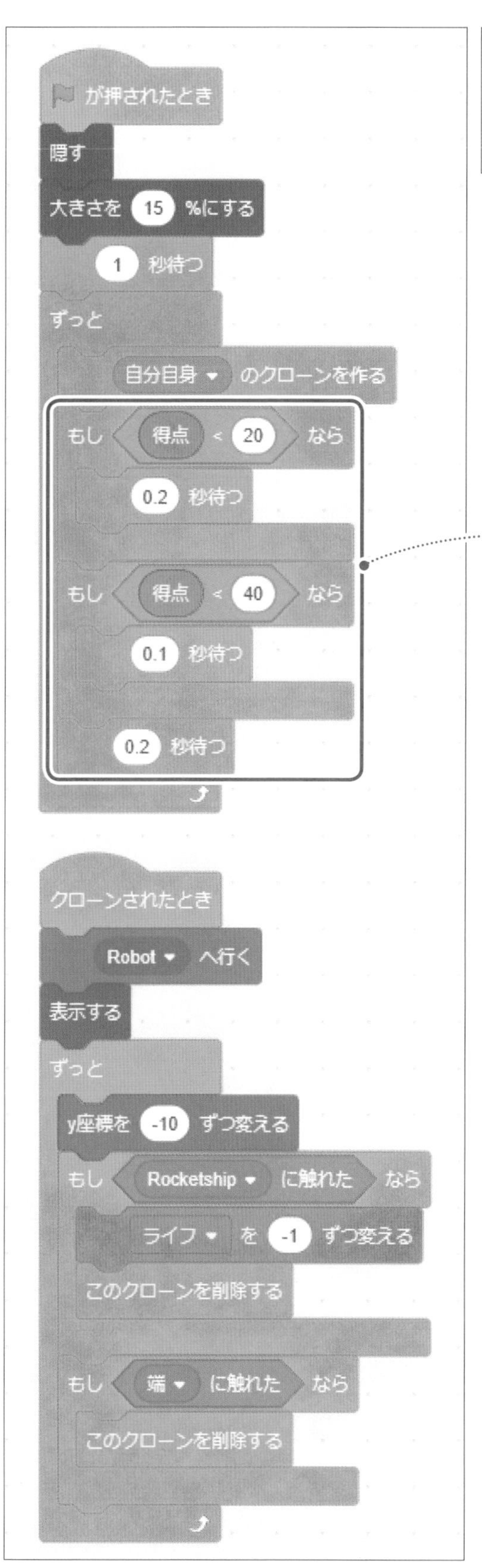

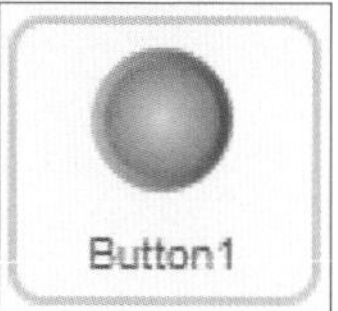

得点が増えると、弾の発射間隔が短くなるようにします。

ポイント　得点による難易度調整

得点が増えるに従い、ロボットから発射される弾の発射間隔を短くして、ゲームが難しくなるようにすることができます。この例では、得点が20点未満の場合は、2つの「もし〜なら」のブロックの処理が実行され、発射間隔は0.2秒+0.1秒+0.2秒で0.5秒となります。一方、得点が40点以上の場合は、「もし〜なら」のブロックの処理が1つも実行されないため、発射間隔は0.2秒となります。

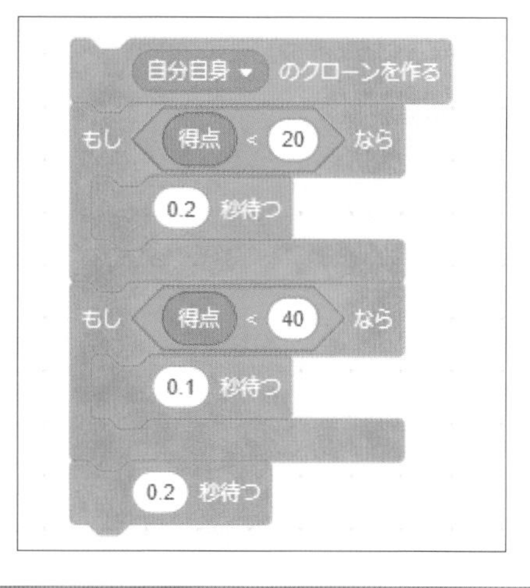

サンプル 53　53.sb3　1人用ゲーム

宇宙迎撃シューティングゲーム

ロボットが弾を発射しながら向かって来ます。←→キーを押して宇宙船を左右に動かして、ロボットとロボットからの弾を避けながら、スペースキーを押してロボットに向けて弾を発射します。ロボットに弾が当たると1点得点されます。ロボットが発射する弾に当たるとライフが1減ります。ロボットに当たるとライフが3減ります。得点が増えると、ロボットが発射する弾の数が増えて速さも速くなります。ライフが0になるとゲーム終了です。

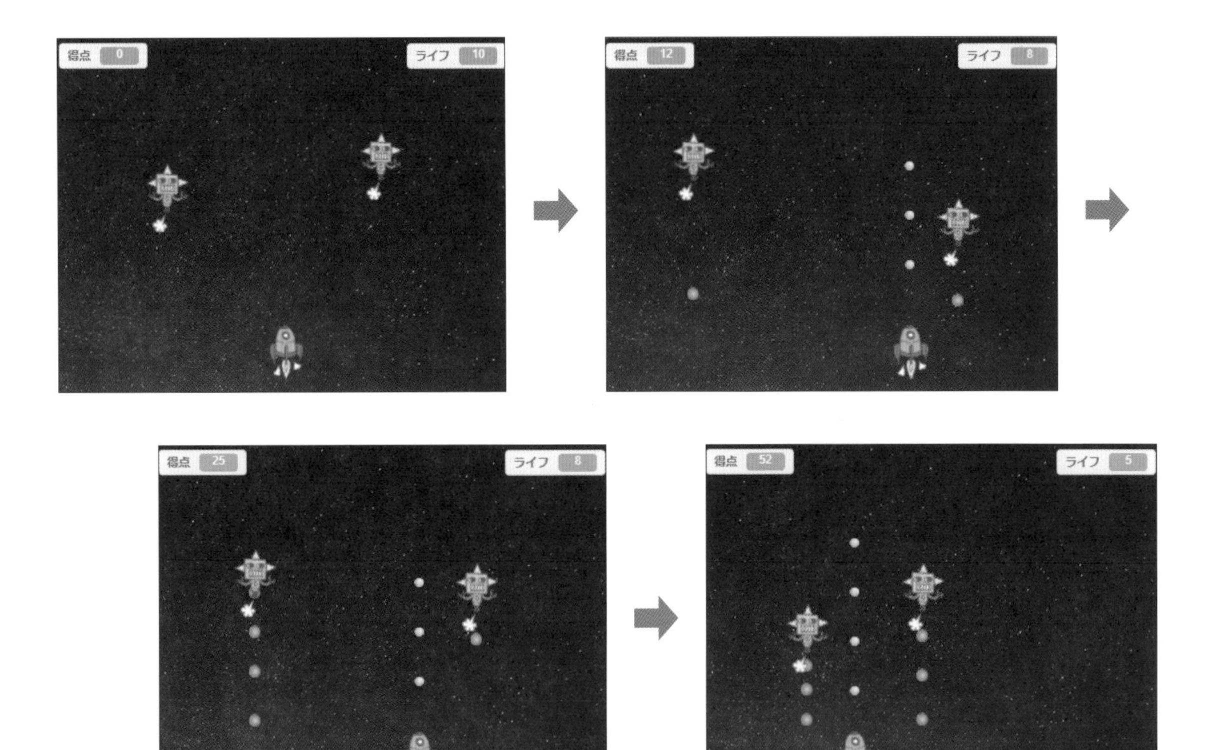

使用背景・スプライト

背景 Stars　スプライト Rocketship、Ball、Robot、Button1、Robot2、Button2

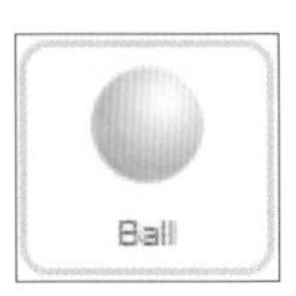

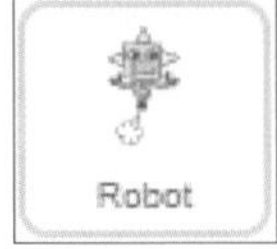

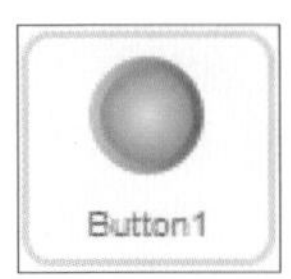

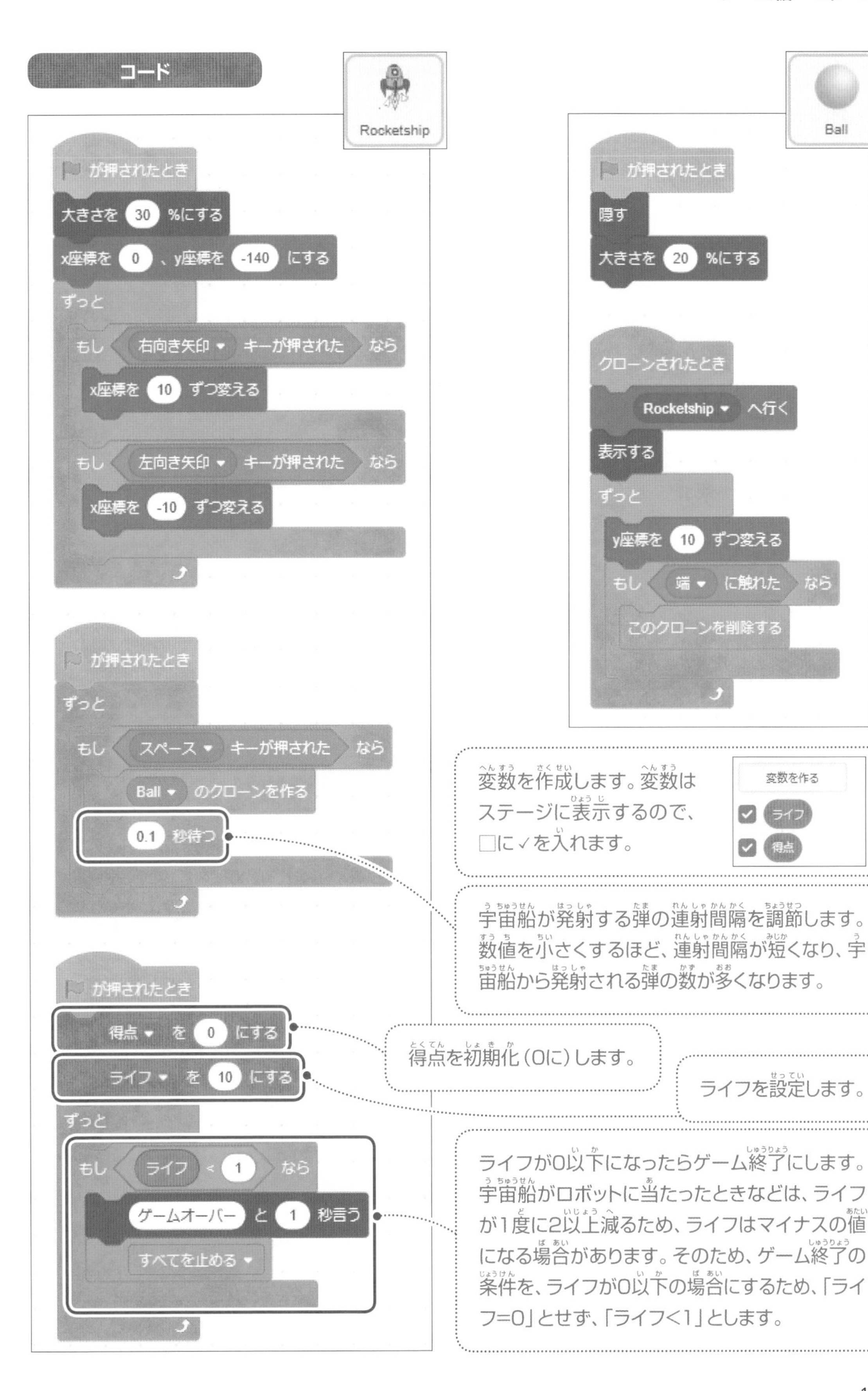
コード
Rocketship
が押されたとき
大きさを 30 %にする
x座標を 0 、y座標を -140 にする
ずっと
もし 右向き矢印 キーが押された なら
x座標を 10 ずつ変える
もし 左向き矢印 キーが押された なら
x座標を -10 ずつ変える
が押されたとき
ずっと
もし スペース キーが押された なら
Ball のクローンを作る
0.1 秒待つ
が押されたとき
得点 を 0 にする
ライフ を 10 にする
ずっと
もし ライフ < 1 なら
ゲームオーバー と 1 秒言う
すべてを止める
Ball
が押されたとき
隠す
大きさを 20 %にする
クローンされたとき
Rocketship へ行く
表示する
ずっと
y座標を 10 ずつ変える
もし 端 に触れた なら
このクローンを削除する
変数を作成します。変数はステージに表示するので、□に✓を入れます。
変数を作る
ライフ
得点
宇宙船が発射する弾の連射間隔を調節します。数値を小さくするほど、連射間隔が短くなり、宇宙船から発射される弾の数が多くなります。
得点を初期化(0に)します。
ライフを設定します。
ライフが0以下になったらゲーム終了にします。宇宙船がロボットに当たったときなどは、ライフが1度に2以上減るため、ライフはマイナスの値になる場合があります。そのため、ゲーム終了の条件を、ライフが0以下の場合にするため、「ライフ=0」とせず、「ライフ<1」とします。

サンプル 53 宇宙迎撃シューティングゲーム

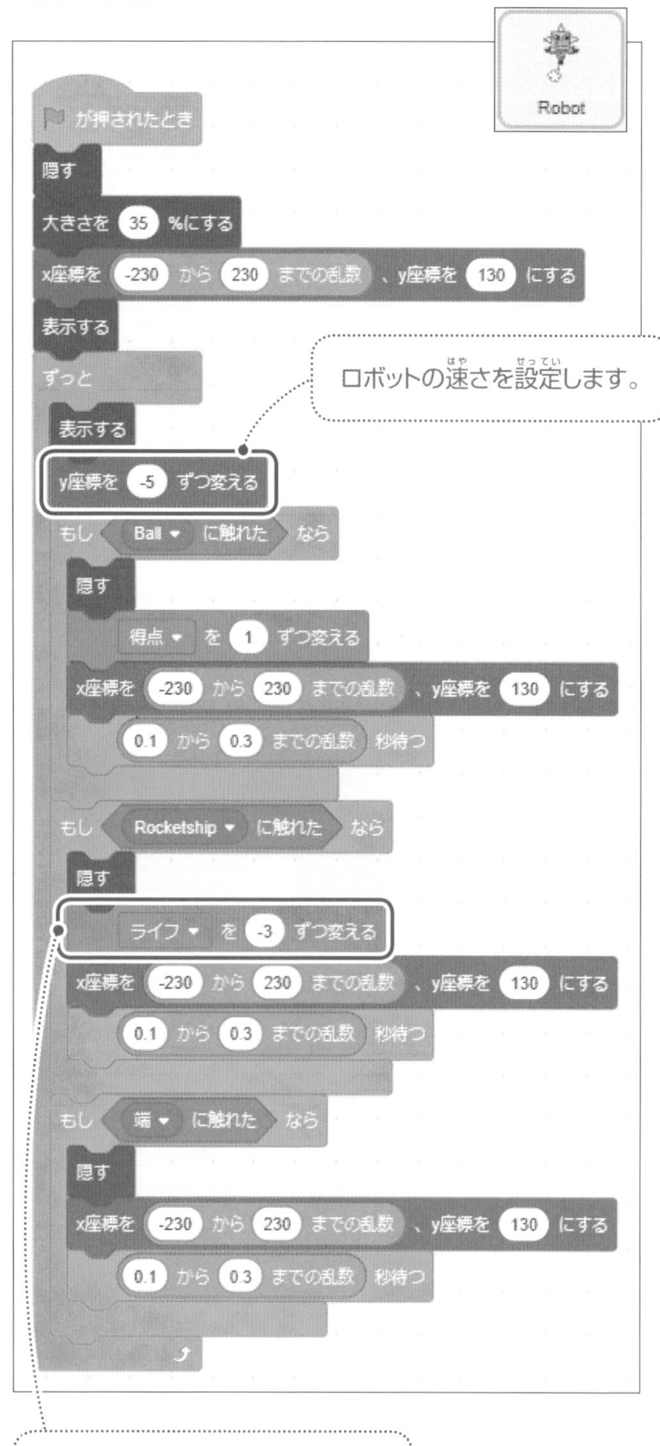

宇宙船がロボットに当たったとき、
ライフを3減らします。

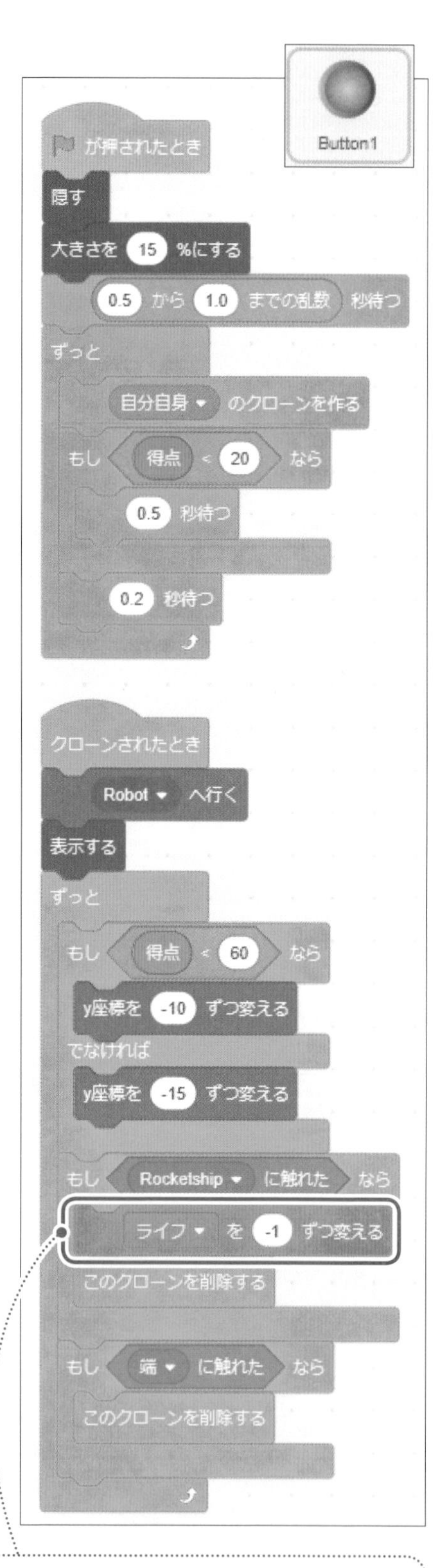

宇宙船がロボットの弾に当たったとき、
ライフを1減らします。

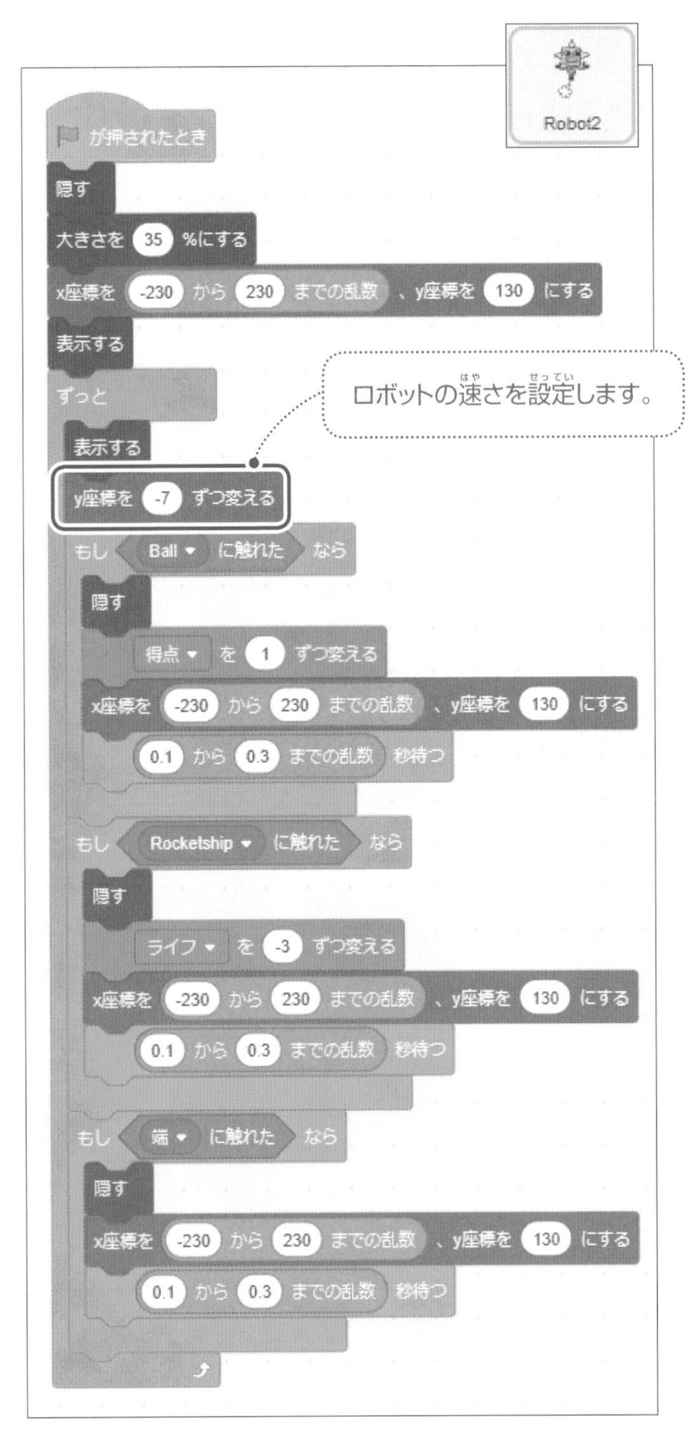

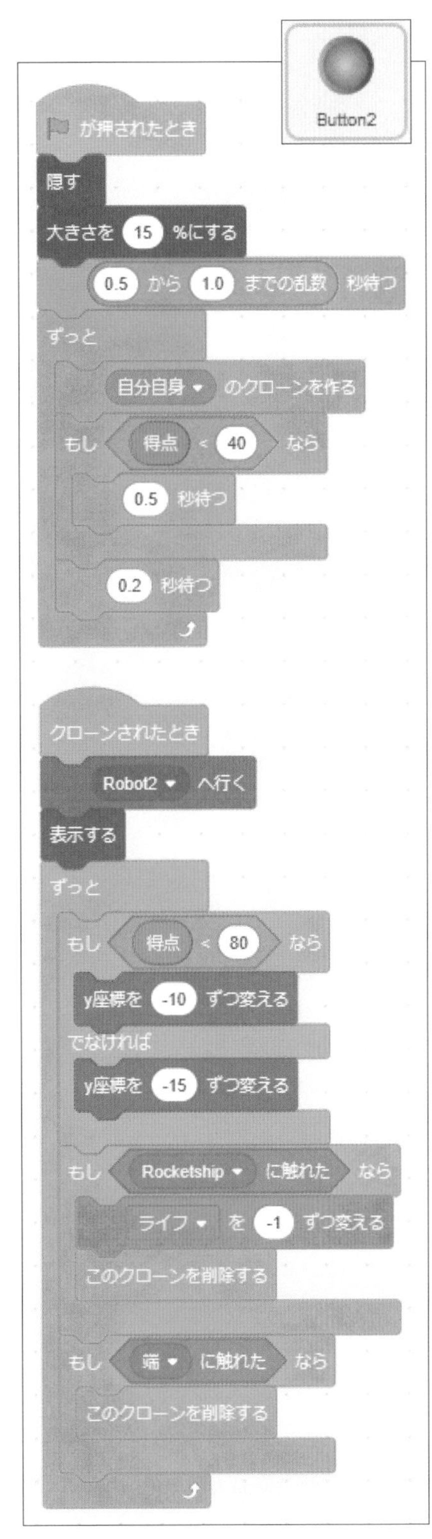

ポイント　ゲームの難易度の変化

得点が増えるに従い、ロボットから発射される弾の発射間隔を短くしたり、弾の速さを速くして、ゲームの難易度を変化させます。

サンプル54　54.sb3　1人用ゲーム

宇宙弾避けシューティングゲーム

ロボットが弾を発射しながら左右に動いています。←→キーを押して宇宙船を左右に動かして、ロボットからの弾を避けながら、スペースキーを押してロボットに向けて弾を発射します。弾がロボットに当たると得点が加算されます。得点が増えると次の面に移動し、難易度が上がります。ロボットが発射する弾に当たるとライフが減ります。ライフが0になるとゲーム終了です。

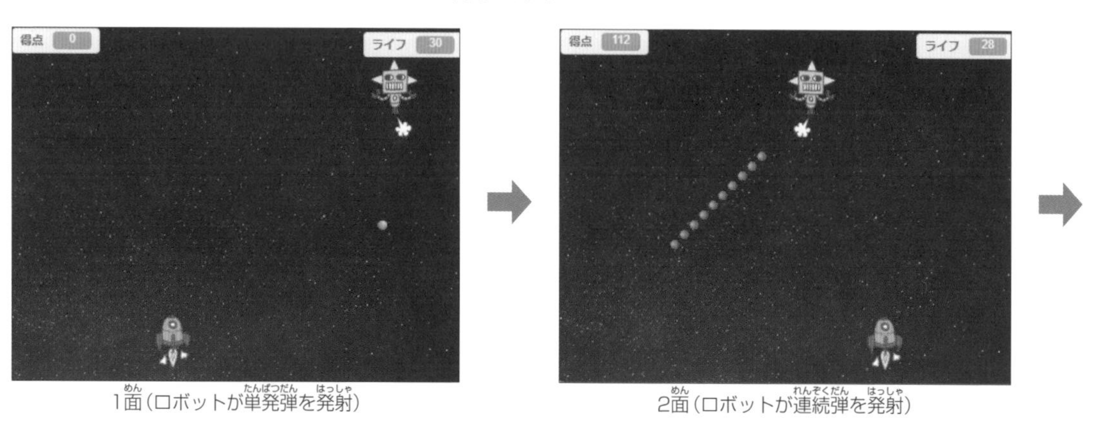

1面（ロボットが単発弾を発射）

2面（ロボットが連続弾を発射）

3面（ロボットがランダム連続弾を発射）

4面（ロボットが拡大弾を発射）

使用背景・スプライト

背景 Stars

スプライト Rocketship、Ball、Robot、Ball2、Ball3、Ball4、Ball5

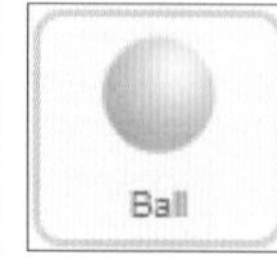

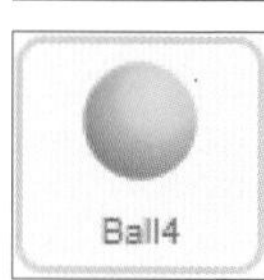

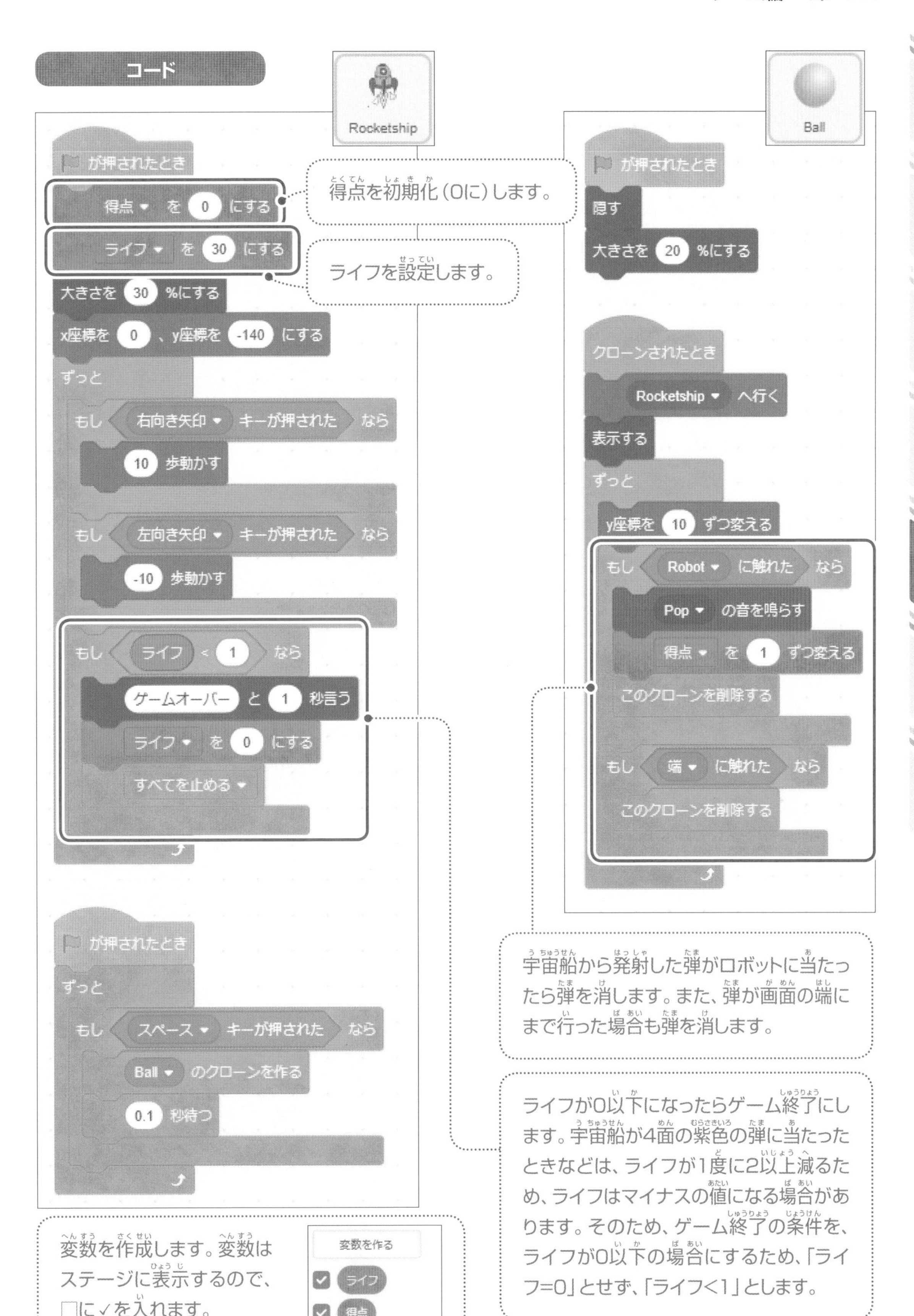
コード
Rocketship
が押されたとき
得点 を 0 にする
ライフ を 30 にする
大きさを 30 %にする
x座標を 0 、y座標を -140 にする
ずっと
もし 右向き矢印 キーが押された なら
10 歩動かす
もし 左向き矢印 キーが押された なら
-10 歩動かす
もし ライフ < 1 なら
ゲームオーバー と 1 秒言う
ライフ を 0 にする
すべてを止める
が押されたとき
ずっと
もし スペース キーが押された なら
Ball のクローンを作る
0.1 秒待つ
得点を初期化(0に)します。
ライフを設定します。
Ball
が押されたとき
隠す
大きさを 20 %にする
クローンされたとき
Rocketship へ行く
表示する
ずっと
y座標を 10 ずつ変える
もし Robot に触れた なら
Pop の音を鳴らす
得点 を 1 ずつ変える
このクローンを削除する
もし 端 に触れた なら
このクローンを削除する
宇宙船から発射した弾がロボットに当たったら弾を消します。また、弾が画面の端にまで行った場合も弾を消します。
ライフが0以下になったらゲーム終了にします。宇宙船が4面の紫色の弾に当たったときなどは、ライフが1度に2以上減るため、ライフはマイナスの値になる場合があります。そのため、ゲーム終了の条件を、ライフが0以下の場合にするため、「ライフ=0」とせず、「ライフ<1」とします。
変数を作成します。変数はステージに表示するので、□に✓を入れます。
変数を作る
ライフ
得点

サンプル 54 宇宙弾避けシューティングゲーム

ポイント 場面(面)の切り替え

一定の得点に達することにより、次の場面(面)に切り替えてゲームの難易度を上げます。ここでは、1面から4面までの全4面により構成し、100点得点するごとに次の面に移るようにしています。

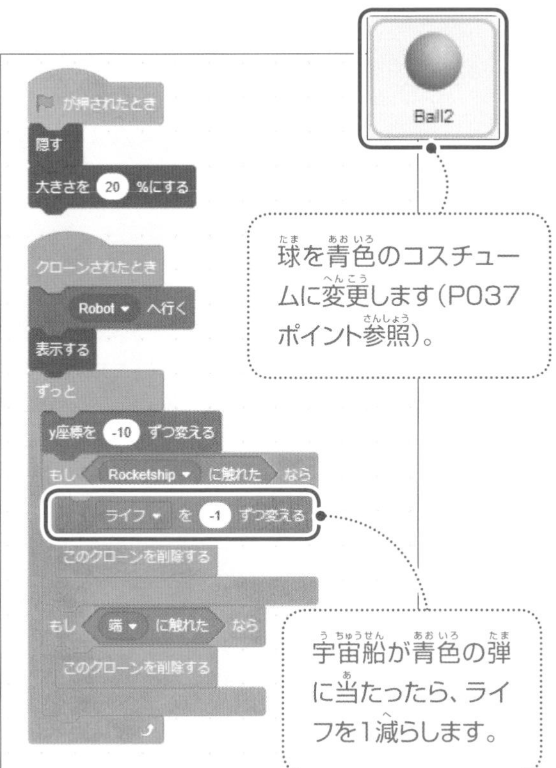
Ball2
が押されたとき
隠す
大きさを 20 %にする
クローンされたとき
Robot へ行く
表示する
ずっと
y座標を -10 ずつ変える
もし Rocketship に触れた なら
ライフ を -1 ずつ変える
このクローンを削除する
もし 端 に触れた なら
このクローンを削除する
球を青色のコスチュームに変更します(P037ポイント参照)。
宇宙船が青色の弾に当たったら、ライフを1減らします。

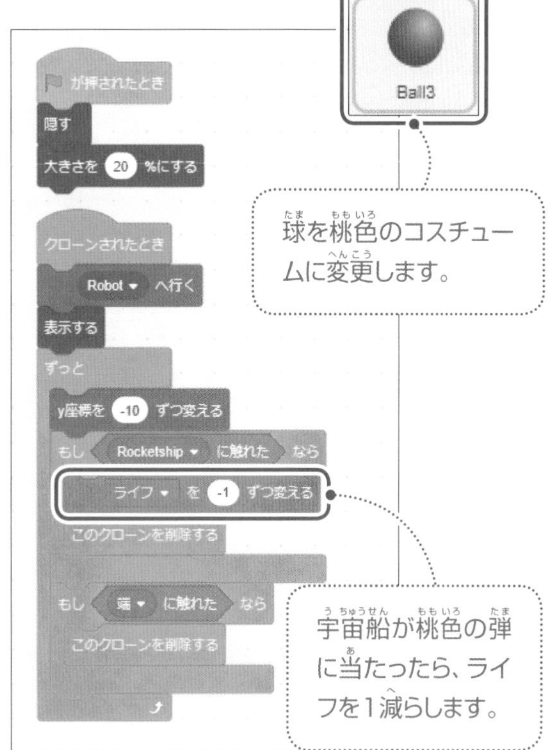
Ball3
が押されたとき
隠す
大きさを 20 %にする
クローンされたとき
Robot へ行く
表示する
ずっと
y座標を -10 ずつ変える
もし Rocketship に触れた なら
ライフ を -1 ずつ変える
このクローンを削除する
もし 端 に触れた なら
このクローンを削除する
球を桃色のコスチュームに変更します。
宇宙船が桃色の弾に当たったら、ライフを1減らします。

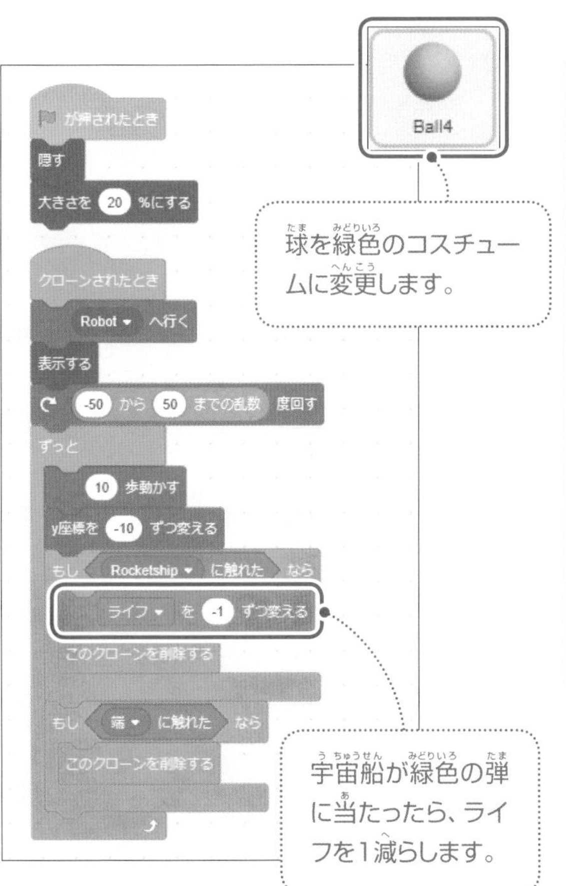
Ball4
が押されたとき
隠す
大きさを 20 %にする
クローンされたとき
Robot へ行く
表示する
-50 から 50 までの乱数 度回す
ずっと
10 歩動かす
y座標を -10 ずつ変える
もし Rocketship に触れた なら
ライフ を -1 ずつ変える
このクローンを削除する
もし 端 に触れた なら
このクローンを削除する
球を緑色のコスチュームに変更します。
宇宙船が緑色の弾に当たったら、ライフを1減らします。

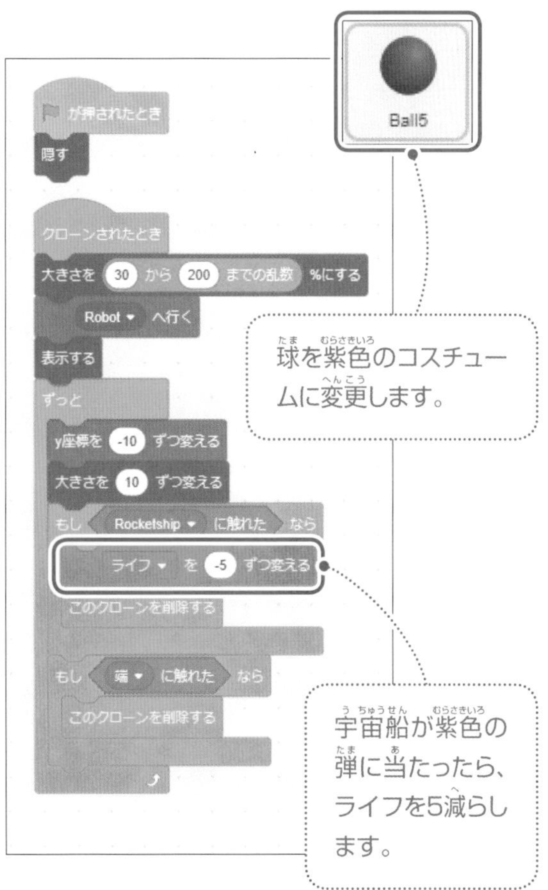
Ball5
が押されたとき
隠す
クローンされたとき
大きさを 30 から 200 までの乱数 %にする
Robot へ行く
表示する
ずっと
y座標を -10 ずつ変える
大きさを 10 ずつ変える
もし Rocketship に触れた なら
ライフ を -5 ずつ変える
このクローンを削除する
もし 端 に触れた なら
このクローンを削除する
球を紫色のコスチュームに変更します。
宇宙船が紫色の弾に当たったら、ライフを5減らします。

サンプル **55**　55.sb3　　1人用ゲーム

風船避けシューティングゲーム

ベルと風船が左右に飛んでいます。ベルはミカンを落としてきます。←→キーを押してカニを左右に動かし、スペースキーを押して球を風船に当てないようにベルに向けて発射します。ベルに当たると1点得点されます。ミカンに当たったらライフが1減ります。また、風船に球を当ててしまってもライフが1減ります。ライフが0になるとゲーム終了です。

使用背景・スプライト

背景 Blue Sky　スプライト Crab、Ball、Orange、Bell、Baloon1、Baloon2、Baloon3

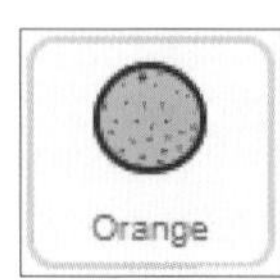

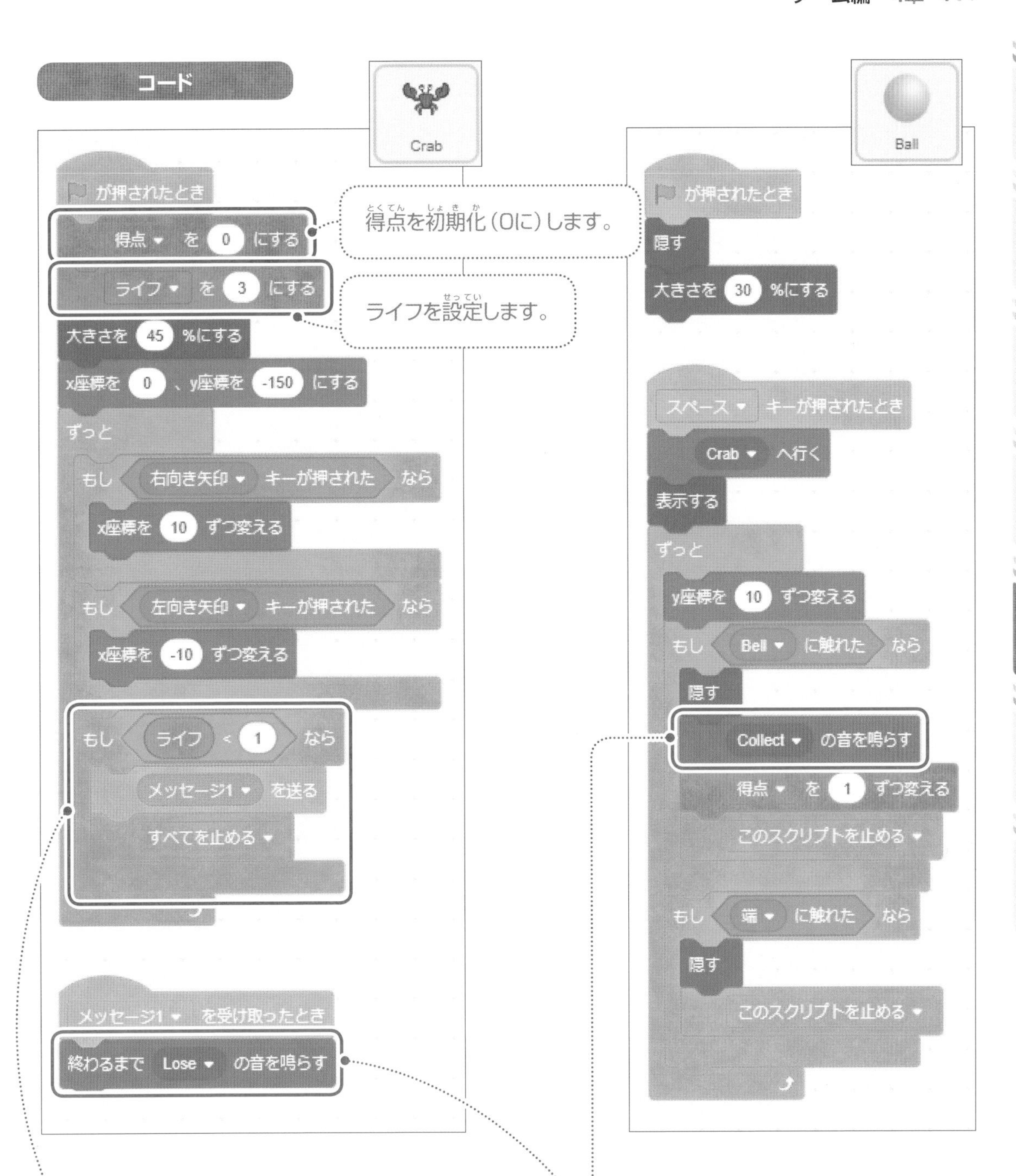

「ライフ」が0以下になったらゲーム終了にします。1つの球が一度に複数の風船に当たった場合などは、ライフが1度に2以上減るため、「ライフ」はマイナスの値になる場合があります。そのため、ゲーム終了の条件を、ライフが0以下の場合にするため、「ライフ=0」とせず、「ライフ<1」とします。

ゲームオーバーになったときや球がベルに当たったとき、効果音や音が鳴るようにします。音は をクリックし、「音を選ぶ」から追加します。

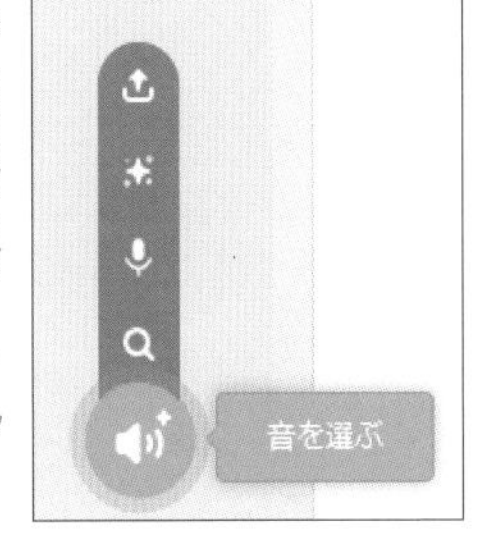

サンプル 55 風船避けシューティングゲーム

得点が増えると、動く速さが速くなるようにします。

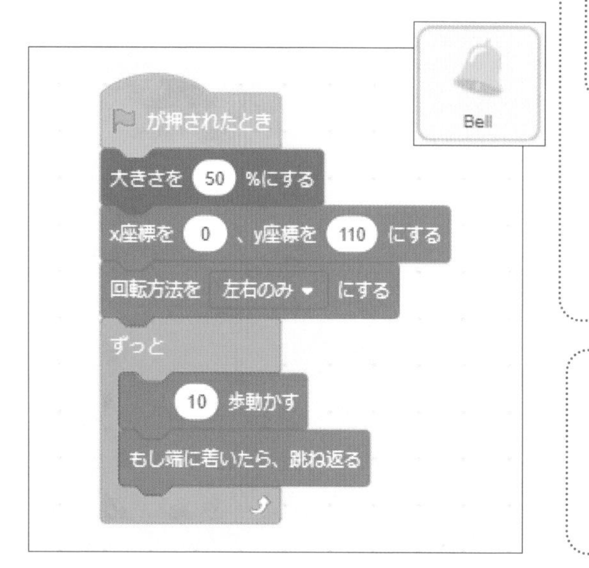

変数を作成します。変数はステージに表示するので、□に✓を入れます。

Balloon2
が押されたとき
大きさを 40 %にする
x座標を -80 、y座標を 60 にする
回転方法を 左右のみ にする
ずっと
表示する
もし 得点 < 20 なら
4 歩動かす
でなければ
10 歩動かす
もし端に着いたら、跳ね返る
もし Ball に触れた なら
隠す
Pew の音を鳴らす
ライフ を -1 ずつ変える
1 秒待つ
風船を黄色のコスチュームに変更します(P037ポイント参照)。
Balloon3
が押されたとき
大きさを 40 %にする
x座標を 80 、y座標を 60 にする
回転方法を 左右のみ にする
ずっと
表示する
もし 得点 < 30 なら
6 歩動かす
でなければ
15 歩動かす
もし端に着いたら、跳ね返る
もし Ball に触れた なら
隠す
Pew の音を鳴らす
ライフ を -1 ずつ変える
1 秒待つ
風船を紫色のコスチュームに変更します。
得点が増えると、動く速さが速くなるようにします。
得点が増えると、動く速さが速くなるようにします。
ミカンがカニに当たったときや、球が風船に当たったとき、音が鳴るようにします。音は をクリックし、「音を選ぶ」から追加します。
音を選ぶ

サンプル 56　56.sb3

1人用ゲーム

鳥避けフライトゲーム

スペースキーを押して自分の鳥を羽ばたかせます。向かって来る鳥やドラゴンを避けると1点得点されます。得点が増えると、向かってくる鳥の数が増えます。鳥やドラゴンに当たるとゲームオーバーです。

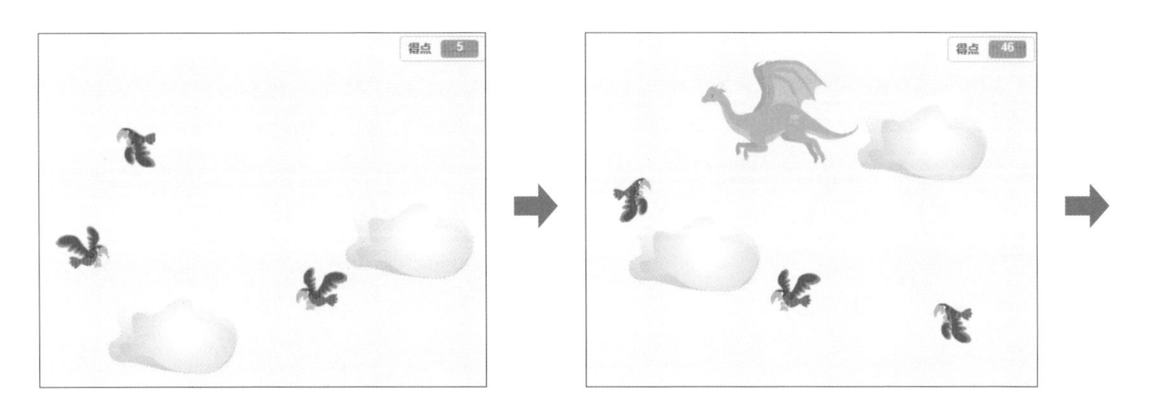

使用背景・スプライト

背景 Blue Sky 2　スプライト Parrot、Cloud、Parrot2、Dragon

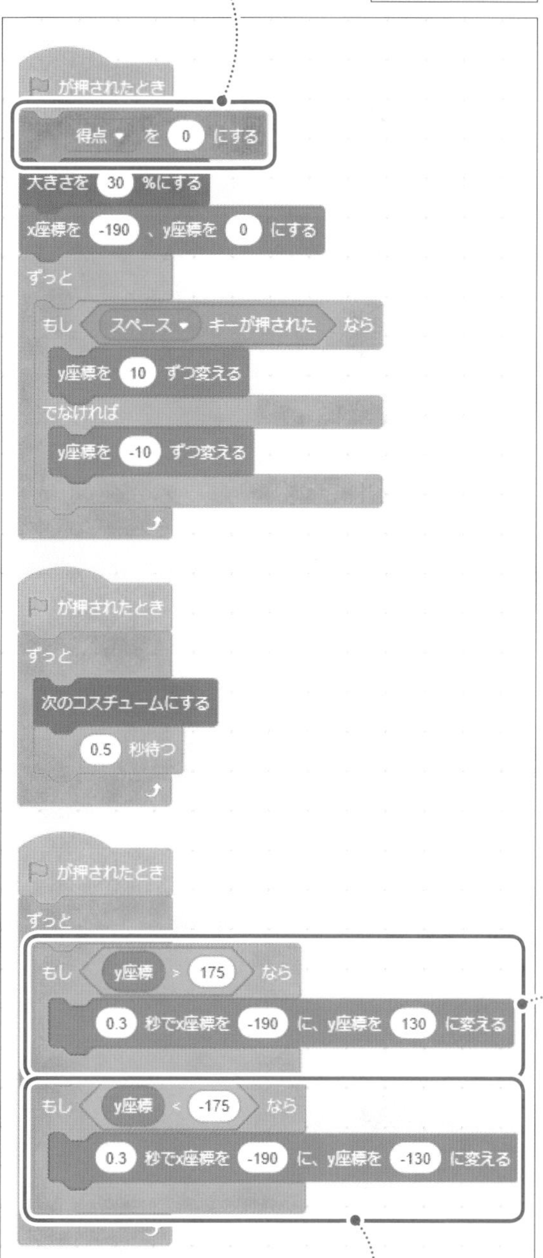


```
が押されたとき
隠す
ずっと
  自分自身 のクローンを作る
  0.5 から 3.0 までの乱数 秒待つ

クローンされたとき
x座標を 240 、y座標を -150 から 150 までの乱数 にする
最前面 へ移動する
表示する
ずっと
  x座標を -5 ずつ変える
  もし x座標 < -240 なら
    このクローンを削除する
```

鳥が上端に行ったら、強制的に下に下げます。

鳥が下端に行ったら、強制的に上に上げます。

変数を作成します。変数はステージに表示するので、□に✓を入れます。

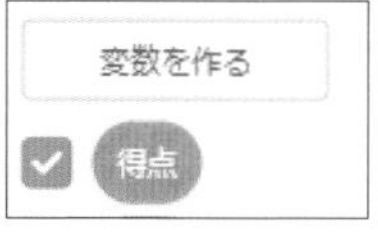

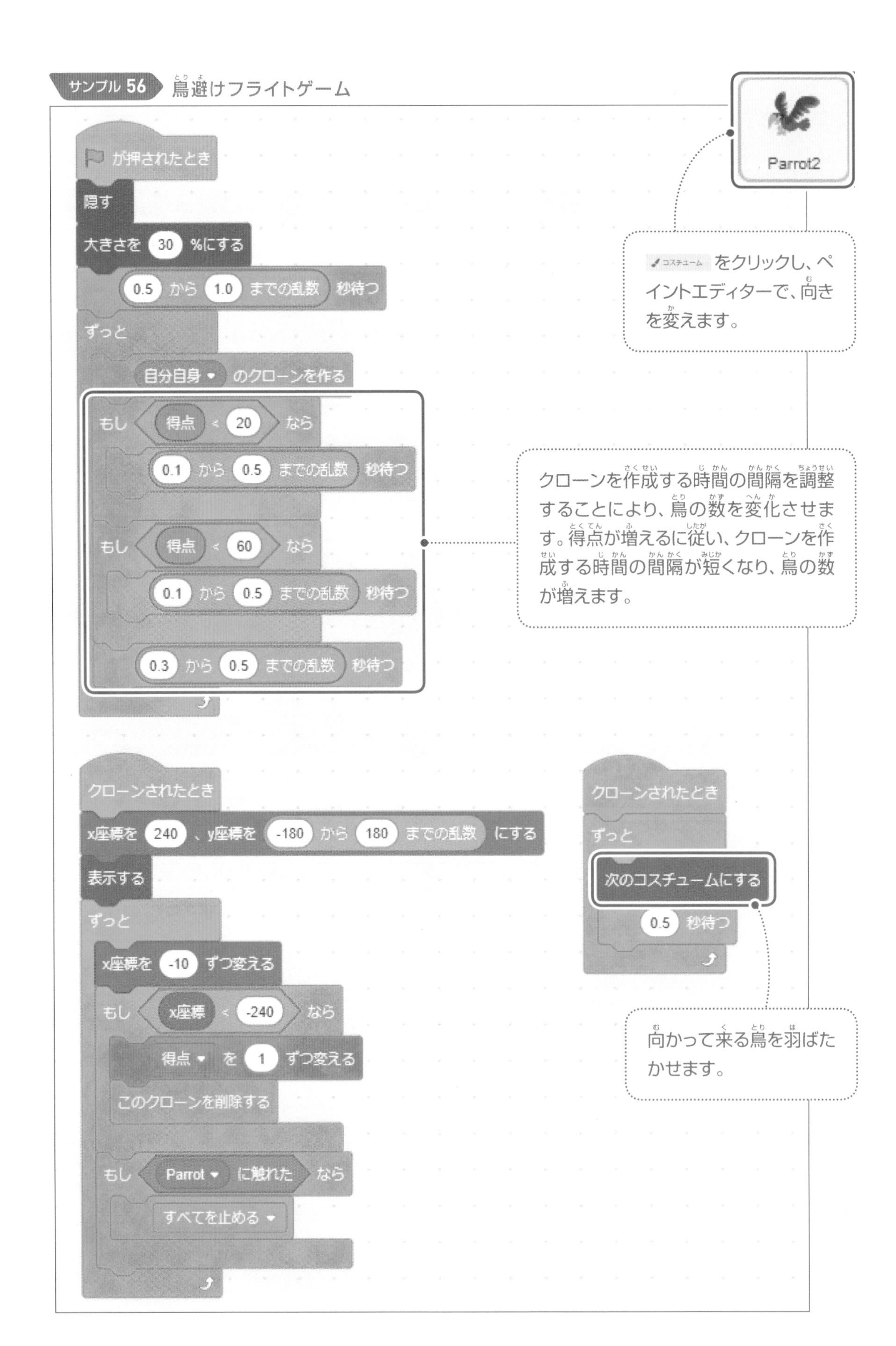
サンプル 56
鳥避けフライトゲーム
Parrot2
コスチューム をクリックし、ペイントエディターで、向きを変えます。
が押されたとき
隠す
大きさを 30 %にする
0.5 から 1.0 までの乱数 秒待つ
ずっと
自分自身 のクローンを作る
もし 得点 < 20 なら
0.1 から 0.5 までの乱数 秒待つ
もし 得点 < 60 なら
0.1 から 0.5 までの乱数 秒待つ
0.3 から 0.5 までの乱数 秒待つ
クローンを作成する時間の間隔を調整することにより、鳥の数を変化させます。得点が増えるに従い、クローンを作成する時間の間隔が短くなり、鳥の数が増えます。
クローンされたとき
x座標を 240 、y座標を -180 から 180 までの乱数 にする
表示する
ずっと
x座標を -10 ずつ変える
もし x座標 < -240 なら
得点 を 1 ずつ変える
このクローンを削除する
もし Parrot に触れた なら
すべてを止める
クローンされたとき
ずっと
次のコスチュームにする
0.5 秒待つ
向かって来る鳥を羽ばたかせます。

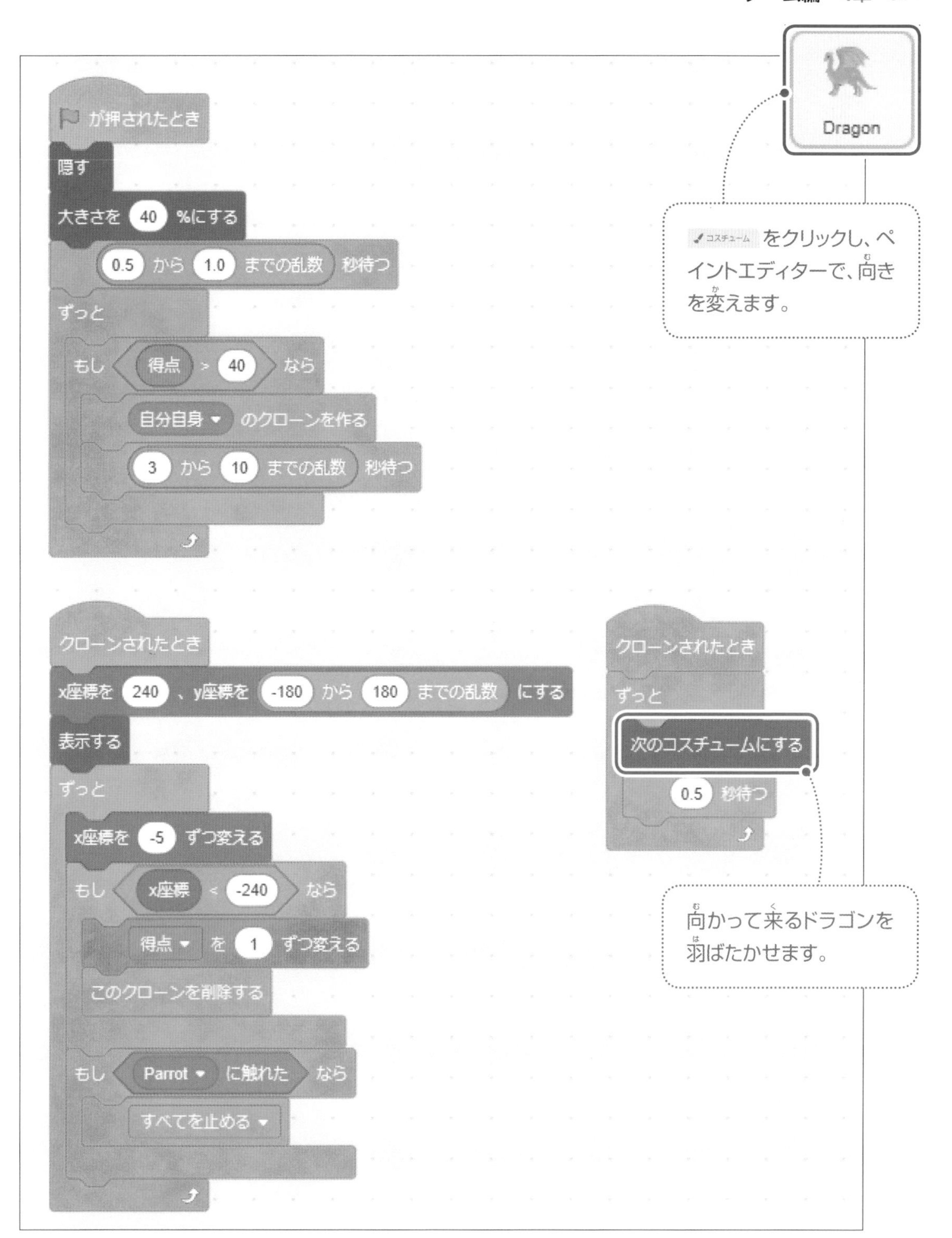

ポイント ゲームの難易度の変化

得点が増えるに従い、向かって来る鳥の数を増やしたり、向かって来る鳥よりも大きく避けにくいドラゴンを登場させ、ゲームの難易度を変化させます。

サンプル 57　57.sb3　1人用ゲーム

魚に餌やりゲーム

魚が左から右に向かって泳いできます。←→キーを押してダイバーを左右に動かし、スペースキーを押して餌を投下します。魚が餌を食べると1点得点されます。残時間が0になるとゲーム終了です。

使用背景・スプライト

背景 Underwater 1　スプライト Diver1、Ball、Fish、Fish2

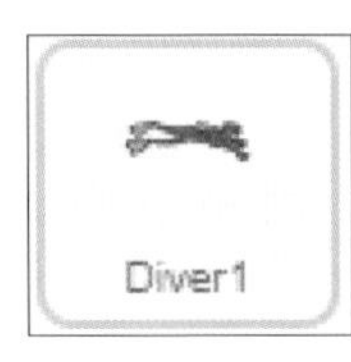

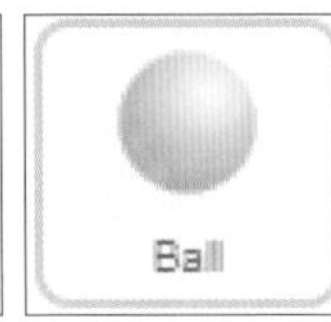

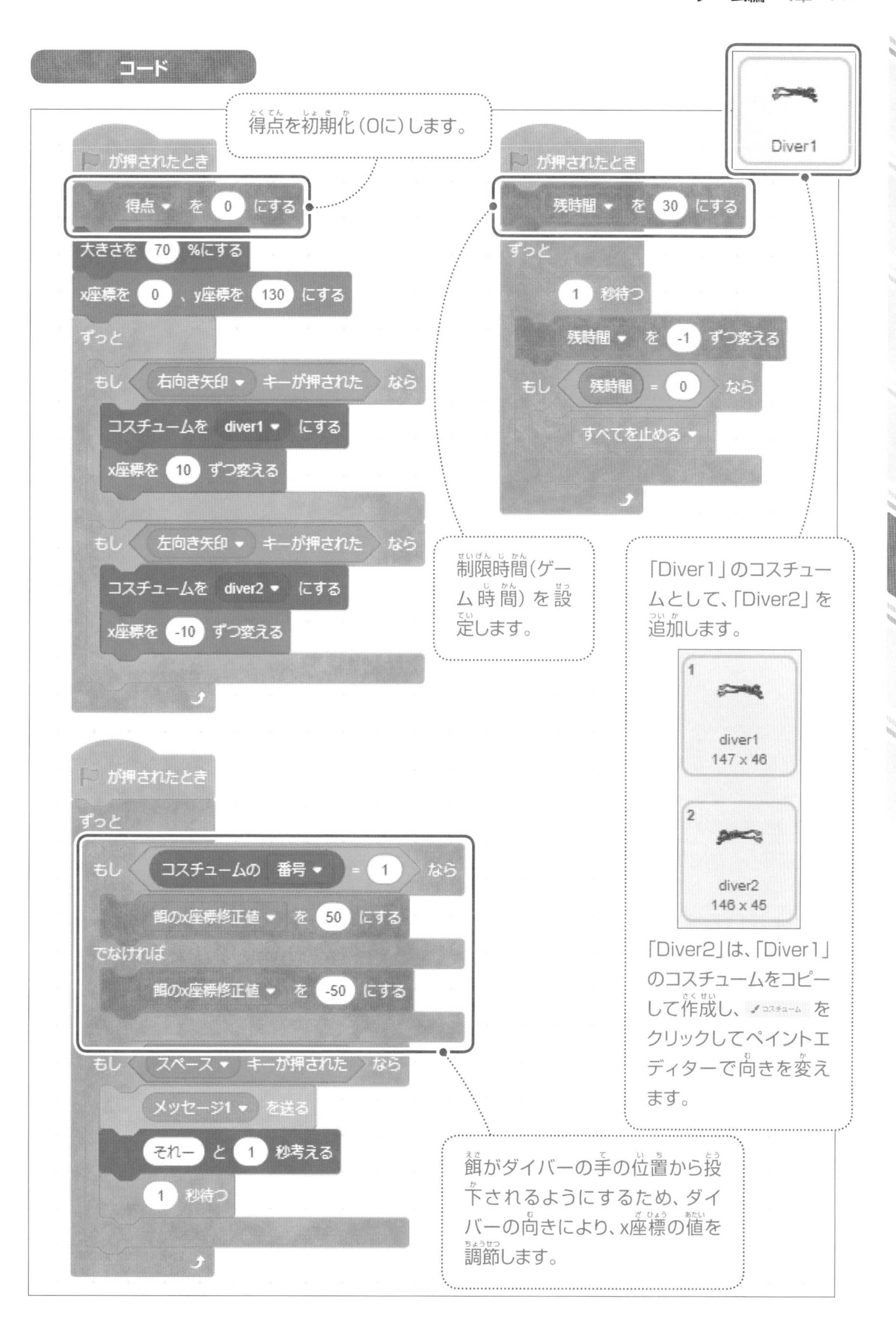
コード
得点を初期化(0に)します。
が押されたとき
得点 を 0 にする
大きさを 70 %にする
x座標を 0 、y座標を 130 にする
ずっと
もし 右向き矢印 キーが押された なら
コスチュームを diver1 にする
x座標を 10 ずつ変える
もし 左向き矢印 キーが押された なら
コスチュームを diver2 にする
x座標を -10 ずつ変える
が押されたとき
残時間 を 30 にする
ずっと
1 秒待つ
残時間 を -1 ずつ変える
もし 残時間 = 0 なら
すべてを止める
Diver1
制限時間(ゲーム時間)を設定します。
「Diver1」のコスチュームとして、「Diver2」を追加します。
1
diver1
147 x 46
2
diver2
146 x 45
「Diver2」は、「Diver1」のコスチュームをコピーして作成し、コスチューム をクリックしてペイントエディターで向きを変えます。
が押されたとき
ずっと
もし コスチュームの 番号 = 1 なら
餌のx座標修正値 を 50 にする
でなければ
餌のx座標修正値 を -50 にする
もし スペース キーが押された なら
メッセージ1 を送る
それー と 1 秒考える
1 秒待つ
餌がダイバーの手の位置から投下されるようにするため、ダイバーの向きにより、x座標の値を調節します。

サンプル57 魚に餌やりゲーム

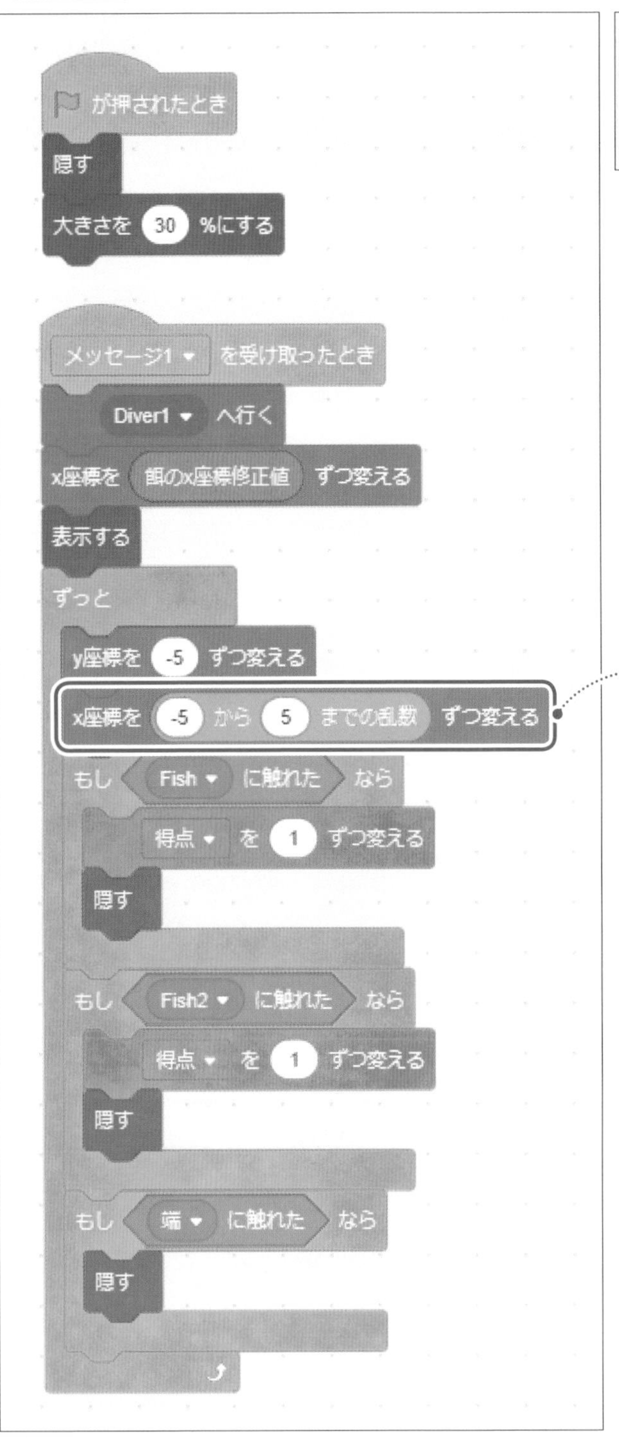

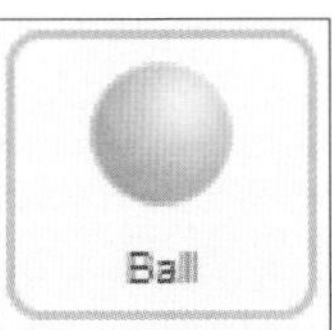

餌がゆらゆら揺れて下に落ちて行く効果を出すようにします。

変数を作成します。変数「残時間」「得点」はステージに表示するので、□に✓を入れます。変数「餌のx座標修正値」「魚1の速さ」「魚2の速さ」はステージに表示しないので、□に✓を入れないようにします。

変数を作る
餌のx座標修正値
魚1の速さ
魚2の速さ
残時間
得点

が押されたとき
大きさを 50 %にする
魚1の速さ を 3 から 12 までの乱数 にする
ずっと
表示する
x座標を 魚1の速さ ずつ変える
もし 端 に触れた なら
隠す
魚1の速さ を 3 から 12 までの乱数 にする
1 秒待つ
x座標を -200 、y座標を -150 から 0 までの乱数 にする
Fish
ゲーム開始時の魚の速さを設定します。
魚の速さを設定します。
コスチューム をクリックし、「Fish-b」にコスチュームを変更します。
が押されたとき
大きさを 50 %にする
魚2の速さ を 3 から 12 までの乱数 にする
ずっと
表示する
x座標を 魚2の速さ ずつ変える
もし 端 に触れた なら
隠す
魚2の速さ を 3 から 12 までの乱数 にする
1 秒待つ
x座標を -200 、y座標を -150 から 0 までの乱数 にする
Fish2
ゲーム開始時の魚の速さを設定します。
魚の速さを設定します。

サンプル 58　58.sb3　1人用ゲーム

フルーツキャッチゲーム

フルーツと虫が上から落ちてきます。←→キーを押してカゴを左右に動かし、フルーツをキャッチします。フルーツをキャッチすると1点得点されます。虫をキャッチしてしまうと2点減点されます。残時間が0になるとゲーム終了です。

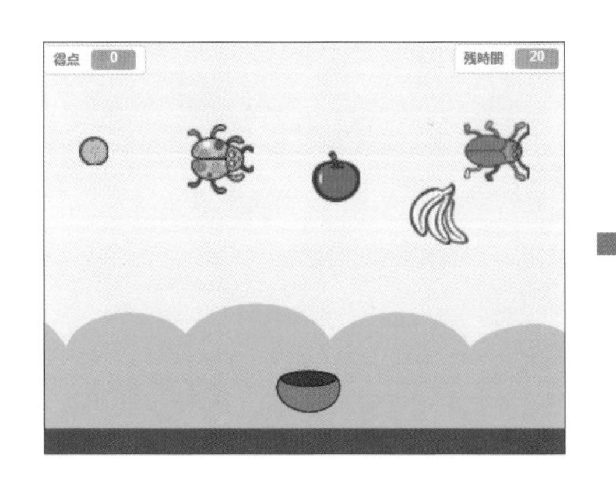

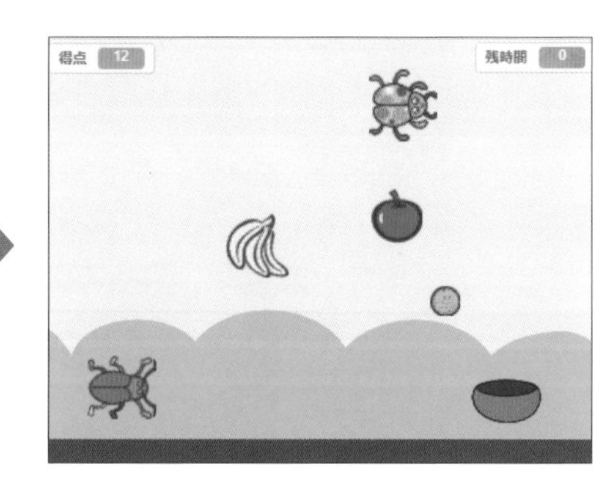

使用背景・スプライト

背景 Blue Sky　スプライト Bowl、Apple、Orange、Bananas、Beetle、Ladybug1

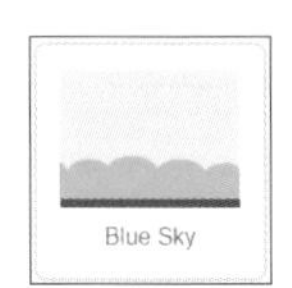

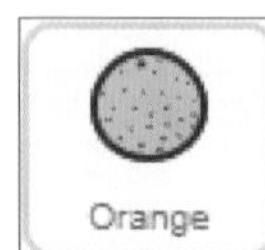

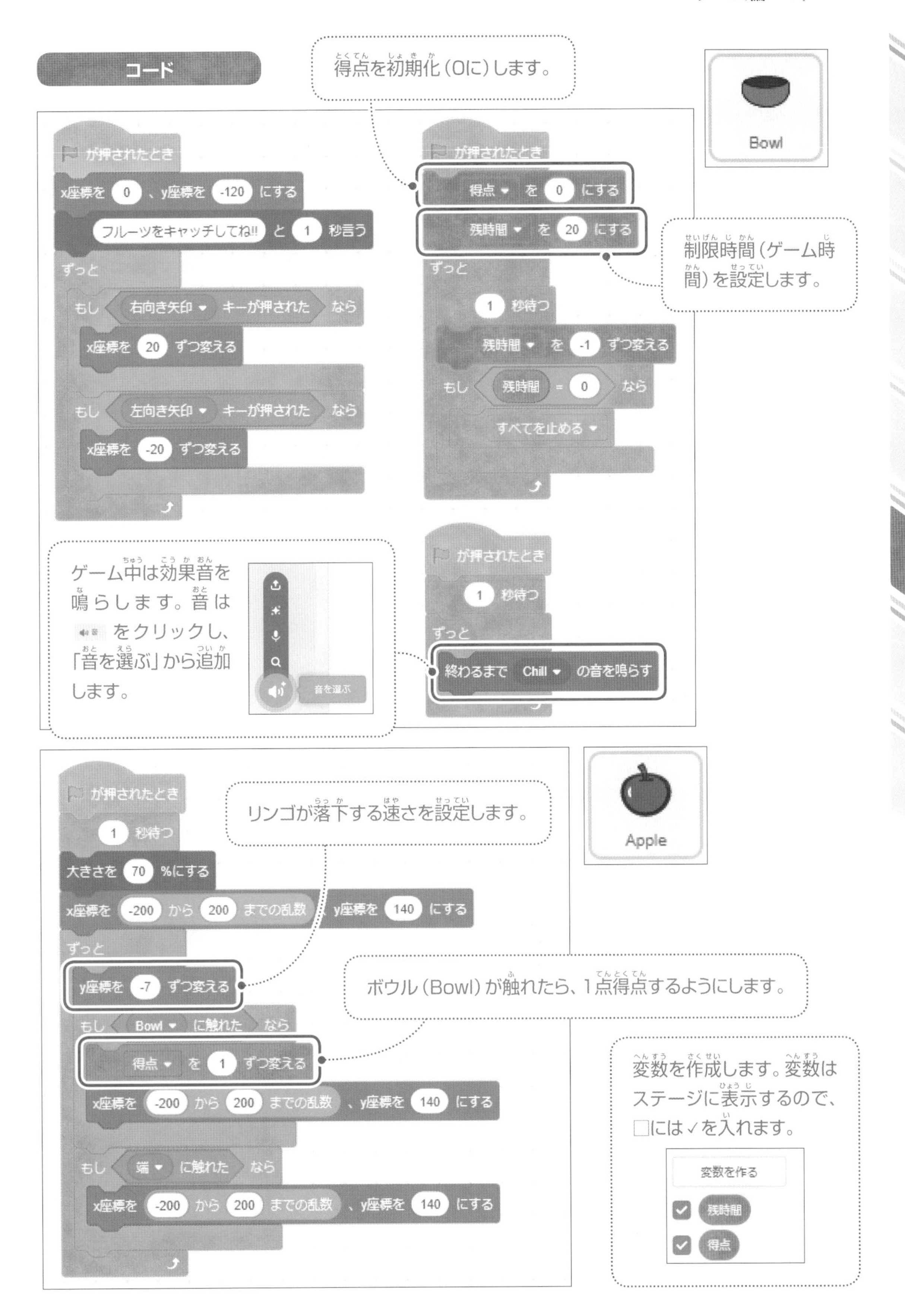
コード
得点を初期化（0に）します。
Bowl
が押されたとき
x座標を 0 、y座標を -120 にする
フルーツをキャッチしてね!! と 1 秒言う
ずっと
もし 右向き矢印 キーが押された なら
x座標を 20 ずつ変える
もし 左向き矢印 キーが押された なら
x座標を -20 ずつ変える
が押されたとき
得点 を 0 にする
残時間 を 20 にする
ずっと
1 秒待つ
残時間 を -1 ずつ変える
もし 残時間 = 0 なら
すべてを止める
制限時間（ゲーム時間）を設定します。
ゲーム中は効果音を鳴らします。音は をクリックし、「音を選ぶ」から追加します。
音を選ぶ
が押されたとき
1 秒待つ
ずっと
終わるまで Chill の音を鳴らす
が押されたとき
1 秒待つ
大きさを 70 %にする
x座標を -200 から 200 までの乱数 、y座標を 140 にする
ずっと
y座標を -7 ずつ変える
もし Bowl に触れた なら
得点 を 1 ずつ変える
x座標を -200 から 200 までの乱数 、y座標を 140 にする
もし 端 に触れた なら
x座標を -200 から 200 までの乱数 、y座標を 140 にする
リンゴが落下する速さを設定します。
Apple
ボウル（Bowl）が触れたら、1点得点するようにします。
変数を作成します。変数はステージに表示するので、□には✓を入れます。
変数を作る
残時間
得点

サンプル 58 フルーツキャッチゲーム

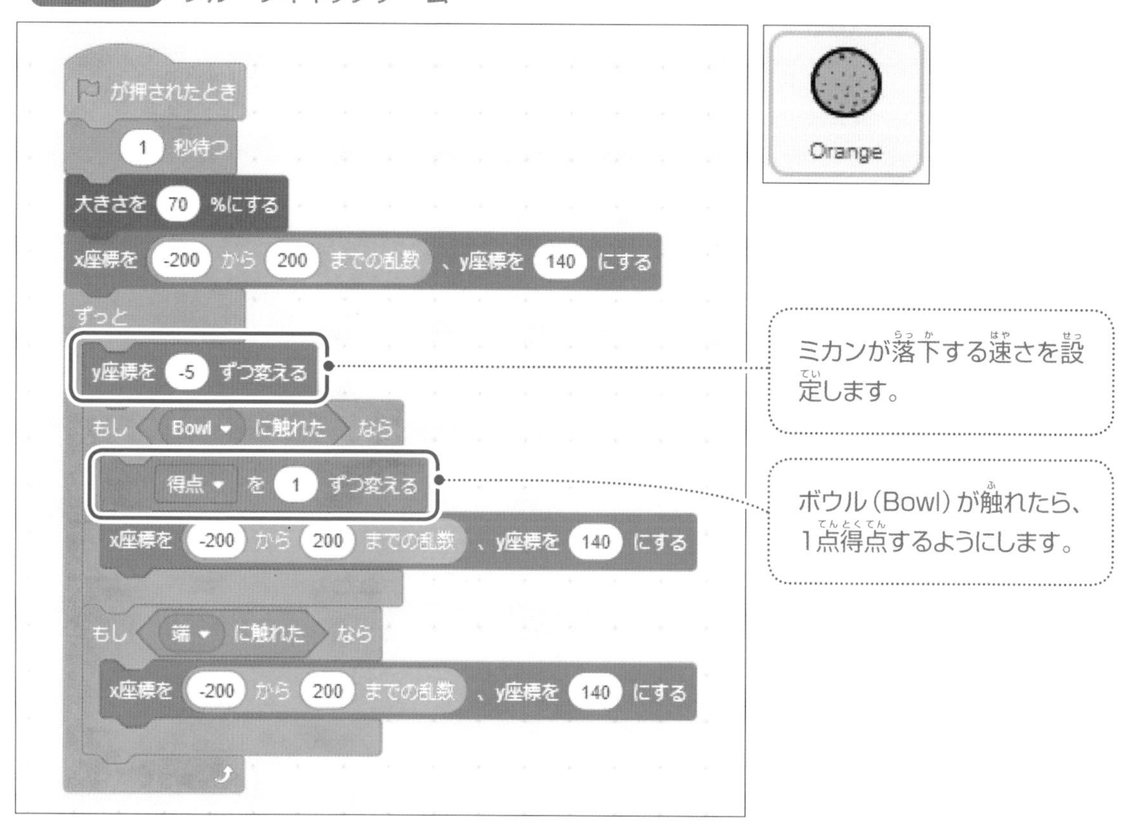

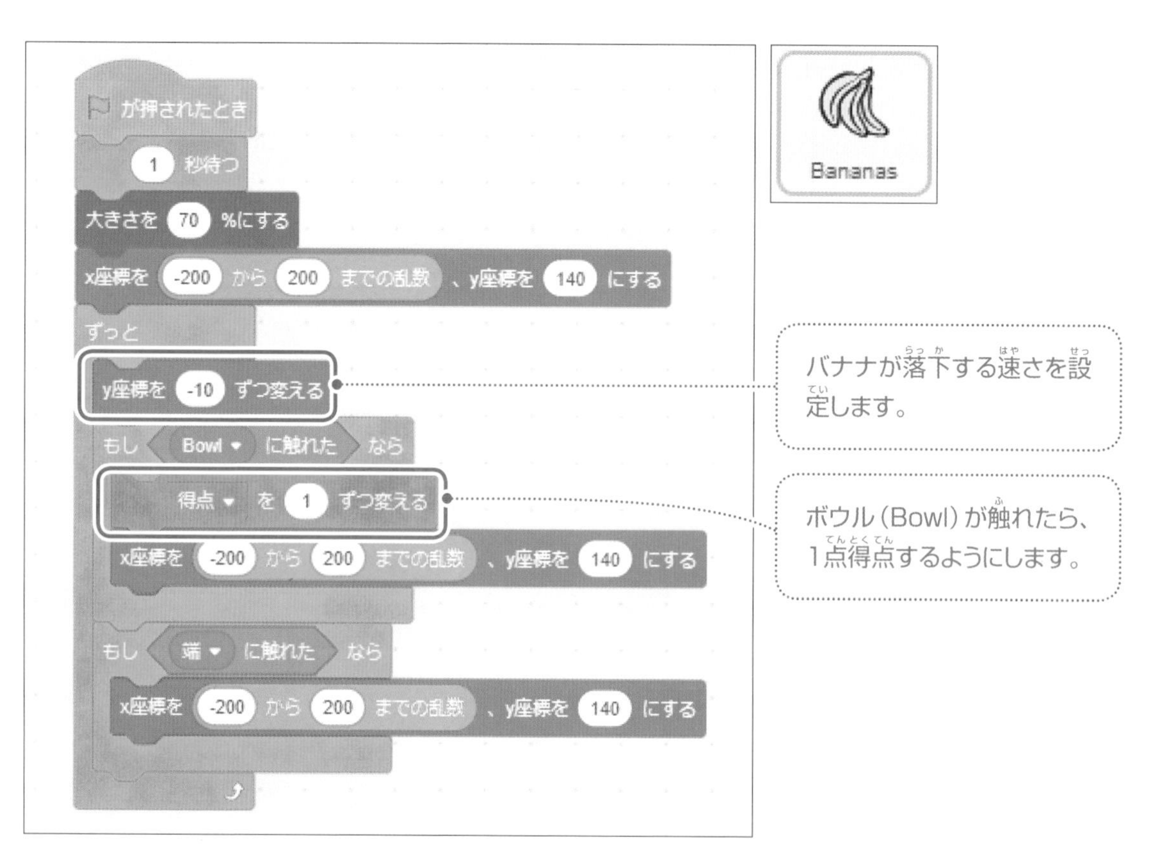

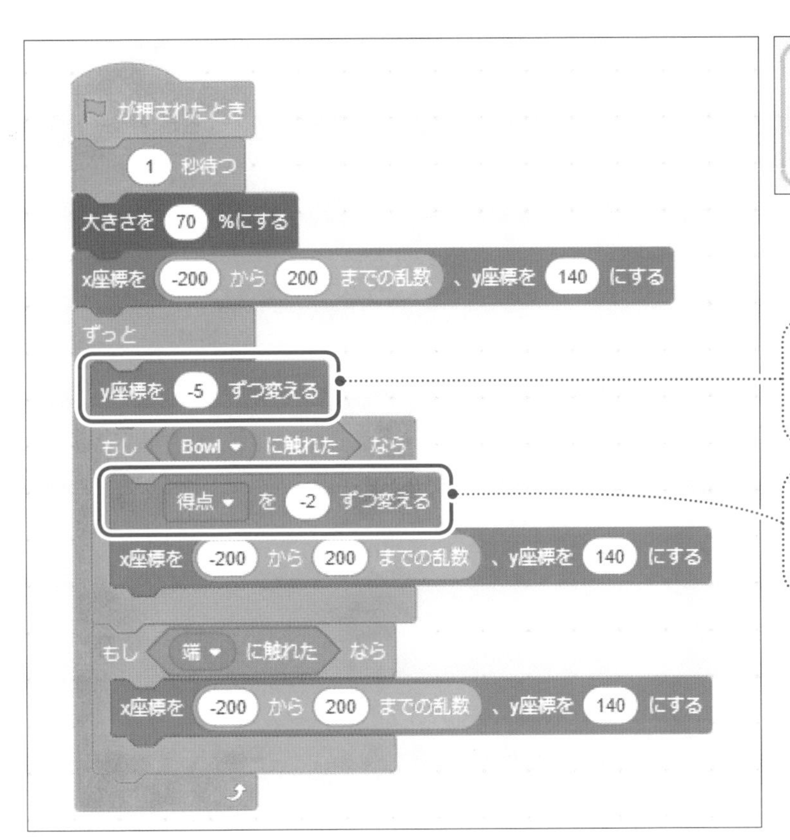

虫が落下する速さを設定します。

ボウル(Bowl)が触れたら、2点減点するようにします。

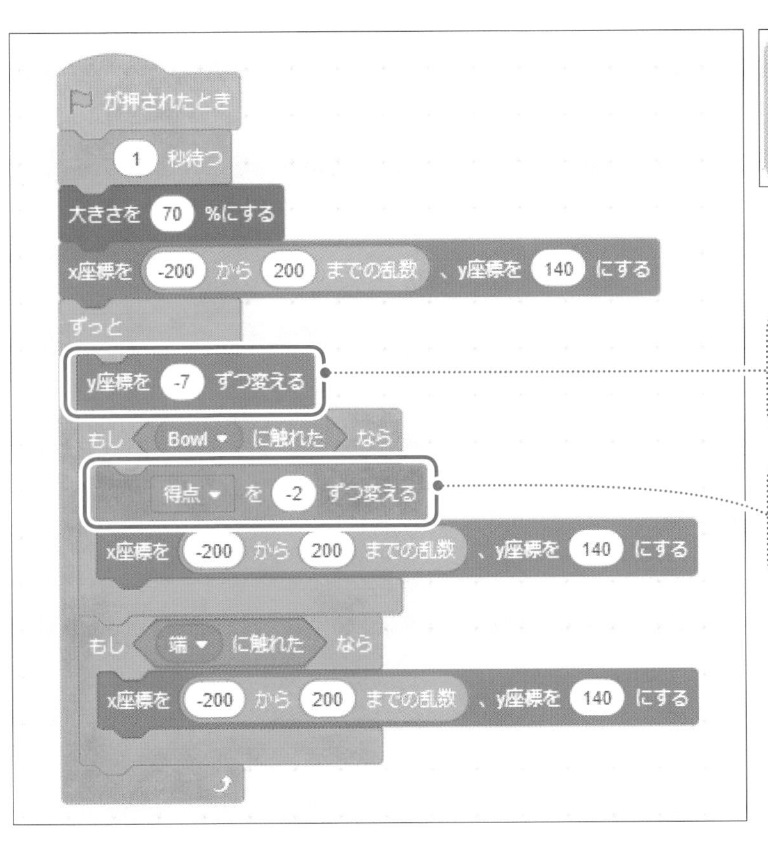

虫が落下する速さを設定します。

ボウル(Bowl)が触れたら、2点減点するようにします。

サンプル59　59.sb3　1人用ゲーム

サメから逃げ切りゲーム

ヒトデをマウスで動かしてサメから逃げます。スペースキーを押すとイナズマが発生し、イナズマがサメに当たるとサメが感電して少しの間動きが止まります。イナズマは3回撃てますが、撃つたびに威力が落ちます。タイムが0になると逃げ切りに成功です。ヒトデがサメに触れるとゲームオーバーです。

使用背景・スプライト

背景 Underwater 2

スプライト Starfish、Shark 2、Shark 3、Shark 4、Lightning

コード

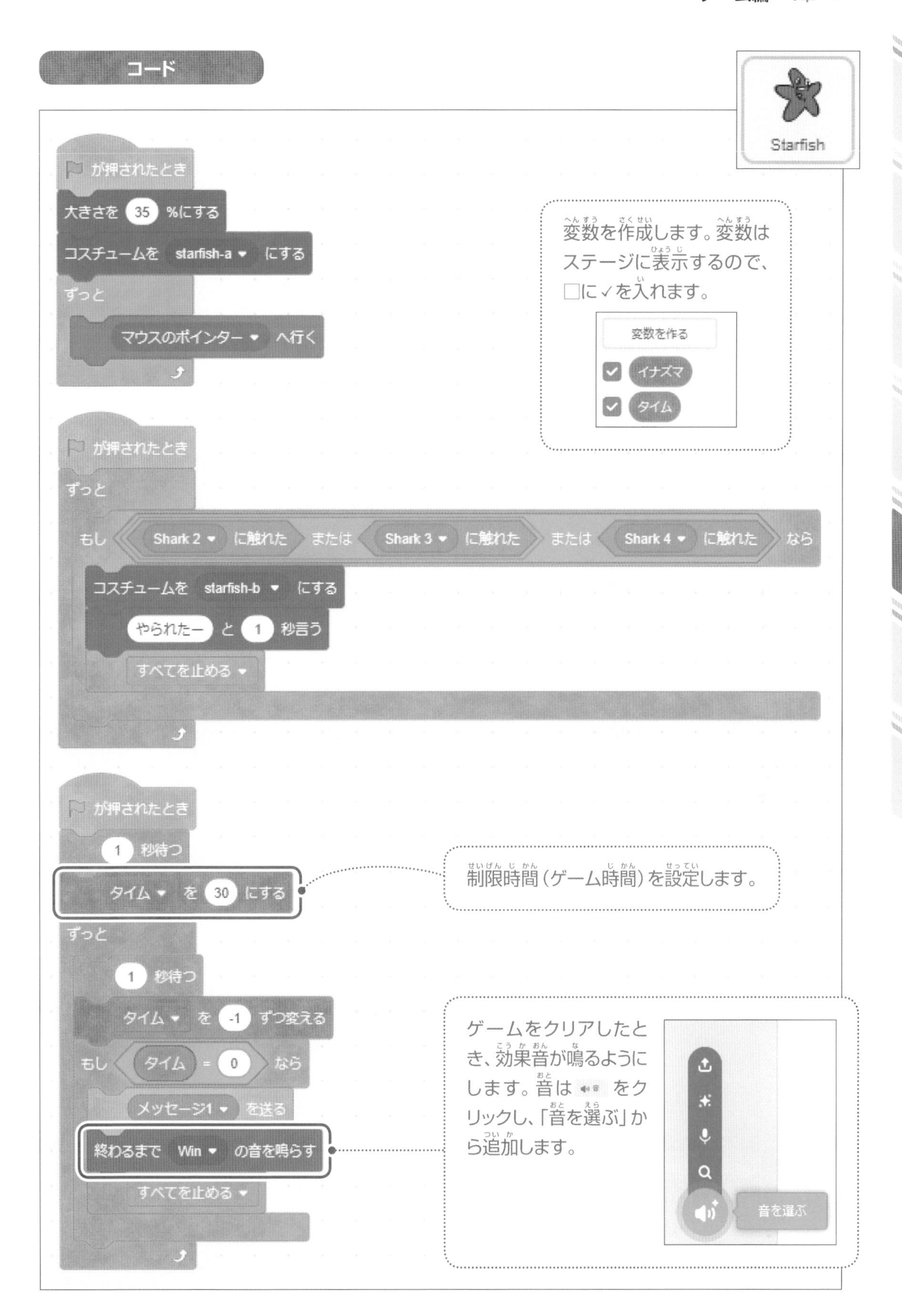
Starfish
が押されたとき
大きさを 35 %にする
コスチュームを starfish-a にする
ずっと
マウスのポインター へ行く
変数を作成します。変数はステージに表示するので、□に✓を入れます。
変数を作る
イナズマ
タイム
が押されたとき
ずっと
もし Shark 2 に触れた または Shark 3 に触れた または Shark 4 に触れた なら
コスチュームを starfish-b にする
やられたー と 1 秒言う
すべてを止める
が押されたとき
1 秒待つ
タイム を 30 にする
制限時間（ゲーム時間）を設定します。
ずっと
1 秒待つ
タイム を -1 ずつ変える
もし タイム = 0 なら
メッセージ1 を送る
終わるまで Win の音を鳴らす
すべてを止める
ゲームをクリアしたとき、効果音が鳴るようにします。音は をクリックし、「音を選ぶ」から追加します。
音を選ぶ

サンプル 59 サメから逃げ切りゲーム

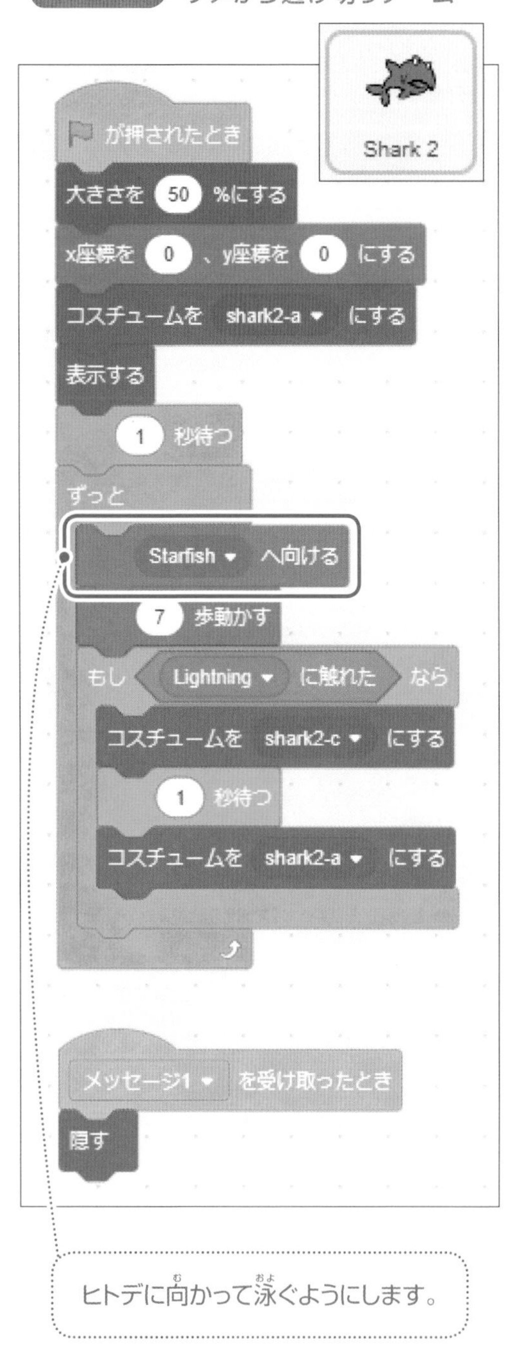

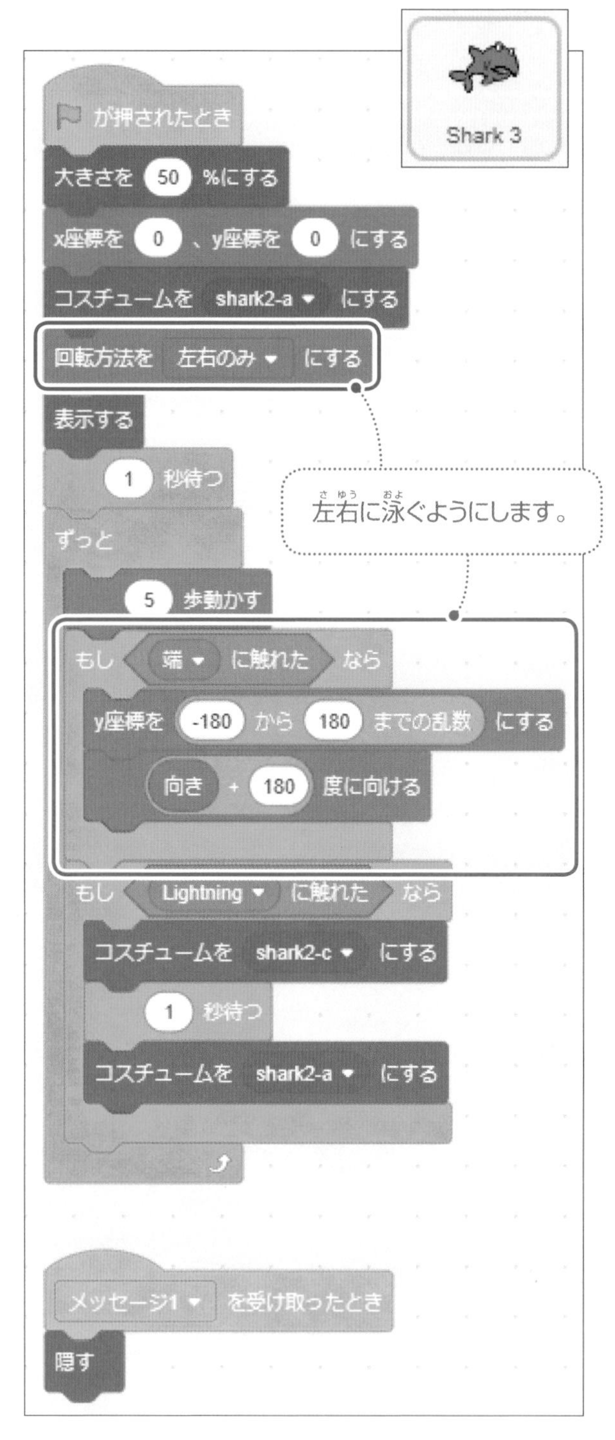

ポイント ゲームの難易度のアレンジ

変数「タイム」や変数「イナズマ」の値を変えることによりゲームの難易度のアレンジができます。変数「タイム」の値を小さくするとゲームが易しくなります。また、変数「イナズマ」の値を大きくしても、ゲームが易しくなります。

あちこちに向かって広範囲を泳ぐようにします。

イナズマを撃つたびに、イナズマを撃てる回数を1つずつ減らします。イナズマを撃てる回数が0より小さい値にならないようにします。

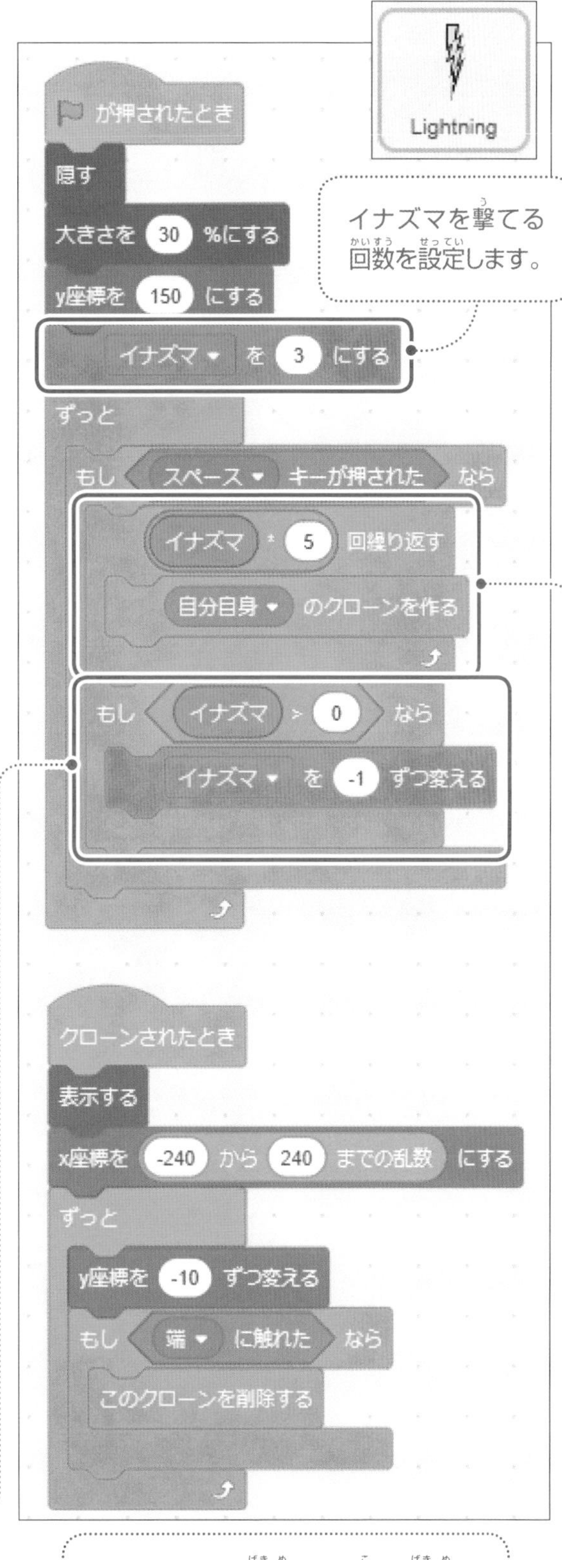

イナズマを撃てる回数を設定します。

イナズマは、1撃目は15個、2撃目は10個、3撃目は5個発生させます。

サンプル 60　60.sb3　1人用ゲーム

いたずらヒトデと対決ゲーム

2匹のヒトデがあちこちに移動しながら☆を投げてきます。マウスで魔法の杖を動かして、ヒトデをやっつけます。ヒトデを1回やっつけると1点得点されます。☆に当たると1点減点されます。ライフが0になるとゲーム終了です。

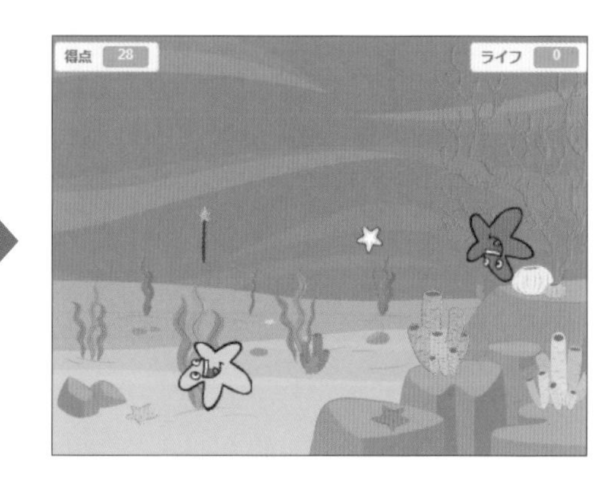

使用背景・スプライト

背景 Underwater 1　　スプライト Wand、Starfish、Star、Starfish2、Star2

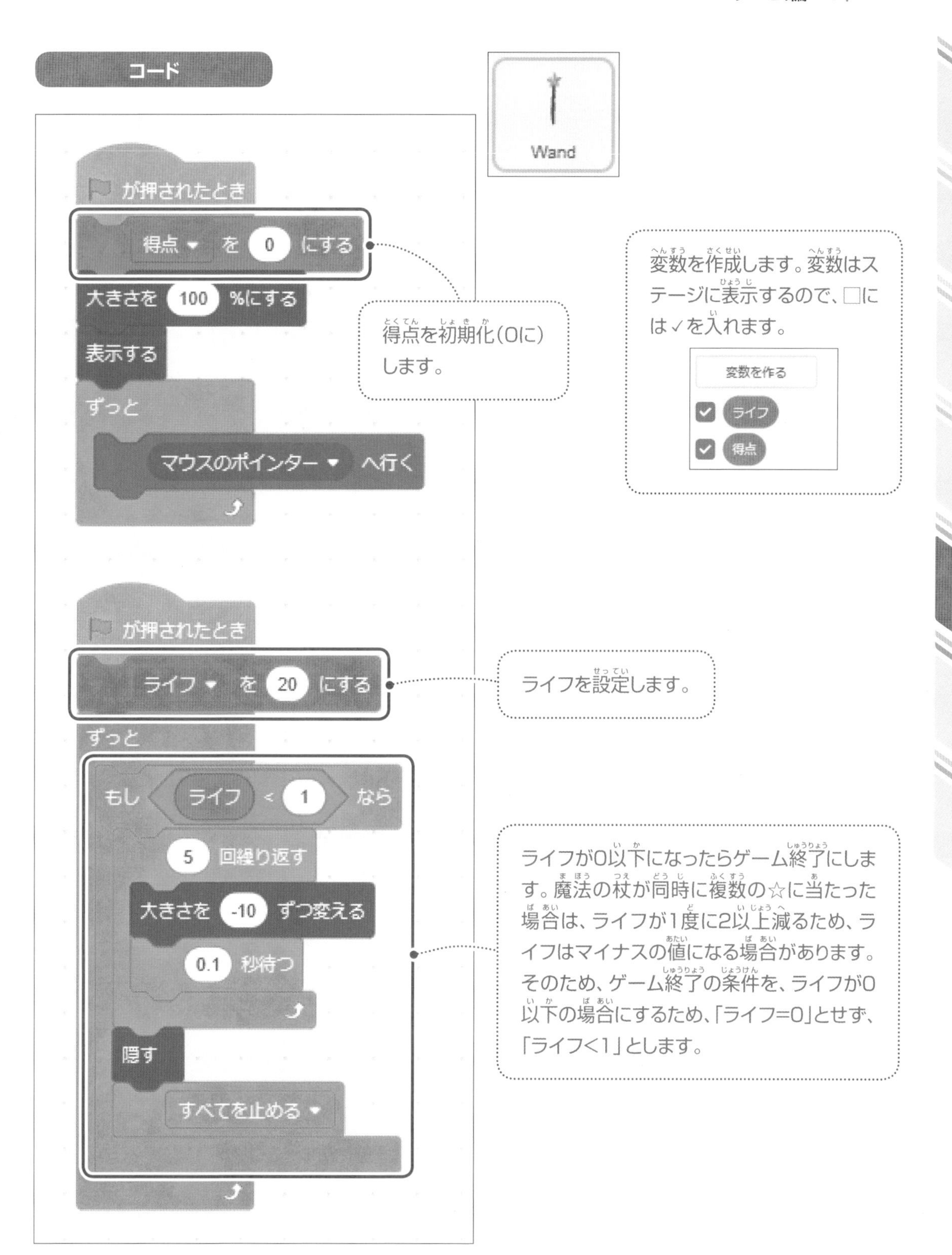
コード
Wand
が押されたとき
得点 を 0 にする
大きさを 100 %にする
表示する
ずっと
マウスのポインター へ行く
得点を初期化（0に）します。
変数を作成します。変数はステージに表示するので、□には✓を入れます。
変数を作る
ライフ
得点
が押されたとき
ライフ を 20 にする
ずっと
もし ライフ < 1 なら
5 回繰り返す
大きさを -10 ずつ変える
0.1 秒待つ
隠す
すべてを止める
ライフを設定します。
ライフが0以下になったらゲーム終了にします。魔法の杖が同時に複数の☆に当たった場合は、ライフが1度に2以上減るため、ライフはマイナスの値になる場合があります。そのため、ゲーム終了の条件を、ライフが0以下の場合にするため、「ライフ=0」とせず、「ライフ<1」とします。

サンプル 60 いたずらヒトデと対決ゲーム

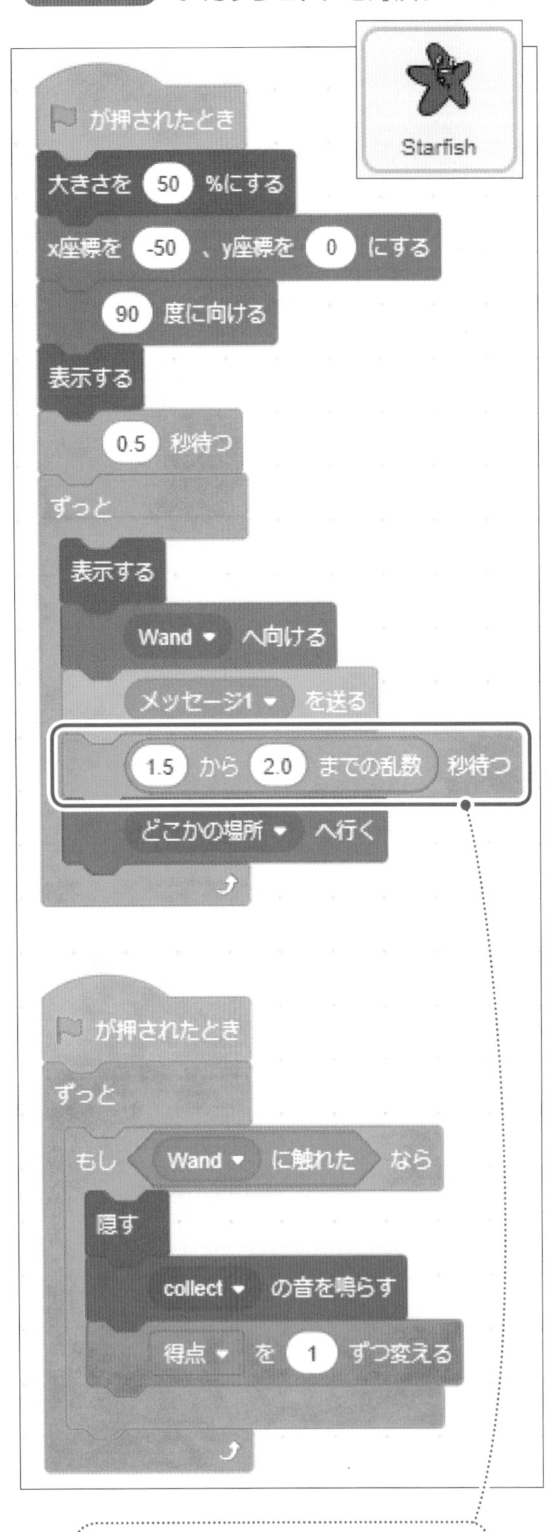

今の場所に居る時間を設定します。

速さを設定します。

魔法の杖に当たったとき、音が鳴るようにします。音は をクリックし、「音を選ぶ」から追加します。

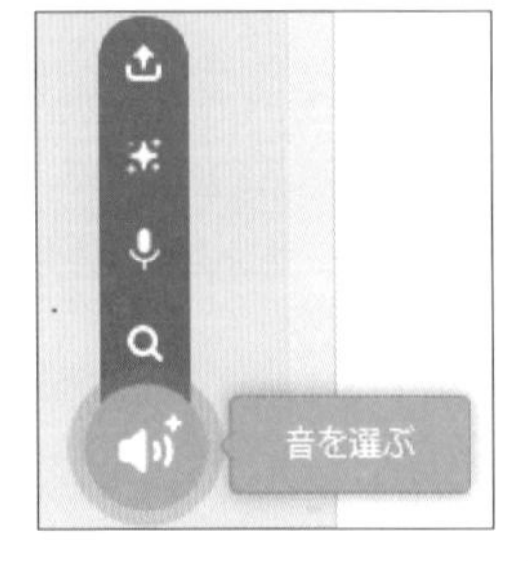

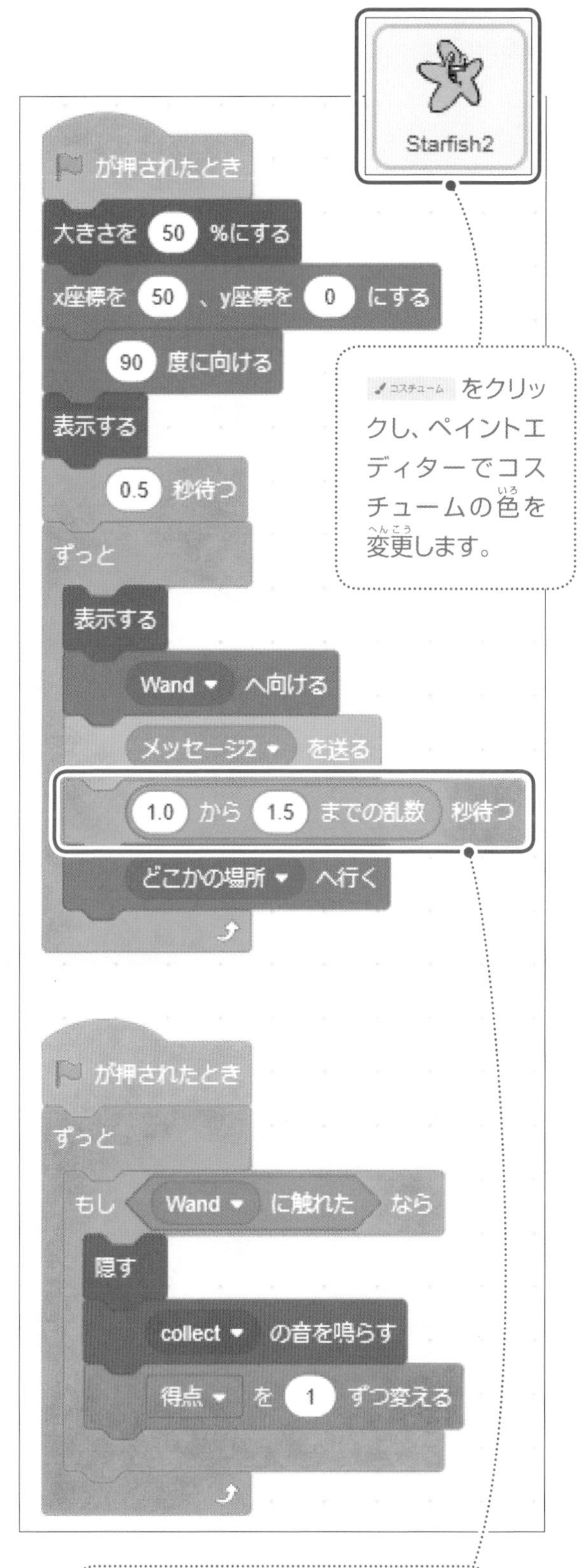

コスチューム をクリックし、ペイントエディターでコスチュームの色を変更します。

今の場所に居る時間を設定します。

速さを設定します。

魔法の杖に当たったとき、音が鳴るようにします。音は 音 をクリックし、「音を選ぶ」から追加します。

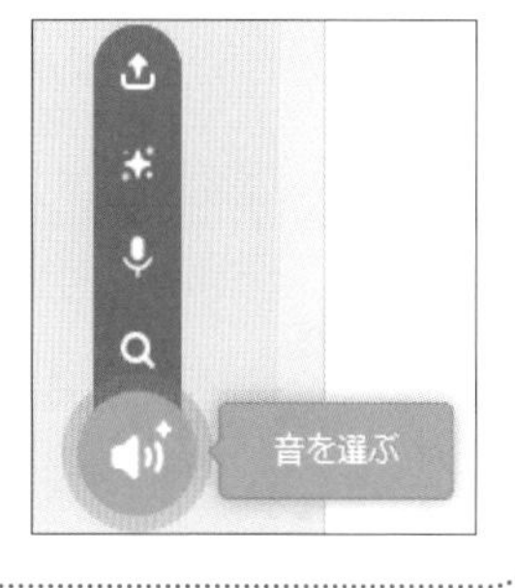

サンプル 61　61.sb3　1人用ゲーム

連続射撃ゲーム

球が次々にランダムに飛んできます。たまに☆も飛んできます。マウスで✖を動かして、球や☆を撃ち落とします。球を撃ち落とすと1点、☆を撃ち落とすと10点得点されます。残時間が0になるとゲーム終了です。

使用背景・スプライト

背景 Boardwalk　スプライト Button5、Ball、Star

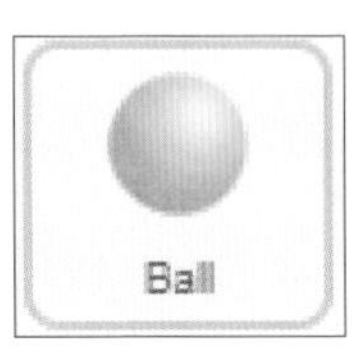

コード

得点を初期化(0に)します。
Button5
が押されたとき
大きさを 50 %にする
コスチュームを button5-a にする
ずっと
マウスのポインター へ行く
が押されたとき
得点 を 0 にする
残時間 を 30 にする
制限時間を設定します。
ずっと
1 秒待つ
残時間 を -1 ずつ変える
もし 残時間 = 0 なら
すべてを止める
メッセージ1 を受け取ったとき
コスチュームを button5-b にする
pop の音を鳴らす
0.1 秒待つ
コスチュームを button5-a にする
マウスの動きに合わせて、
が動くようにします。
メッセージ2 を受け取ったとき
コスチュームを button5-b にする
Wand の音を鳴らす
0.1 秒待つ
コスチュームを button5-a にする
変数を作成します。
変数はステージに表示するので、□に✓を入れます。
変数を作る
残時間
得点
に命中したら音が鳴るようにします。
音は、 をクリックし、「音を選ぶ」から追加します。
音を選ぶ
球に命中したら音が鳴るようにします。

サンプル 61 連続射撃ゲーム

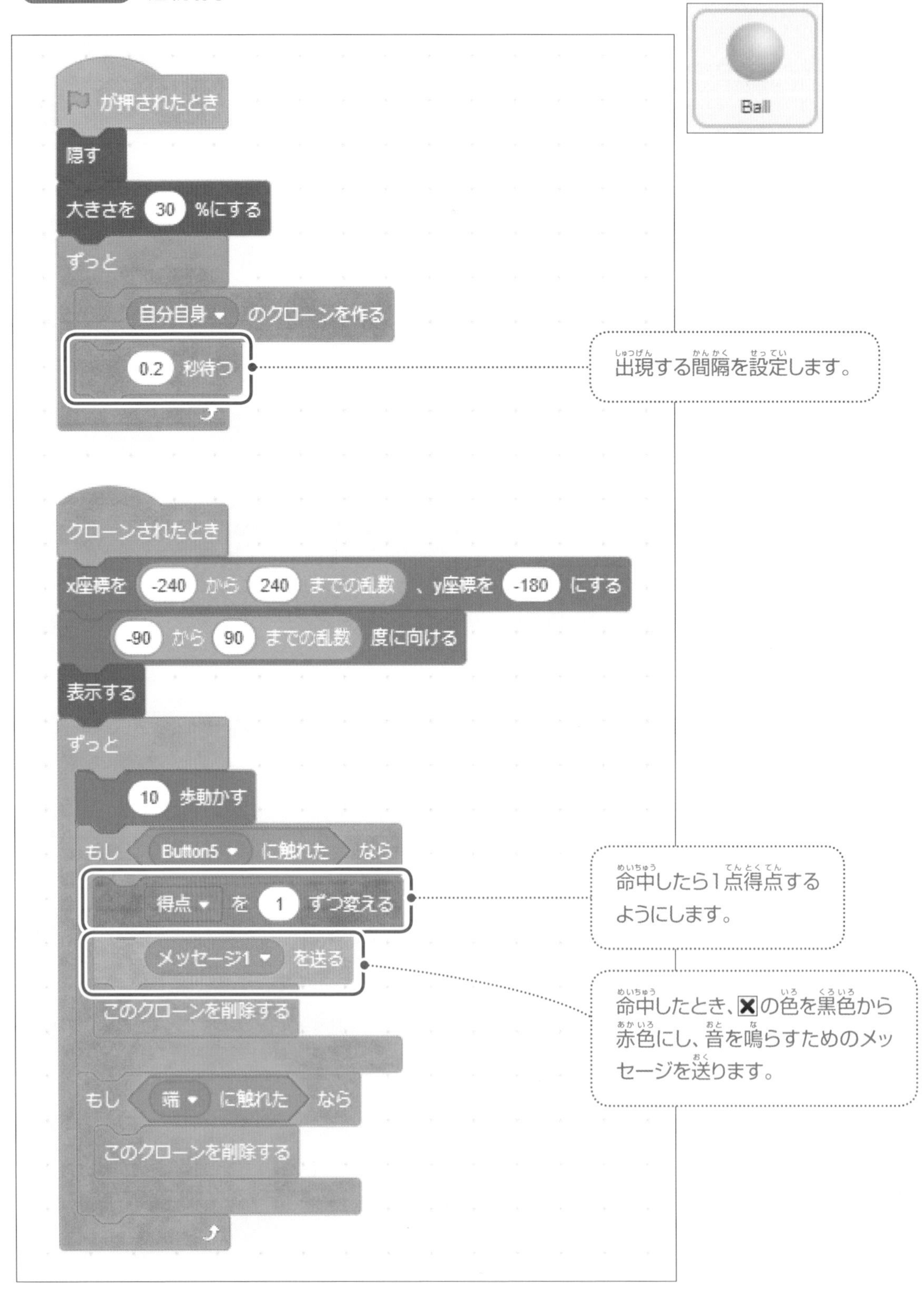

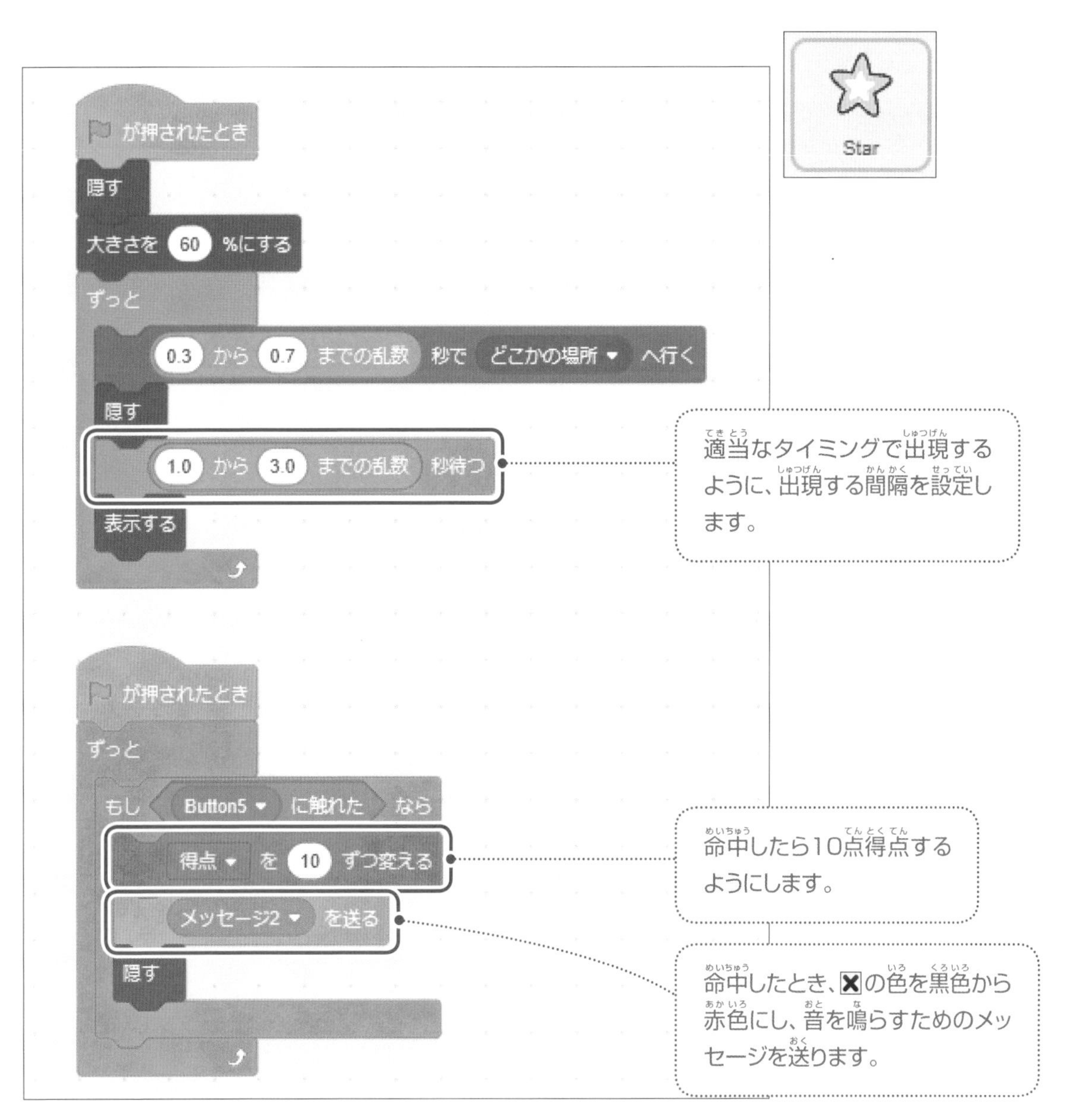

ポイント　「音を選ぶ」からの音の追加

「音を選ぶ」から様々な音を追加して使用できます。音の追加は次のように行います。

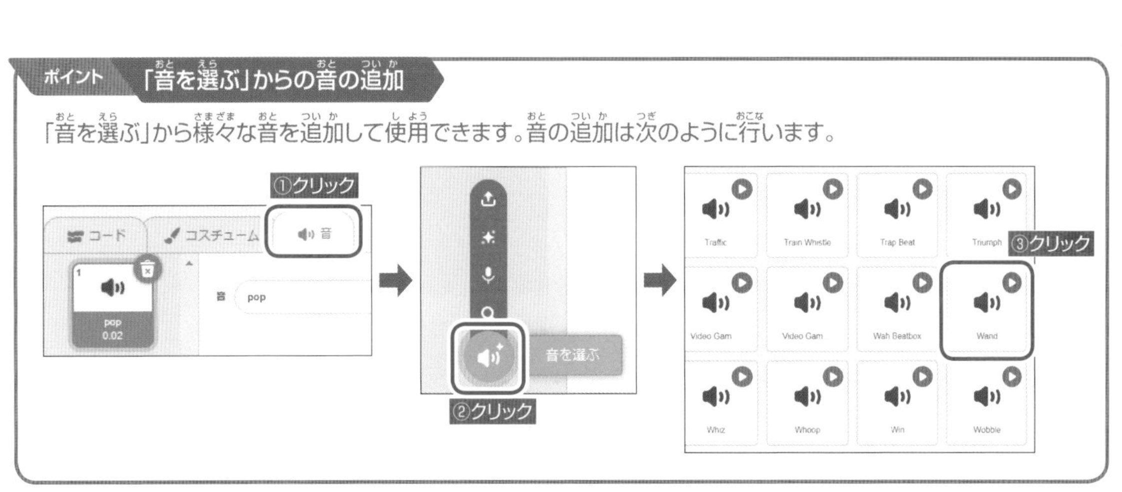

サンプル 62　62.sb3　1人用ゲーム

だるまさんがころんだゲーム

左端に黄色いネコが、右端に緑色のネコが現れます。[A]キーと[S]キーを交互に押して黄色のネコを右に進めて行きます。緑色のネコにタッチすると勝ちです。緑色のネコが振り返ったときに動いてしまうとアウトになります。

使用背景・スプライト

背景 Blue Sky　　スプライト スプライト1(Cat)、Cat

コード

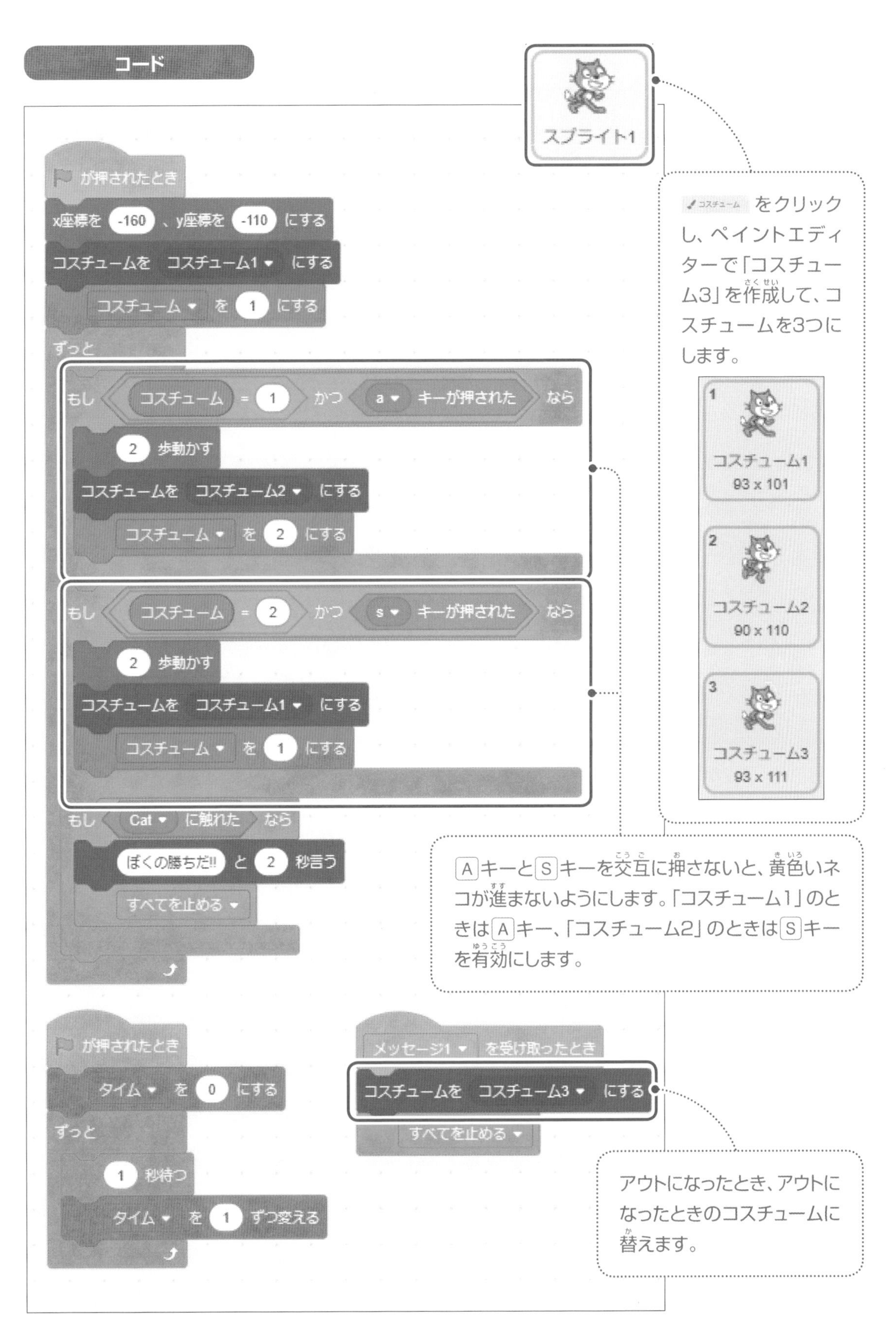
スプライト1
が押されたとき
x座標を -160 、y座標を -110 にする
コスチュームを コスチューム1 にする
コスチューム を 1 にする
ずっと
もし コスチューム = 1 かつ a キーが押された なら
2 歩動かす
コスチュームを コスチューム2 にする
コスチューム を 2 にする
もし コスチューム = 2 かつ s キーが押された なら
2 歩動かす
コスチュームを コスチューム1 にする
コスチューム を 1 にする
もし Cat に触れた なら
ぼくの勝ちだ!! と 2 秒言う
すべてを止める
が押されたとき
タイム を 0 にする
ずっと
1 秒待つ
タイム を 1 ずつ変える
メッセージ1 を受け取ったとき
コスチュームを コスチューム3 にする
すべてを止める
コスチューム をクリックし、ペイントエディターで「コスチューム3」を作成して、コスチュームを3つにします。
コスチューム1
93 x 101
コスチューム2
90 x 110
コスチューム3
93 x 111
Aキーと Sキーを交互に押さないと、黄色いネコが進まないようにします。「コスチューム1」のときはAキー、「コスチューム2」のときはSキーを有効にします。
アウトになったとき、アウトになったときのコスチュームに替えます。

サンプル 62 だるまさんがころんだゲーム

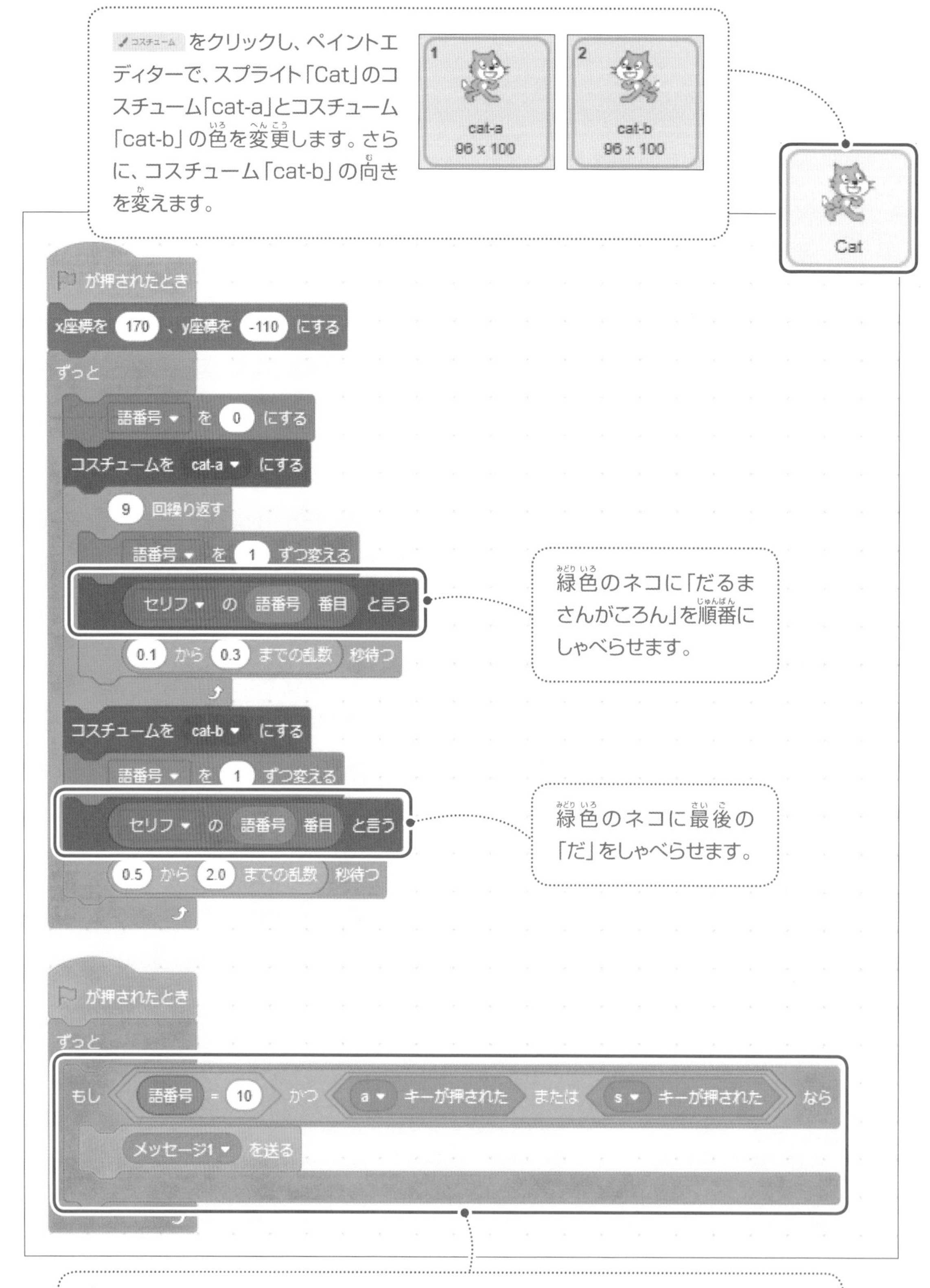

緑色のネコが振り返っているときに、黄色いネコを動かしてしまったとき、アウトにします。

変数を作成します。変数「タイム」はステージに表示するので、□に✓を入れます。変数「コスチューム」と変数「話番号」はステージに表示しないので、□に✓を入れないようにします。

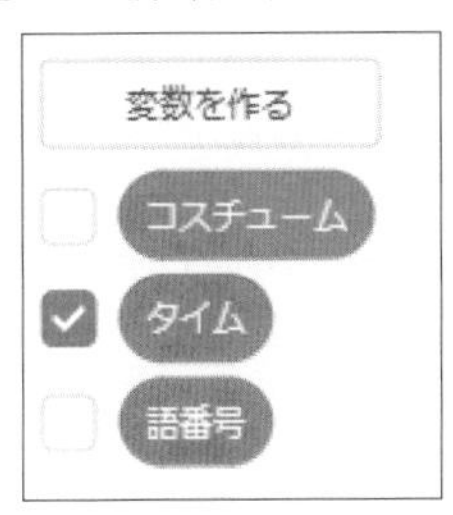

リストを作成します。リストはステージに表示しないので、□に✓を入れないようにします。

ポイント　セリフの変更

ネコがしゃべるセリフはリストから読み込みますので、セリフを変更することもできます。

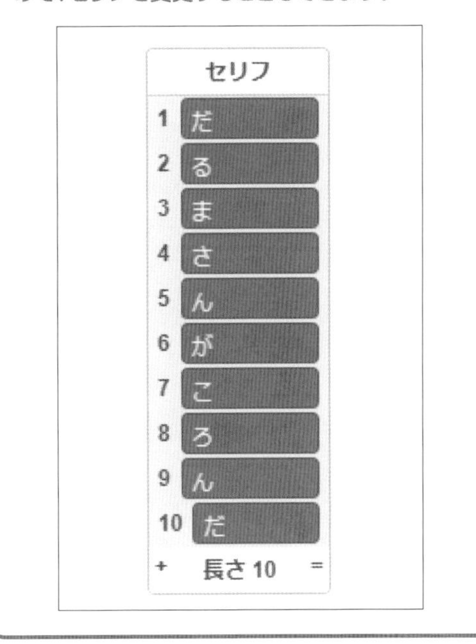

ポイント　コスチュームの色の変更と修正

ネコのコスチュームの色の変更や向きの変更、ネコが驚いたときのコスチュームの作成は、ペイントエディターで行います。新たなコスチュームを作成する場合は、元からあるコスチュームをコピーして利用します。また、コスチュームを修正する場合は、作業に応じてコスチュームを拡大・縮小表示します。

サンプル 63　63.sb3　1人用ゲーム

じゃんけんゲーム

自分（恐竜）と相手（鳥の恐竜=コンピューター）とじゃんけんをします。「グウ」「チョキ」「パー」のイラストをクリックすると、じゃんけんが行われます。それぞれの恐竜が、勝ったとき、負けたとき、あいこのとき、セリフをしゃべります。

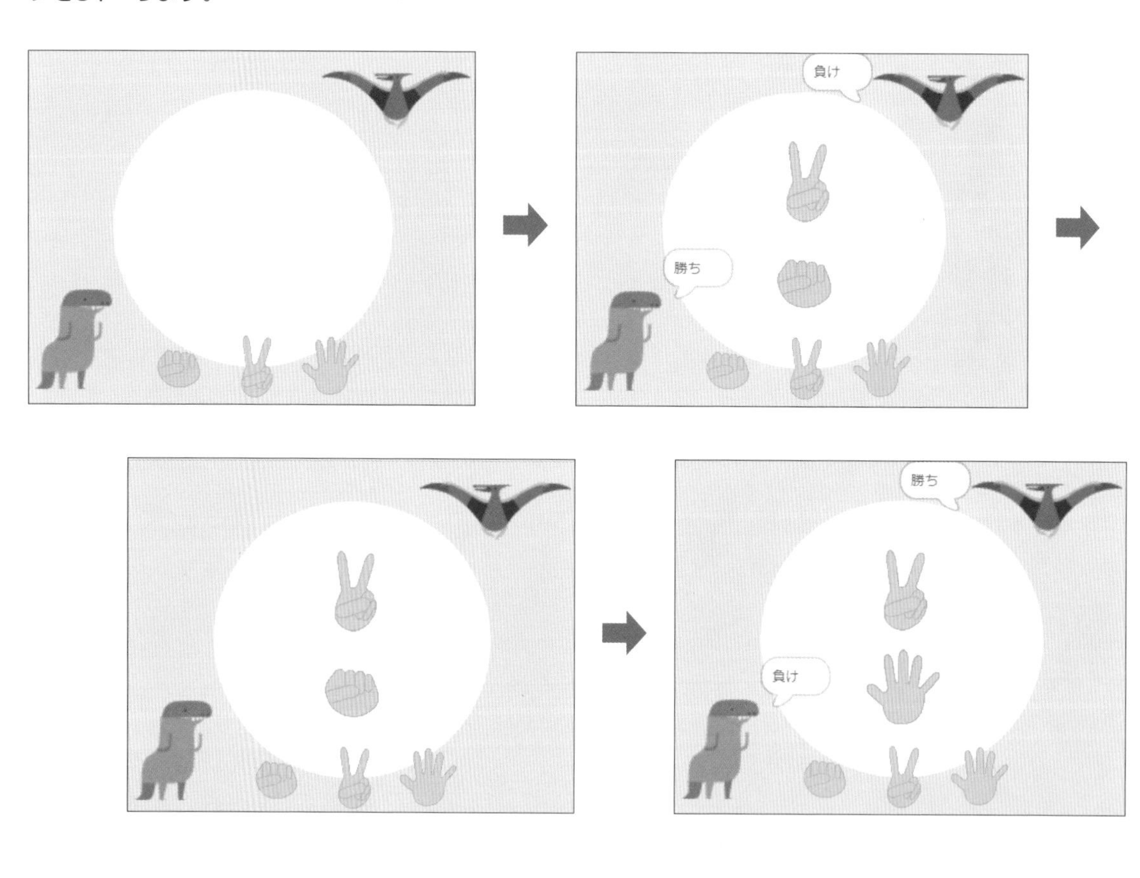

使用背景・スプライト

背景 Light　　スプライト Dinosaur4、Dinosaur3、gu、choki、pa、gu2、gu3

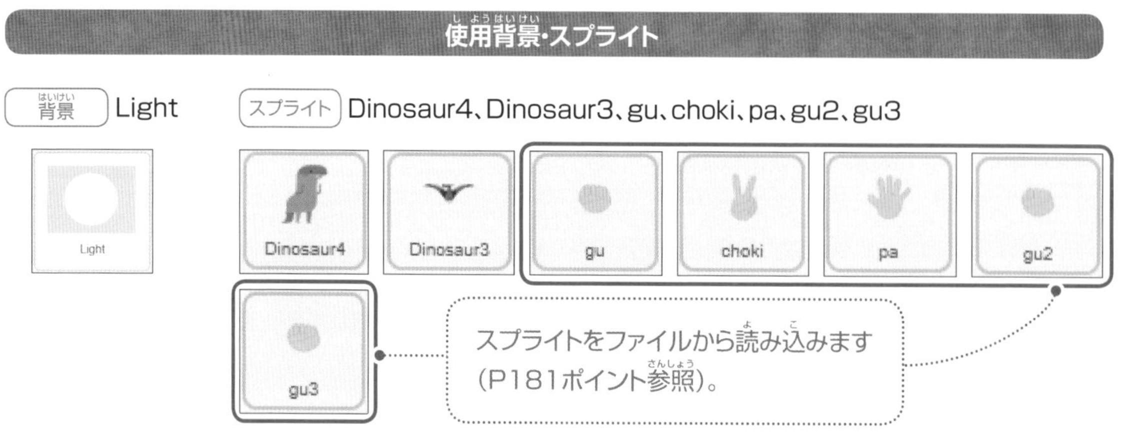

スプライトをファイルから読み込みます（P181ポイント参照）。

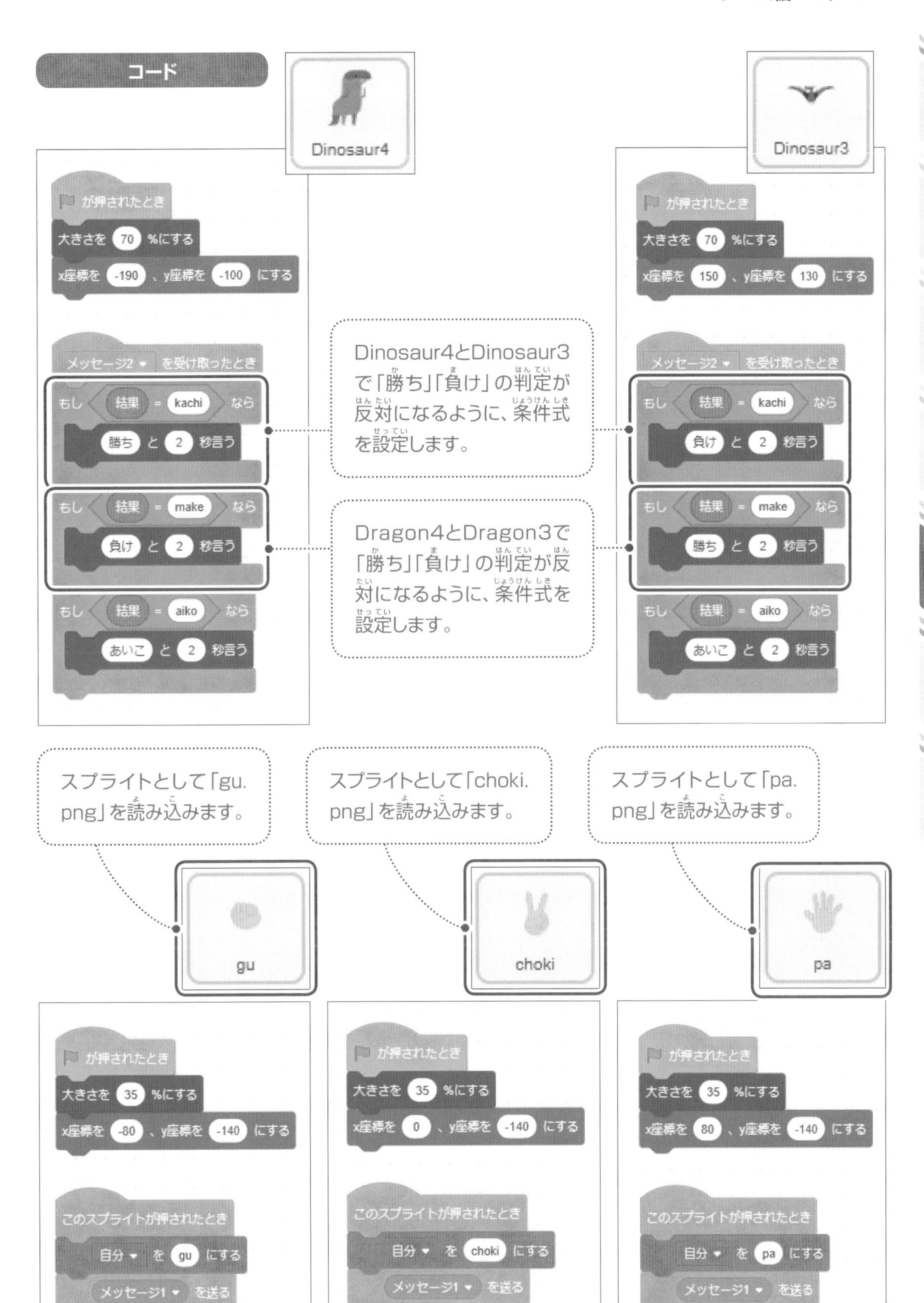
コード
Dinosaur4
が押されたとき
大きさを 70 %にする
x座標を -190 、y座標を -100 にする
メッセージ2 を受け取ったとき
もし 結果 = kachi なら
勝ち と 2 秒言う
もし 結果 = make なら
負け と 2 秒言う
もし 結果 = aiko なら
あいこ と 2 秒言う
Dinosaur4とDinosaur3で「勝ち」「負け」の判定が反対になるように、条件式を設定します。
Dragon4とDragon3で「勝ち」「負け」の判定が反対になるように、条件式を設定します。
Dinosaur3
が押されたとき
大きさを 70 %にする
x座標を 150 、y座標を 130 にする
メッセージ2 を受け取ったとき
もし 結果 = kachi なら
負け と 2 秒言う
もし 結果 = make なら
勝ち と 2 秒言う
もし 結果 = aiko なら
あいこ と 2 秒言う
スプライトとして「gu.png」を読み込みます。
スプライトとして「choki.png」を読み込みます。
スプライトとして「pa.png」を読み込みます。
gu
choki
pa
が押されたとき
大きさを 35 %にする
x座標を -80 、y座標を -140 にする
このスプライトが押されたとき
自分 を gu にする
メッセージ1 を送る
が押されたとき
大きさを 35 %にする
x座標を 0 、y座標を -140 にする
このスプライトが押されたとき
自分 を choki にする
メッセージ1 を送る
が押されたとき
大きさを 35 %にする
x座標を 80 、y座標を -140 にする
このスプライトが押されたとき
自分 を pa にする
メッセージ1 を送る

サンプル63 じゃんけんゲーム

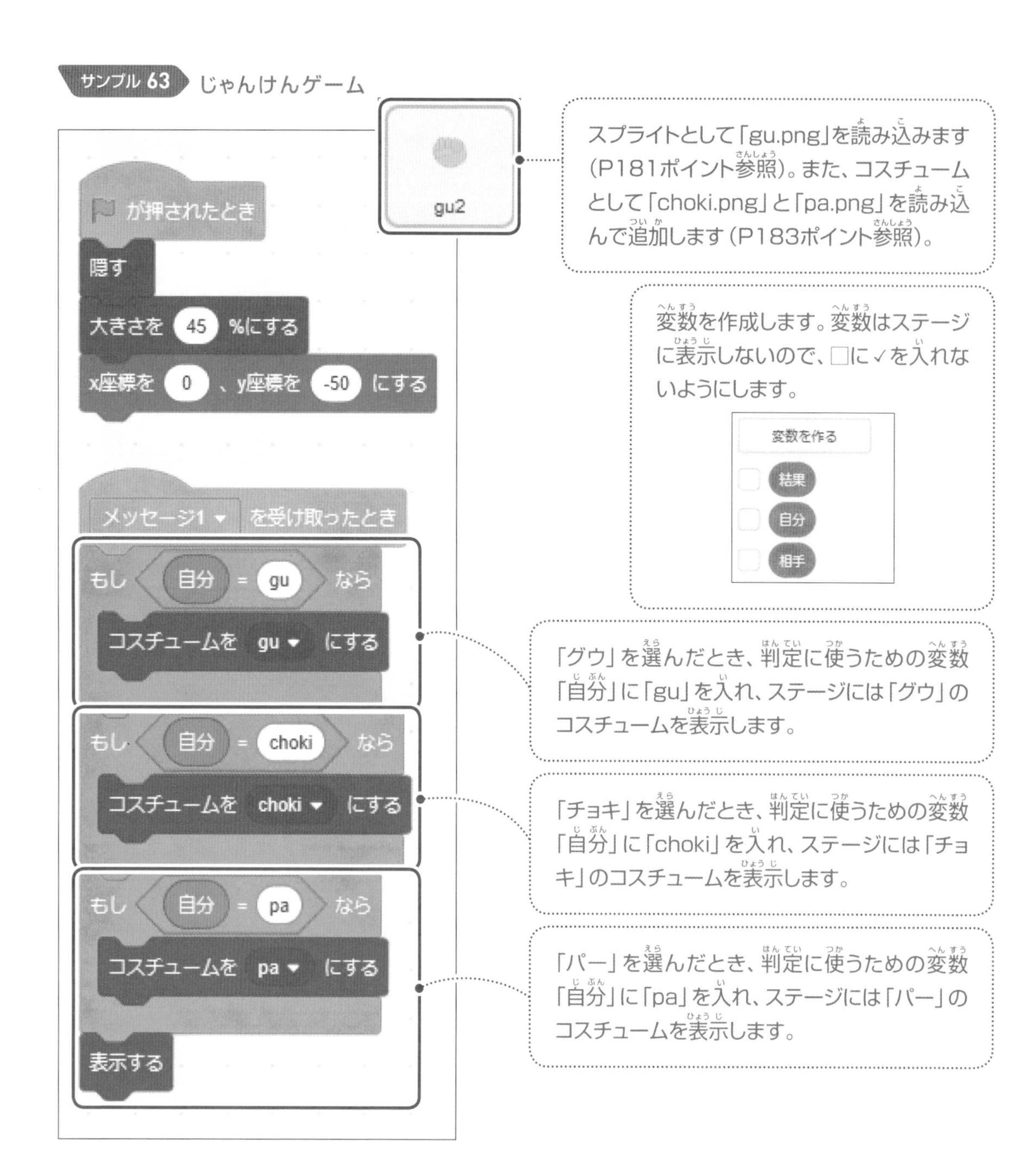

ポイント スプライトとコスチューム(素材の利用)

スプライトやコスチュームは自分で作ることもできます。ここでは自作したイラストをスプライトとコスチュームに利用しています。ここで使用しているコスチュームのイラストは本書のダウンロードサイトよりダウンロードできます。

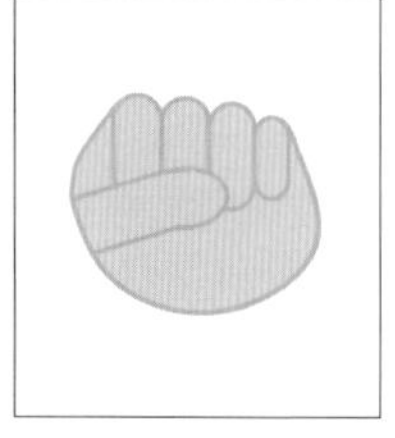
gu.png

choki.png

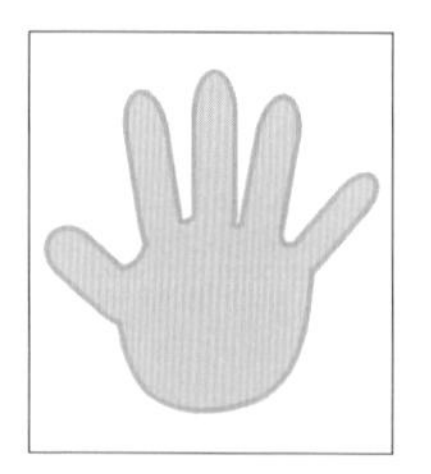
pa.png

スプライトとして「gu.png」を読み込みます。また、コスチュームとして「choki.png」と「pa.png」を読み込んで追加します。

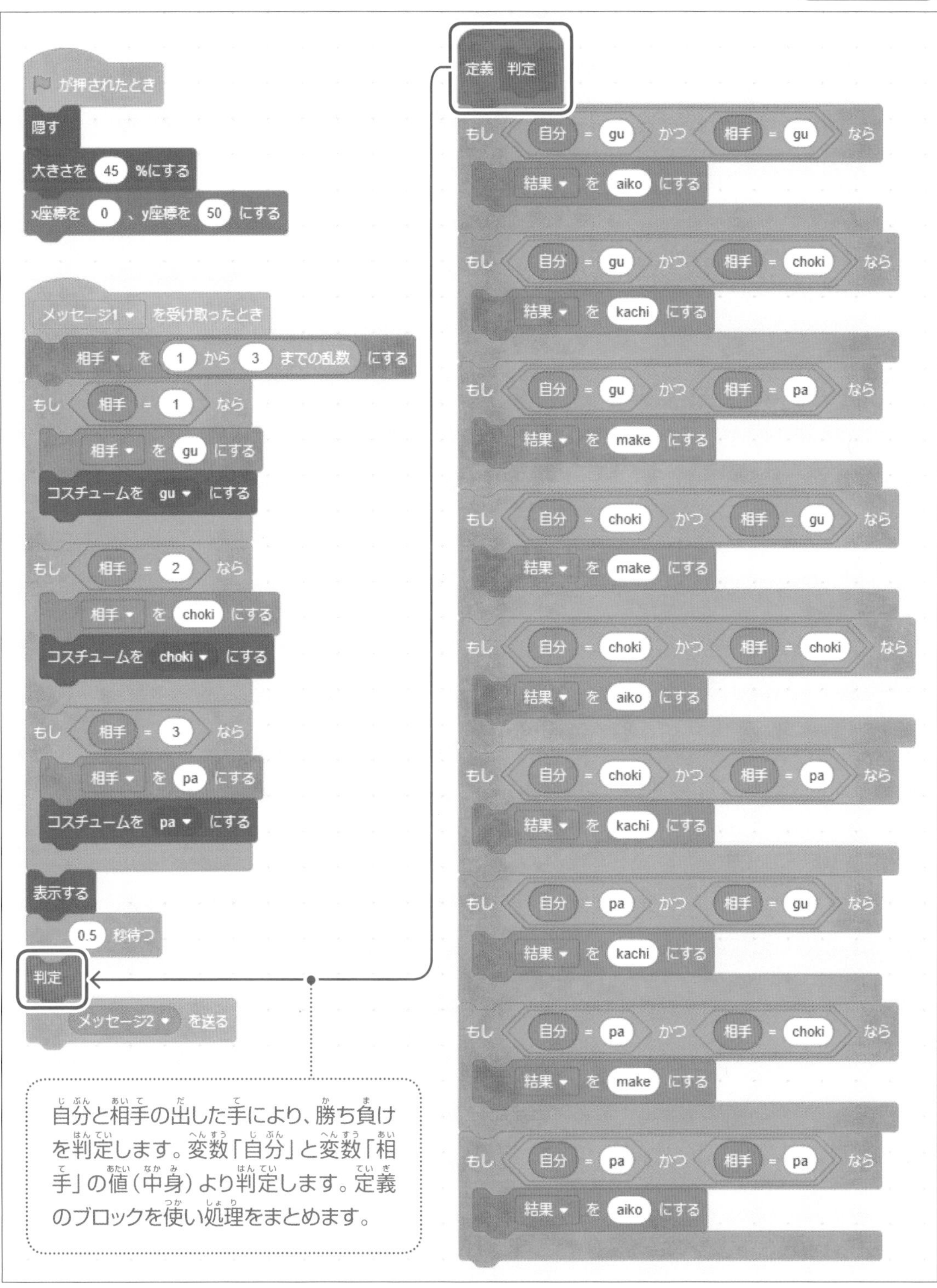

サンプル 64　64.sb3　1人用ゲーム

ブロック崩しゲーム

←→キーを押してラケットを左右に動かし、ボールを打ち返してブロックに当てます。ボールがブロックに当たるとブロックが消えて1点得点されます。ブロックを消していくとラケットの大きさが小さくなります。全てのブロックを消すとゲームクリアです。ボールを打ちそこなうとゲームオーバーです。

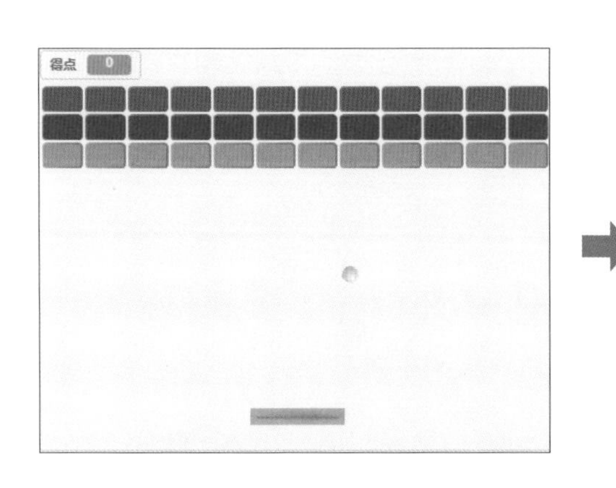

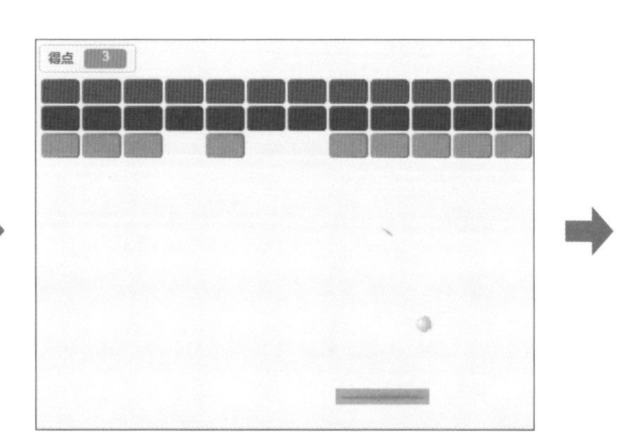

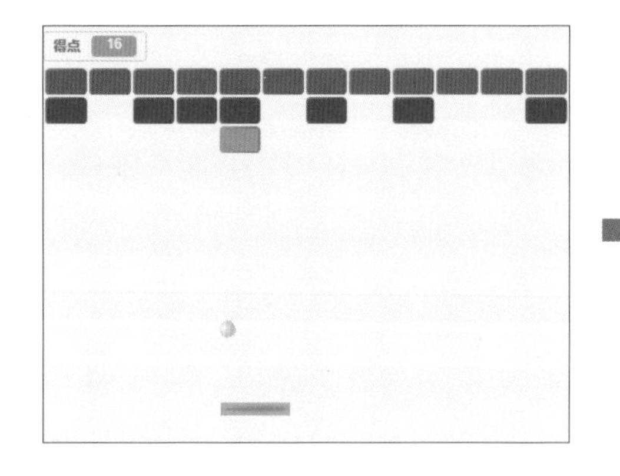

使用背景・スプライト

背景 Blue Sky 2　スプライト Paddle、Ball、Button3

コード
Paddle
が押されたとき
得点 を 0 にする
大きさを 100 %にする
x座標を 0 、y座標を -150 にする
ずっと
もし 右向き矢印 キーが押された なら
x座標を 15 ずつ変える
もし 左向き矢印 キーが押された なら
x座標を -15 ずつ変える
もし Ball に触れた なら
メッセージ1 を送る
もし 得点 > 11 なら
大きさを 70 %にする
もし 得点 > 23 なら
大きさを 50 %にする
もし 得点 = 36 なら
メッセージ3 を送る
このスクリプトを止める
得点を初期化（0に）します。
変数を作成します。変数はステージに表示するので、□に✓を入れます。
変数を作る
得点
得点が12点以上になると、ラケットの大きさが小さくなるようにします。
得点が24点以上になると、ラケットの大きさがさらに小さくなるようにします。
全てのブロック（36個）を消したらゲームクリアになります。ボールにメッセージを送り、ボールを消して、ゲームクリアの音を鳴らします。

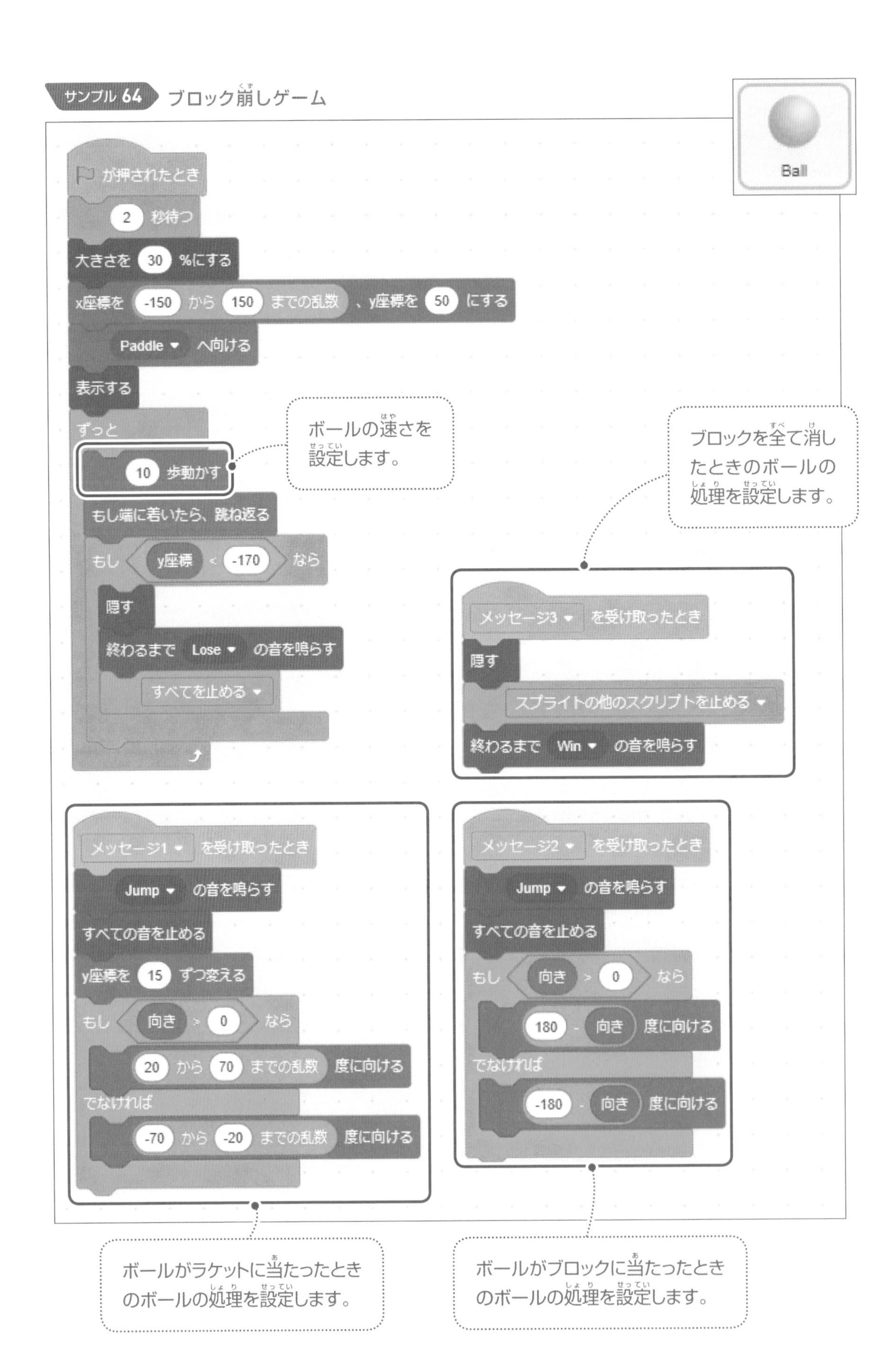

サンプル 64
ブロック崩しゲーム
Ball
が押されたとき
2 秒待つ
大きさを 30 %にする
x座標を -150 から 150 までの乱数 、y座標を 50 にする
Paddle へ向ける
表示する
ずっと
10 歩動かす
もし端に着いたら、跳ね返る
もし y座標 < -170 なら
隠す
終わるまで Lose の音を鳴らす
すべてを止める
ボールの速さを設定します。
ブロックを全て消したときのボールの処理を設定します。
メッセージ3 を受け取ったとき
隠す
スプライトの他のスクリプトを止める
終わるまで Win の音を鳴らす
メッセージ1 を受け取ったとき
Jump の音を鳴らす
すべての音を止める
y座標を 15 ずつ変える
もし 向き > 0 なら
20 から 70 までの乱数 度に向ける
でなければ
-70 から -20 までの乱数 度に向ける
メッセージ2 を受け取ったとき
Jump の音を鳴らす
すべての音を止める
もし 向き > 0 なら
180 - 向き 度に向ける
でなければ
-180 - 向き 度に向ける
ボールがラケットに当たったときのボールの処理を設定します。
ボールがブロックに当たったときのボールの処理を設定します。

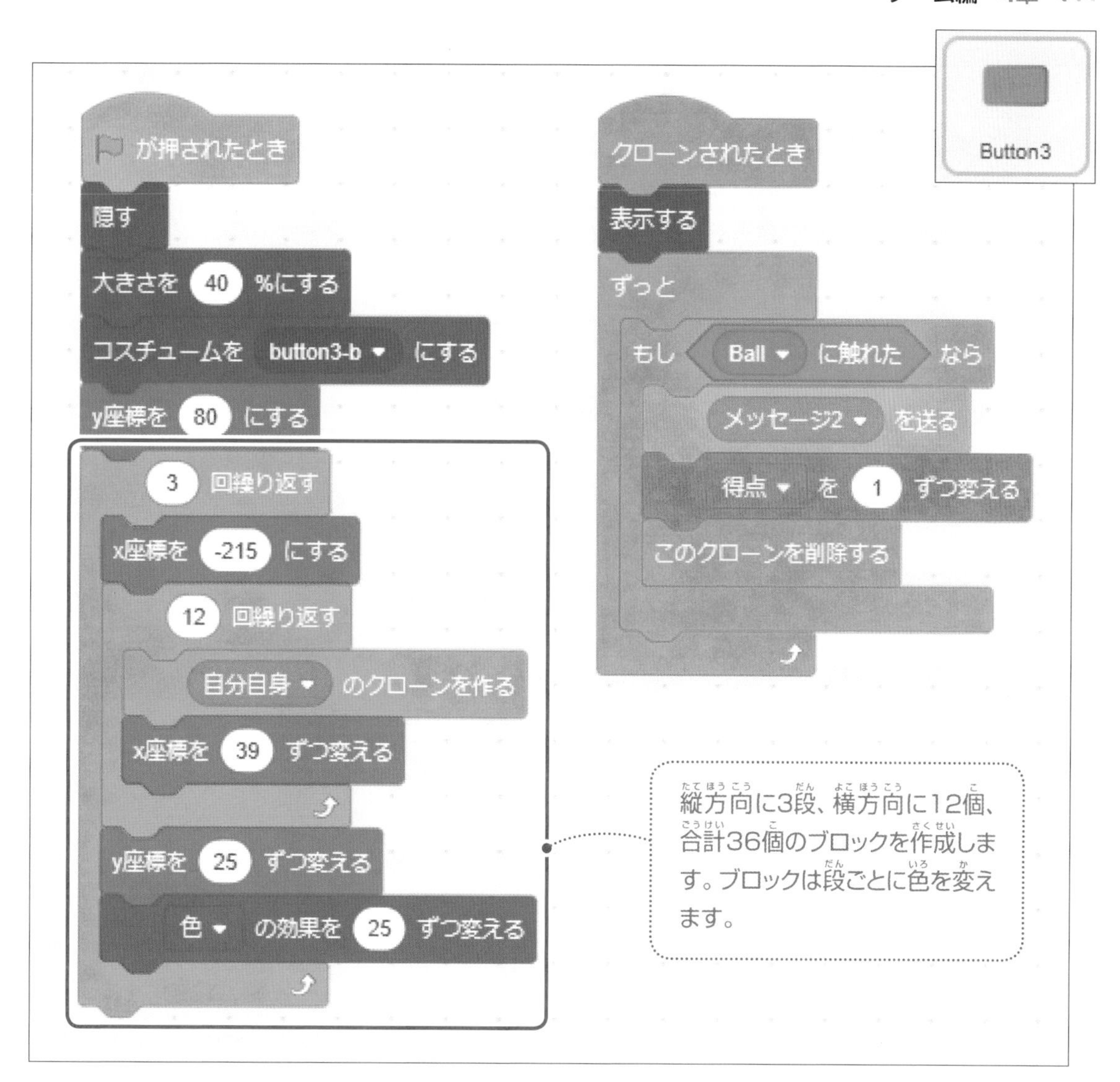

ポイント ボールの処理

ラケットによる2度打ち(2重判定)を避けるため、ボールがラケットに当たったときは、すぐに一定距離を離すようにします。また、ボールがラケットに当たったとき、跳ね返る角度が単調にならないようにするため、乱数で跳ね返る角度をランダムに決めます。

ポイント 繰り返しの入れ子構造

同じ処理をする繰り返しのブロックを続けて使う場合、入れ子構造で表現することができます。次の例は、どちらも処理を36回繰り返します。

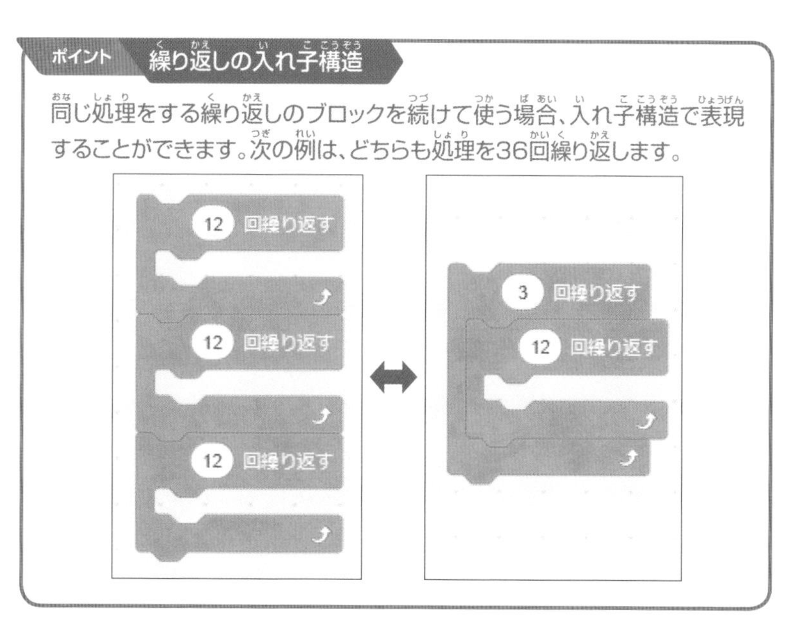

サンプル 65　65.sb3　1人用ゲーム

スロットマシンゲーム

スペースキーを押すとドラムが回転します。ドラムの下のボタンをクリックして、それぞれのドラムを止めます。ドラムの絵が揃うと得点が入ります。ドラムの絵が2つ揃ったときは1点、3つ揃ったときは30点が入ります。ゲーム回数と得点がステージの右上に表示されます。

ポイント コスチュームの作成

コスチュームに使用するイラストは自分で作ることもできます。ここでは自作したイラストをコスチュームとして利用しています。ここで使用しているコスチュームのイラストは本書のダウンロードサイトよりダウンロードできます。

コスチューム1
(01_サル.jpg)

コスチューム2
(02_ウサギ.jpg)

コスチューム3
(03_ウシ.jpg)

コスチューム4
(04_カエル.jpg)

コスチューム5
(05_タコ.jpg)

コスチューム6
(06_ネコ.jpg)

コスチューム7
(07_ネズミ.jpg)

コスチューム8
(08_パンダ.jpg)

コスチューム9
(09_ヒツジ.jpg)

コスチューム10
(10_ヒヨコ.jpg)

コスチューム11
(11_ブタ.jpg)

使用背景・スプライト

背景 Spotlight　スプライト Parrot、01_サル、01_サル2、01_サル3、Button1、Button2、Button3

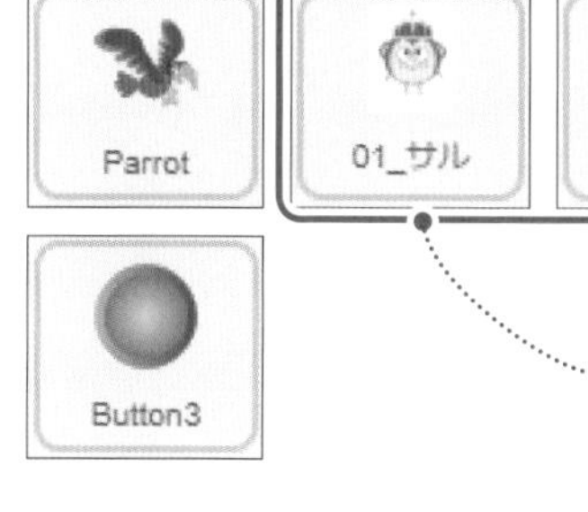

スプライトをファイルから読み込みます(下記ポイント参照)。

コード

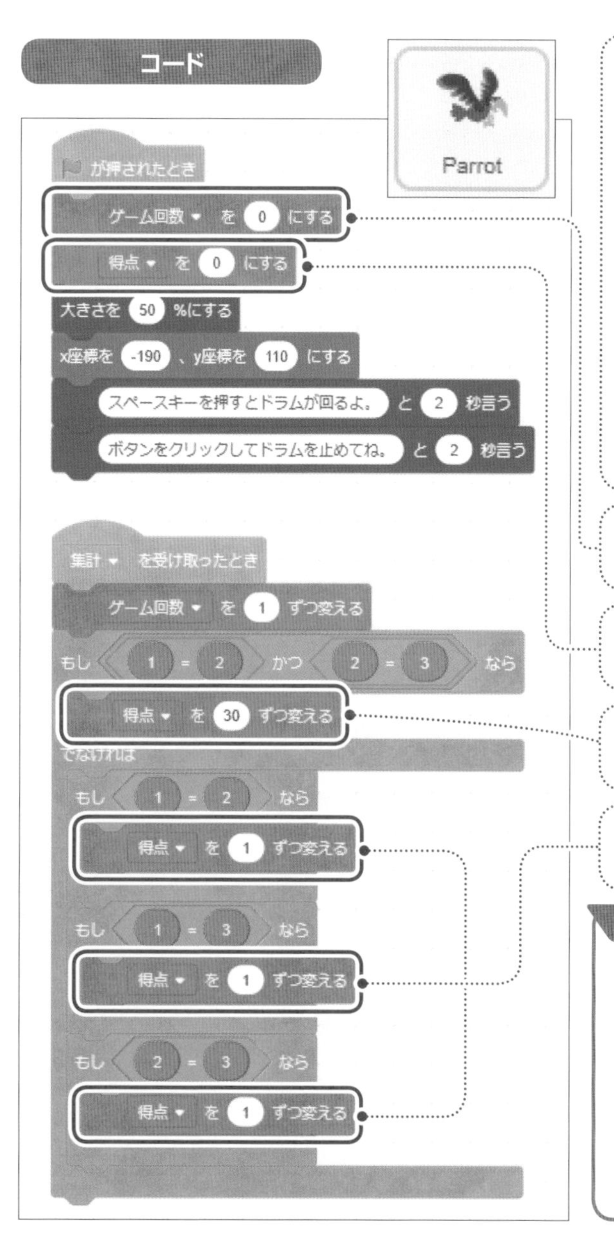

変数を作成します。変数「ゲーム回数」と変数「得点」はステージに表示するので、□に✓を入れます。それ以外の変数はステージに表示しないので、□に✓を入れないようにします。

ゲーム回数を初期化(0に)します。

得点を初期化(0に)します。

3つとも同じ絵が出た場合は30点を加算します。

2つ同じ絵が出た場合は1点を加算します。

ポイント　スプライトの追加(素材の利用)

イラストなどの画像をスプライトとして利用するときは、次のように行います。

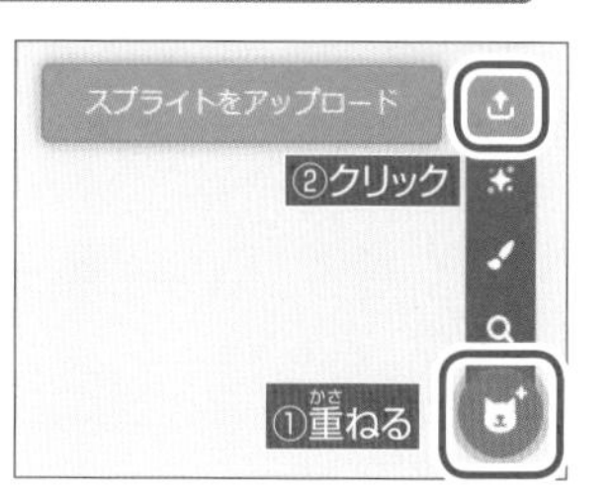

サンプル 65 スロットマシンゲーム

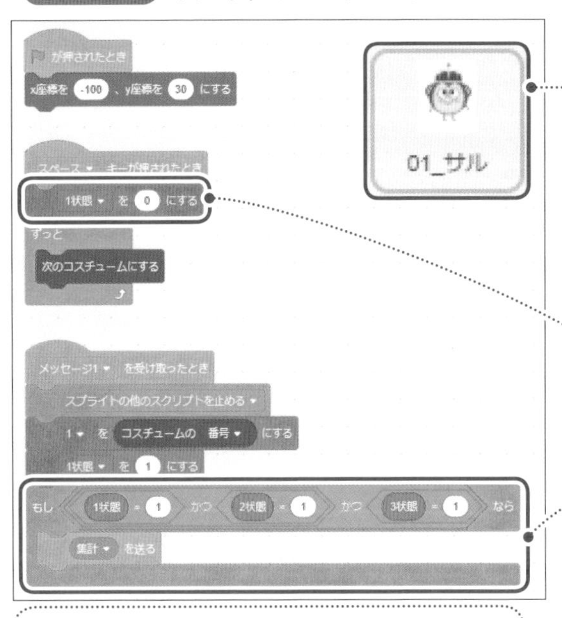

スプライトとして「01_サル.png」を読み込みます（P181ポイント参照）。また、コスチュームとして「02_ウサギ.png」～「11_ブタ.png」を読み込んで追加します（P183ポイント参照）。

スペースキーを押すと、「1状態=0」になり、緑のボタンを押せるようにします。

全てのドラムが停止したとき、得点の計算を行うようにします。

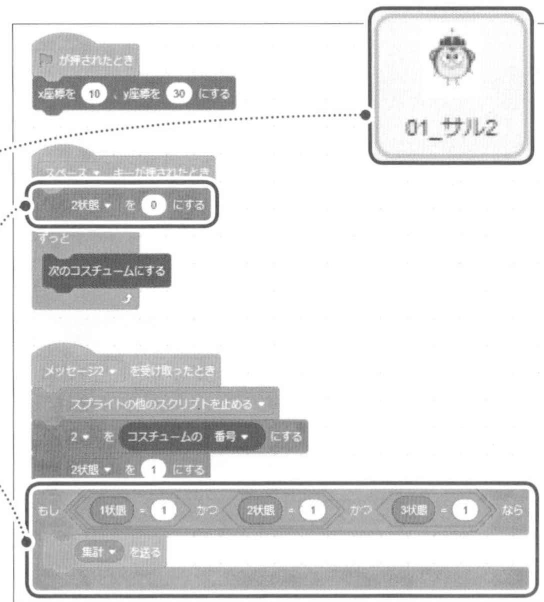

スプライトとして「01_サル.png」を読み込みます。また、コスチュームとして、「02_ウサギ.png」～「11_ブタ.png」を読み込んで追加します。

スペースキーを押すと、「2状態=0」になり、緑のボタンを押せるようにします。

全てのドラムが停止したとき、得点の計算を行うようにします。

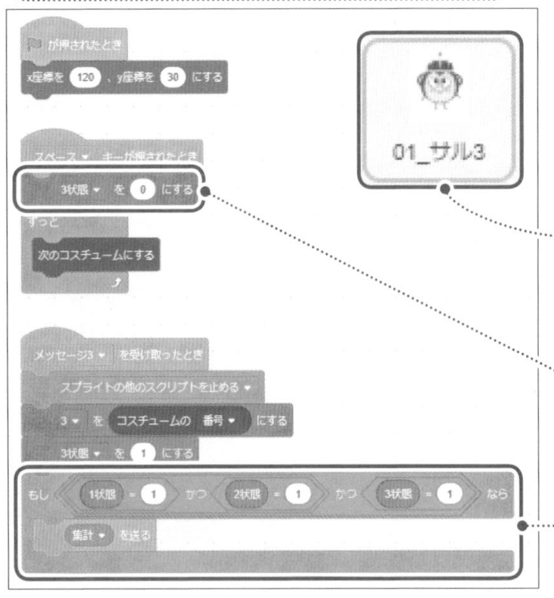

スプライトとして「01_サル.png」を読み込みます。また、コスチュームとして、「02_ウサギ.png」～「11_ブタ.png」を読み込んで追加します。

スペースキーを押すと、「3状態=0」になり、緑のボタンを押せるようにします。

全てのドラムが停止したとき、得点の計算を行うようにします。

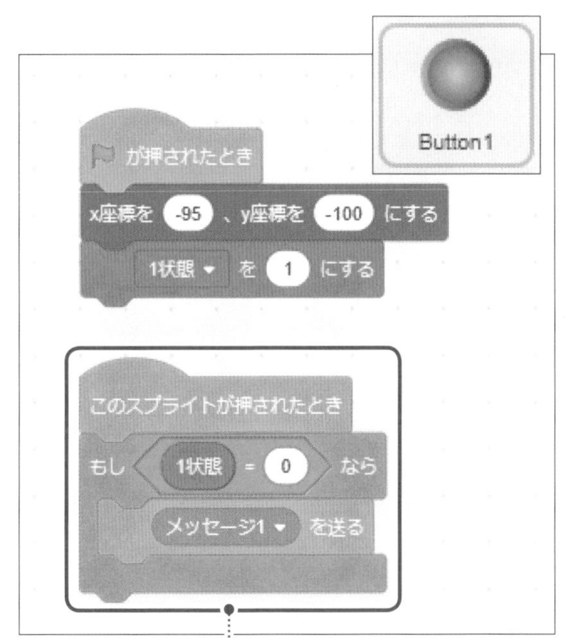

スペースキーが押され、ドラムが回っている（「1状態=1」）ときのみ、緑のボタンを押せるようにします。緑のボタンが押されると、メッセージ1を送り左のドラムの回転を止めます。

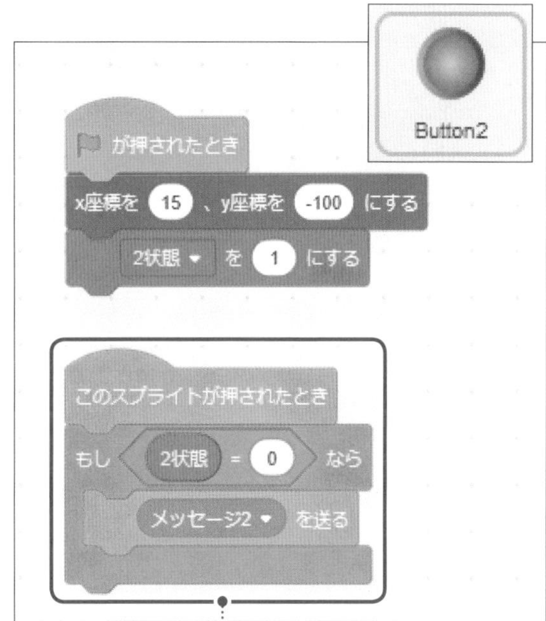

スペースキーが押され、ドラムが回っている（「2状態=1」）ときのみ、緑のボタンを押せるようにします。緑のボタンが押されると、メッセージ2を送り中央のドラムの回転を止めます。

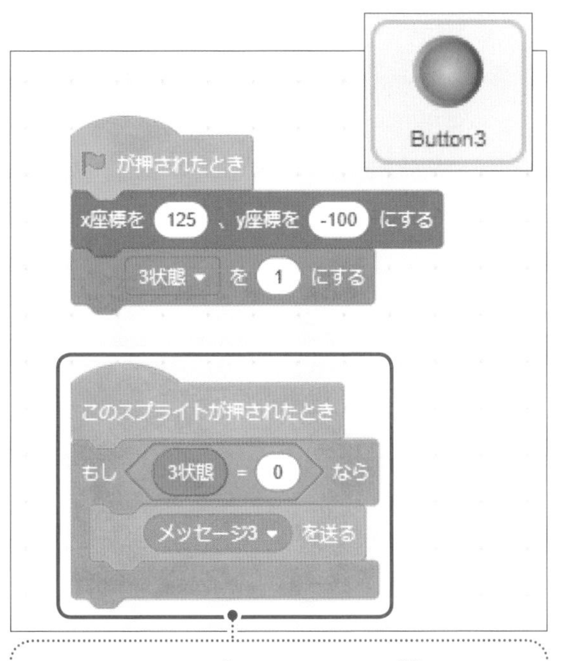

スペースキーが押され、ドラムが回っている（「3状態=1」）ときのみ、緑のボタンを押せるようにします。緑のボタンが押されると、メッセージ3を送り右のドラムの回転を止めます。

ポイント　コスチュームの追加（素材の利用）

イラストなどの画像をコスチュームとして利用するときは、次のように行います。

サンプル66　66.sb3　2人用ゲーム

宇宙ロボット対決ゲーム

左右にロボットが現れます。左のロボットはWキーを押すと上側、Xキーを押すと下側に動き、Sキーを押すと弾を発射します。右のロボットはIキーを押すと上側、Mキーを押すと下側に動き、Kキーを押すと弾を発射します。ロボットの間に隕石が現れて攻撃の邪魔をします。相手のライフを先に0にしたほうが勝ちです。

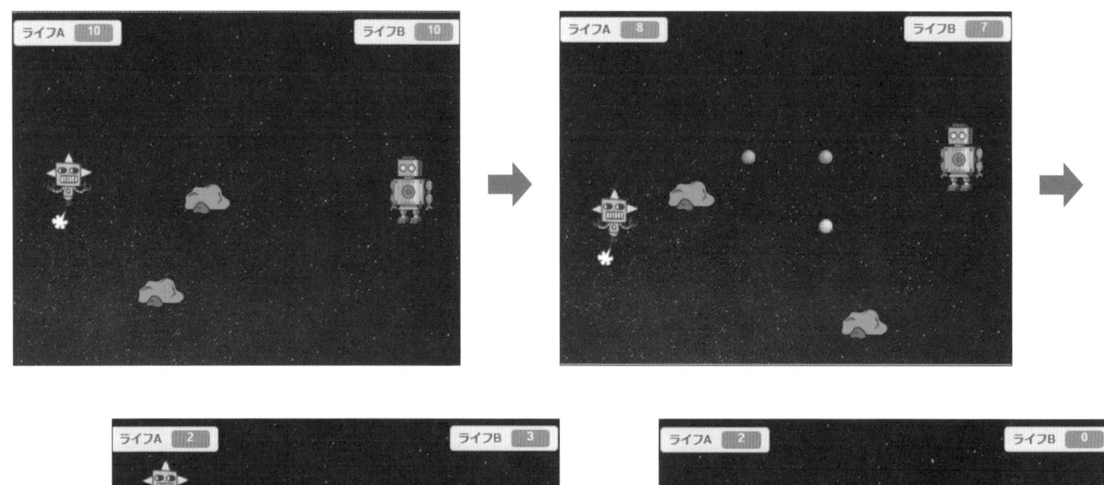

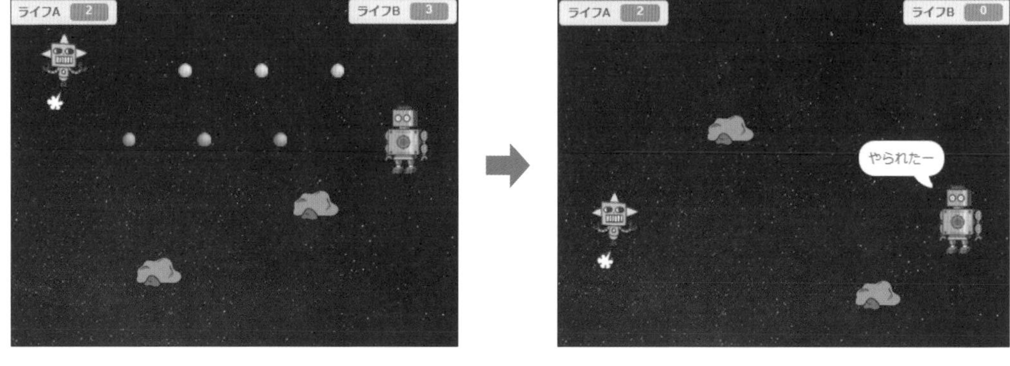

使用背景・スプライト

背景 Stars　　スプライト Robot、Retro Robot、Ball、Ball2、Rocks、Rocks2

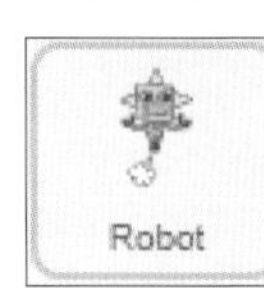

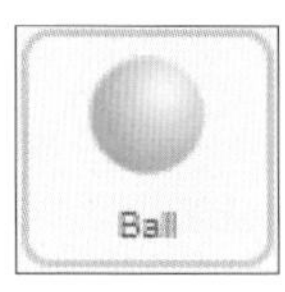

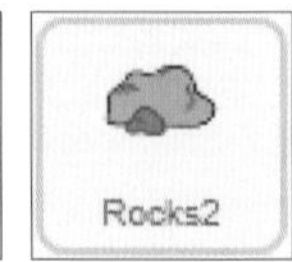

コード

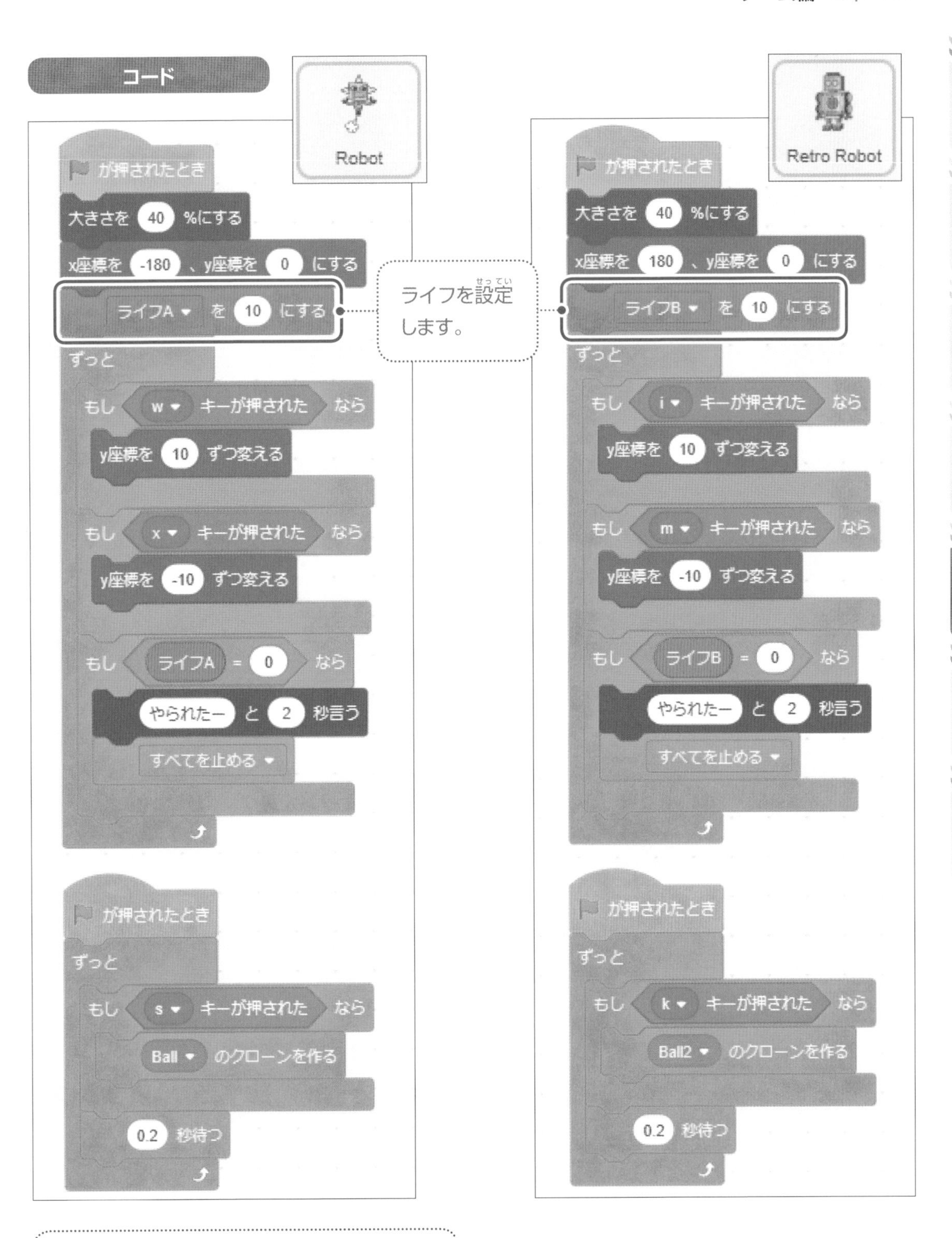

変数を作成します。変数はステージに表示するので、□に✓を入れます。

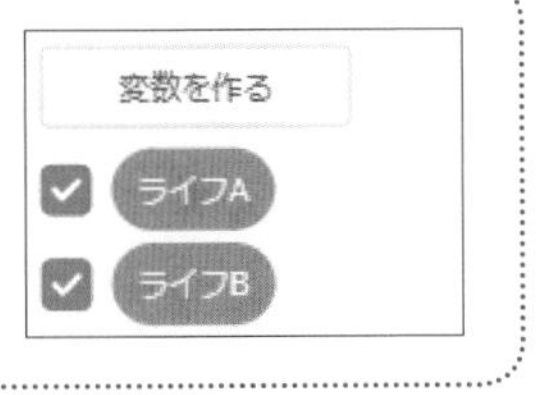

サンプル66 宇宙ロボット対決ゲーム

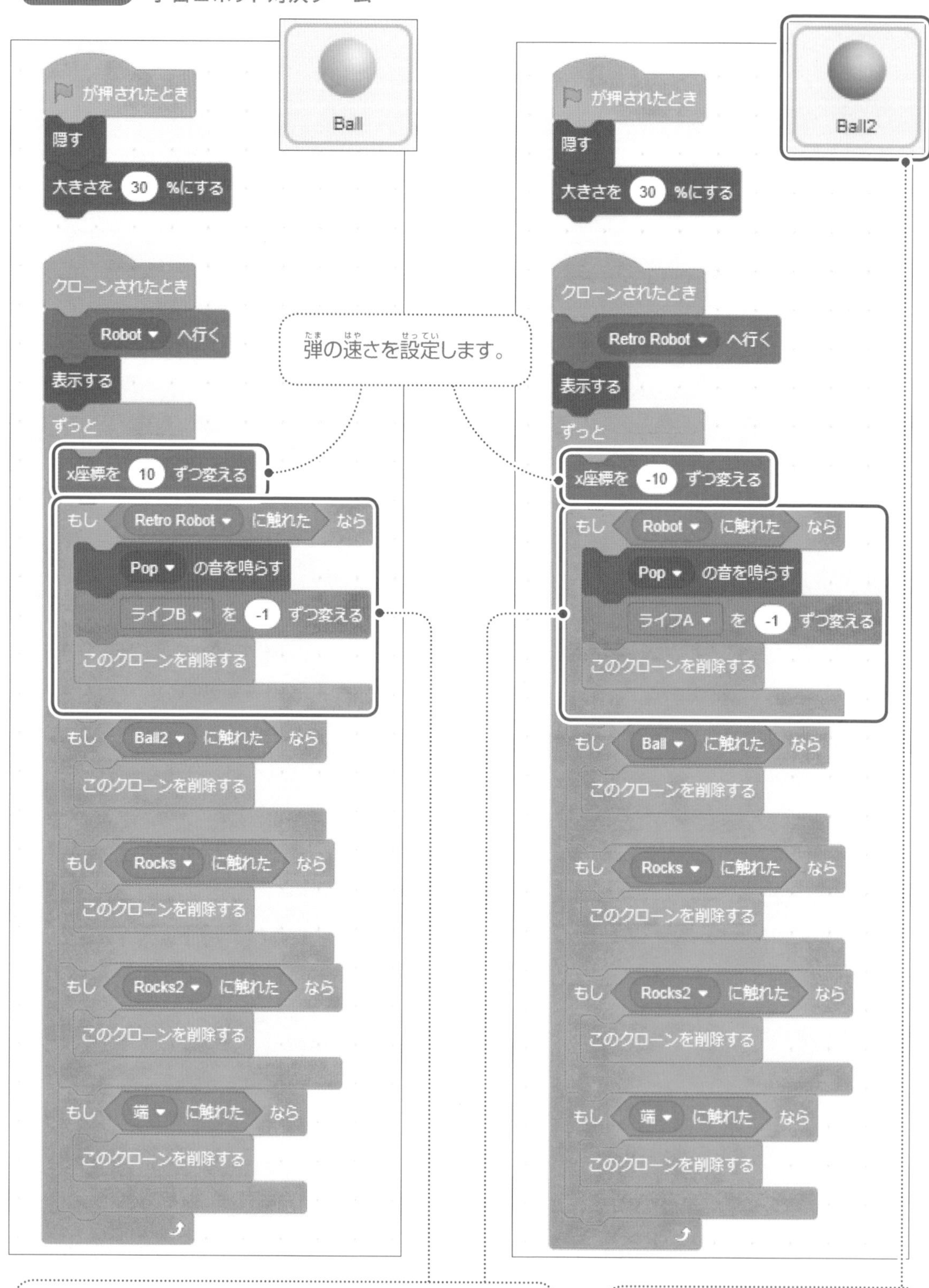

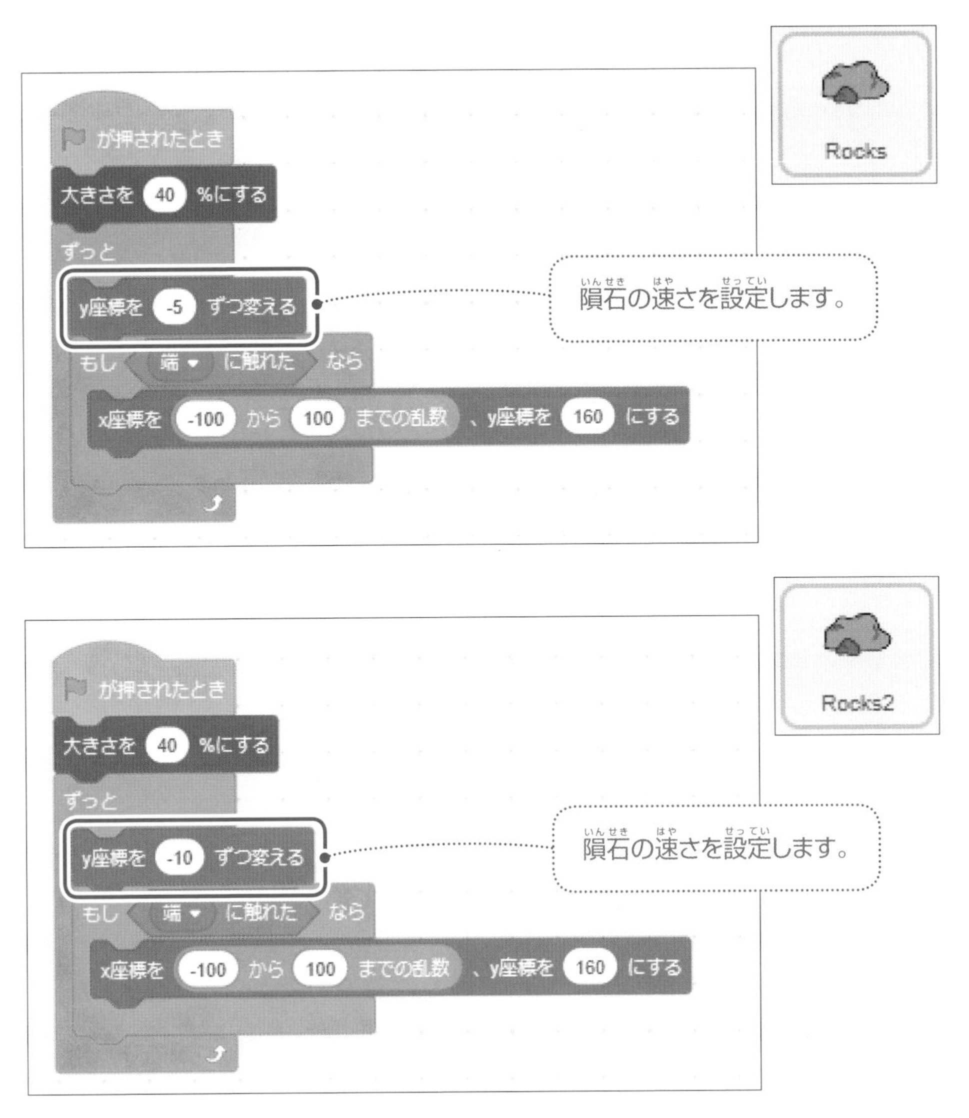

ポイント　**2人用ゲームのときのキーの割り当て**

お互いの操作の邪魔にならないように、離れたキーを割り当てます。また、必要であれば使いやすいようにキーの割り当てを変えます。

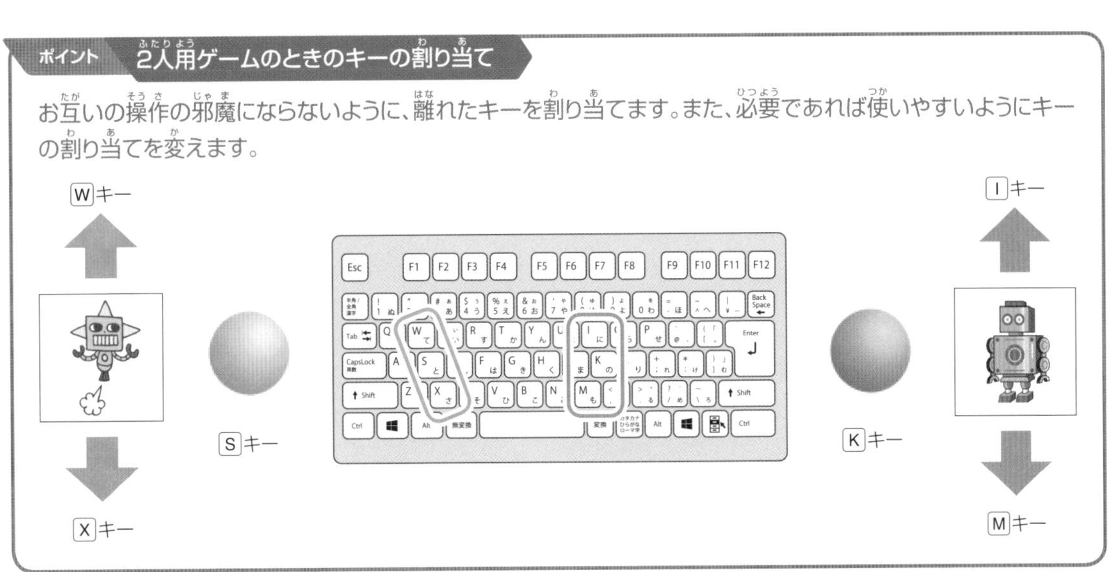

サンプル 67 67.sb3

2人用ゲーム

テニスゲーム

ラケットとボールが現れます。サーブはスペースキーを押して行います。ラケットを操作して相手からきたボールを打ち返します。左のラケットは、上方向はWキー、下方向はXキーで動かします。右のラケットは上方向はIキー、下方向はMキーで動かします。得点が一定以上になるとラケットの大きさが小さくなります。先に30点を取ったほうが勝ちです。

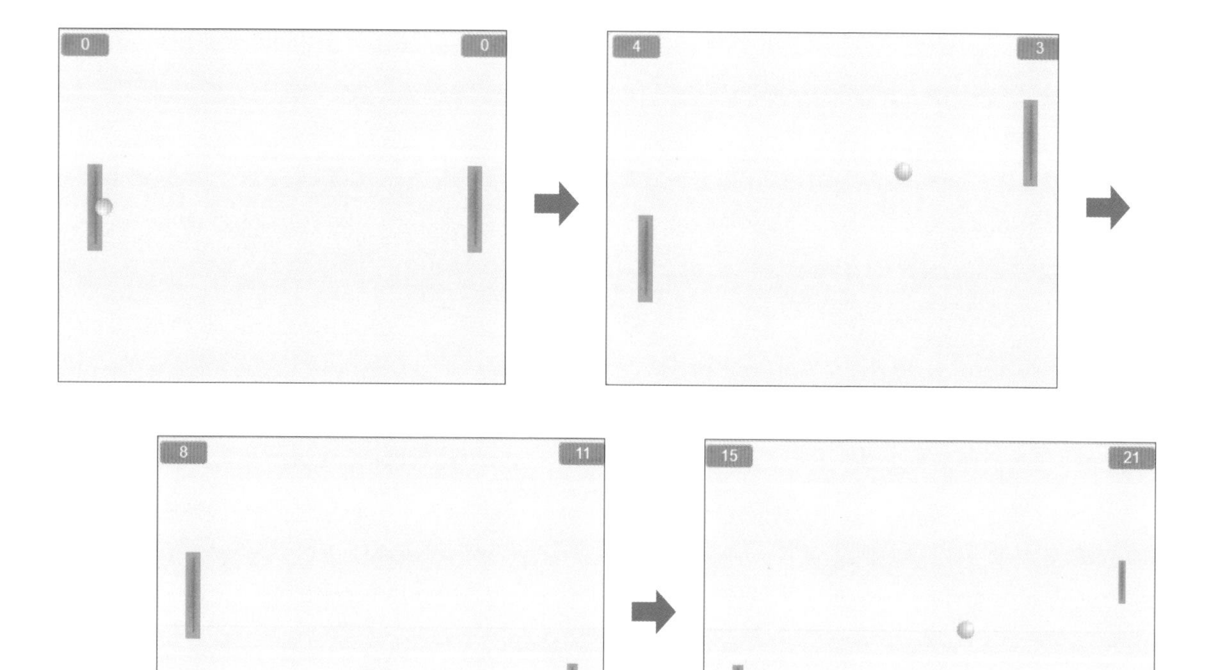

使用背景・スプライト

背景 Blue Sky 2　スプライト Paddle、Paddle2、Ball

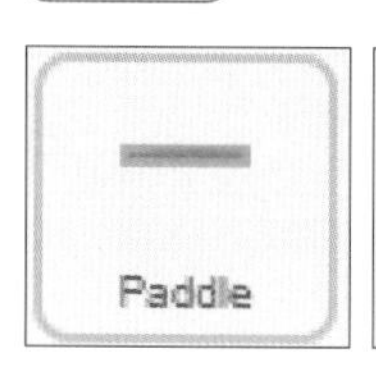

ポイント　ゲームと初期化

ゲームを始めるときや、再度始めるときは、設定を初期化するため、🏴をクリックしてから始めます。

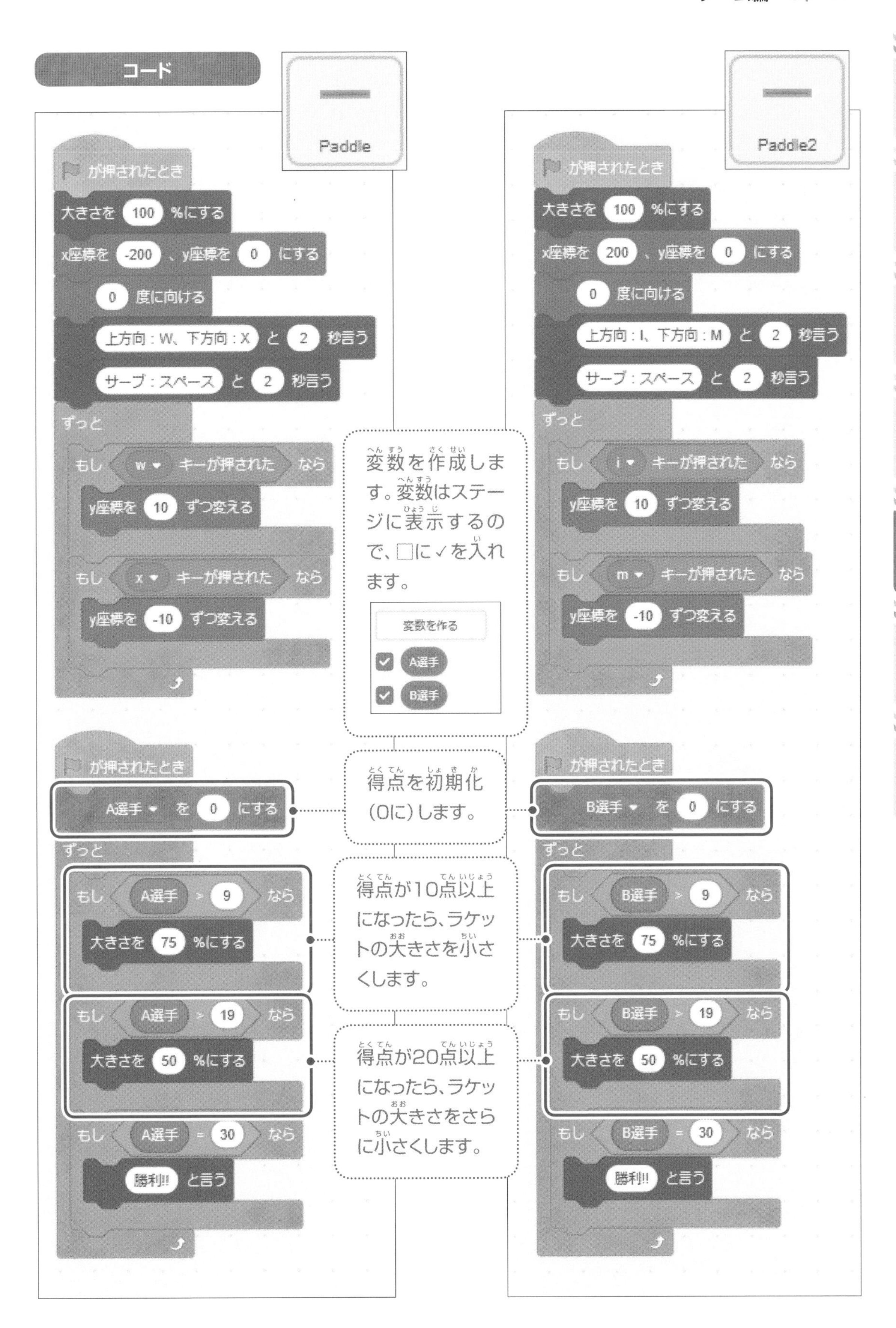
コード
Paddle
が押されたとき
大きさを 100 %にする
x座標を -200 、y座標を 0 にする
0 度に向ける
上方向：W、下方向：X と 2 秒言う
サーブ：スペース と 2 秒言う
ずっと
もし w キーが押された なら
y座標を 10 ずつ変える
もし x キーが押された なら
y座標を -10 ずつ変える
変数を作成します。変数はステージに表示するので、□に✓を入れます。
変数を作る
A選手
B選手
が押されたとき
A選手 を 0 にする
ずっと
もし A選手 > 9 なら
大きさを 75 %にする
もし A選手 > 19 なら
大きさを 50 %にする
もし A選手 = 30 なら
勝利!! と言う
得点を初期化(0に)します。
得点が10点以上になったら、ラケットの大きさを小さくします。
得点が20点以上になったら、ラケットの大きさをさらに小さくします。
Paddle2
が押されたとき
大きさを 100 %にする
x座標を 200 、y座標を 0 にする
0 度に向ける
上方向：I、下方向：M と 2 秒言う
サーブ：スペース と 2 秒言う
ずっと
もし i キーが押された なら
y座標を 10 ずつ変える
もし m キーが押された なら
y座標を -10 ずつ変える
が押されたとき
B選手 を 0 にする
ずっと
もし B選手 > 9 なら
大きさを 75 %にする
もし B選手 > 19 なら
大きさを 50 %にする
もし B選手 = 30 なら
勝利!! と言う

サンプル 67 テニスゲーム

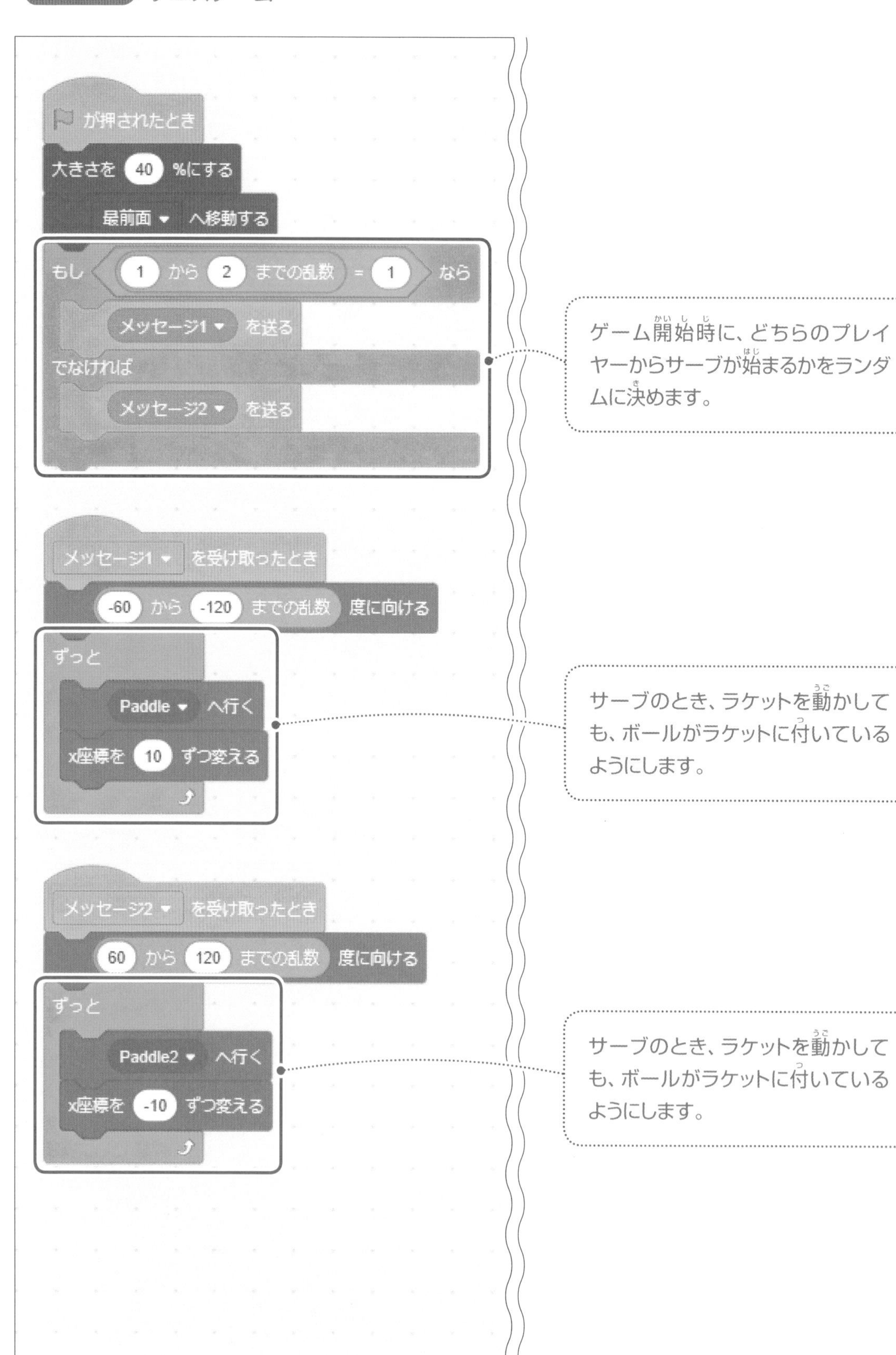

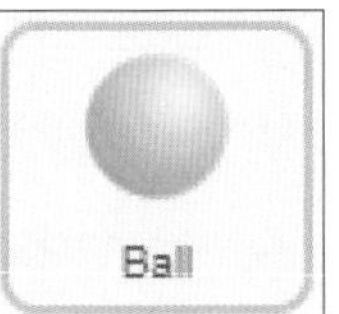

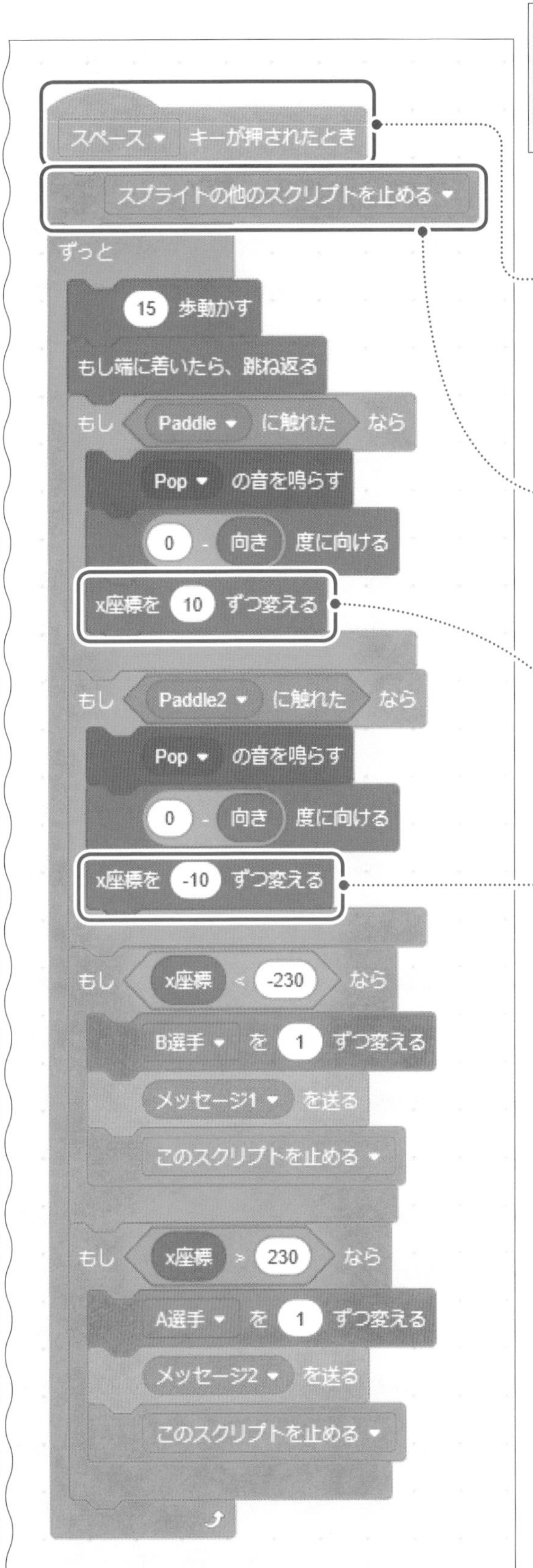

スペースキーを押して最初のサーブを行う前に、ゲームの初期化が必要です。ゲーム開始時には必ず 🏳 をクリックしてゲームの初期化を行います。

サーブを行うためのブロックが実行されないようにします。サーブを行うためのブロックが動作していると、ラケットからボールが離れないので、これらのブロックの動作を停止させます。

ボールを打つときに、2度打ち（二重判定）しないように、ラケットからすぐに離します。

ボールを打つときに、2度打ち（二重判定）しないように、ラケットからすぐに離します。

ポイント　ステージ上の変数の表示

ステージ上の変数の表示は下記のようにして変更することができます。ここでは、「大きな表示」に設定しています。

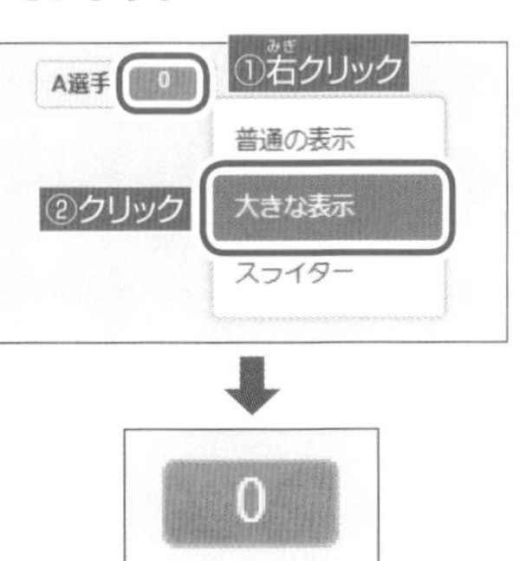

サンプル68　68.sb3　2人用ゲーム

相撲ゲーム

青色の球、赤色の球を、キーを押して操作して、相手の球を土俵から押し出します。青色の球、赤色の球は、それぞれ下記のキーを押して操作します。相手の球を土俵から押し出すと勝ちです。相手に土俵から押し出されたり、自分から落ちてしまうと負けです。

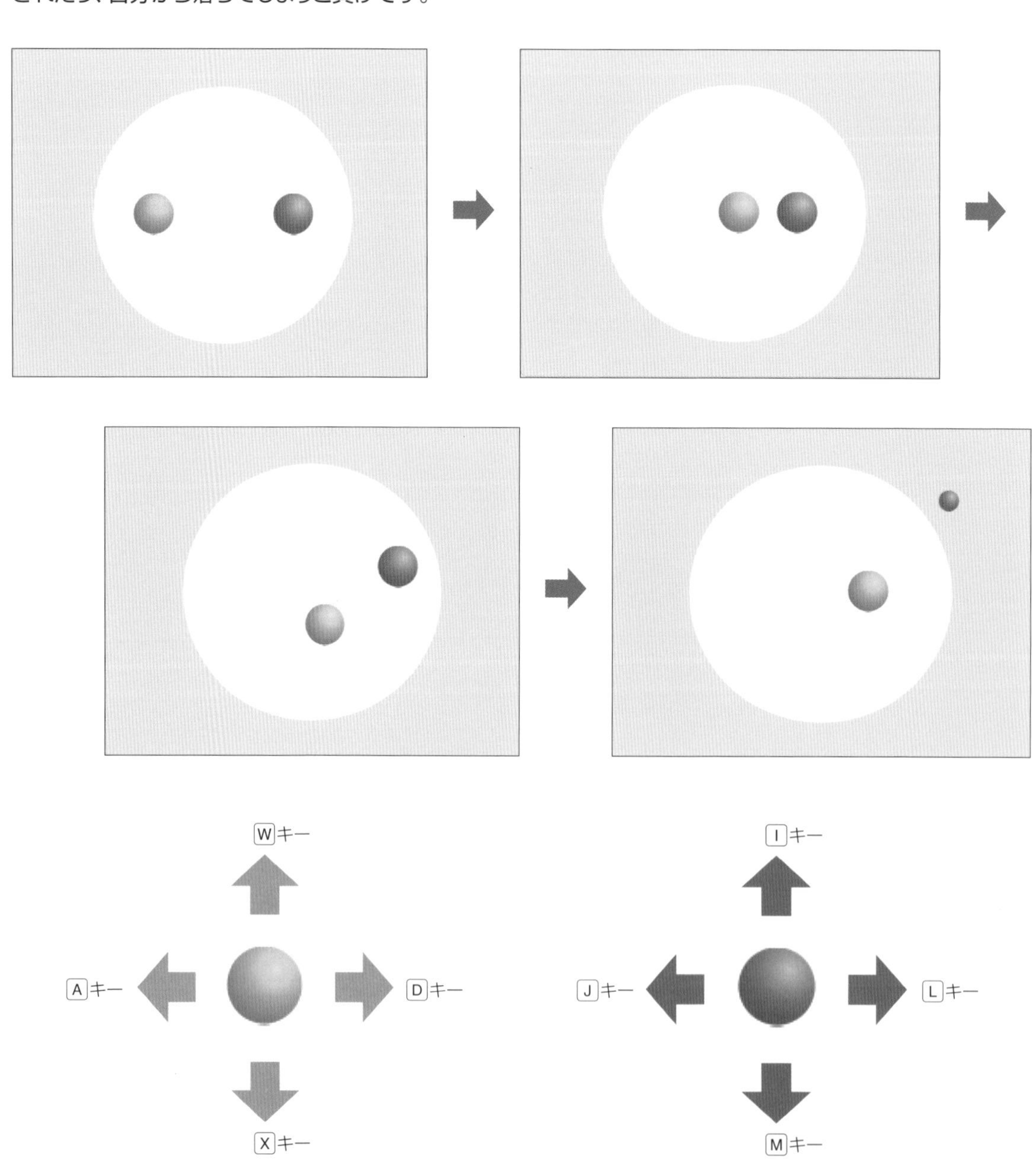

使用背景・スプライト

背景 Light　スプライト Ball、Ball2

コード

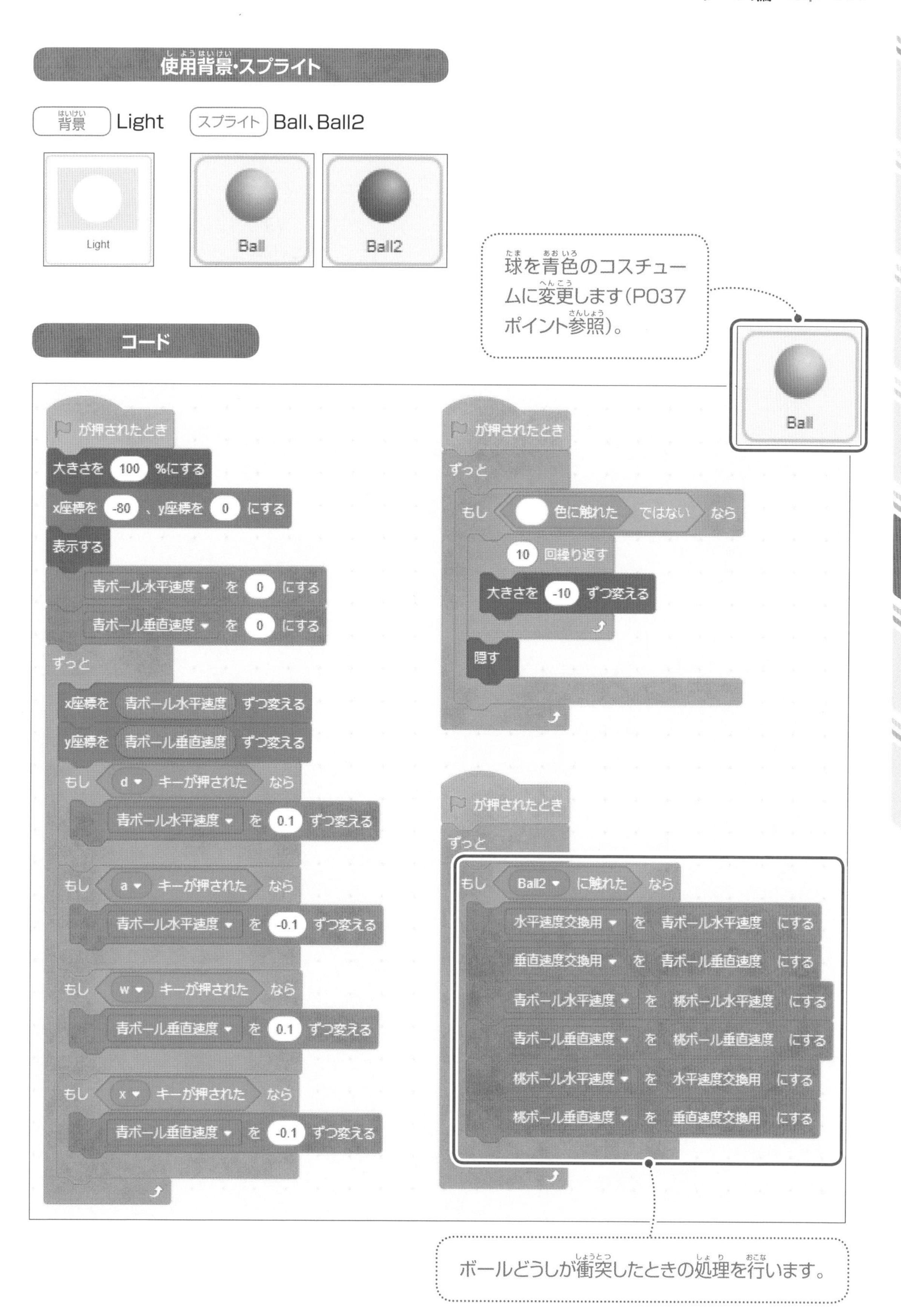

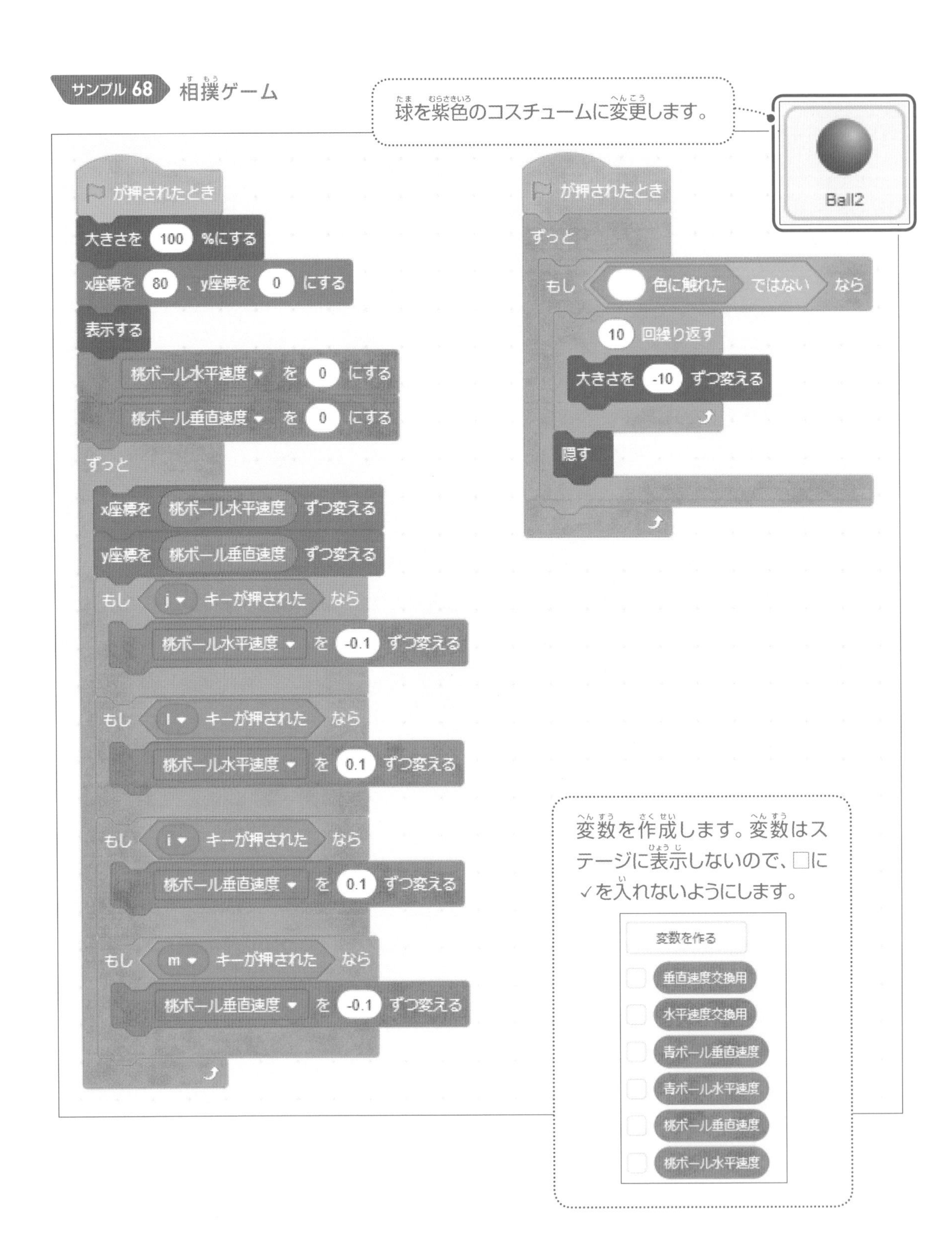

ポイント

物体どうしの衝突

ここでは、青色のボールと、赤色のボールを、同じ質量の物体として扱っています。また、衝突は反発係数が1で、全体のエネルギーが変化しない完全理想的な衝突として扱っています。衝突前の青色のボール、赤色のボールの速度をそれぞれV_1、V_2、衝突後の速度をそれぞれV'_1、V'_2とすると、$V'_1=V_2$、$V'_2=V_1$となります。

ポイント　変数どうしの値の交換

変数どうしの値の交換は、値を一時的に退避させる変数を用意することにより行うことができます。ここでは、水平方向と垂直方向のデータを入れ替えるので、値を一時的に退避させる変数として「水平速度交換用」「垂直速度交換用」という名前の変数を用意しています。例として、変数Aの値(10)と、変数Bの値(20)を入れ替える場合を以下に示します。

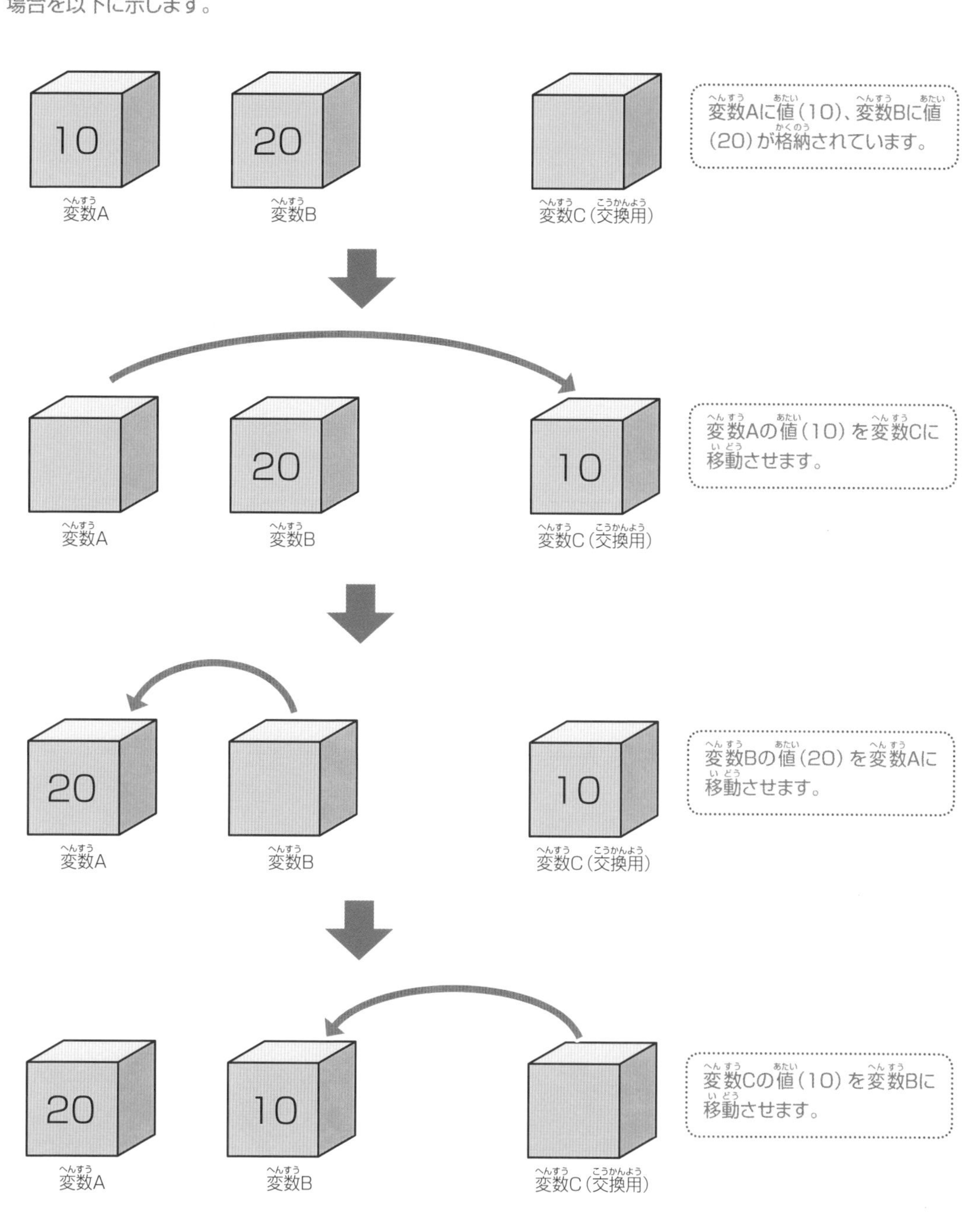

サンプル 69　69.sb3　2人用ゲーム

マルバツゲーム

縦方向に3個、横方向に3個、合計9個の□が表示されます。□をクリックすると○の順番のときは○に、×の順番のときは×になります。縦、横、斜めのいずれかが揃った場合勝ちです。

使用背景・スプライト

背景 Blue Sky 2　スプライト スプライト1(Cat)、sikaku1～sikaku9

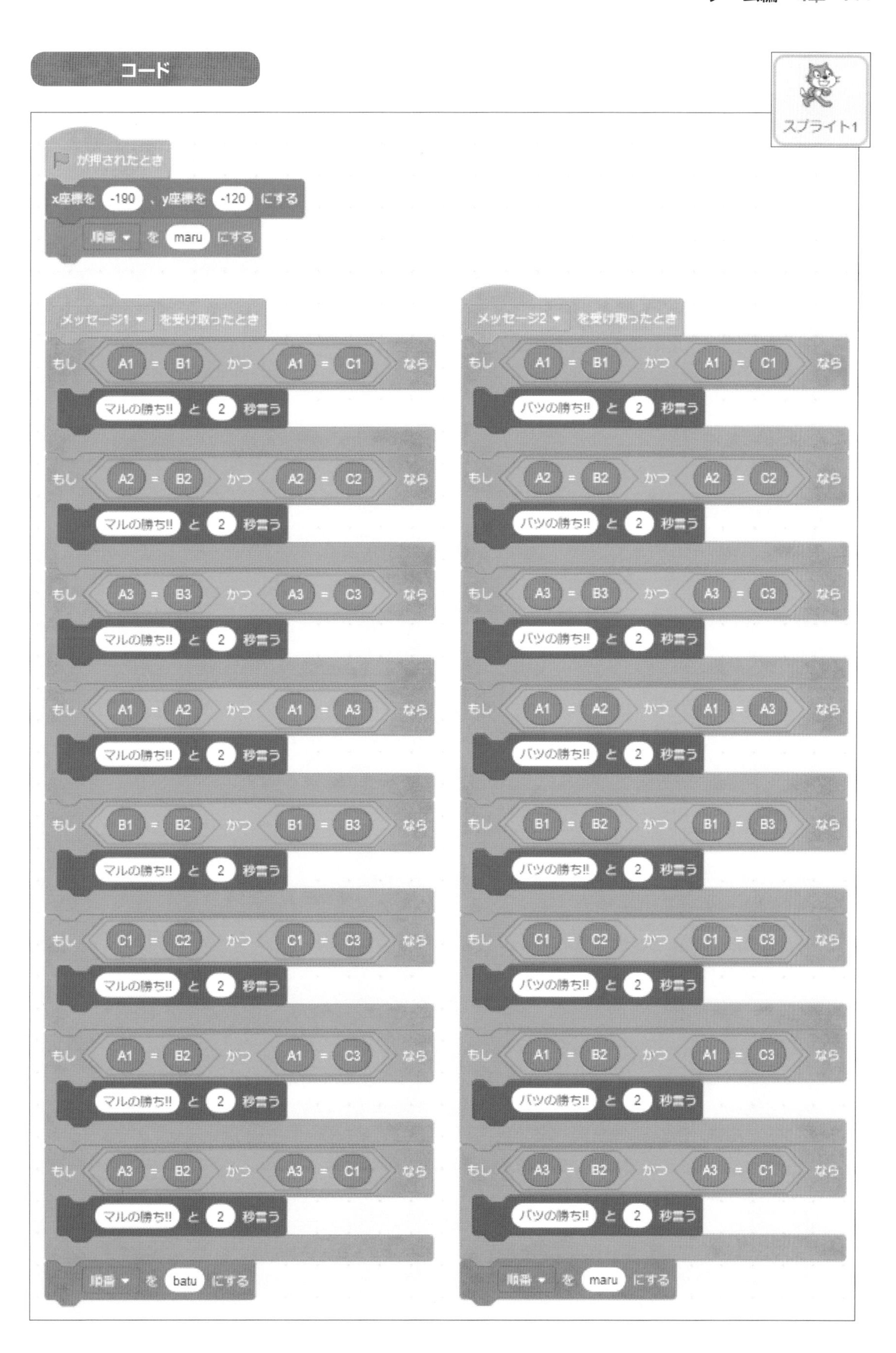
コード
スプライト1
が押されたとき
x座標を -190 、y座標を -120 にする
順番 を maru にする
メッセージ1 を受け取ったとき
もし A1 = B1 かつ A1 = C1 なら
マルの勝ち!! と 2 秒言う
もし A2 = B2 かつ A2 = C2 なら
マルの勝ち!! と 2 秒言う
もし A3 = B3 かつ A3 = C3 なら
マルの勝ち!! と 2 秒言う
もし A1 = A2 かつ A1 = A3 なら
マルの勝ち!! と 2 秒言う
もし B1 = B2 かつ B1 = B3 なら
マルの勝ち!! と 2 秒言う
もし C1 = C2 かつ C1 = C3 なら
マルの勝ち!! と 2 秒言う
もし A1 = B2 かつ A1 = C3 なら
マルの勝ち!! と 2 秒言う
もし A3 = B2 かつ A3 = C1 なら
マルの勝ち!! と 2 秒言う
順番 を batu にする
メッセージ2 を受け取ったとき
もし A1 = B1 かつ A1 = C1 なら
バツの勝ち!! と 2 秒言う
もし A2 = B2 かつ A2 = C2 なら
バツの勝ち!! と 2 秒言う
もし A3 = B3 かつ A3 = C3 なら
バツの勝ち!! と 2 秒言う
もし A1 = A2 かつ A1 = A3 なら
バツの勝ち!! と 2 秒言う
もし B1 = B2 かつ B1 = B3 なら
バツの勝ち!! と 2 秒言う
もし C1 = C2 かつ C1 = C3 なら
バツの勝ち!! と 2 秒言う
もし A1 = B2 かつ A1 = C3 なら
バツの勝ち!! と 2 秒言う
もし A3 = B2 かつ A3 = C1 なら
バツの勝ち!! と 2 秒言う
順番 を maru にする

サンプル69 マルバツゲーム

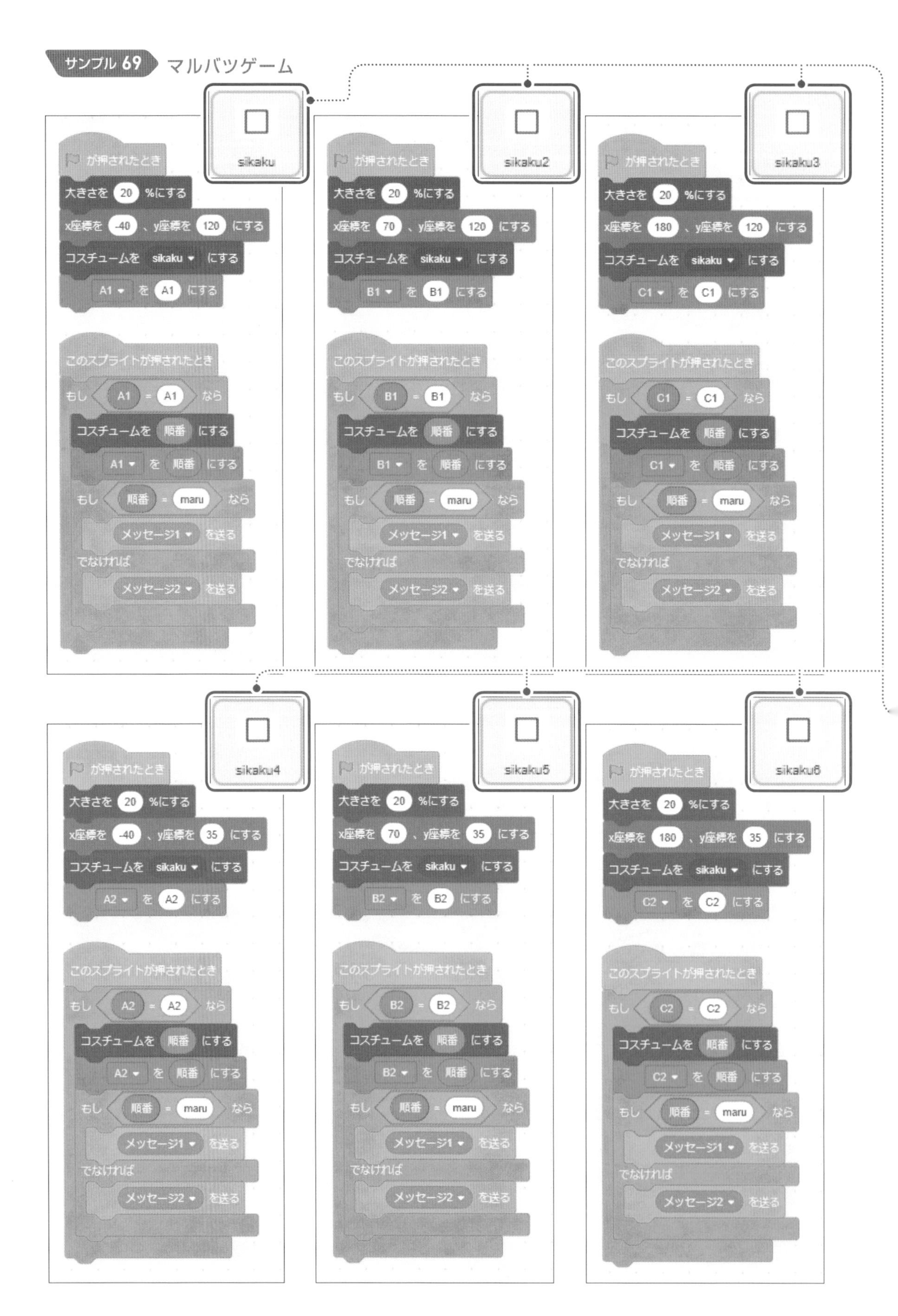

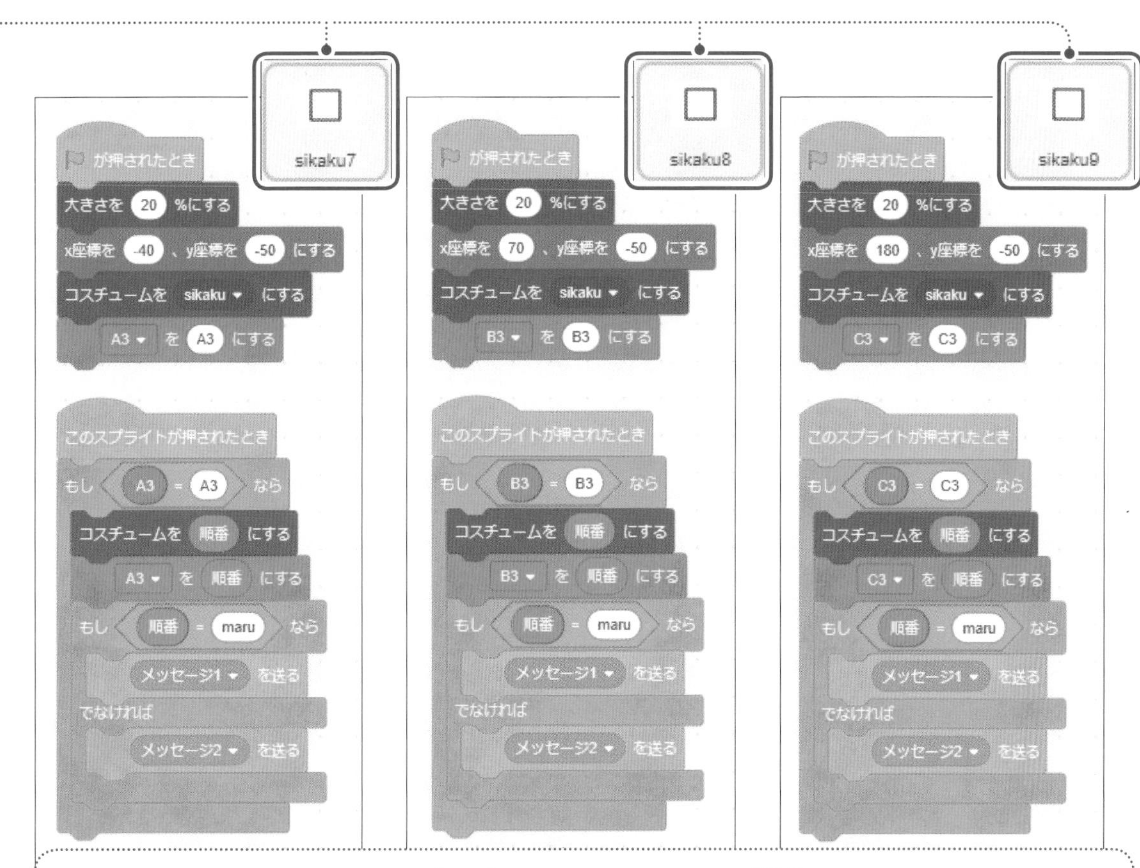

スプライトとして「sikaku.jpg」を読み込みます（P181ポイント参照）。また、コスチュームとして「maru.jpg」と「batu.jpg」を読み込んで追加します（P183ポイント参照）。「sikaku.jpg」、「maru.jpg」、「batu.jpg」はペイントエディターで作成することができます。また、本書のダウンロードサイトからダウンロードして入手できます。

変数を作成します。変数「順番」はステージに表示するので□に✓を入れます。それ以外の変数はステージに表示しないので、□に✓を入れないようにします。

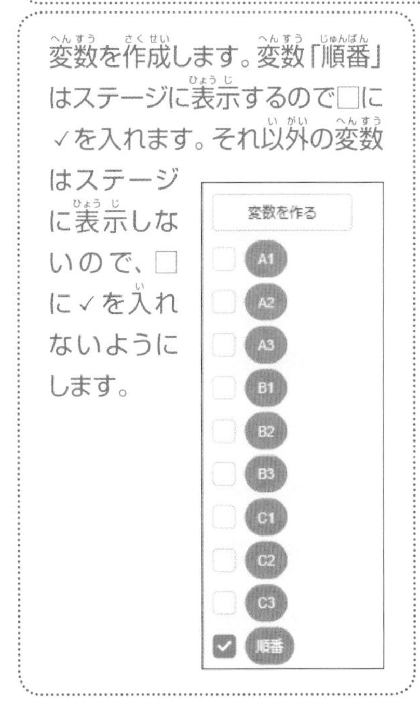

ポイント　9個のスプライトの位置

スプライトの位置は、Excelのシートの座標と同様に、横方向をA、B、Cで、縦方向を1、2、3で表しています。なお、ゲーム開始時には各変数にはそれぞれ「A1」～「C3」の値を格納しておきます。

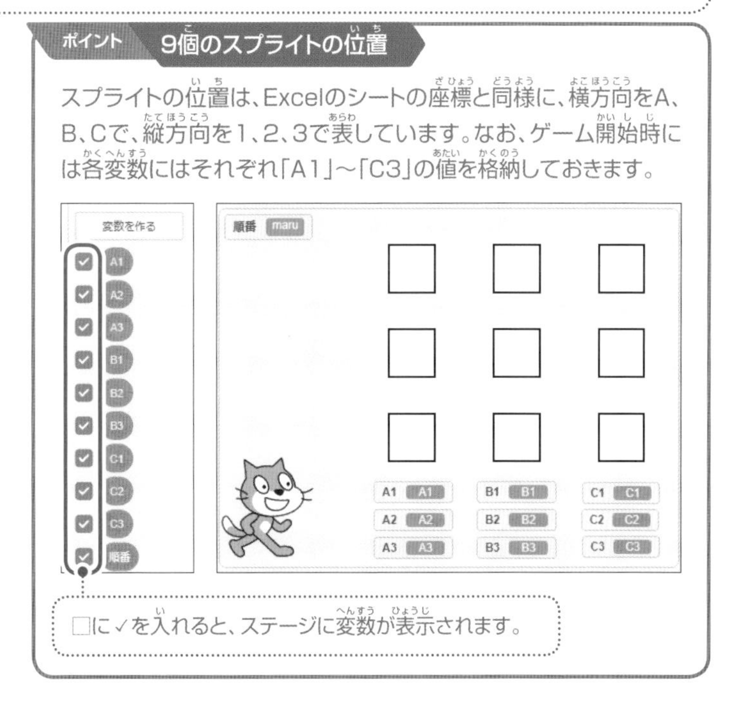

□に✓を入れると、ステージに変数が表示されます。

サンプル 70　70.sb3　2人用ゲーム

サルカニ合戦ゲーム

サル、カニをキーで操作しながら、キーを押して相手に向かって球を投げます。サル、カニ、球は、それぞれ下記のキーを押して操作します。上からは鳥がミカンを落としてきます。相手の投げた球に当たったらライフが1減ります。また、鳥が落としたミカンに当たってもライフが1減ります。先に相手のライフを0にしたほうが勝ちです。

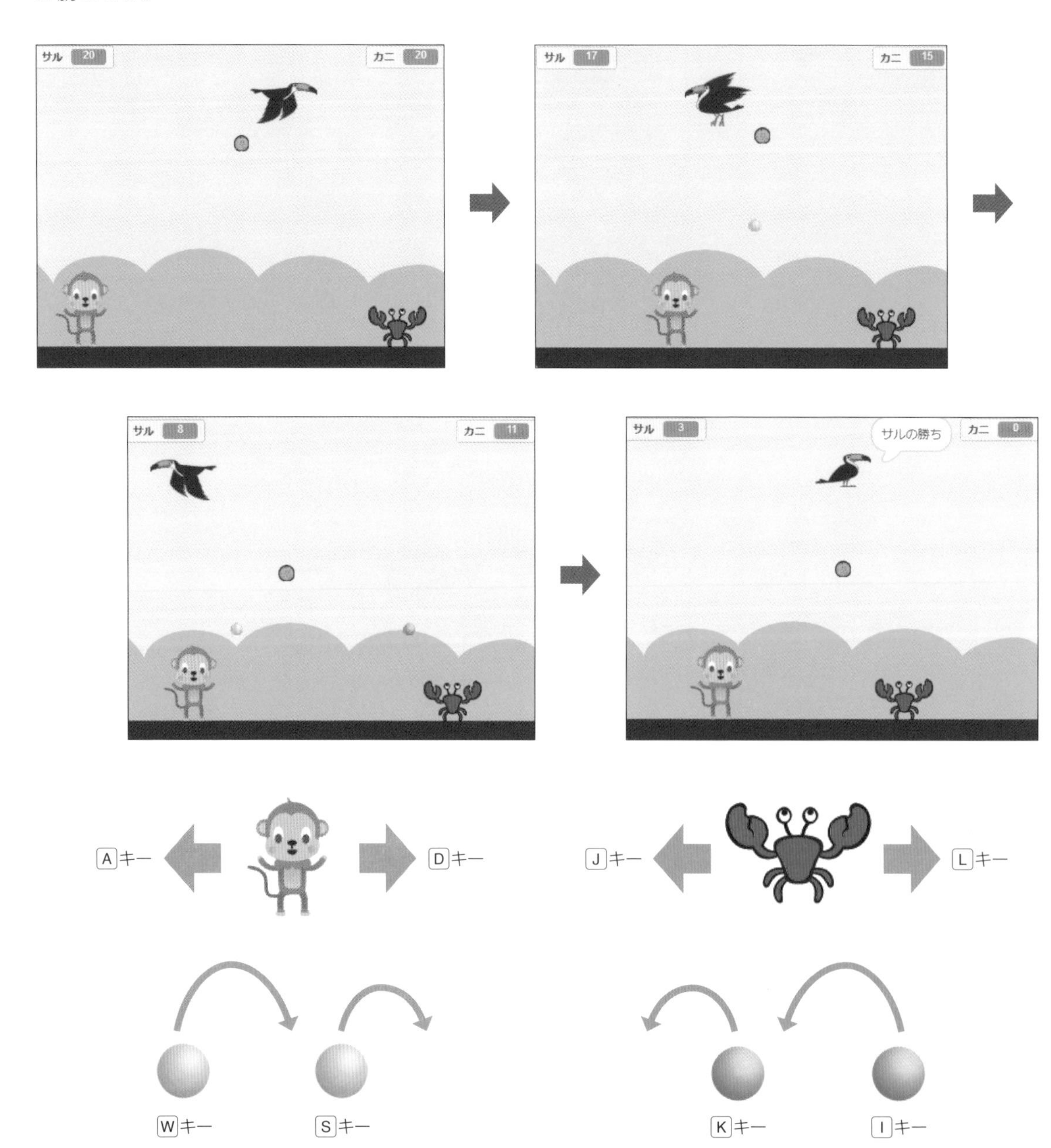

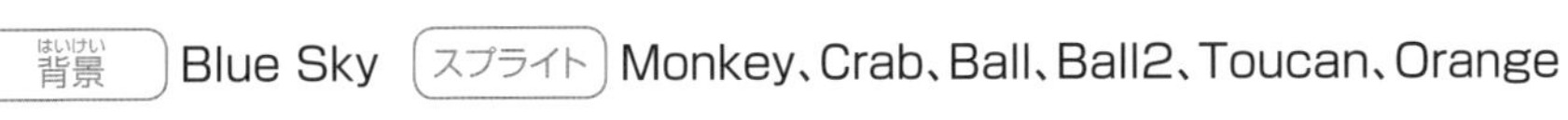

背景 Blue Sky　スプライト Monkey、Crab、Ball、Ball2、Toucan、Orange

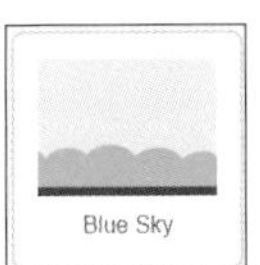

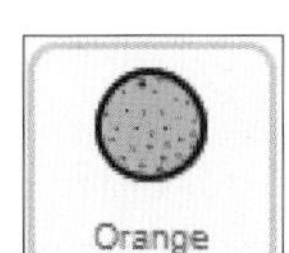

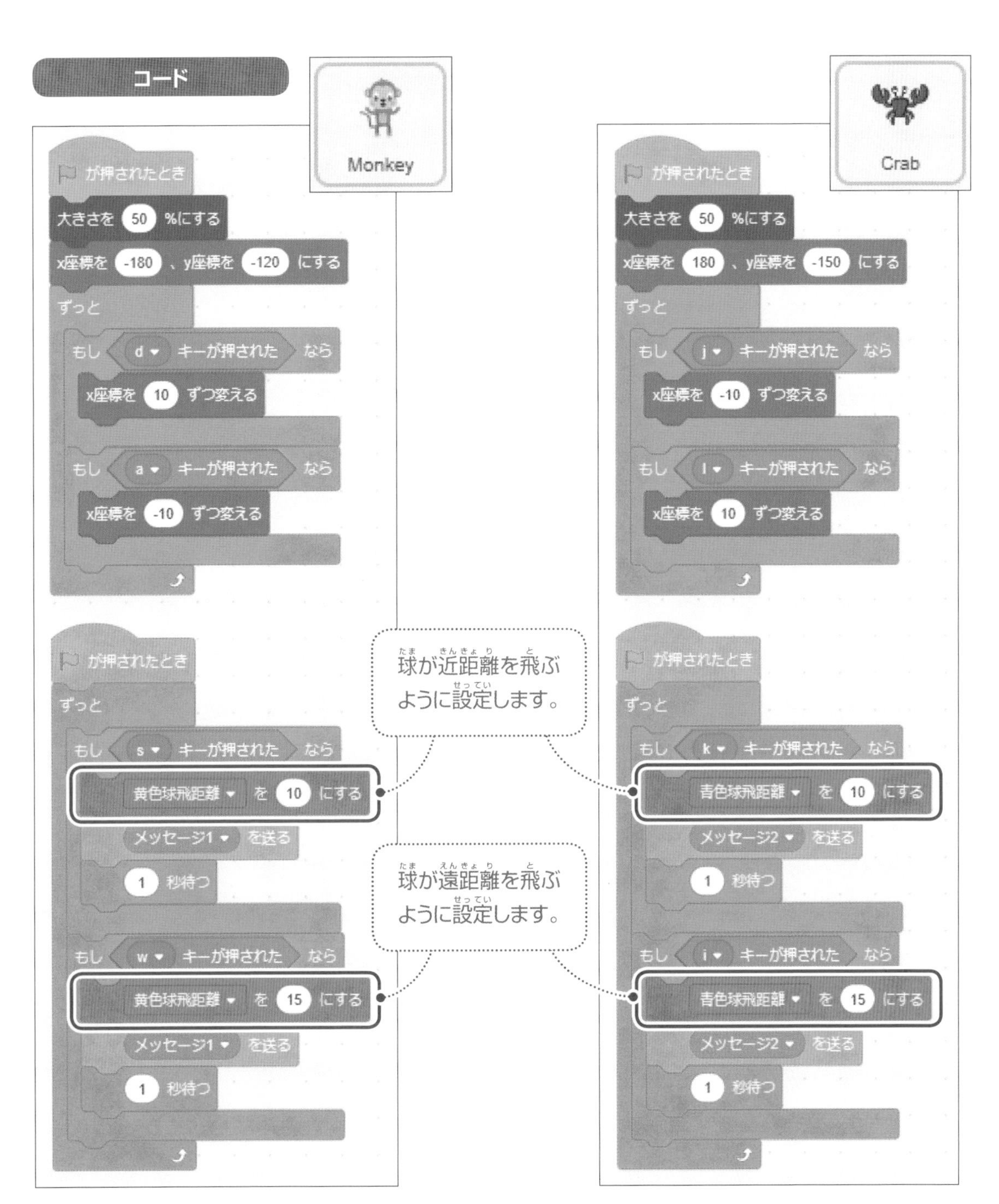

サンプル 70 サルカニ合戦ゲーム

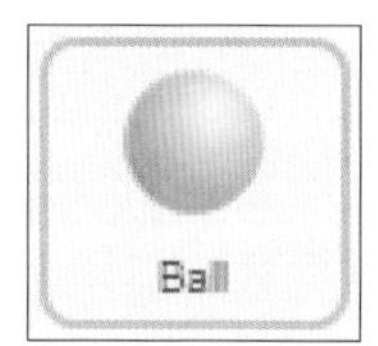

球を青色のコスチュームに変更します(P037ポイント参照)。

```
が押されたとき
隠す
大きさを 30 %にする

メッセージ2 を受け取ったとき
Crab へ行く
y座標を 30 ずつ変える
表示する
青色球Y を 青色球飛距離 にする
青色球飛距離 回繰り返す
  x座標を -10 ずつ変える
  y座標を 青色球Y ずつ変える
  青色球Y を -1 ずつ変える
青色球飛距離 + 3 回繰り返す
  x座標を -10 ずつ変える
  y座標を 青色球Y ずつ変える
  青色球Y を -1 ずつ変える
  もし Monkey に触れた なら
    隠す
    サル を -1 ずつ変える
  もし 端 に触れた なら
    隠す
隠す
```

球を投げるときの高さ(y座標)を、サルの高さに合わせます。

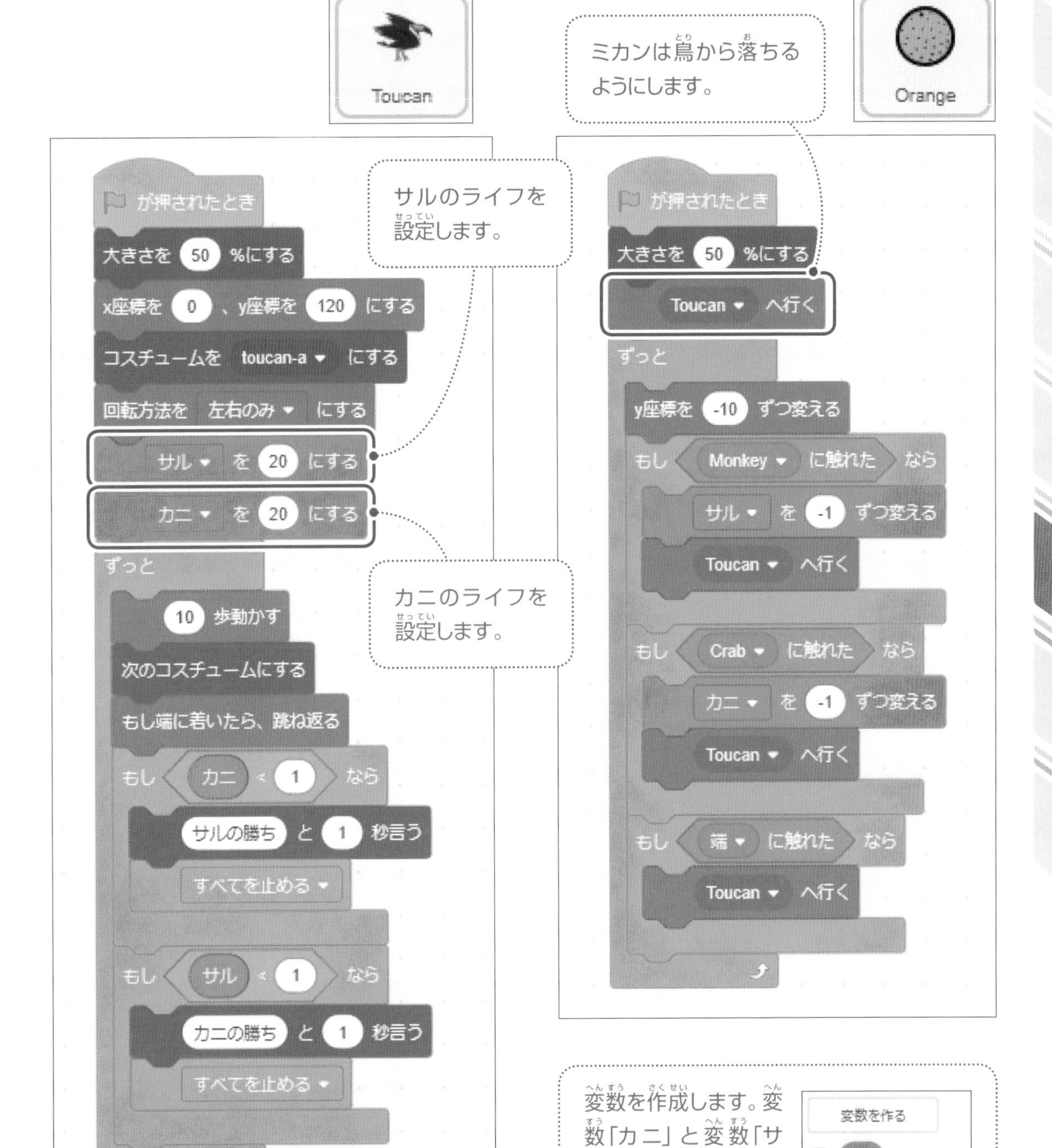

変数を作成します。変数「カニ」と変数「サル」はステージに表示するので□に✓を入れます。それ以外の変数はステージに表示しないので、□に✓を入れないようにします。

変数を作る
カニ
サル
黄色球Y
黄色球飛距離
青色球Y
青色球飛距離

ペイントエディターによるスプライトの作成と背景の作成

スプライトや背景の作成はペイントエディターで行うことができます。スプライトの場合は（スプライトを選ぶ）、背景の場合は（背景を選ぶ）にマウスを重ね、それぞれ（描く）をクリックします。同じ（描く）ですが、スプライトと背景では場所が違うので注意しましょう。

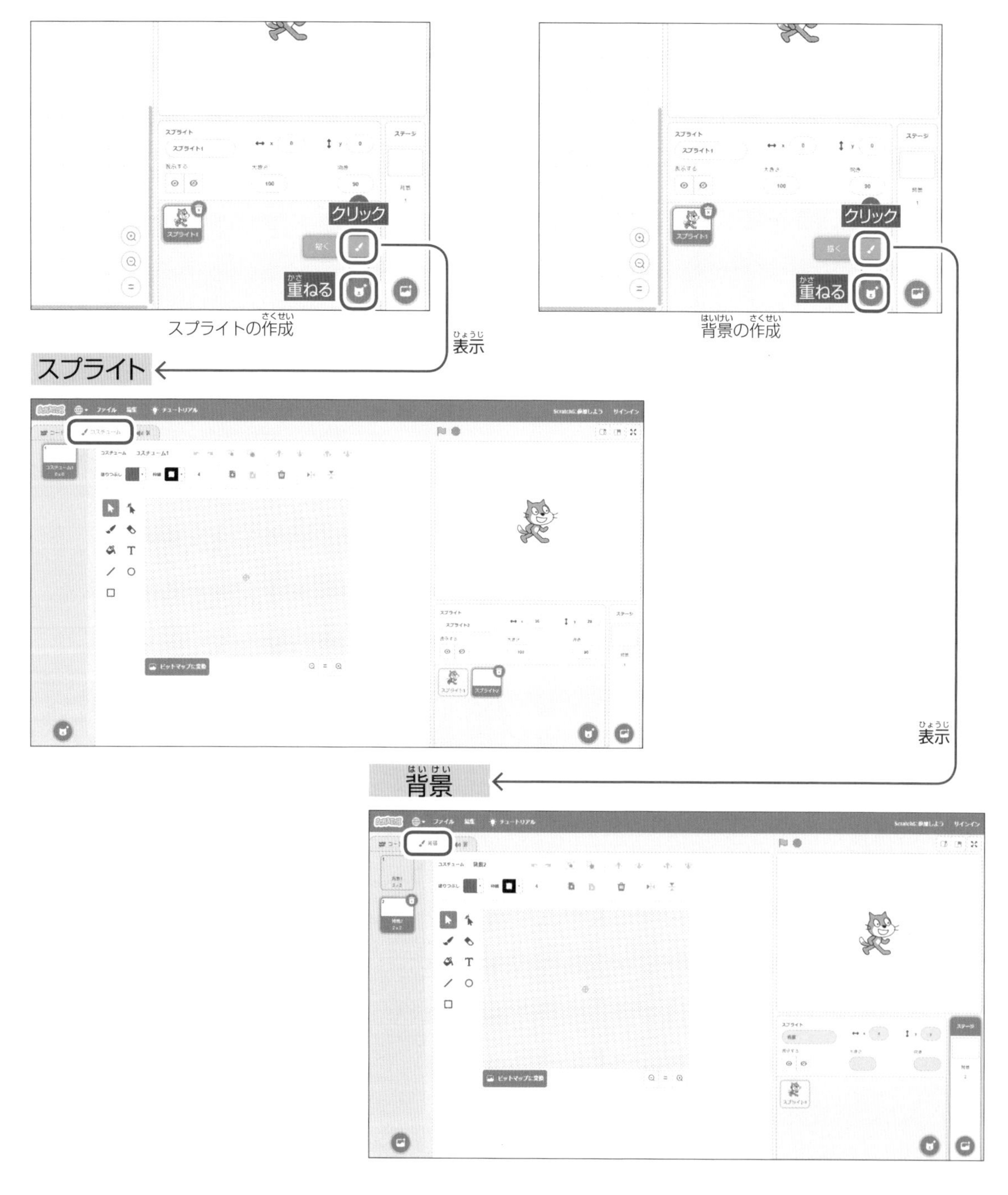

教材編

サンプル 71　71.sb3　国語

絵本「森の一日」

キツネとクマが朝の挨拶をします。キツネが今日は鳥の運動会があると話します。しばらくするとたくさんの鳥が競争するように飛んできます。クマが暗くなってきたのでそろそろ寝ようと話します。キツネとクマは、挨拶をして寝る準備に入ります。なお、背景は朝昼夜と明るさが変わります。

使用背景・スプライト

Forest　スプライト Fox、Bear-Walking、Parrot

コスチューム をクリックし、ペイントエディターで向きを変えます。

コード

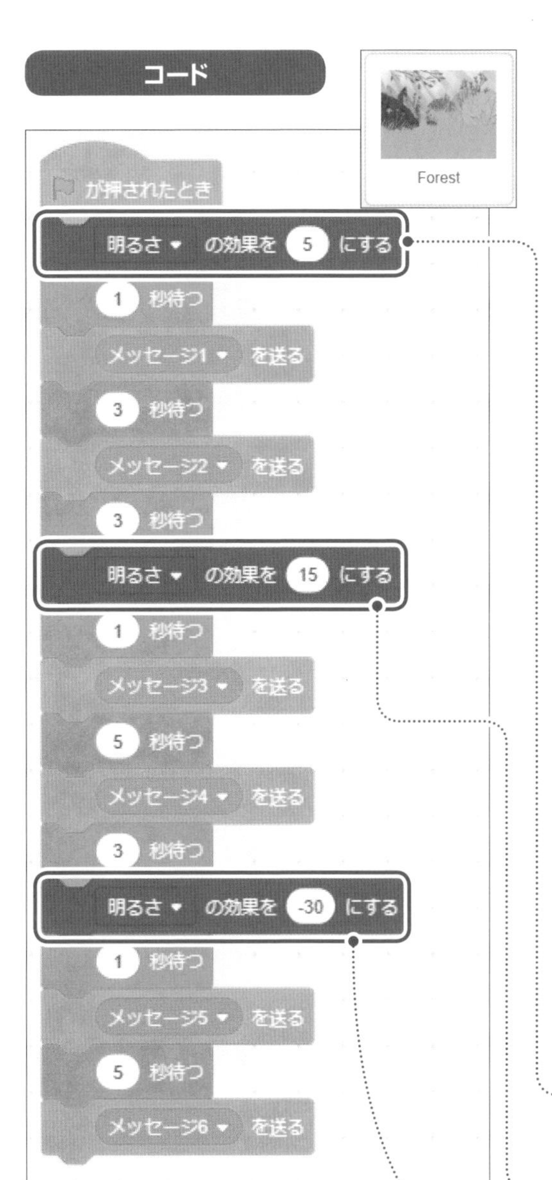

背景をやや明るくし、朝のシーンにします。

背景を明るくし、昼のシーンにします。

背景を暗くし、夜のシーンにします。

サンプル 71 絵本「森の一日」

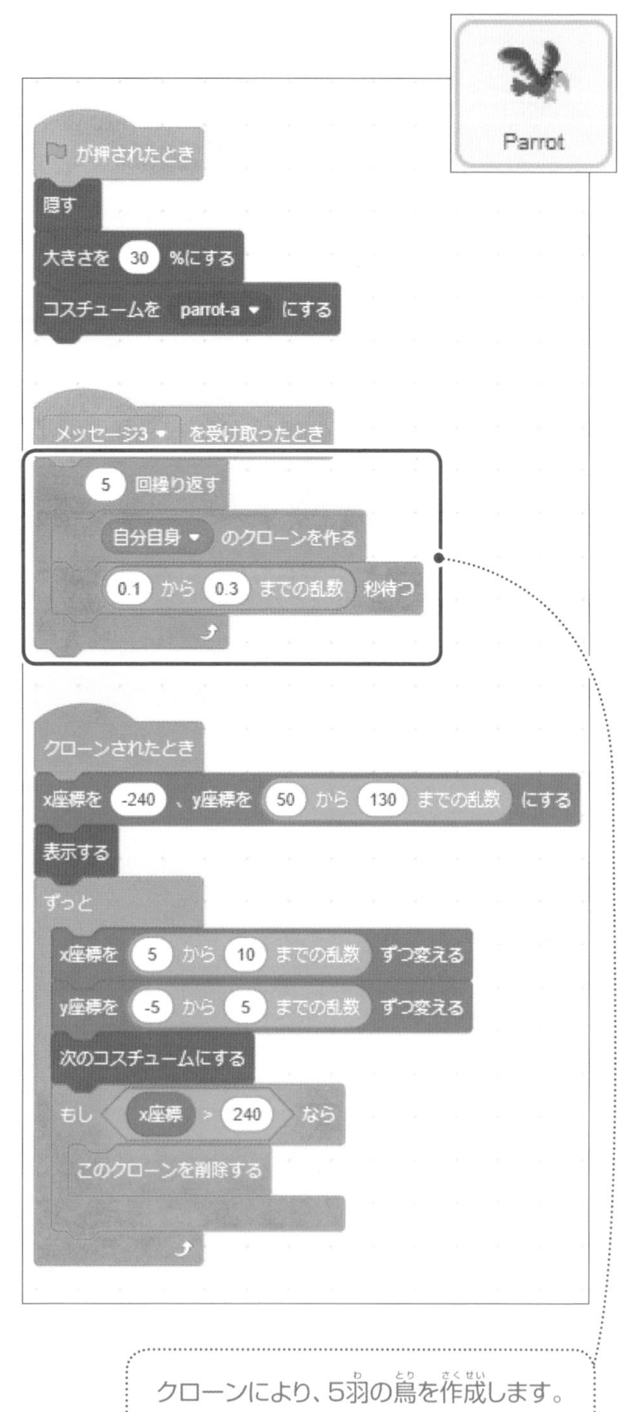

ポイント　背景のコードによる制御

スプライトどうしのやりとりが多い場合、スプライトどうしでメッセージを送受信すると複雑になる場合があります。ここでは、常に背景からスプライトへメッセージを送ることにより、全体を制御しています。

Forest	Fox	Bear-walking	Parrot
背景を朝に変更。			
メッセージ1（送信）			
	メッセージ1（受信） おはよう。	メッセージ1（受信） おはよう。	
メッセージ2（送信）			
	メッセージ2（受信） 今日は鳥さんたちの運動会だよ。		
背景を昼に変更。			
メッセージ3（送信）			
			メッセージ3（受信） 左から右へ向かって5羽飛ぶ。
メッセージ4（送信）			
		メッセージ4（受信） みんな飛ぶのが速いね。	
背景を夜に変更。			
メッセージ5（送信）			
		メッセージ5（受信） 暗くなってきたね。そろそろ寝よう。	
メッセージ6（送信）			
	メッセージ6（受信） おやすみ。 しゃがむ。	メッセージ6（受信） おやすみ。 左から右へ向かって歩いて行く。	

サンプル 72　72.sb3　国語

セリフを変えられる絵本

左から熱帯魚、右からサメが泳いで来ます。まず、サメが熱帯魚に質問して、熱帯魚がそれに答えます。次に、熱帯魚がサメに質問して、サメがそれに答えます。熱帯魚は右に、サメは左に泳いでいきます。

使用背景・スプライト

背景 Underwater 1　　スプライト Fish、Fish2、Shark

Fish

```
が押されたとき
大きさを (80) %にする
x座標を (-240) 、y座標を (50) にする
表示する
(1) 秒でx座標を (-140) に、y座標を (60) に変える
クマノミのセリフ▼ の (1) 番目 と (2) 秒言う
メッセージ1▼ を送る

メッセージ2▼ を受け取ったとき
クマノミのセリフ▼ の (2) 番目 と (2) 秒言う
クマノミのセリフ▼ の (3) 番目 と (2) 秒言う
クマノミのセリフ▼ の (4) 番目 と (2) 秒言う
メッセージ3▼ を送る

メッセージ4▼ を受け取ったとき
クマノミのセリフ▼ の (5) 番目 と (2) 秒言う
(2) 秒でx座標を (240) に、y座標を (60) に変える
隠す
```

リストを作成します。リストはステージに表示しないので、□に✓を入れないようにします。

クマノミのセリフはリスト「クマノミのセリフ」から読み込んで表示させます。

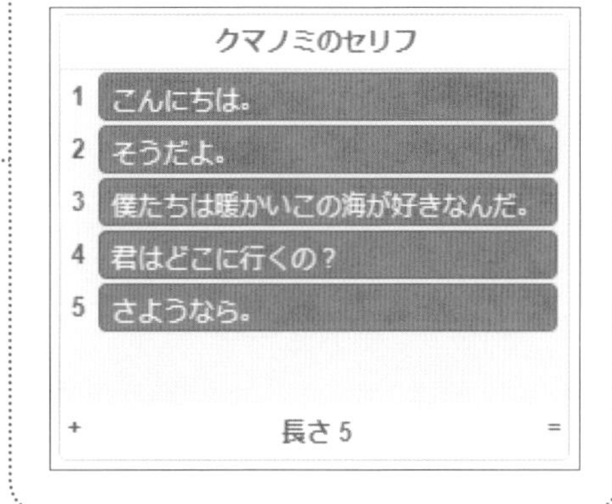

ポイント　リストへの文字の入力

リストは リストを作る をクリックして作成します。リストを作成したら、リストの左下の＋をクリックして必要な数の要素を確保し、文字を入力します。

サンプル 72　セリフを変えられる絵本

コスチューム をクリックして、ハギ（fish-b）のコスチュームを選びます。

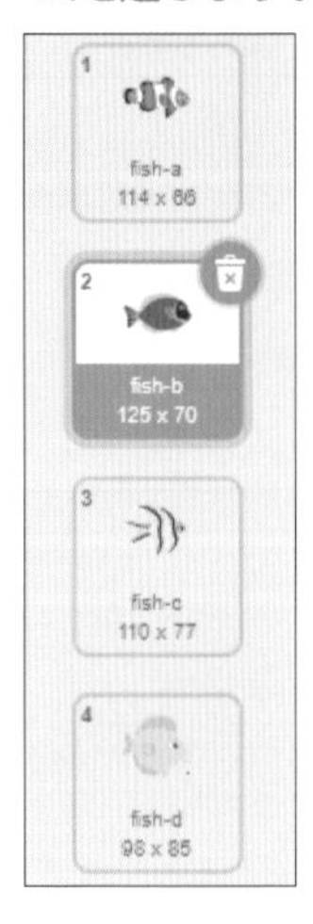

ハギのセリフはリスト「ハギのセリフ」から読み込んで表示させます。

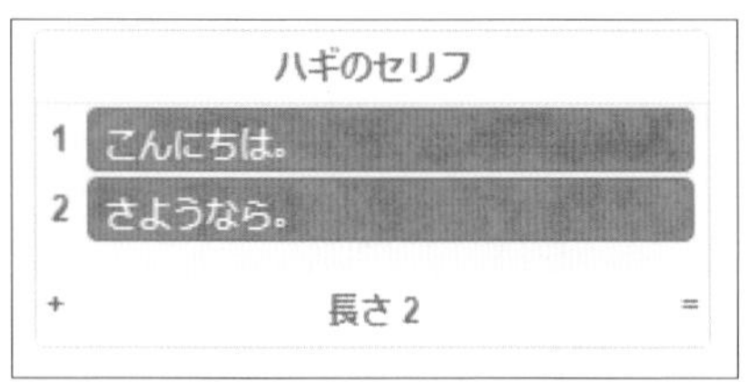

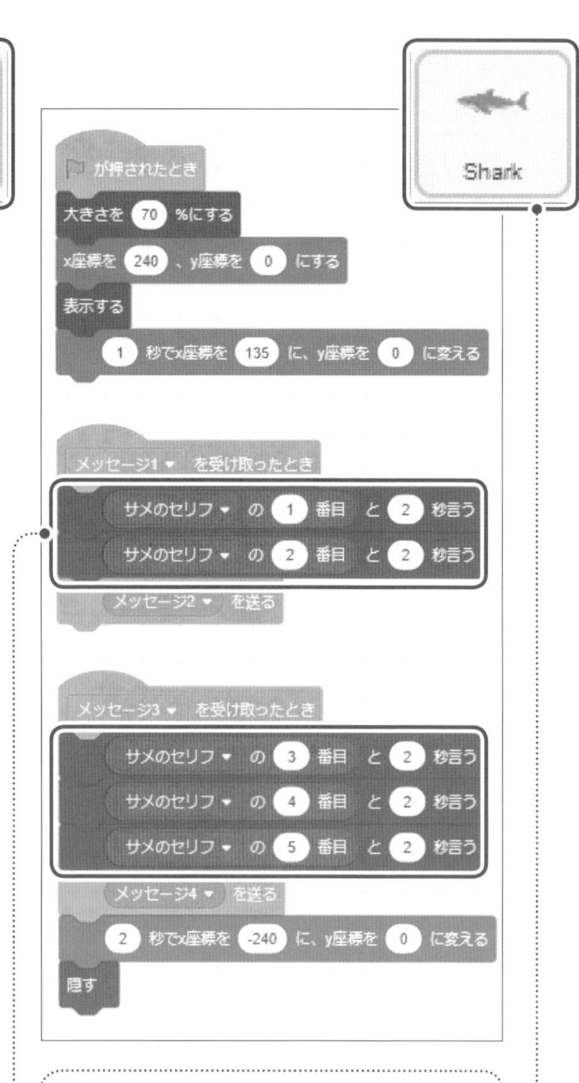

コスチューム をクリックして、ペイントエディターでスプライトの向きを変えます。

サメのセリフはリスト「サメのセリフ」から読み込んで表示させます。

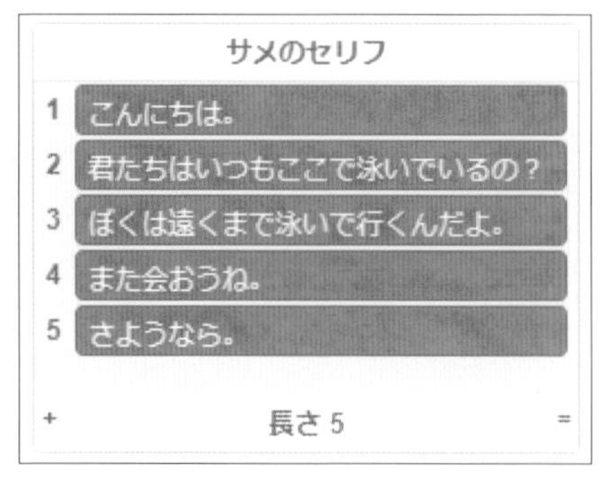

ポイント

メッセージによる会話と、会話のセリフの変更

スプライトは、メッセージを送受信することにより会話を行います。会話のセリフはリストから読み込んで表示しています。リストの中のセリフを変えると、お話しを変えることができます。

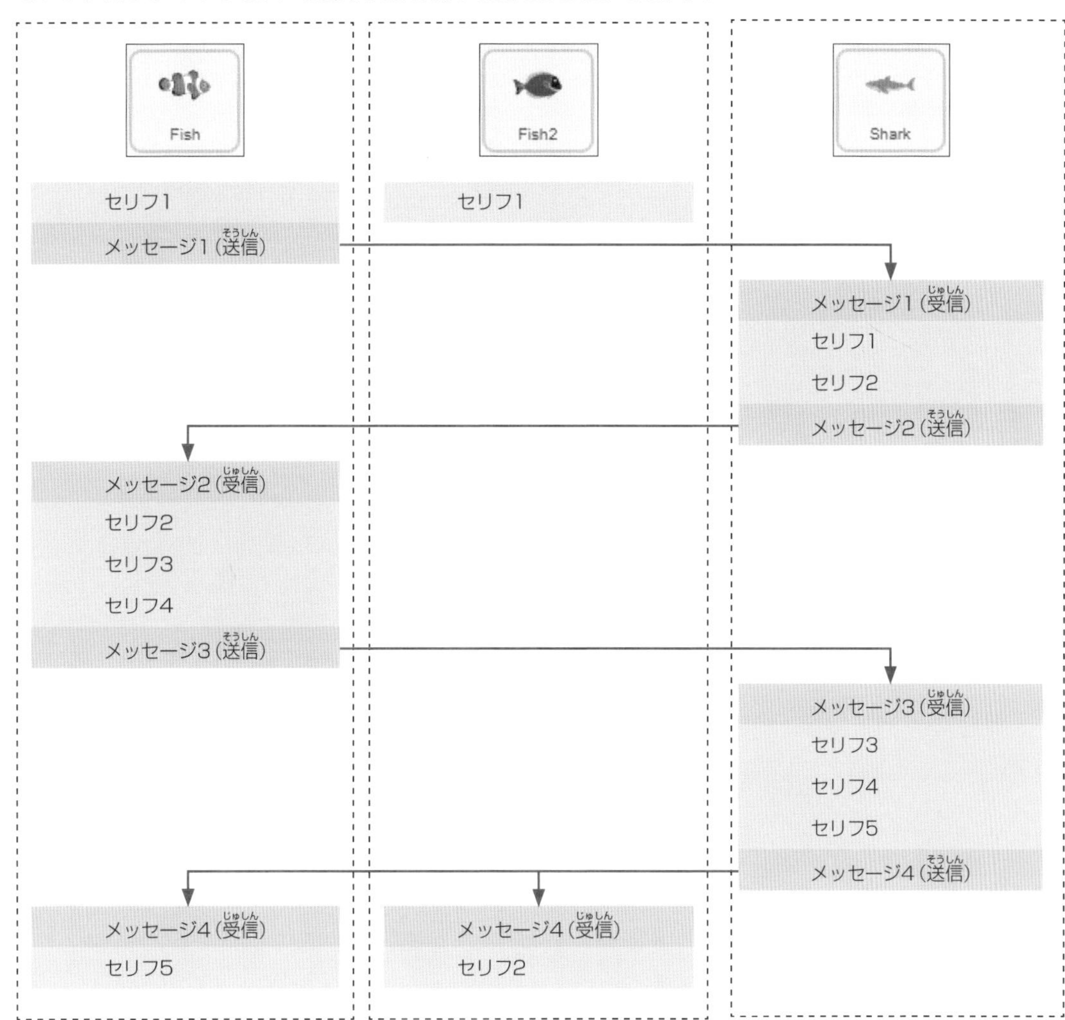

会話のセリフを変更するときは、□に✓を入れてリストをステージに表示させ、リストの中の文字を変更します。

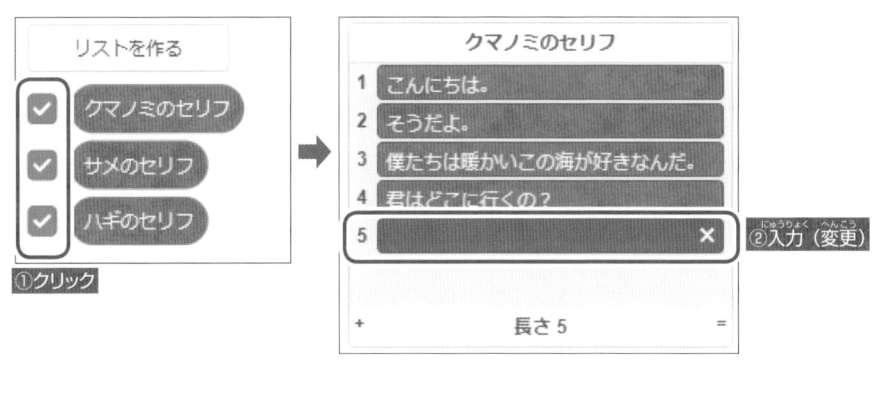

サンプル 73 　73.sb3　　国語

漢字クイズ

漢字が表示されます。表示された漢字の読みをひらがなで入力します。正解の場合はネコが「正解です。」としゃべります。不正解の場合はネコが「不正解です。」としゃべり、正しい読みを表示します。出題される漢字の学年は「5」「6」をクリックすると切り替えることができます。

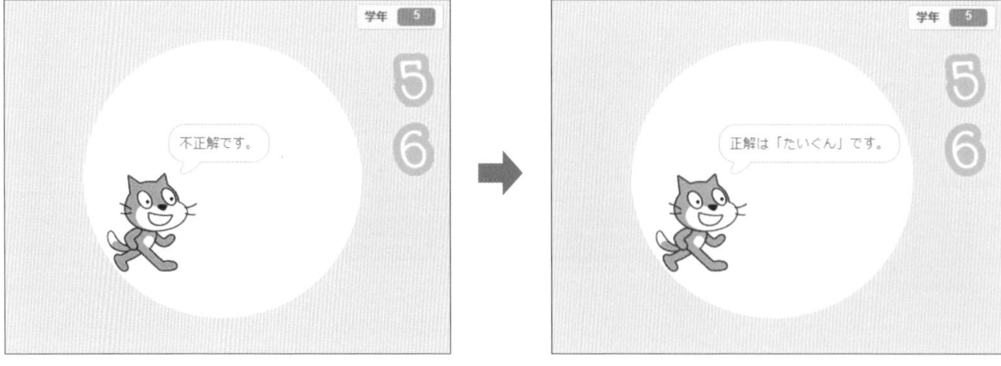

使用背景・スプライト

背景 Light　スプライト スプライト1(Cat)、Glow-5、Glow-6

Light　スプライト1　Glow-5　Glow-6

コード

スプライト1

```
[旗]が押されたとき
x座標を -75 、y座標を -45 にする
学年 を 5 にする
漢字の読みを、ひらがなで答えて下さい。 と 2 秒言う
「5」「6」をクリックすると、学年を切り替えることができます。 と 2 秒言う
2 秒待つ
ずっと
  問題番号 を 1 から 30 までの乱数 にする
  もし 学年 = 5 なら
    5年生漢字 の 問題番号 番目 と聞いて待つ
    もし 答え = 5年生ひらがな の 問題番号 番目 なら
      正解です。 と 2 秒言う
    でなければ
      不正解です。 と 2 秒言う
      正解は「 と 5年生ひらがな の 問題番号 番目 と 」です。 と 2 秒言う
  もし 学年 = 6 なら
    6年生漢字 の 問題番号 番目 と聞いて待つ
    もし 答え = 6年生ひらがな の 問題番号 番目 なら
      正解です。 と 2 秒言う
    でなければ
      不正解です。 と 2 秒言う
      正解は「 と 6年生ひらがな の 問題番号 番目 と 」です。 と 2 秒言う
```

5年生の漢字が選ばれているときの処理を設定します。

6年生の漢字が選ばれているときの処理を設定します。

サンプル 73 漢字クイズ

変数を作成します。変数「学年」はステージに表示するので、□に✓を入れます。変数「問題番号」はステージに表示しないので、□に✓を入れないようにします。

変数を作る
学年
問題番号

リストを作成します。変数はステージに表示しないので、□に✓を入れないようにします。

リストを作る
5年生ひらがな
5年生漢字
6年生ひらがな
6年生漢字

ポイント **リストの要素の確保**

リストは、＋をクリックすると、要素を確保する(増やす)ことができます。なお、データを直接入力する場合は、要素を確保してから入力します。

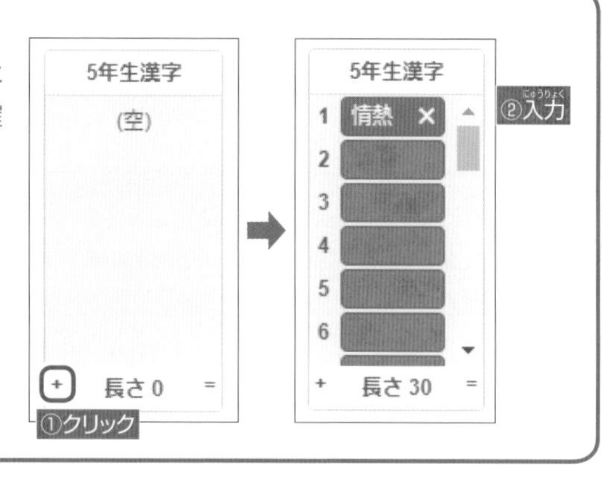

6年生漢字

1 背後
2 幼虫
3 磁石
4 温泉
5 寸法
6 発射
7 心肺
8 作詞
9 遺産
10 延長
11 署名
12 批判
13 危険
14 高層
15 善悪
16 縦断
17 手段
18 担任
19 発展
20 垂直
21 訪問
22 誠実
23 尊敬
24 貴族
25 株価
26 従来
27 候補
28 議論
29 地域
30 巻頭

長さ 30

6年生ひらがな

1 はいご
2 ようちゅう
3 じしゃく
4 おんせん
5 すんぽう
6 はっしゃ
7 しんぱい
8 さくし
9 いさん
10 えんちょう
11 しょめい
12 ひはん
13 きけん
14 こうそう
15 ぜんあく
16 じゅうだん
17 しゅだん
18 たんにん
19 はってん
20 すいちょく
21 ほうもん
22 せいじつ
23 そんけい
24 きぞく
25 かぶか
26 じゅうらい
27 こうほ
28 ぎろん
29 ちいき
30 かんとう

長さ 30

位置を示す印が公園の地図の中を移動していきます。ステージには印の位置の景色が表示されます。

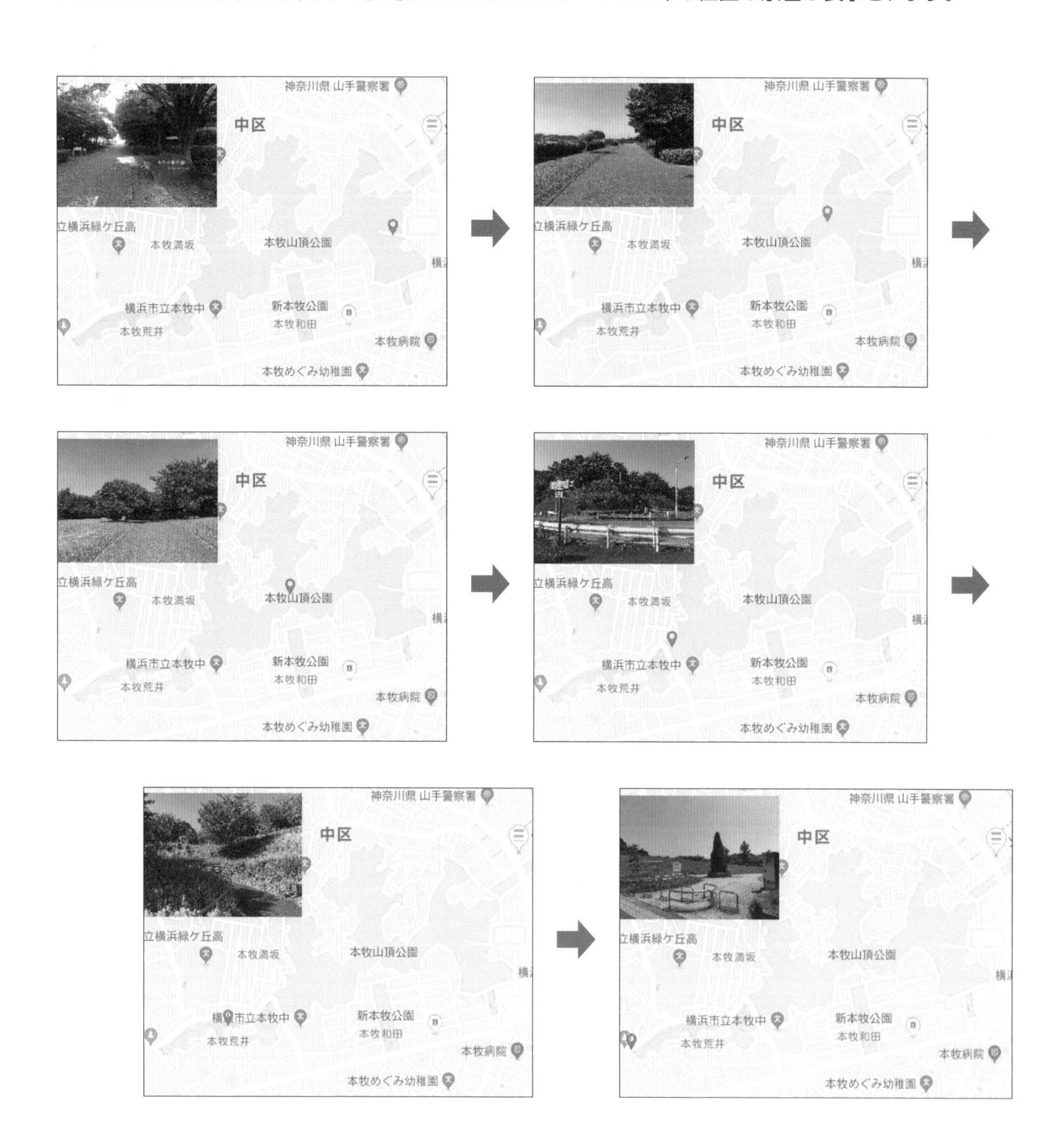

使用背景・スプライト

背景画像のサイズはステージのサイズ（480pixel×360pixel）と同じです。

コード

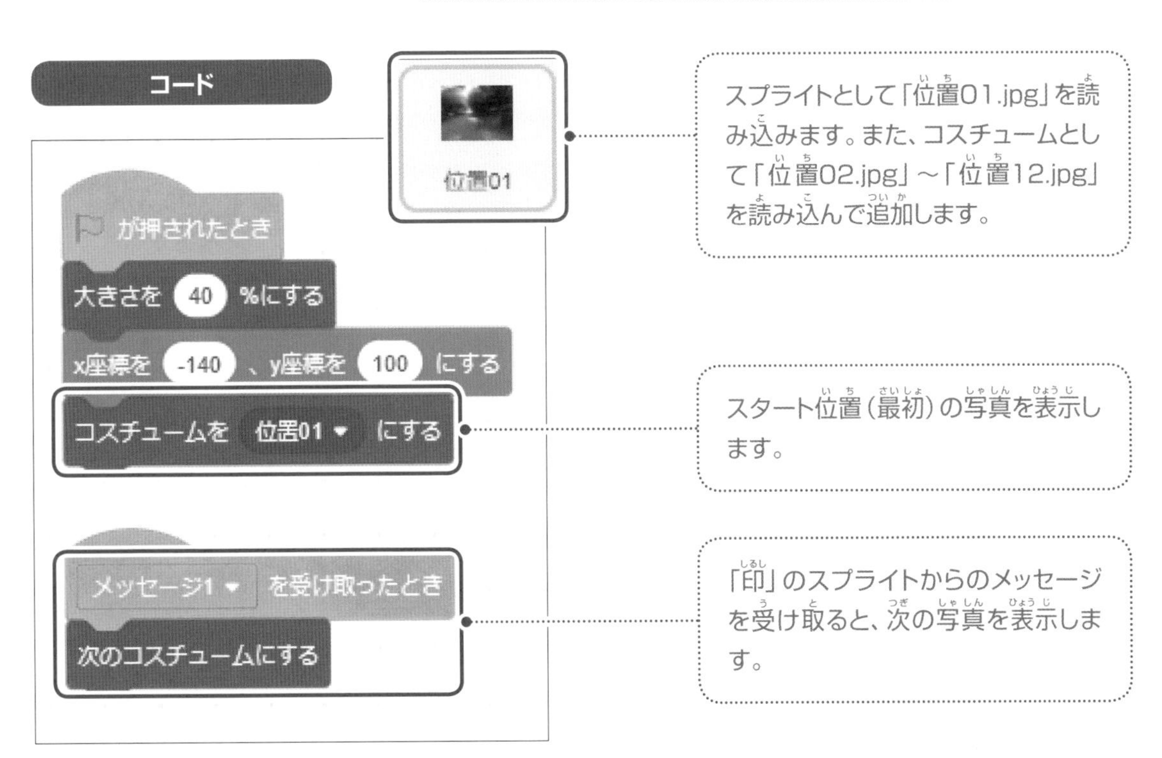

スプライトとして「位置01.jpg」を読み込みます。また、コスチュームとして「位置02.jpg」～「位置12.jpg」を読み込んで追加します。

スタート位置（最初）の写真を表示します。

「印」のスプライトからのメッセージを受け取ると、次の写真を表示します。

サンプル74 公園散策

スタート位置を設定します。

次の位置まで、3秒で移動します。

「印」のスプライトが次の位置に移動すると、「位置」のスプライトにメッセージを送ります。（メッセージを受け取った「位置」のスプライトは、次の写真を表示します。）

移動距離が短い部分は連続してブロックを並べ、次の位置への移動時間を他より短めの1秒にします。

ポイント 背景素材の読み込み

背景に自分で用意した素材を使うときは、「背景をアップロード」から読み込みます。

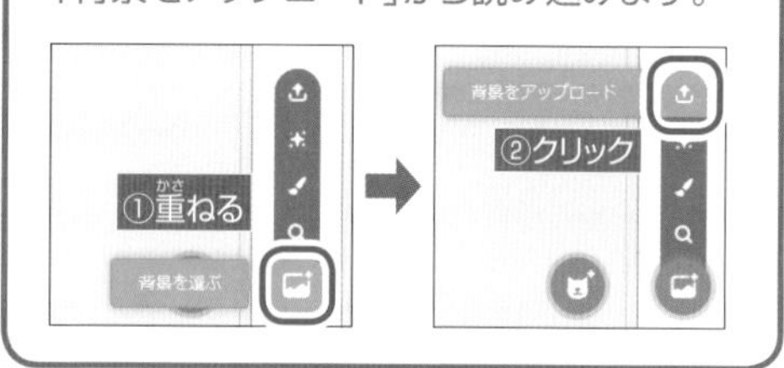

ポイント スプライト素材の読み込み

スプライトに自分で用意した素材を使うときは、「スプライトをアップロード」から読み込みます。

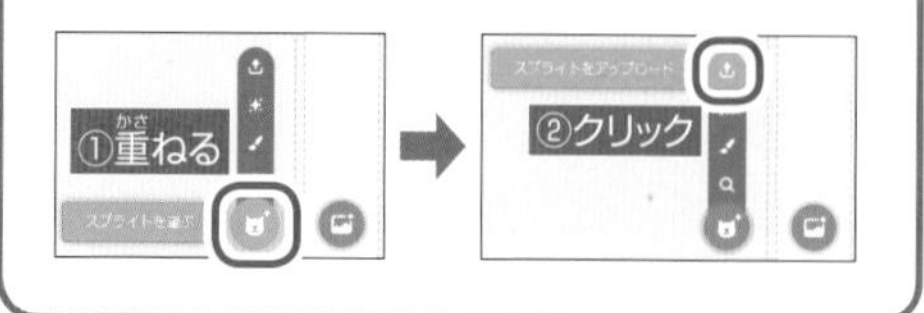

ポイント　素材の利用

背景やスプライト（スプライトのコスチューム）には、写真やイラストなどの画像を素材として利用できます。ここでは、背景には地図の画像、スプライト（スプライトのコスチューム）には撮影した横浜の本牧山頂公園の写真を利用しています。ここで使用している写真は本書のダウンロードサイトよりダウンロードできます。

地図.jpg

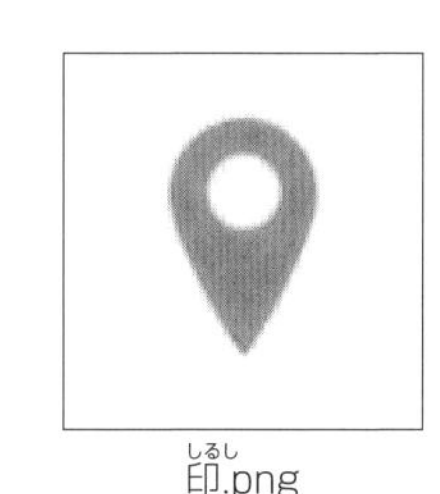
印.png

位置01.jpg

位置02.jpg

位置03.jpg

位置04.jpg

位置05.jpg

位置06.jpg

位置07.jpg

位置08.jpg

位置09.jpg

位置10.jpg

位置11.jpg

位置12.jpg

サンプル 75　75.sb3　社会

公園からの景色

公園の地図の中に位置を示す印があります。印をクリックすると、位置の場所と眺望方向が表示され、その後、景色が表示されます。

使用背景・スプライト

背景　地図

スプライト　景色01、印、印2、印3、印4、印5、印6

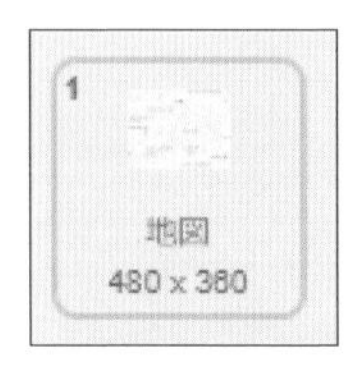

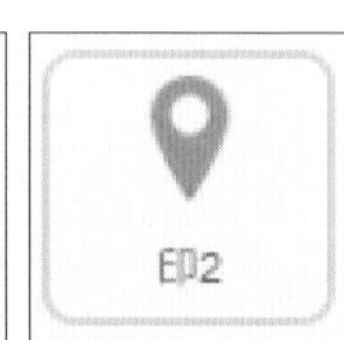

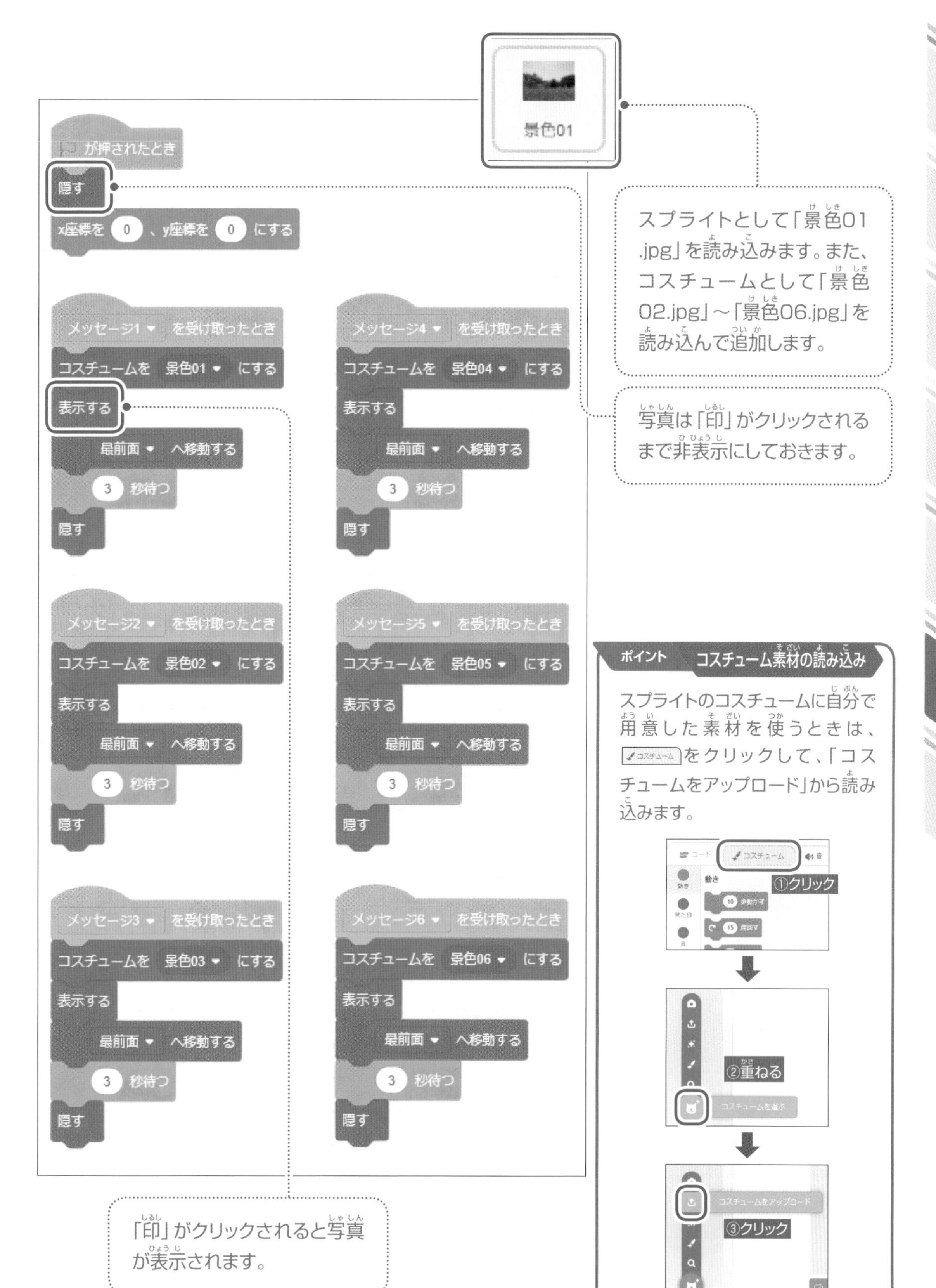
景色01
が押されたとき
隠す
x座標を 0 、y座標を 0 にする
メッセージ1 を受け取ったとき
コスチュームを 景色01 にする
表示する
最前面 へ移動する
3 秒待つ
隠す
メッセージ2 を受け取ったとき
コスチュームを 景色02 にする
表示する
最前面 へ移動する
3 秒待つ
隠す
メッセージ3 を受け取ったとき
コスチュームを 景色03 にする
表示する
最前面 へ移動する
3 秒待つ
隠す
メッセージ4 を受け取ったとき
コスチュームを 景色04 にする
表示する
最前面 へ移動する
3 秒待つ
隠す
メッセージ5 を受け取ったとき
コスチュームを 景色05 にする
表示する
最前面 へ移動する
3 秒待つ
隠す
メッセージ6 を受け取ったとき
コスチュームを 景色06 にする
表示する
最前面 へ移動する
3 秒待つ
隠す
スプライトとして「景色01.jpg」を読み込みます。また、コスチュームとして「景色02.jpg」～「景色06.jpg」を読み込んで追加します。
写真は「印」がクリックされるまで非表示にしておきます。
「印」がクリックされると写真が表示されます。
ポイント
コスチューム素材の読み込み
スプライトのコスチュームに自分で用意した素材を使うときは、コスチュームをクリックして、「コスチュームをアップロード」から読み込みます。
コスチューム
①クリック
②重ねる
③クリック

サンプル 75 公園(こうえん)からの景色(けしき)

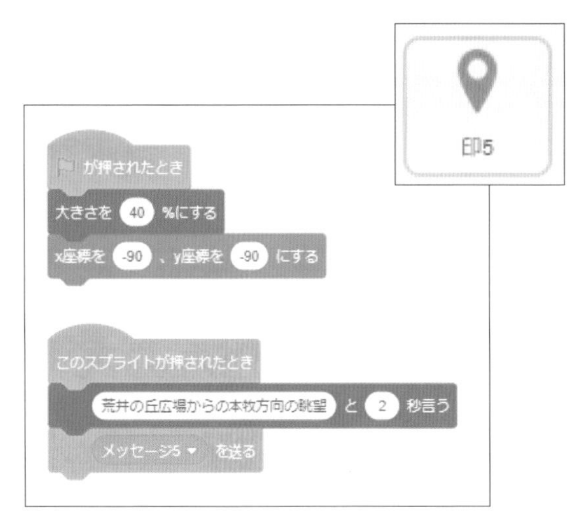

ポイント **素材の利用**

背景やスプライト(スプライトのコスチューム)には、写真やイラストなどの画像を素材として利用できます。ここでは、背景には地図の画像、スプライト(スプライトのコスチューム)には撮影した横浜の本牧山頂公園の写真を利用しています。ここで使用している写真は本書のダウンロードサイトよりダウンロードできます。

地図.jpg

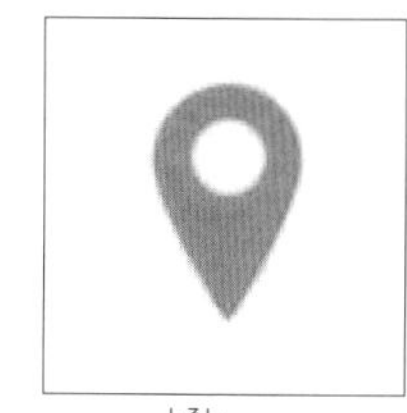

印.png

景色01.jpg

景色02.jpg

景色03.jpg

景色04.jpg

景色05.jpg

景色06.jpg

サンプル 76　76.sb3　社会

世界の首都当てクイズ

国旗がランダムに表示されるので、その国の首都を入力します。正解の場合は鳥が「正解です。」と言います。不正解の場合は鳥が「不正解です。」と言い、正しい首都名を言います。

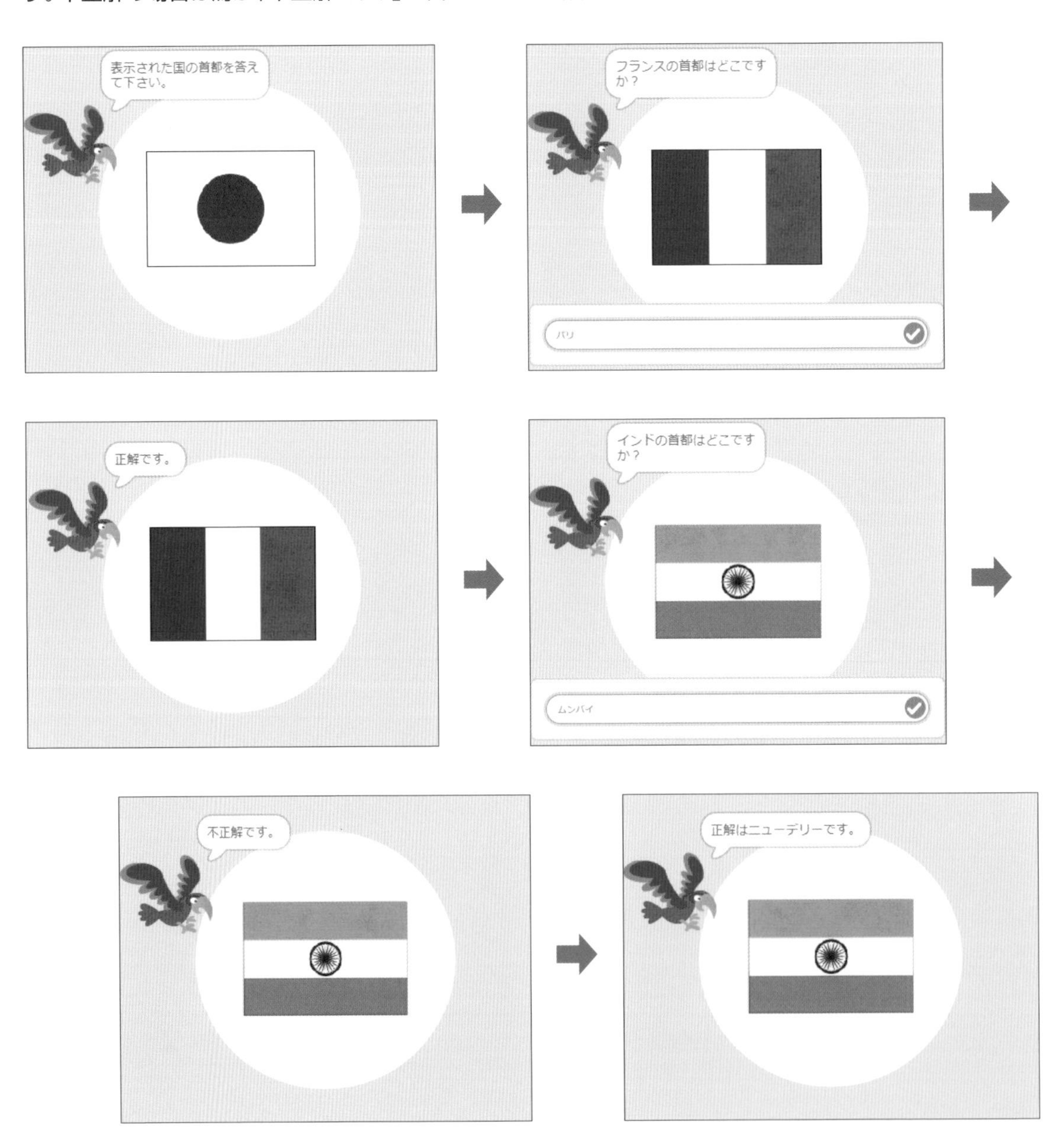

使用背景・スプライト

背景 Light　スプライト Parrot、01_日本

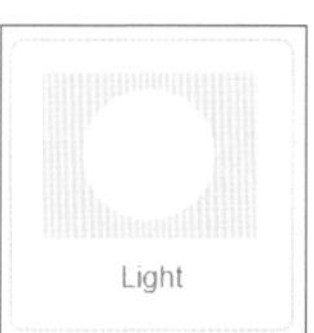

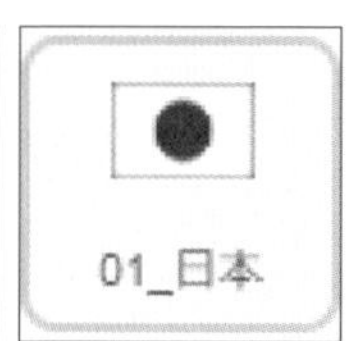

コード

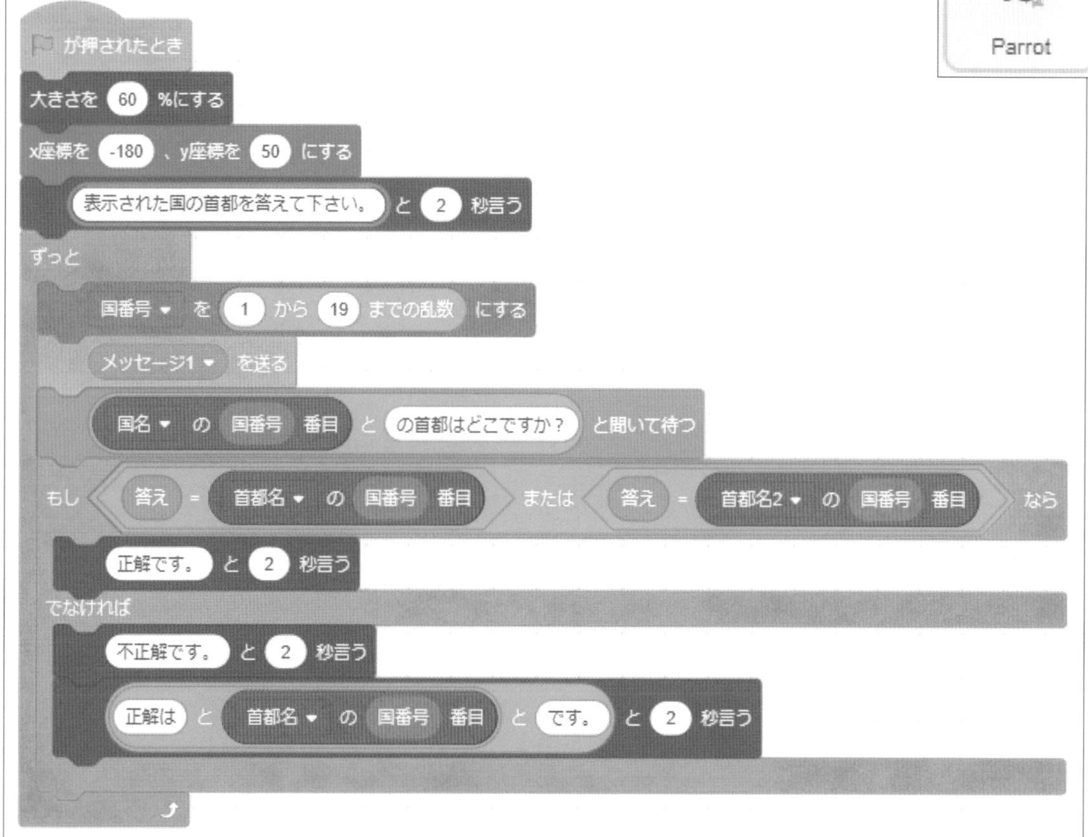

変数を作成します。変数はステージに表示しないので、□に✓を入れないようにします。

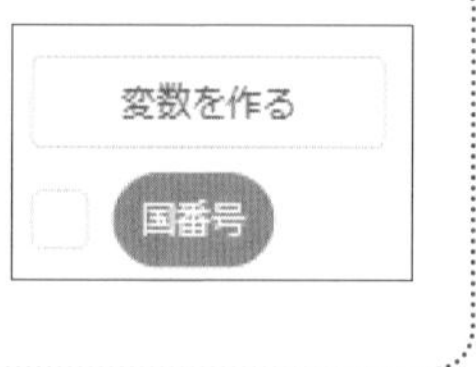

リストを作成します。リストはステージに表示しないので、□に✓を入れないようにします。

サンプル76 世界の首都当てクイズ

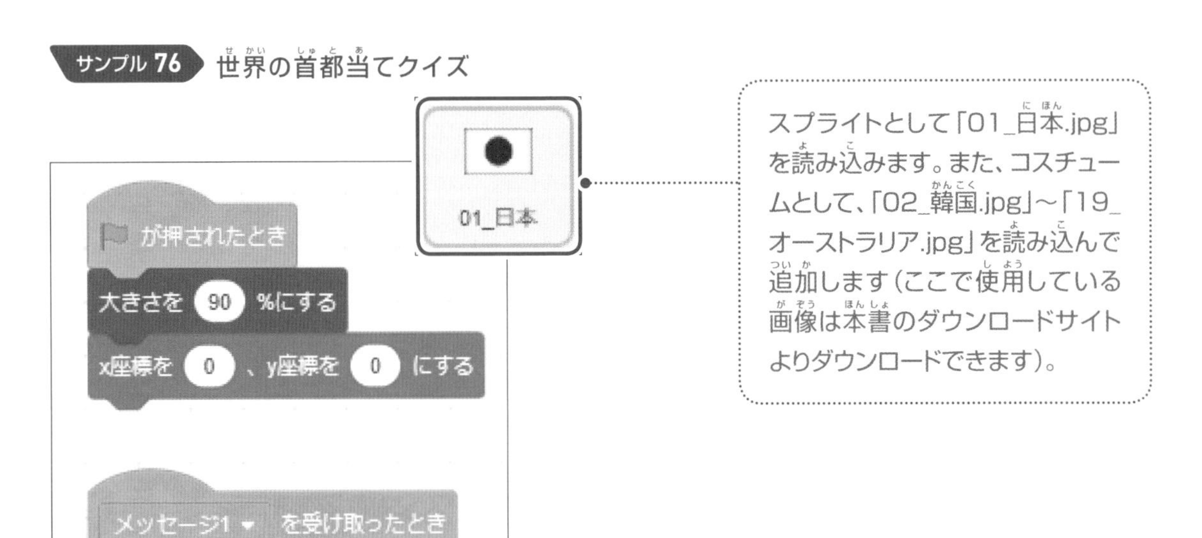

スプライトとして「01_日本.jpg」を読み込みます。また、コスチュームとして、「02_韓国.jpg」～「19_オーストラリア.jpg」を読み込んで追加します（ここで使用している画像は本書のダウンロードサイトよりダウンロードできます）。

漢字での回答や正式名での回答がある場合も考えられるので、リスト「首都名2」も作成し、リスト「首都名2」での一致も正解にします。これら以外は、入力欄に無入力で正解にならないようにするため、リスト「首都名2」もリスト「首都名」と同一にしておきます。

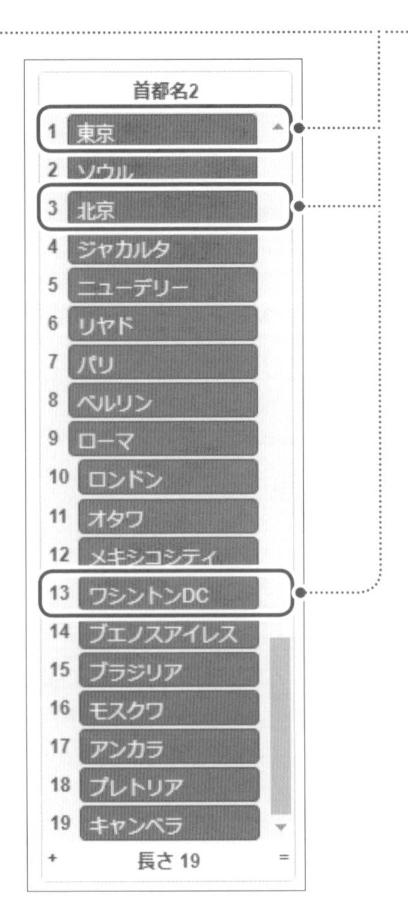

ポイント

世界の国と首都

ここでは、G20(ジートゥエンティ)に参加している国と地域のうち、地域である欧州連合を除く19の国を題材にしています。国と首都は通称(短い言い方)を使用しています。

コスチューム1
首都:東京
(01_日本.jpg)

コスチューム2
首都:ソウル
(02_韓国.jpg)

コスチューム3
首都:ペキン
(03_中国.jpg)

コスチューム4
首都:ジャカルタ
(04_インドネシア.jpg)

コスチューム5
首都:ニューデリー
(05_インド.jpg)

コスチューム6
首都:リヤド
(06_サウジアラビア.jpg)

コスチューム7
首都:パリ
(07_フランス.jpg)

コスチューム8
首都:ベルリン
(08_ドイツ.jpg)

コスチューム9
首都:ローマ
(09_イタリア.jpg)

コスチューム10
首都:ロンドン
(10_イギリス.jpg)

コスチューム11
首都:オタワ
(11_カナダ.jpg)

コスチューム12
首都:メキシコシティ
(12_メキシコ.jpg)

コスチューム13
首都:ワシントン
(13_アメリカ.jpg)

コスチューム14
首都:ブエノスアイレス
(14_アルゼンチン.jpg)

コスチューム15
首都:ブラジリア
(15_ブラジル.jpg)

コスチューム16
首都:モスクワ
(16_ロシア.jpg)

コスチューム17
首都:アンカラ
(17_トルコ.jpg)

コスチューム18
首都:プレトリア
(18_南アフリカ.jpg)

コスチューム19
首都:キャンベラ
(19_オーストラリア.jpg)

※南アフリカは首都機能を、プレトリア(行政)、ケープタウン(立法)、ブルームフォンテーン(司法)に分けています。ここでは、各国の大使館があるプレトリアを首都としています。

お買い物

ステージにミカンとリンゴが表示されます。ミカンは1個50円、リンゴは1個100円です。合計金額を数字で入力します。正解の場合はネコが「正解です。」としゃべります。不正解の場合はネコが「不正解です。」としゃべり、正しい金額を数字で答えます。

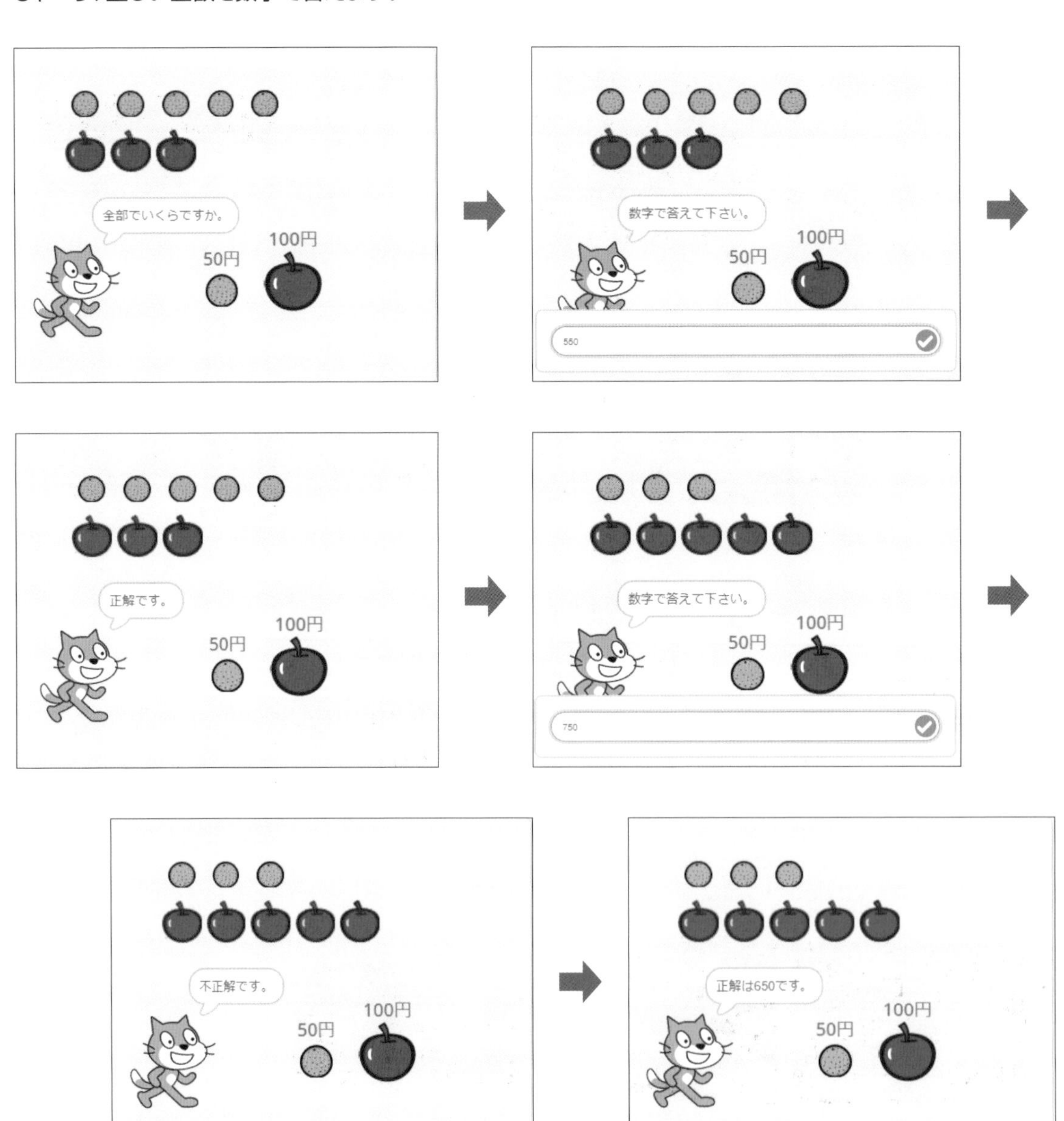

使用背景・スプライト

背景 Blue Sky 2　　スプライト Cat(スプライト1)、Orange、Apple、Orange2、Apple2

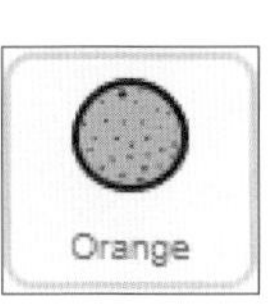

コード

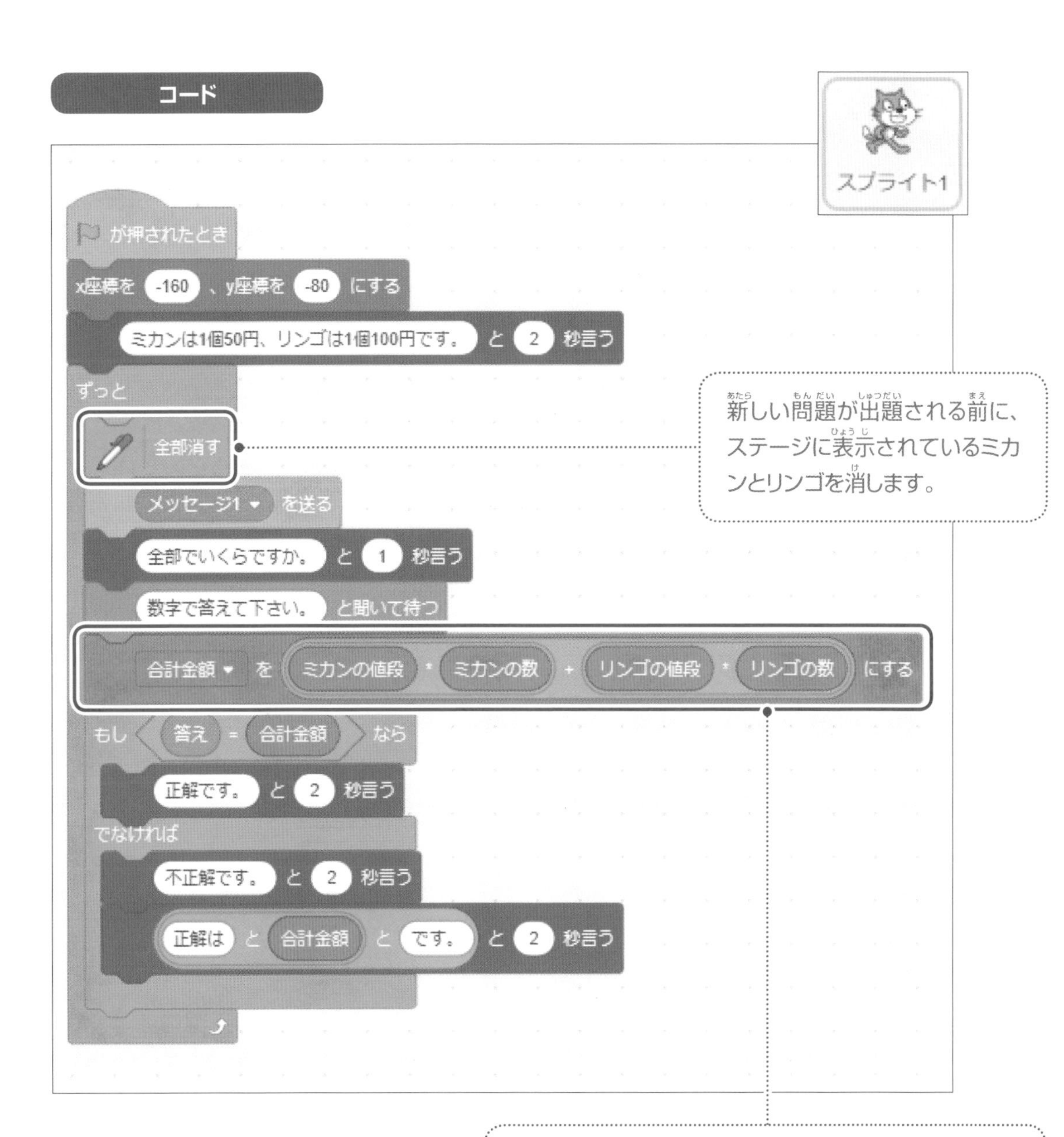

新しい問題が出題される前に、ステージに表示されているミカンとリンゴを消します。

合計金額(ミカンの値段×ミカンの数+リンゴの値段×リンゴの数)を、変数「合計金額」に入れます。

サンプル 77 お買い物

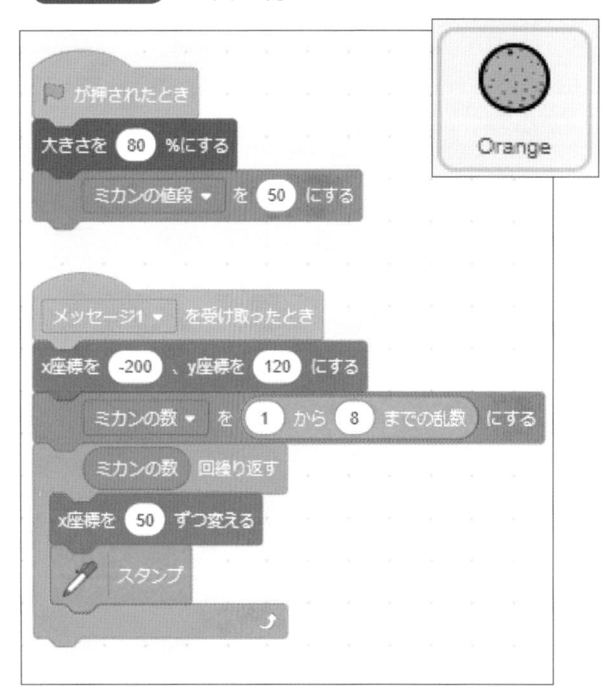

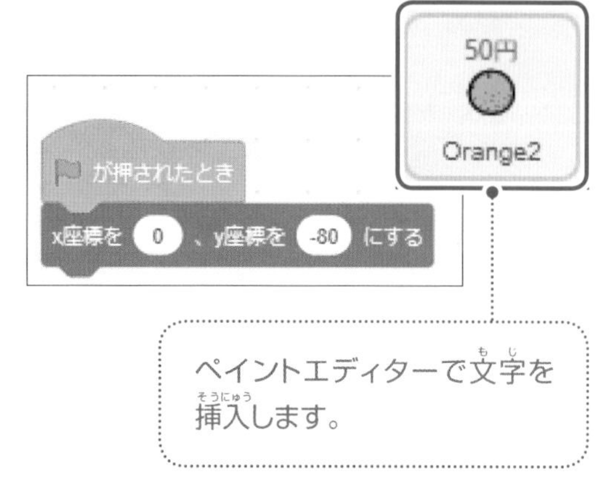

ペイントエディターで文字を挿入します。

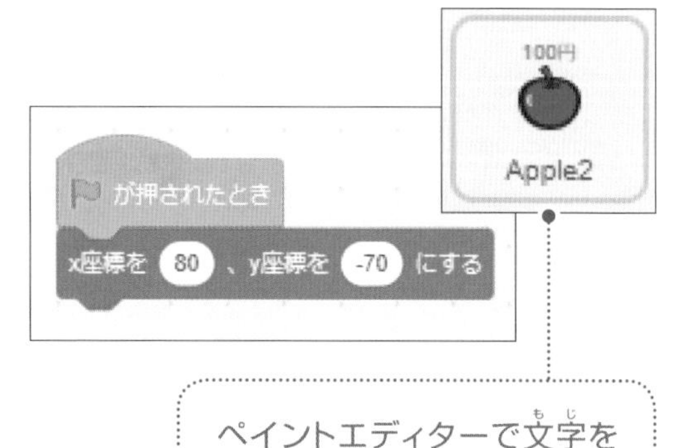

ペイントエディターで文字を挿入します。

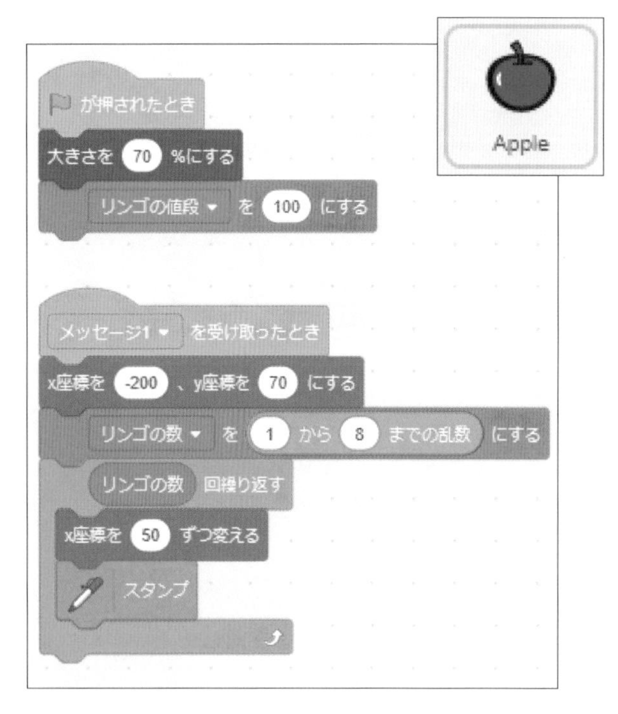

変数を作成します。ステージには変数を表示しないので、□に✓を入れないようにします。

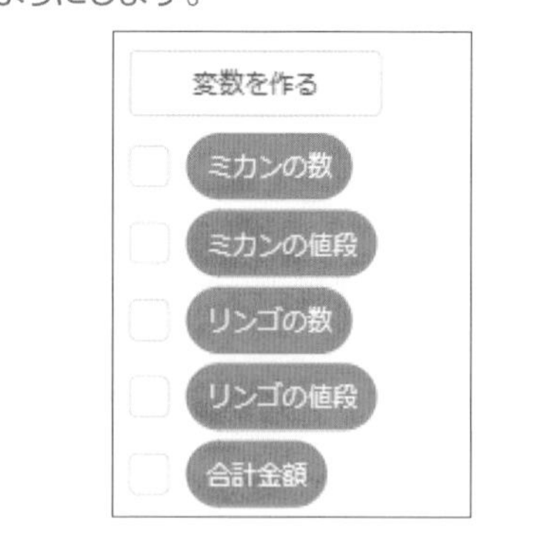

ポイント 入力欄への数の入力

への数の入力は半角数字で入力します。

ポイント　ペイントエディターによる文字の挿入

ペイントエディターにより、背景やスプライトに文字を入れることができます。ここでは、ミカンとリンゴのスプライトに文字を入れています。文字の挿入は次のようにして行います。

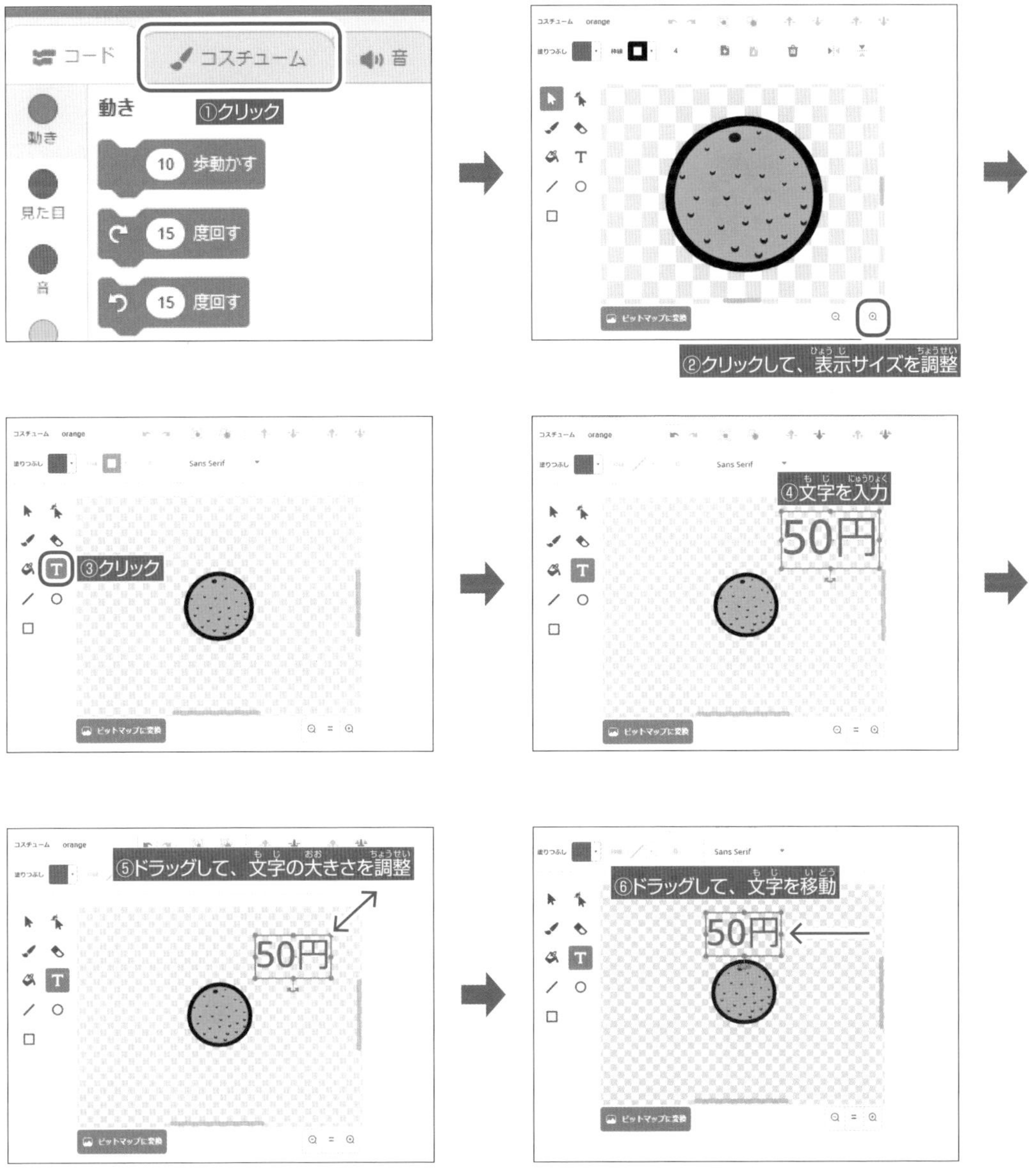
コード
コスチューム
音
①クリック
②クリックして、表示サイズを調整
③クリック
④文字を入力
50円
⑤ドラッグして、文字の大きさを調整
⑥ドラッグして、文字を移動

現在の時刻を表示します。長針（「分」の針）は1分ずつ進み、単針（「時」の針）は長針の動きと連動して動きます。12時間表示（昼夜兼用）です。

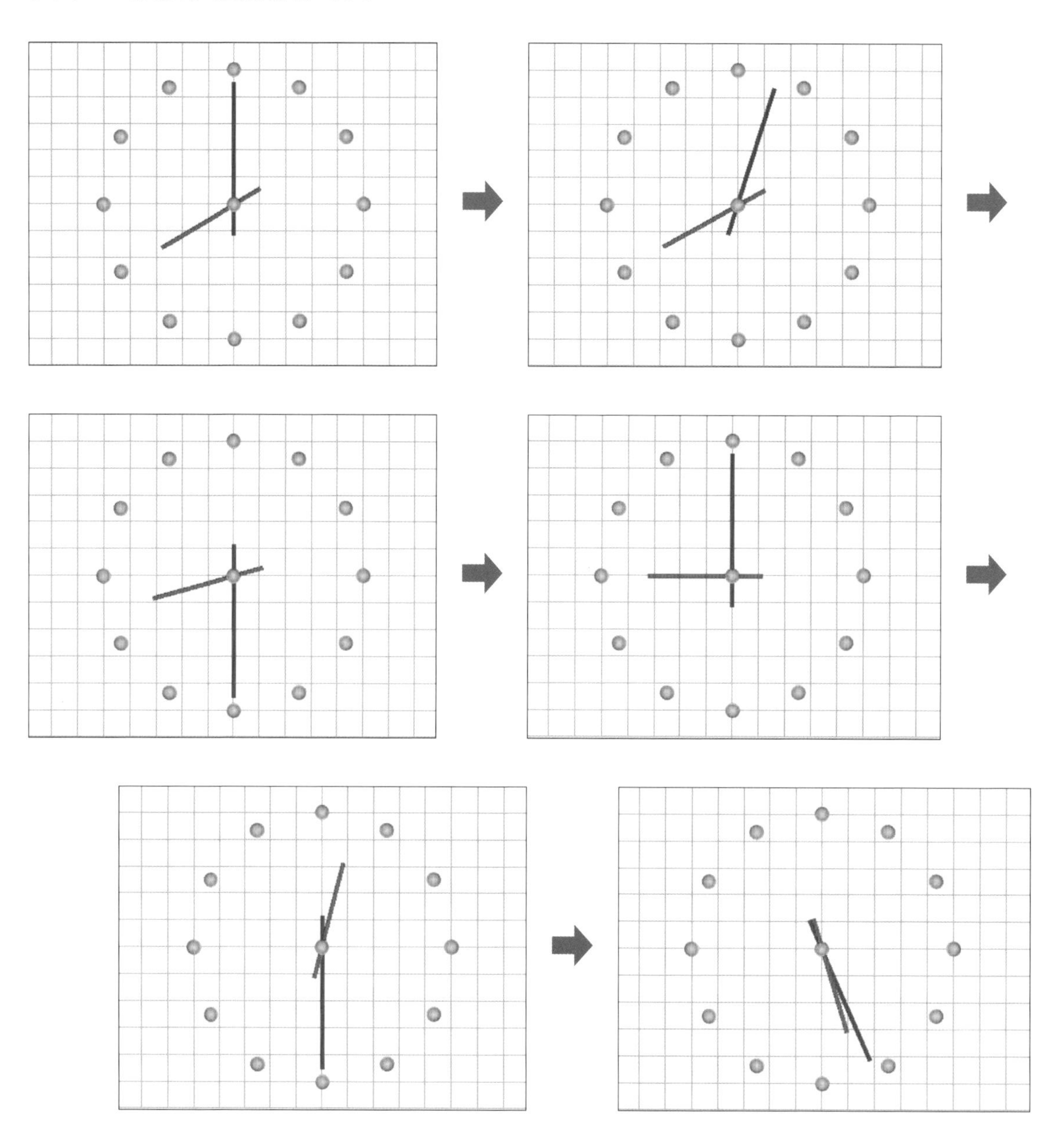

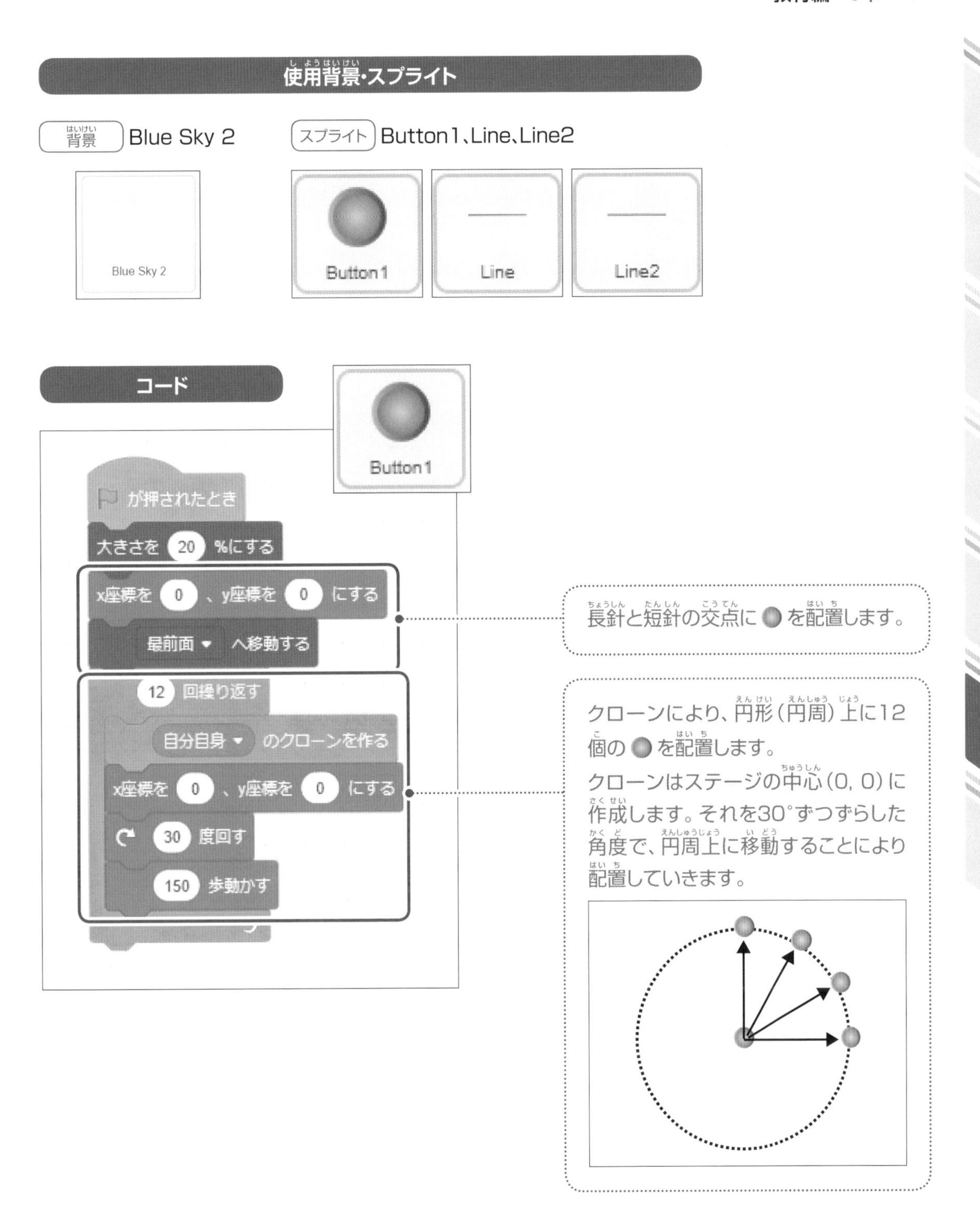
使用背景・スプライト
背景 Blue Sky 2
スプライト Button1、Line、Line2
Blue Sky 2
Button1
Line
Line2
コード
Button1
が押されたとき
大きさを 20 %にする
x座標を 0 、y座標を 0 にする
最前面 へ移動する
12 回繰り返す
自分自身 のクローンを作る
x座標を 0 、y座標を 0 にする
30 度回す
150 歩動かす
長針と短針の交点に を配置します。
クローンにより、円形(円周)上に12個の を配置します。
クローンはステージの中心(0, 0)に作成します。それを30°ずつずらした角度で、円周上に移動することにより配置していきます。

サンプル 78 時計

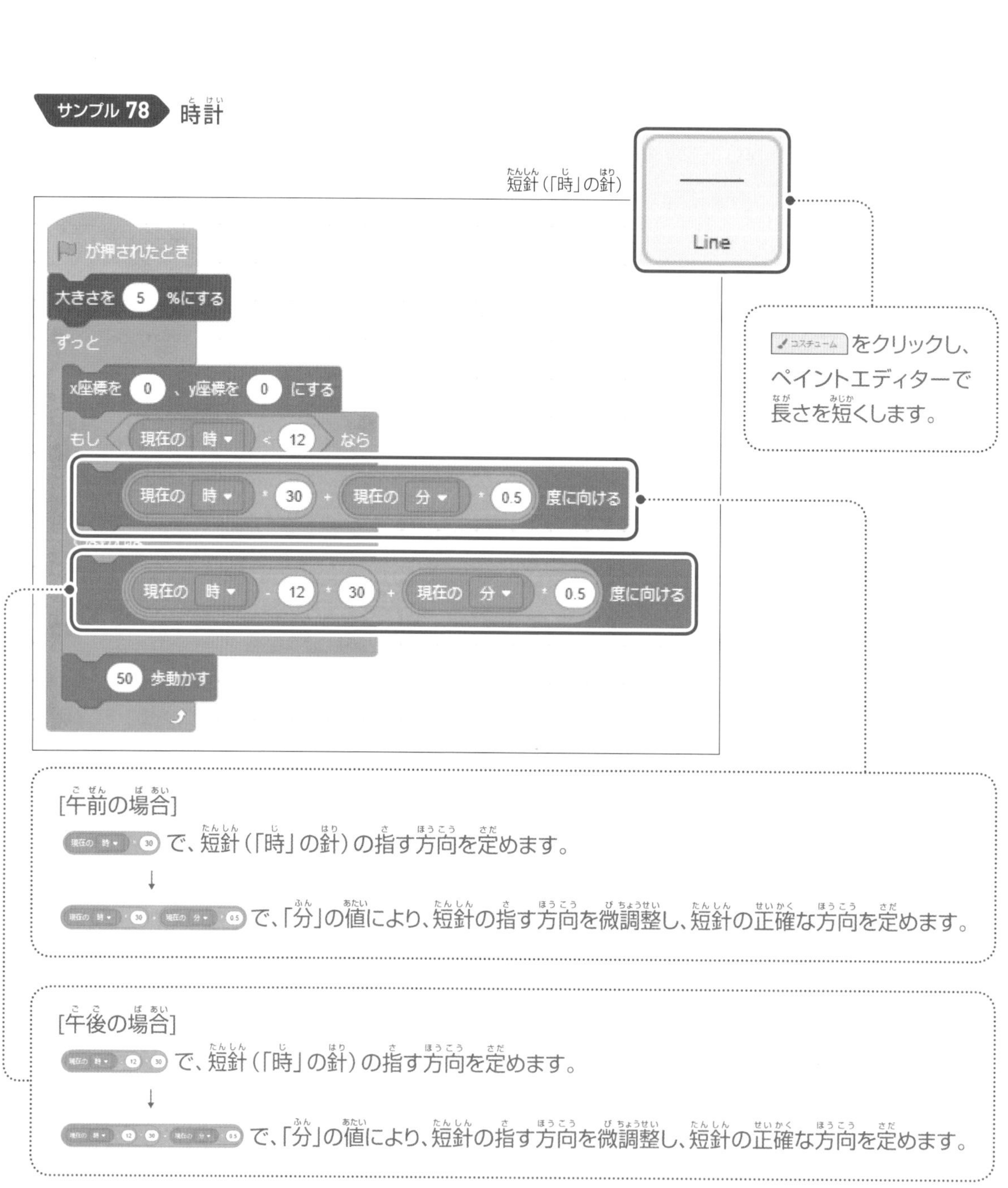

短針（「時」の針）
Line
が押されたとき
大きさを 5 %にする
ずっと
x座標を 0 、y座標を 0 にする
もし 現在の 時 < 12 なら
現在の 時 * 30 + 現在の 分 * 0.5 度に向ける
現在の 時 - 12 * 30 + 現在の 分 * 0.5 度に向ける
50 歩動かす
コスチューム をクリックし、ペイントエディターで長さを短くします。
[午前の場合]
現在の 時 * 30 で、短針（「時」の針）の指す方向を定めます。
↓
現在の 時 * 30 + 現在の 分 * 0.5 で、「分」の値により、短針の指す方向を微調整し、短針の正確な方向を定めます。
[午後の場合]
現在の 時 - 12 * 30 で、短針（「時」の針）の指す方向を定めます。
↓
現在の 時 - 12 * 30 + 現在の 分 * 0.5 で、「分」の値により、短針の指す方向を微調整し、短針の正確な方向を定めます。

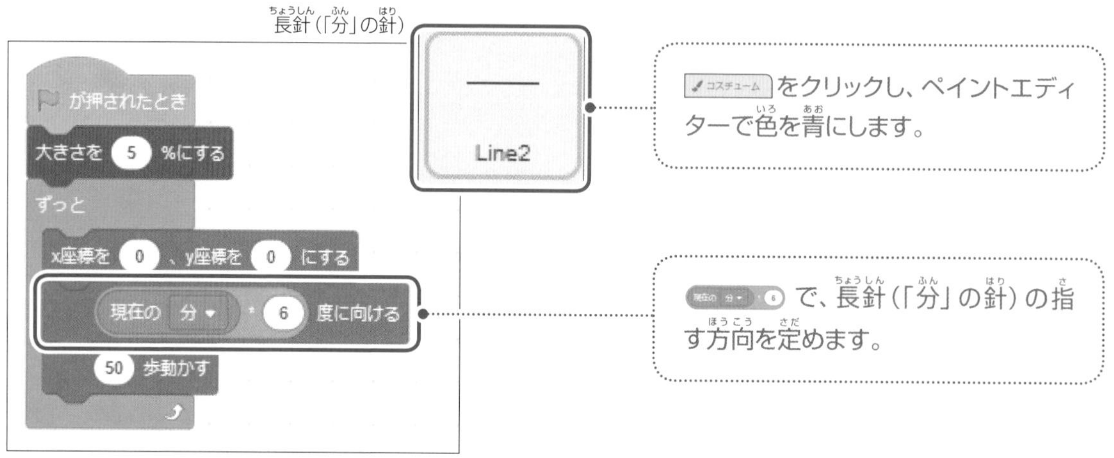

長針（「分」の針）
Line2
が押されたとき
大きさを 5 %にする
ずっと
x座標を 0 、y座標を 0 にする
現在の 分 * 6 度に向ける
50 歩動かす
コスチューム をクリックし、ペイントエディターで色を青にします。
現在の 分 * 6 で、長針（「分」の針）の指す方向を定めます。

ポイント　ペイントエディターでのスプライトの加工

ペイントエディターにより、短針(「時」の針)は長さを短くします。長針(「分」の針)は色を青色にします。

■線の長さの変更

線の長さは次のようにして変更します。

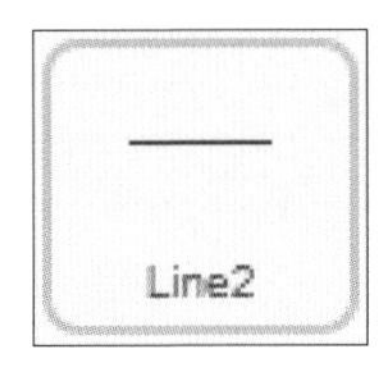

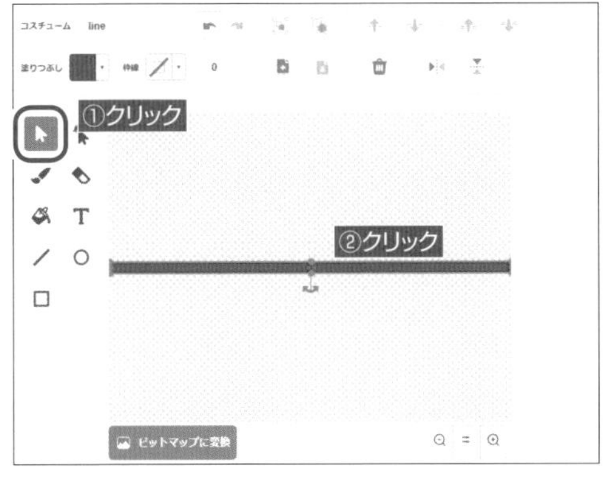

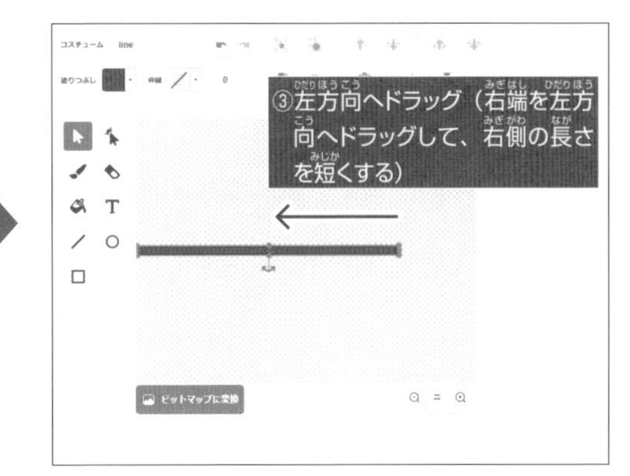

■線の色の変更

線の色は次のようにして変更します。

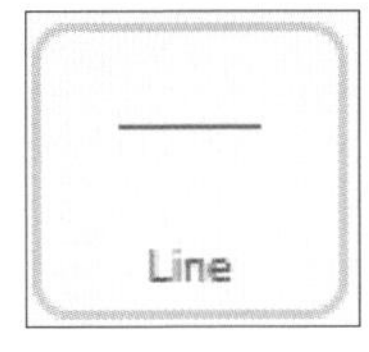

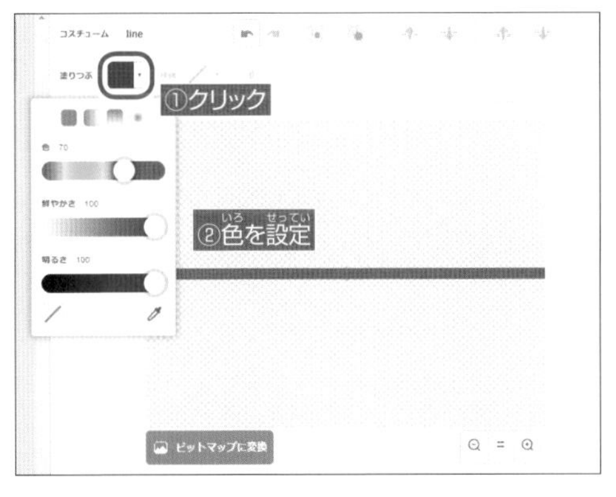

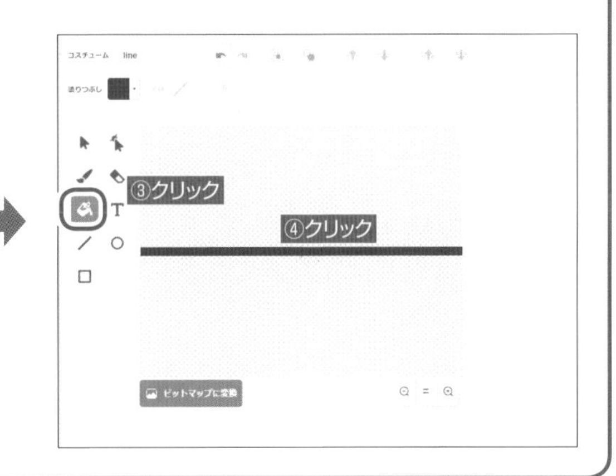

サンプル 79 79.sb3

算数

正多角形を描く

正多角形の角数を入力します。ステージの中心から正多角形が描画されます。

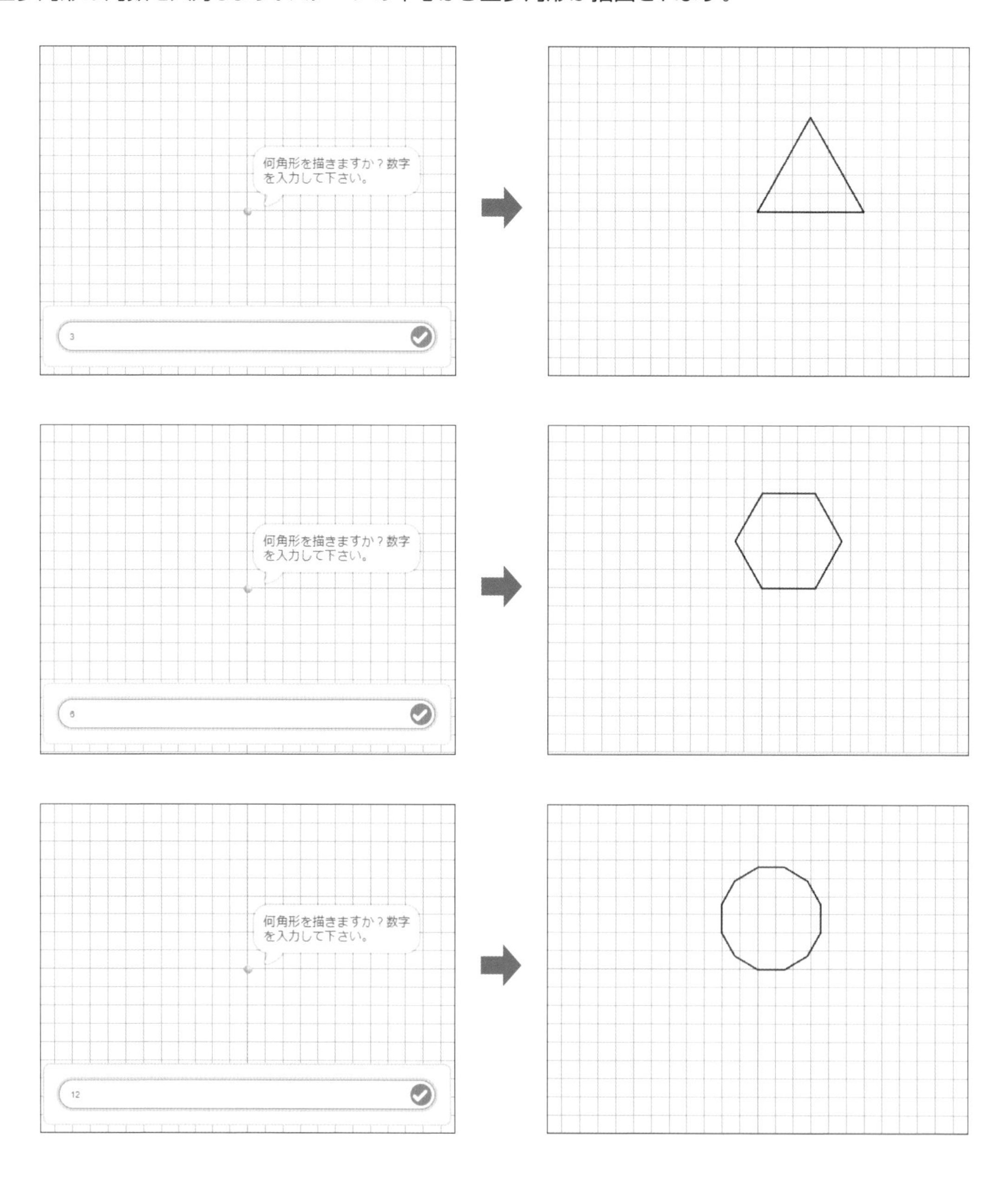

使用背景・スプライト

背景 Xy-grid-20px　スプライト Ball

コード

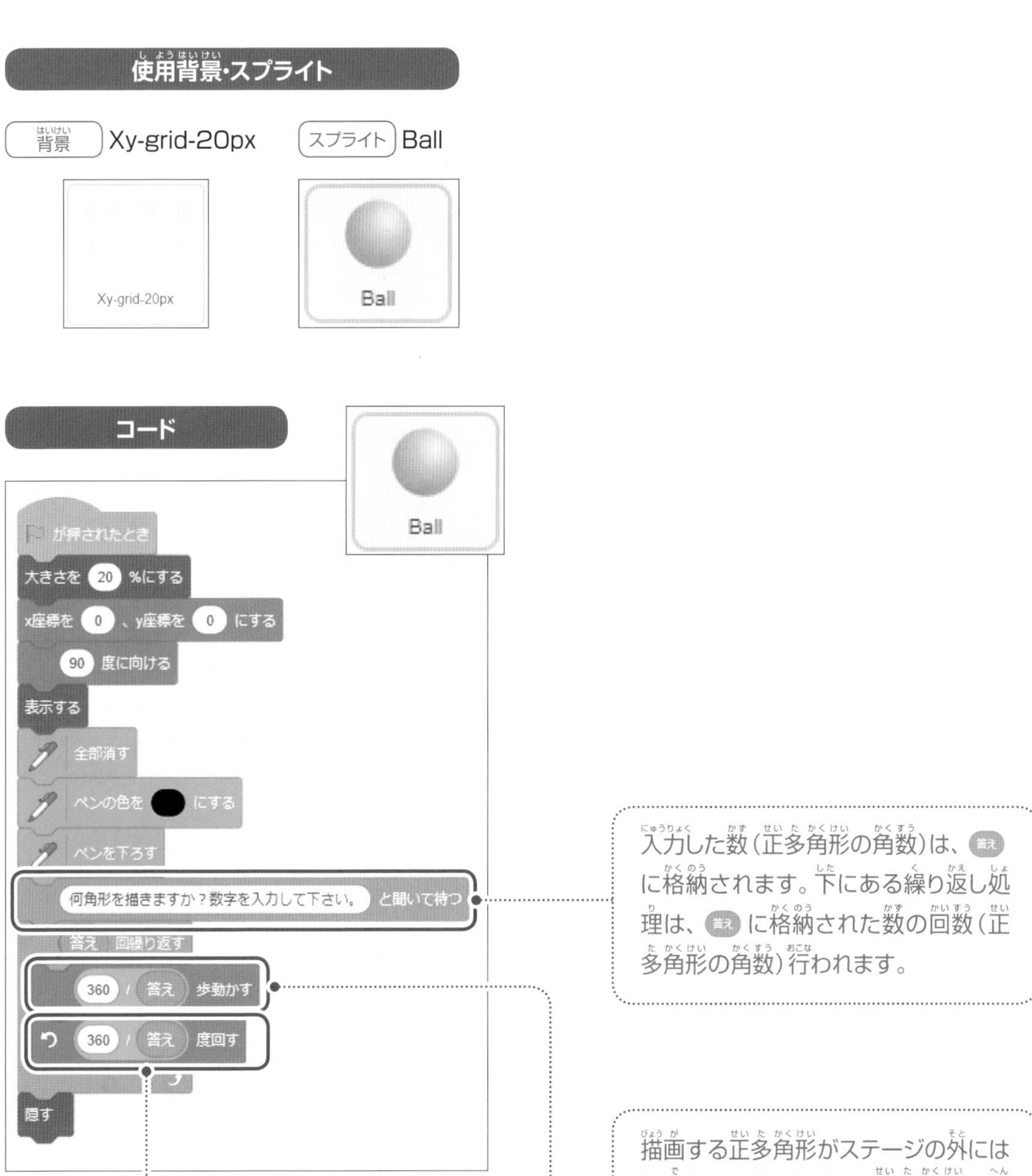

入力した数（正多角形の角数）は、答え に格納されます。下にある繰り返し処理は、答え に格納された数の回数（正多角形の角数）行われます。

描画する正多角形がステージの外にはみ出ないようにします。正多角形の辺の全体の長さを360にしています。従って、一辺の長さは360÷角数になります（例えば、正6角形の場合は60）。これにより、正多角形はほぼ同じサイズに収まります。

1つの辺を描いたら、正多角形の内角の角度だけ方向転換します。正多角形の性質については次のページを参照してください。

ポイント　入力欄への数の入力

［入力欄］への数の入力は半角数字で入力します。

サンプル 79 正多角形を描く

ポイント 正多角形の性質

正多角形とは、全ての辺の長さが等しい多角形です。下の図は、●は内角、●は外角、破線は正多角形に含まれる三角形の区分を示しています。正多角形の内角の和は、正多角形に含まれる三角形の数×180°になります。正多角形の内角の大きさは、内角の和÷角数になります。また、内角と外角の和は常に180°になります。

正三角形

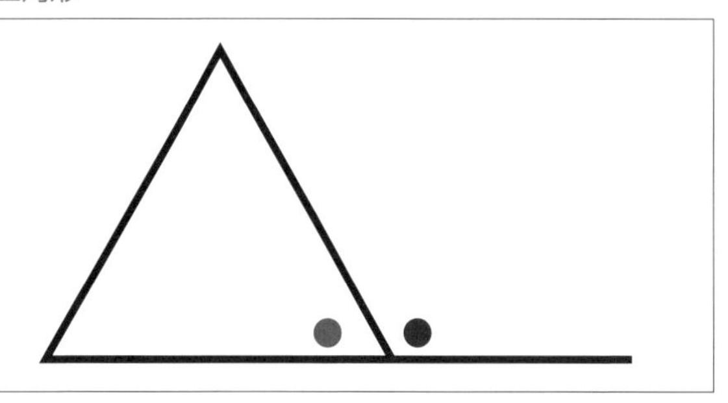

含まれる三角形の個数:1個
内角の和:180°
●内角:60°(180°÷3=60°)
●外角:120°

正四角形(正方形)

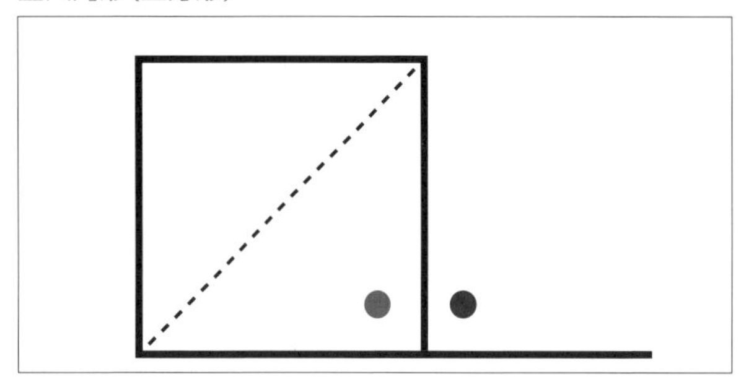

含まれる三角形の個数:2個
内角の和:360°(2×180°=360°)
●内角:90°(360°÷4=90°)
●外角:90°

正五角形

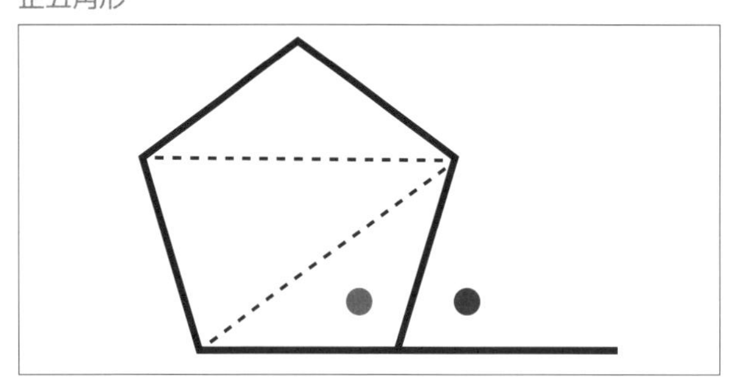

含まれる三角形の個数:3個
内角の和:540°(3×180°=540°)
●内角:108°(540°÷5=108°)
●外角:72°

正六角形

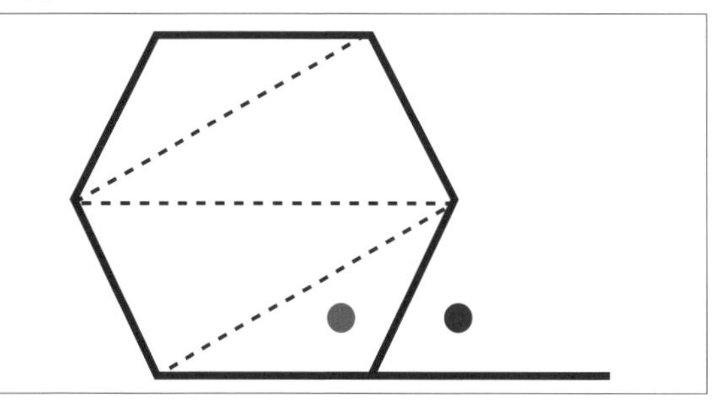

含まれる三角形の個数:4個
内角の和:720°(4×180°=720°)
●内角:120°(720°÷6=120°)
●外角:60°

ポイント

描画の軌跡を見たい場合と、近似円の作成

描画の軌跡を見たい場合は、「1秒待つ」のブロックを次のように挿入します。1つの辺を描くごとに1秒動きが停止します。

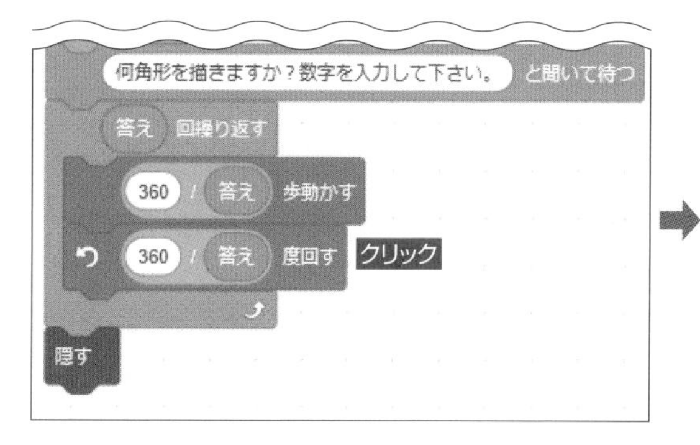

入力する数値を大きくしていくと、正多角形の形状が円に近づいていき、近似円になります。なお、近似円（大きな数値を入力する場合）を作成する場合は、「1秒待つ」のブロックがあると描画時間が長くなるので、外しておいた方がよいでしょう。

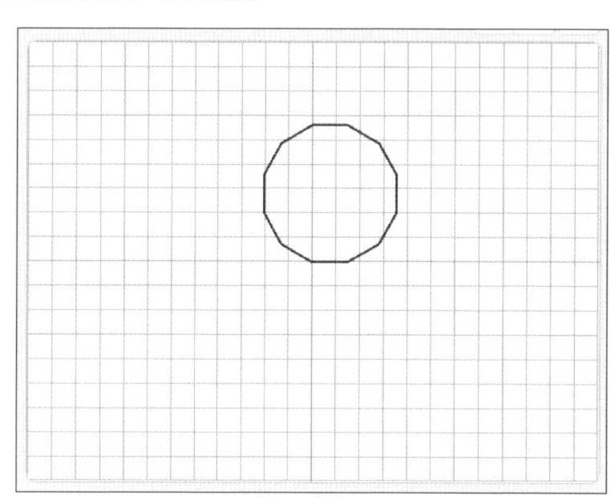
正12角形

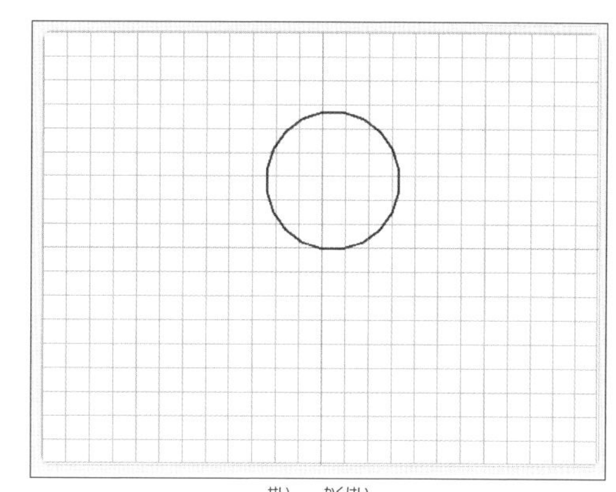
正20角形

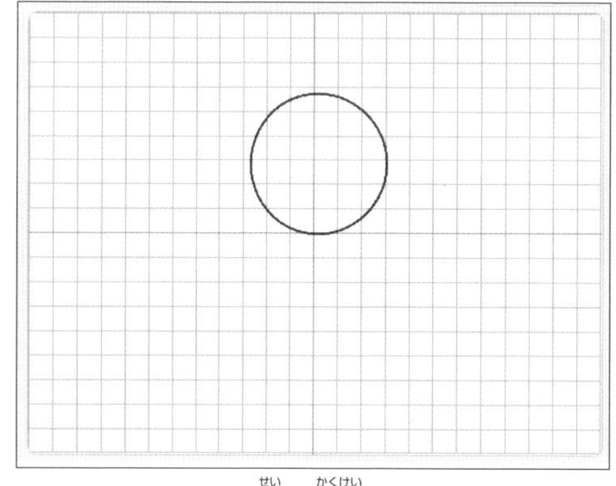
正50角形

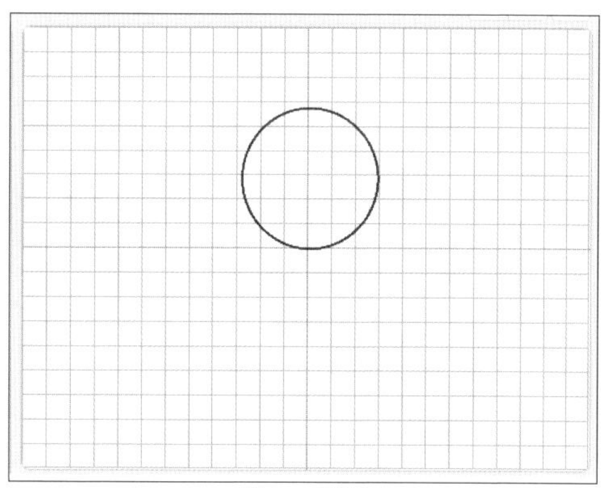
正100角形

サンプル 80　80.sb3　理科

海の生態系

海の中にカニとクラゲと魚がいます。カニはクラゲに触れると数が増え、魚に触れると数が減ります。クラゲは魚に触れると数が増え、カニに触れると数が減ります。魚はカニに触れると数が増え、クラゲに触れると、数が減ります。なお、これらの生物の増減は一定の条件（確率）で起こります。

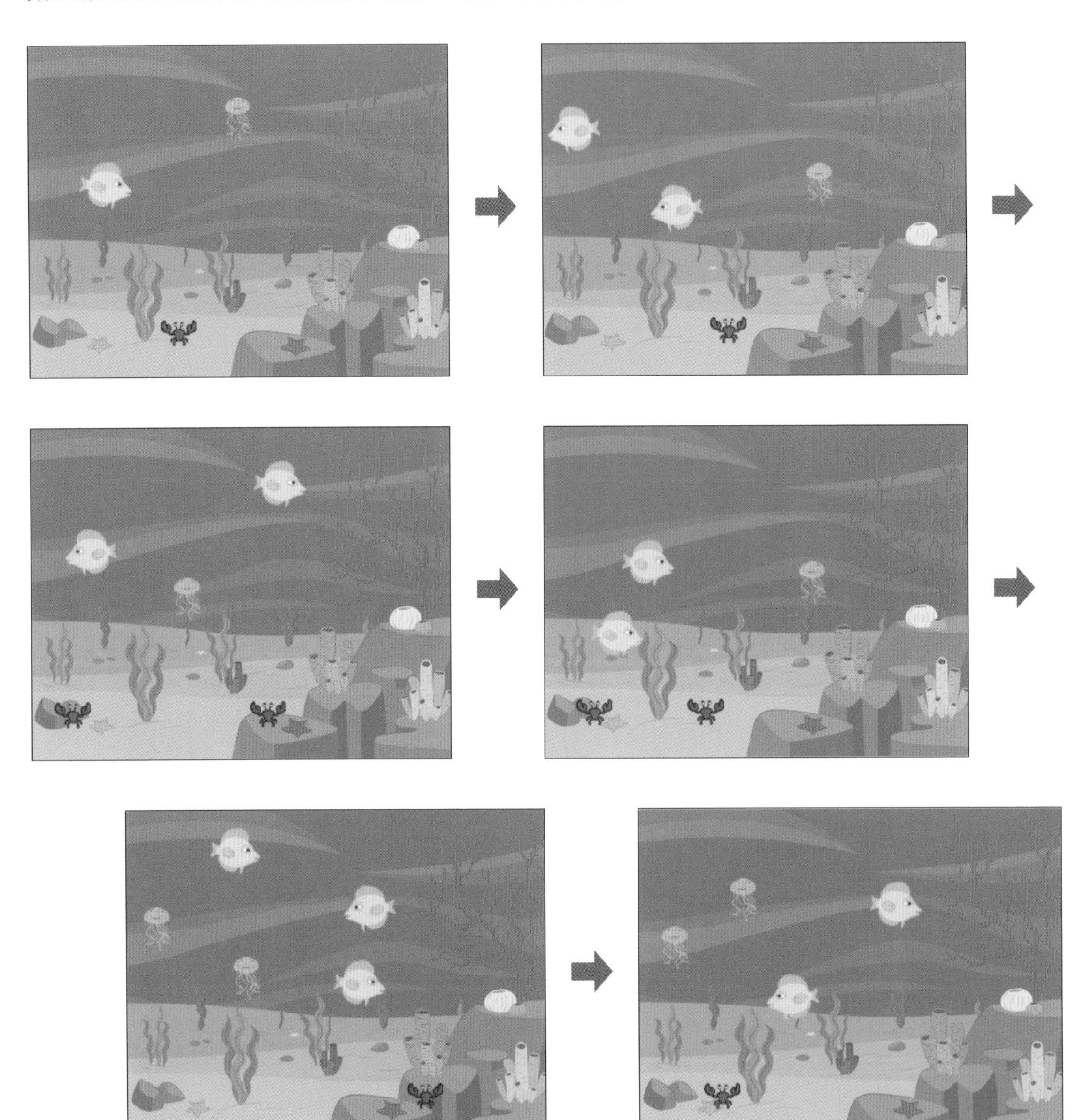

使用背景・スプライト

背景 Underwater 1　　スプライト Crab、Jellyfish、Fish

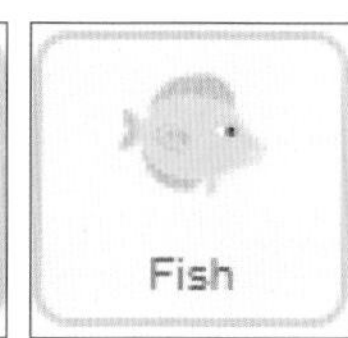

コード

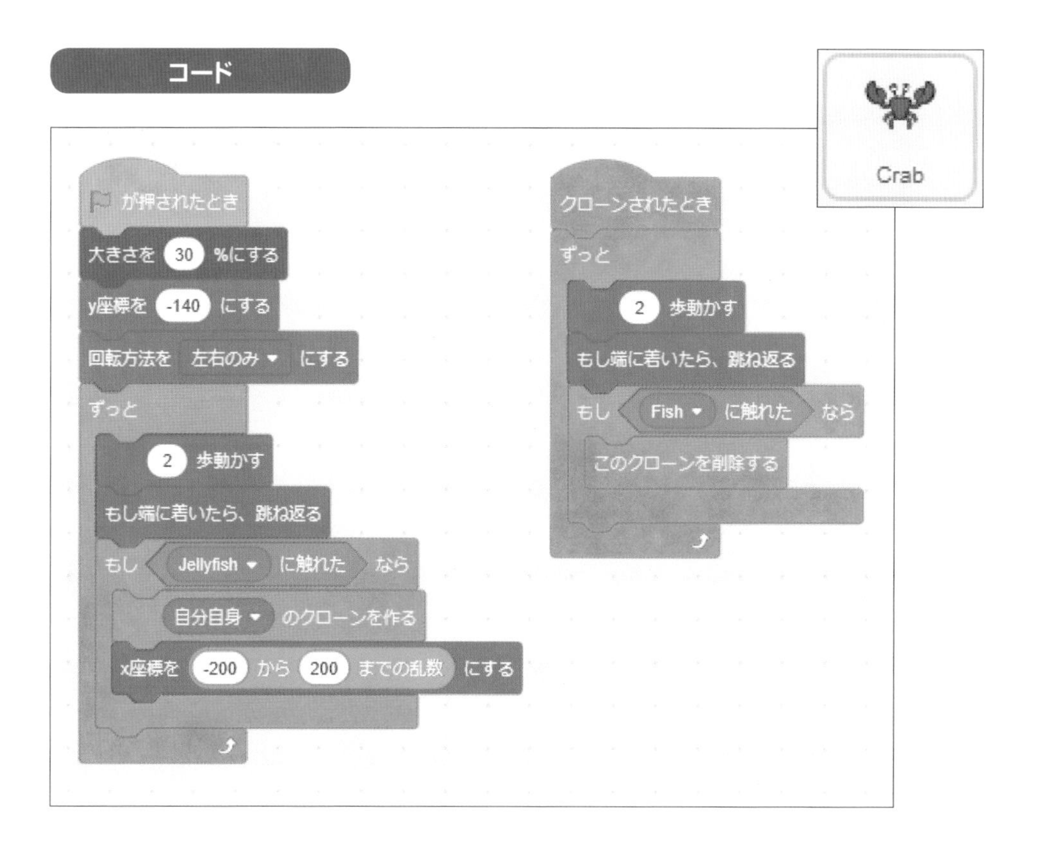

サンプル 80 海の生態系

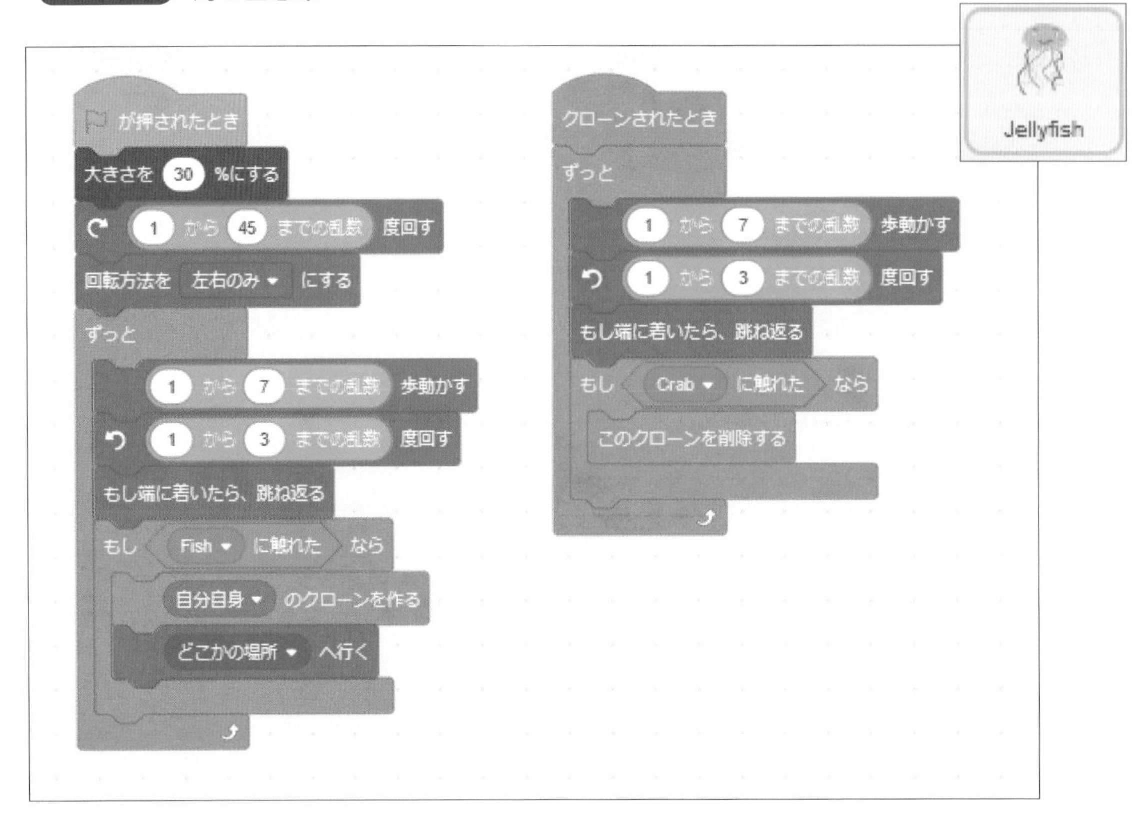

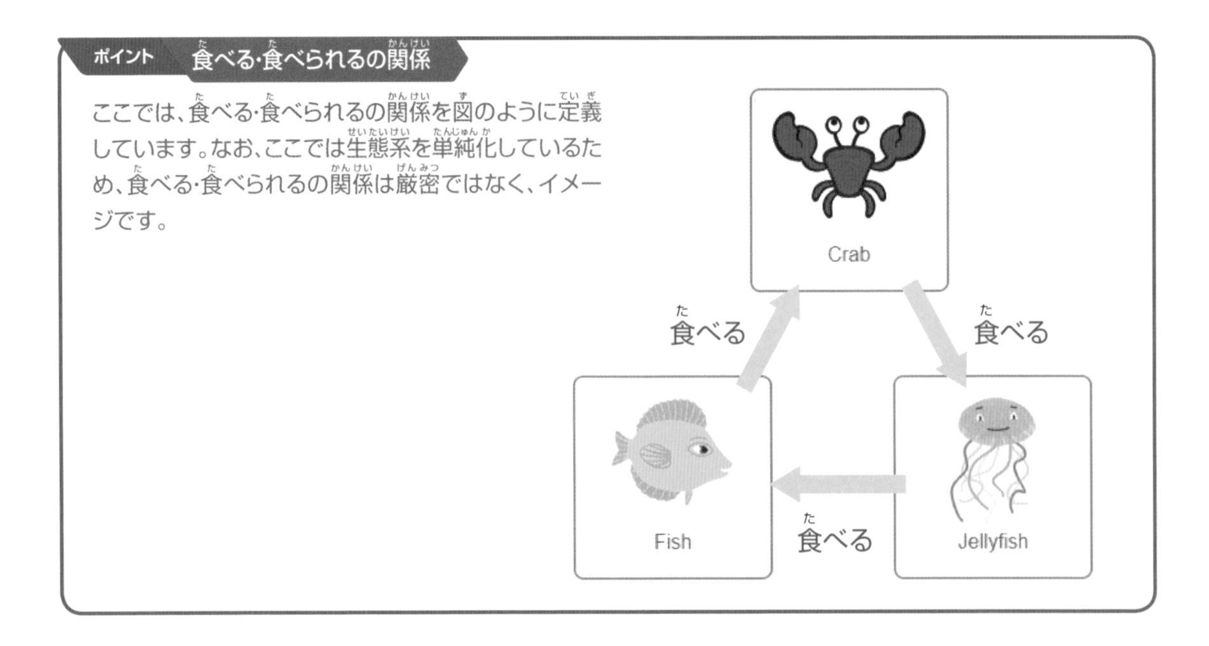

ポイント 食べる・食べられるの関係

ここでは、食べる・食べられるの関係を図のように定義しています。なお、ここでは生態系を単純化しているため、食べる・食べられるの関係は厳密ではなく、イメージです。

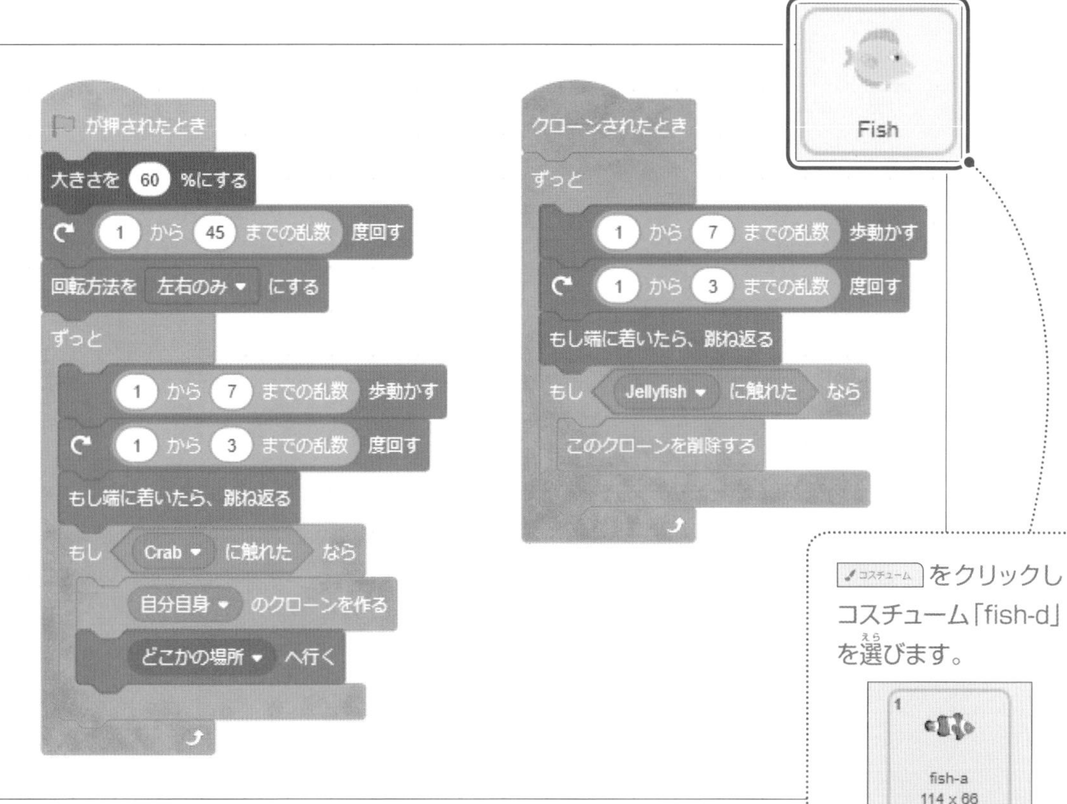

コスチューム をクリックしコスチューム「fish-d」を選びます。

ポイント　**生態系**

ここでは海の生態系のイメージを表現しています。大きな生物が小さな生物を食べるだけでなく、生物の死骸を食べるものもいます。

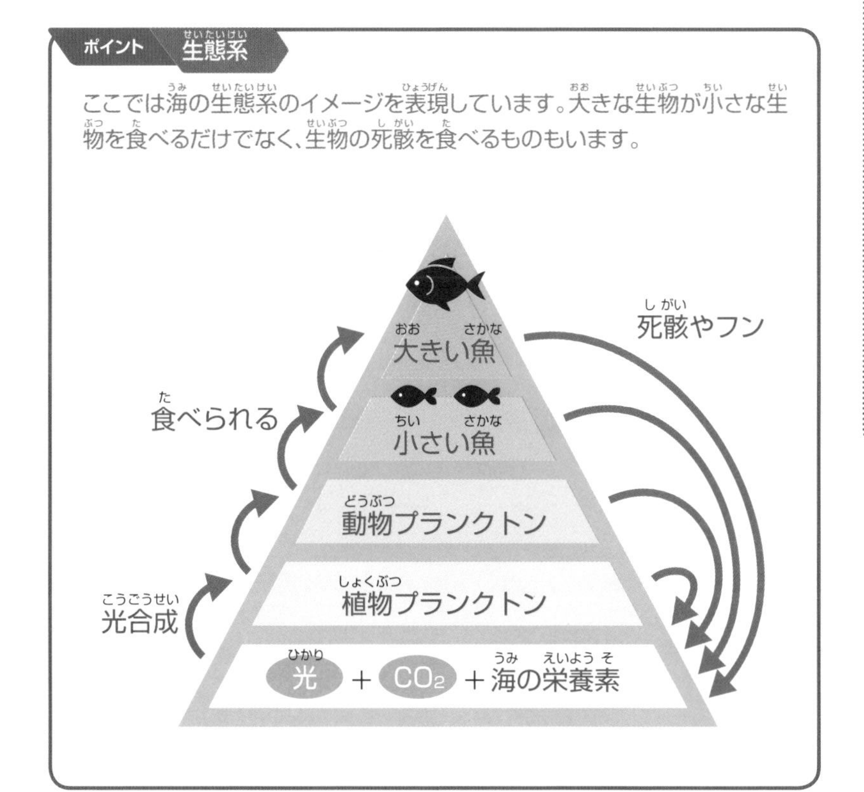

サンプル 81　81.sb3　理科

電気とスイッチ（直列）

直列回路にスイッチとネコがあります。スイッチをクリックすると色が変わり電気が流れ、ネコが動きます。

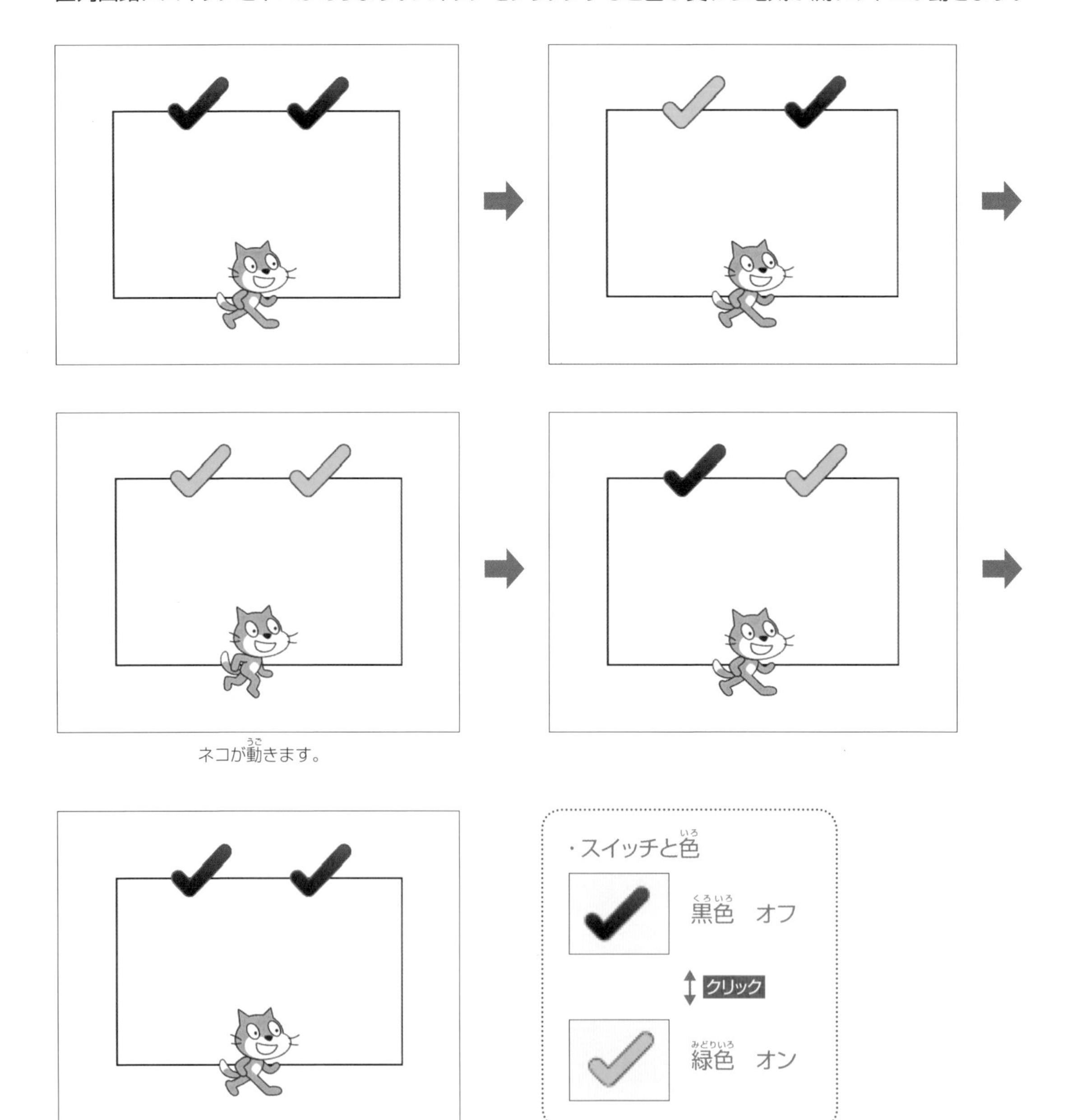

使用背景・スプライト

背景　背景1　　スプライト　スプライト1(Cat) 、Button4、Button2

コスチューム をクリックし、ペイントエディターで回路の図を作成します。四角形を使って作図します。

コード

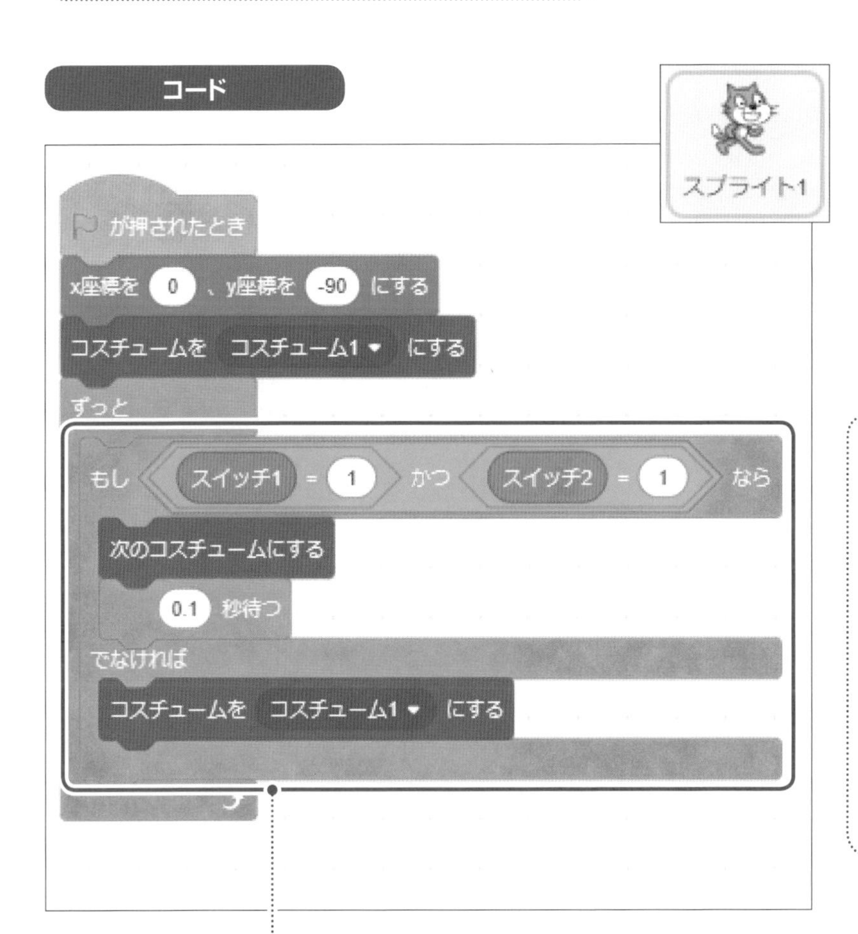

変数を作成します。変数はステージに表示しないので、□に✓を入れないようにします。

変数を作る
□ スイッチ1
□ スイッチ2

変数「スイッチ1」と変数「スイッチ2」の値が両方とも1のとき、ネコが動くようにします。これは電気が流れている状態を表しています。

サンプル81 電気とスイッチ（直列）

スイッチを開いている状態にします。変数「スイッチ1」の値が0のときはスイッチが開いている状態です。変数「スイッチ1」の値が1のときはスイッチが閉じている状態です。

スイッチを開いている状態にします。変数「スイッチ2」の値が0のときはスイッチが開いている状態です。変数「スイッチ2」の値が1のときはスイッチが閉じている状態です。

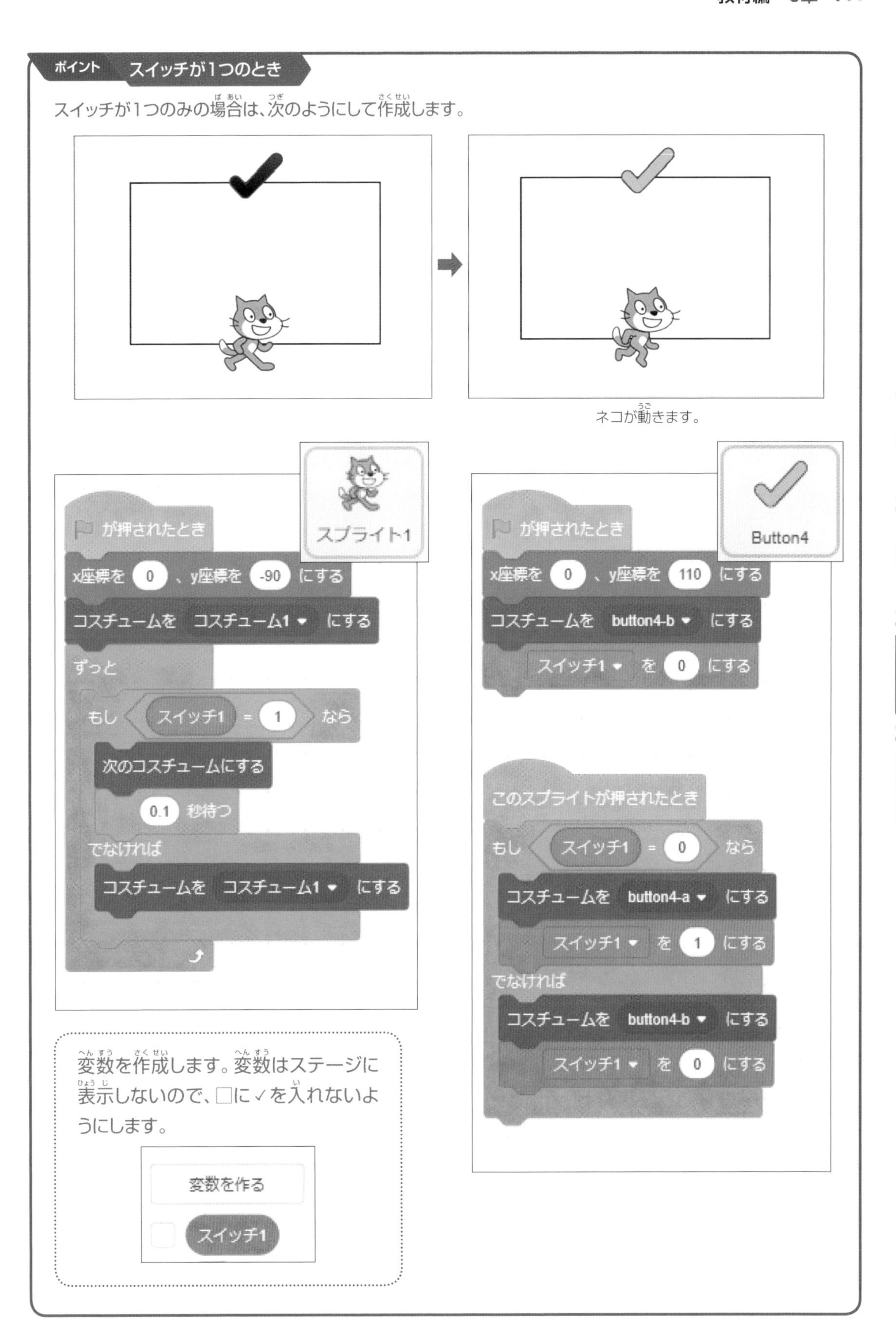
ポイント
スイッチが1つのとき
スイッチが1つのみの場合は、次のように作成します。
ネコが動きます。
スプライト1
が押されたとき
x座標を 0 、y座標を -90 にする
コスチュームを コスチューム1 にする
ずっと
もし スイッチ1 = 1 なら
次のコスチュームにする
0.1 秒待つ
でなければ
コスチュームを コスチューム1 にする
Button4
が押されたとき
x座標を 0 、y座標を 110 にする
コスチュームを button4-b にする
スイッチ1 を 0 にする
このスプライトが押されたとき
もし スイッチ1 = 0 なら
コスチュームを button4-a にする
スイッチ1 を 1 にする
でなければ
コスチュームを button4-b にする
スイッチ1 を 0 にする
変数を作成します。変数はステージに表示しないので、□に✓を入れないようにします。
変数を作る
スイッチ1

サンプル 82　82.sb3　理科

電気とスイッチ（並列）

並列回路にスイッチとネコがあります。スイッチをクリックすると色が変わり電気が流れ、ネコが動きます。

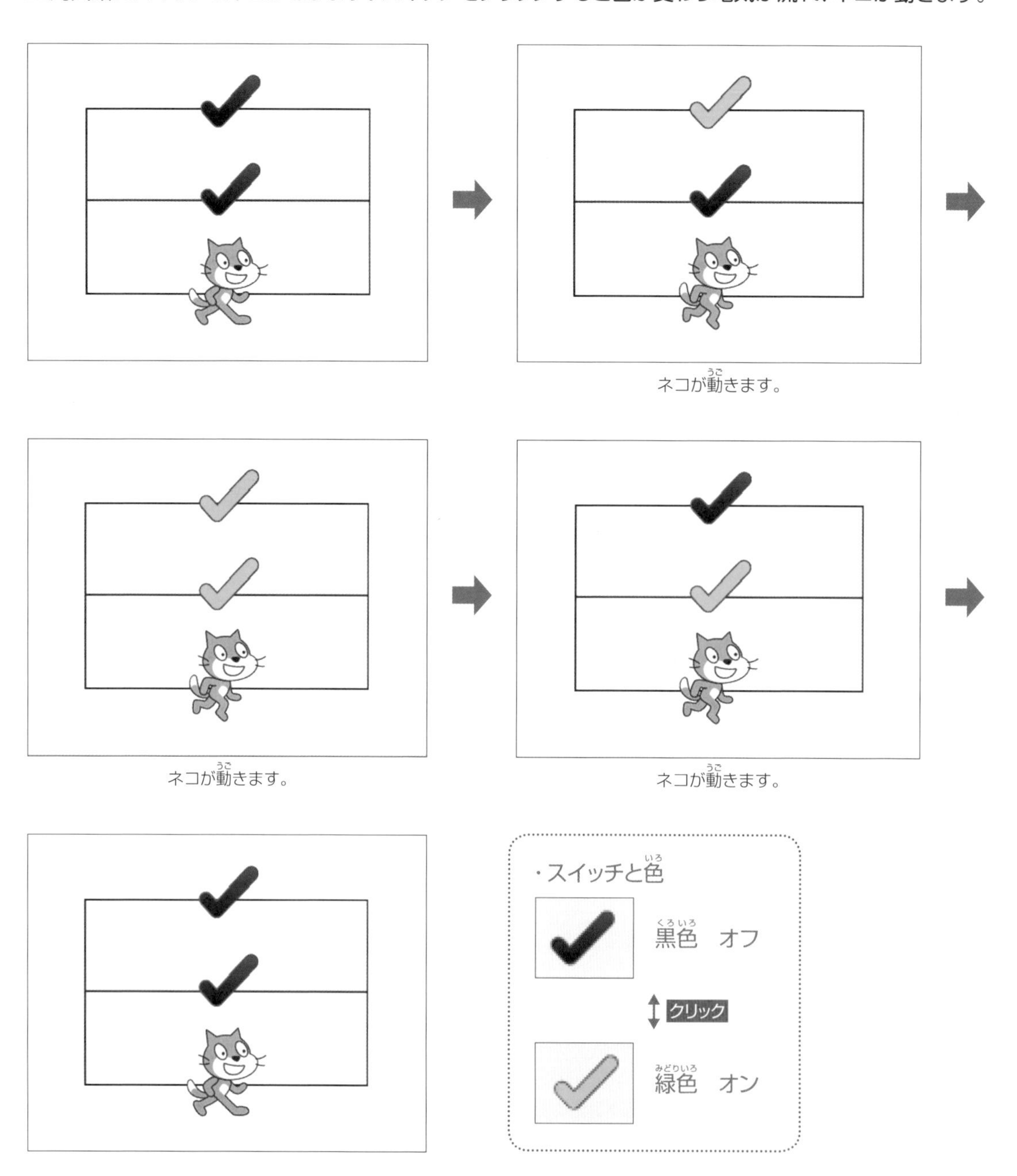

使用背景・スプライト

背景 背景1　スプライト スプライト1(Cat)、Button4、Button2

コスチューム をクリックし、ペイントエディターで回路の図を作成します。四角形と直線を使って作図します。

コード

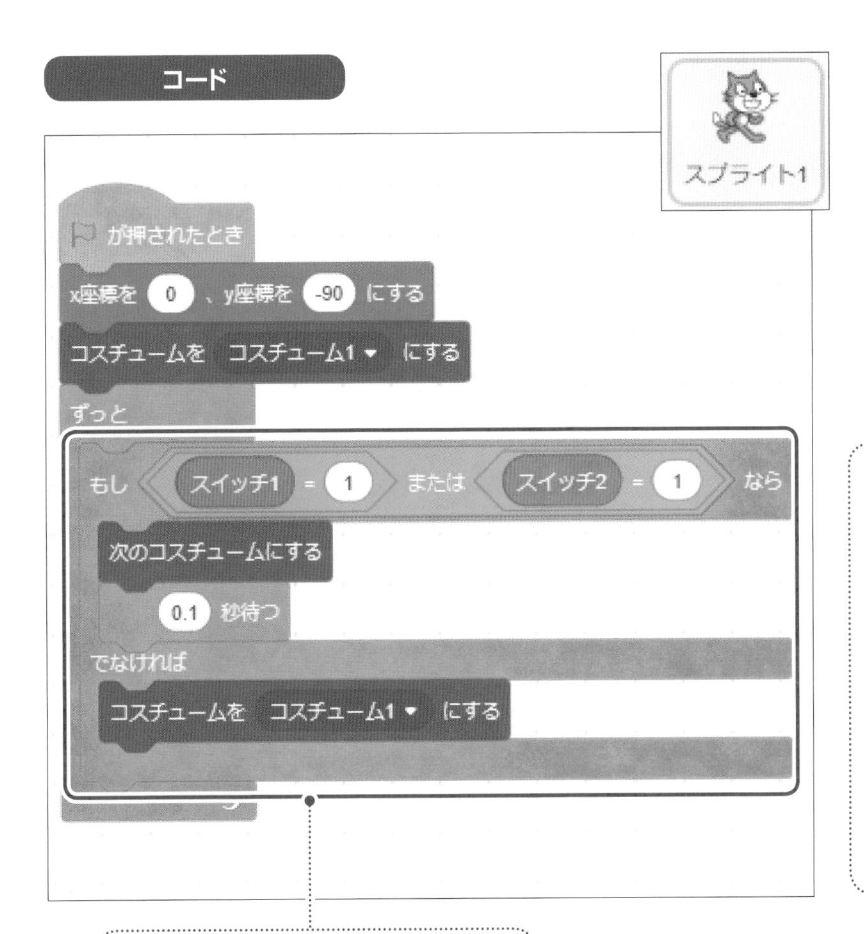

変数を作成します。変数はステージに表示しないので、□に✓を入れないようにします。

変数を作る
スイッチ1
スイッチ2

変数「スイッチ1」か変数「スイッチ2」のどちらかの値が1のとき、あるいは、両方の変数の値が1のとき、ネコが動くようになります。これは電気が流れている状態を表しています。

サンプル 82 電気とスイッチ(並列)

スイッチを開いている状態にします。変数「スイッチ1」の値が0のときはスイッチが開いている状態です。変数「スイッチ1」の値が1のときはスイッチが閉じている状態です。

スイッチを開いている状態にします。変数「スイッチ2」の値が0のときはスイッチが開いている状態です。変数「スイッチ2」の値が1のときはスイッチが閉じている状態です。

ポイント　直列と並列

直列の場合は、スイッチ1とスイッチ2とも閉じているときに電気が流れます。一方、並列の場合は、スイッチ1またはスイッチ2のどちらかが閉じているとき、あるいは、両方のスイッチが閉じているときに電気が流れます。次の例は、豆電球を回路に接続した場合です。電気が流れると豆電球が光り、電気が流れていることが分かります。

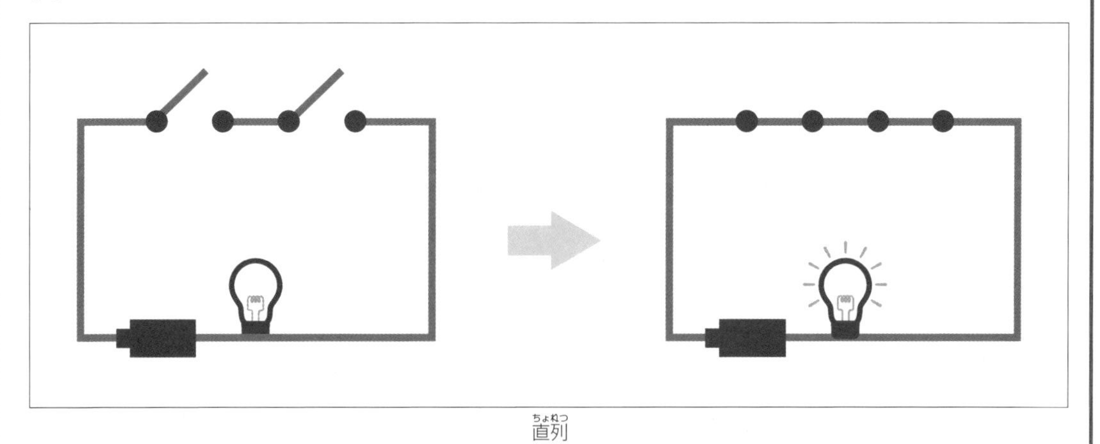

直列

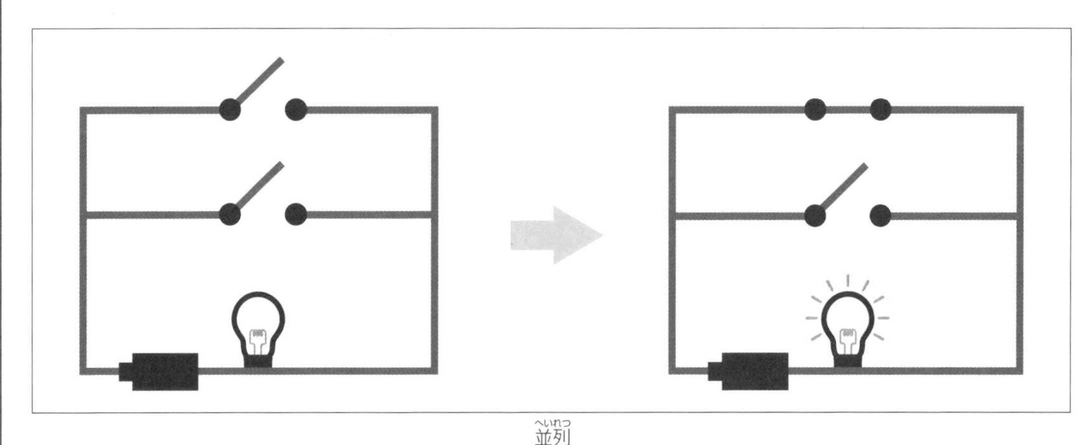

並列

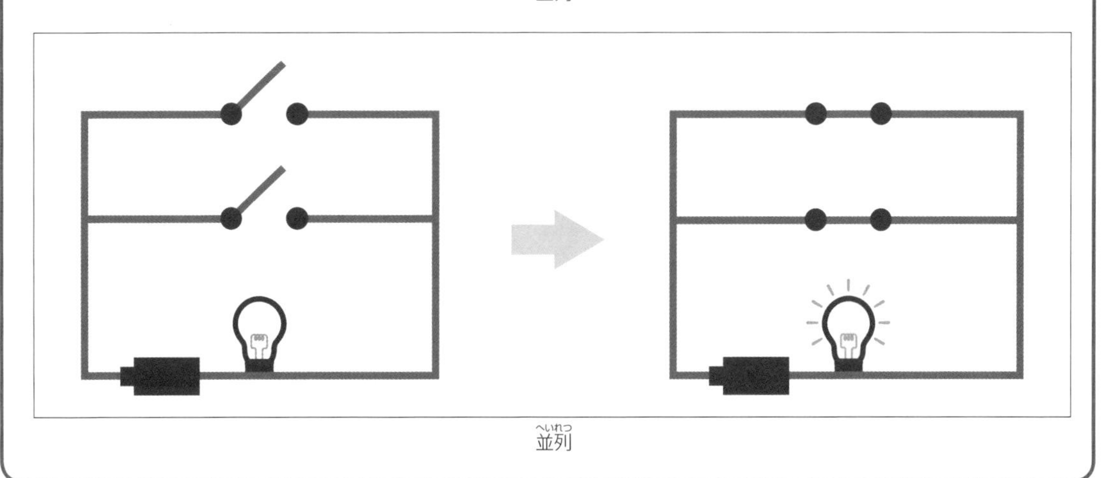

並列

サンプル 83　83.sb3　音楽

作曲(メロディー)

作曲したメロディーを、ネコが奏でます。

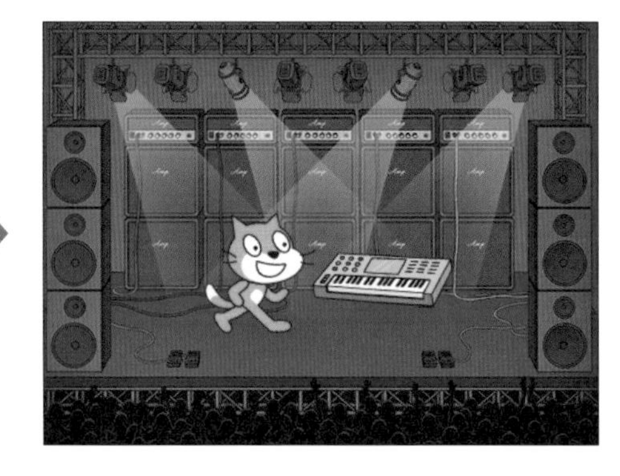

使用背景・スプライト

背景 Concert　スプライト スプライト1(Cat)、Keyboard

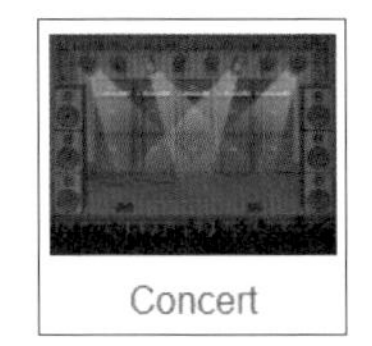

ポイント 拡張機能「音楽」を読み込む

拡張機能の「音楽」は、画面の左下の拡張機能をクリックし、「拡張機能を選ぶ」から「音楽」をクリックして読み込みます。拡張機能の「音楽」が読み込まれると、ブロックパレットに「音楽」のブロックが表示されます。

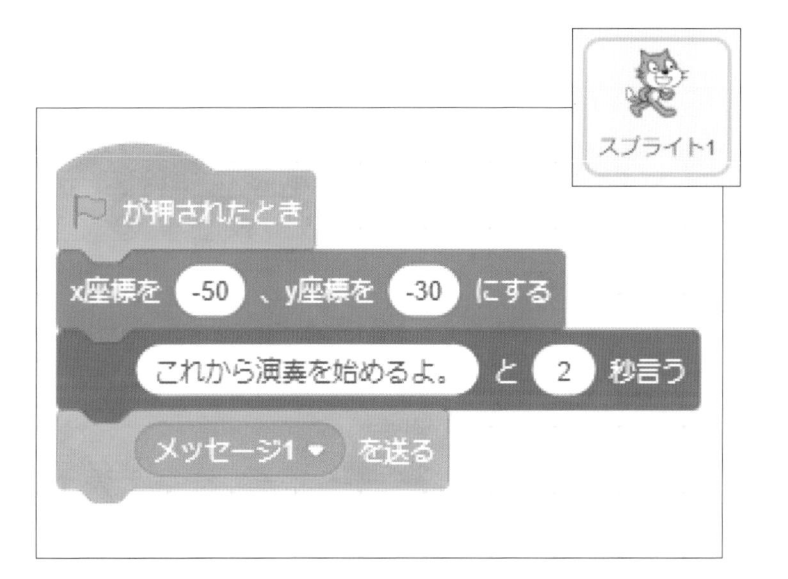

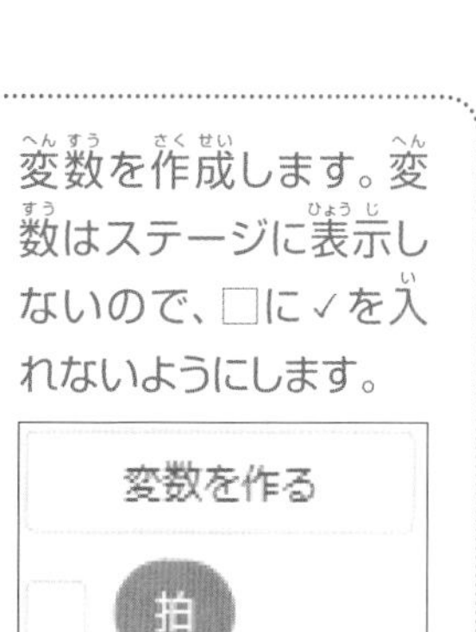

変数を作成します。変数はステージに表示しないので、□に✓を入れないようにします。

ポイント　作曲

「音楽」のブロックを使うと、スクラッチで演奏することができます。ここでは次のメロディを作曲し、演奏しています。別の楽器で鳴らしたり、音符や拍を変更して自分の作ったメロディを演奏できます。

ポイント　音階、拍とブロックの数値

音階や拍と、「音楽」のブロックに入力する数値は次の関係になっています。

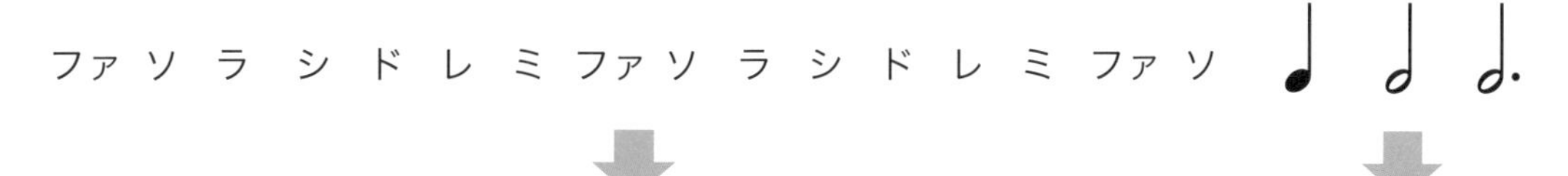

53　55　57　59　60　62　64　65　67　69　71　72　74　76　77　79　1拍　2拍　3拍

作曲（メロディー）

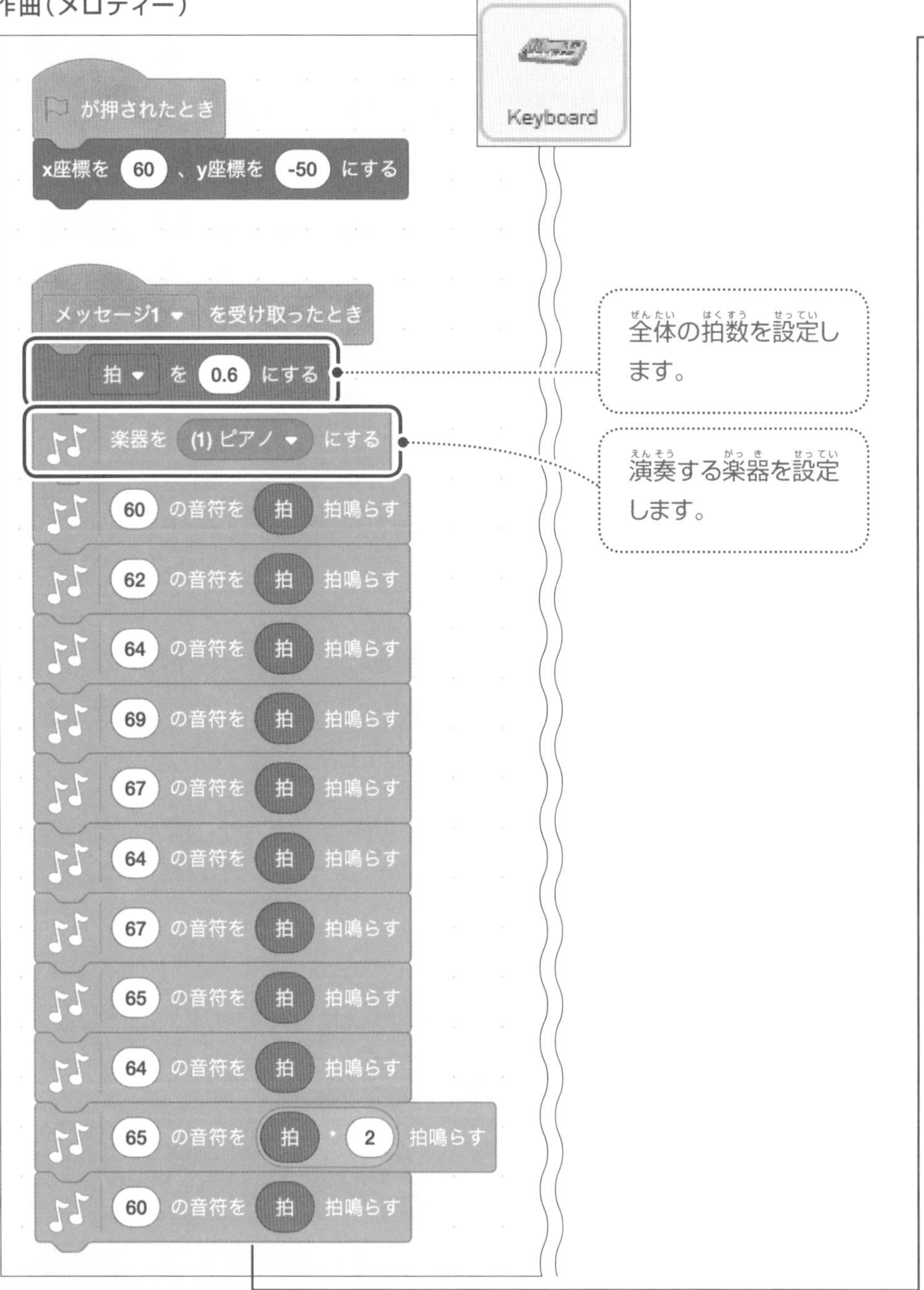

ポイント 音楽のブロック

音楽のブロックには、楽器や演奏のテンポを決めるブロック、音を入力するブロックがあります。
音は番号で入力します。

ド	レ	ミ	ファ	ソ	ラ	シ	ド
(60)	(62)	(64)	(65)	(67)	(69)	(71)	(72)

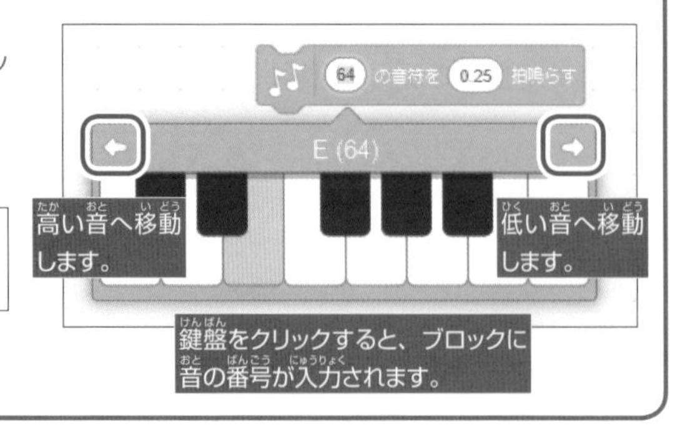

Keyboard
（続き）

62 の音符を 拍 拍鳴らす
64 の音符を 拍 拍鳴らす
65 の音符を 拍 拍鳴らす
64 の音符を 拍 拍鳴らす
72 の音符を 拍 拍鳴らす
71 の音符を 拍 拍鳴らす
69 の音符を 拍 拍鳴らす
74 の音符を 拍 拍鳴らす
72 の音符を 拍 拍鳴らす
71 の音符を 拍 拍鳴らす
79 の音符を 拍 拍鳴らす
77 の音符を 拍 拍鳴らす
76 の音符を 拍 * 2 拍鳴らす
67 の音符を 拍 拍鳴らす
69 の音符を 拍 拍鳴らす
77 の音符を 拍 拍鳴らす
69 の音符を 拍 拍鳴らす
71 の音符を 拍 * 2 拍鳴らす
74 の音符を 拍 拍鳴らす
72 の音符を 拍 * 3 拍鳴らす

音楽

作曲(和音)

ネコが和音を奏でます。

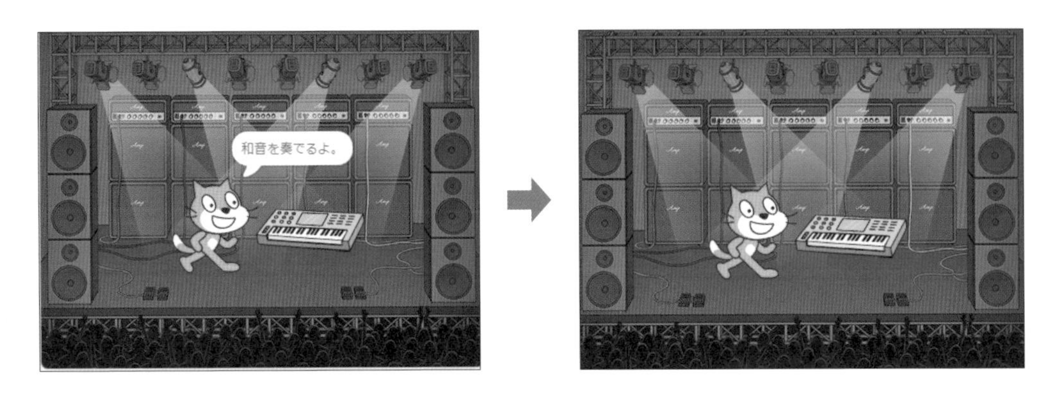

使用背景・スプライト

背景 Concert　スプライト スプライト1(Cat)、Keyboard

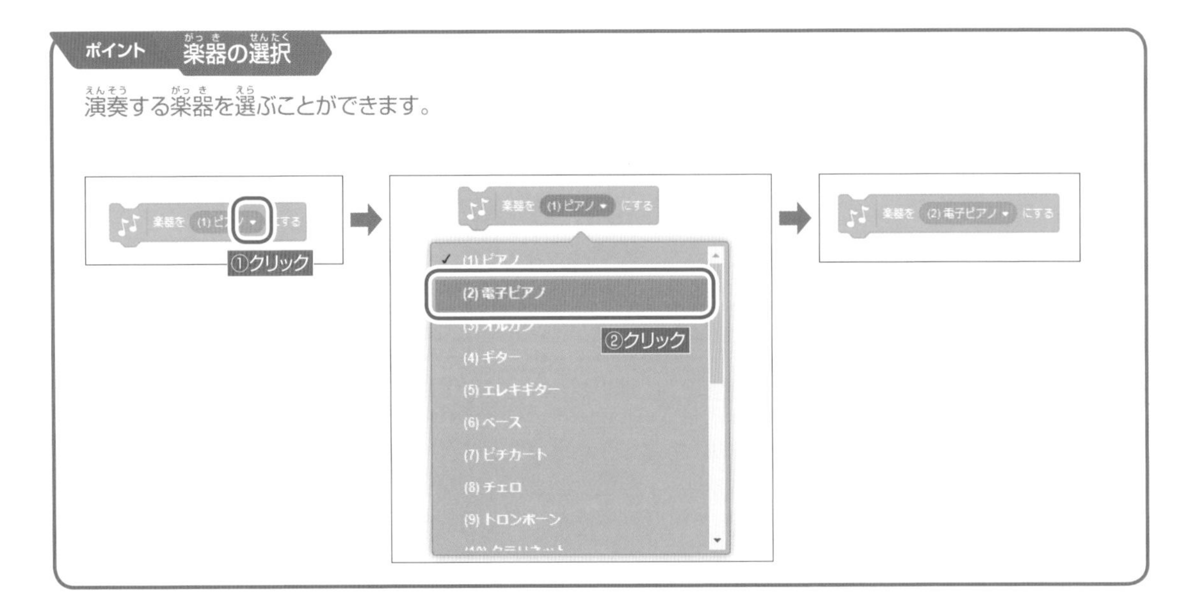

変数を作成します。変数はステージに表示しないので、□に✓を入れないようにします。

サンプル83（P257）で作ったメロディに和音で伴奏つけています。メロディに伴奏が入ると、より音楽的な表現になります。ここでは、Ⅰ度、Ⅳ度、Ⅴ度の主要三和音（コードの場合C、F、G）を使っています。

ポイント　和音ブロックの数値

主要三和音と「音楽」のブロックに入力する数値は次の関係になっています。

Ⅰ度の和音	Ⅳ度の和音	Ⅴ度の和音
ド　ミ　ソ	ファ　ラ　ド	ソ　シ　レ
48　52　55	53　57　60	55　59　62

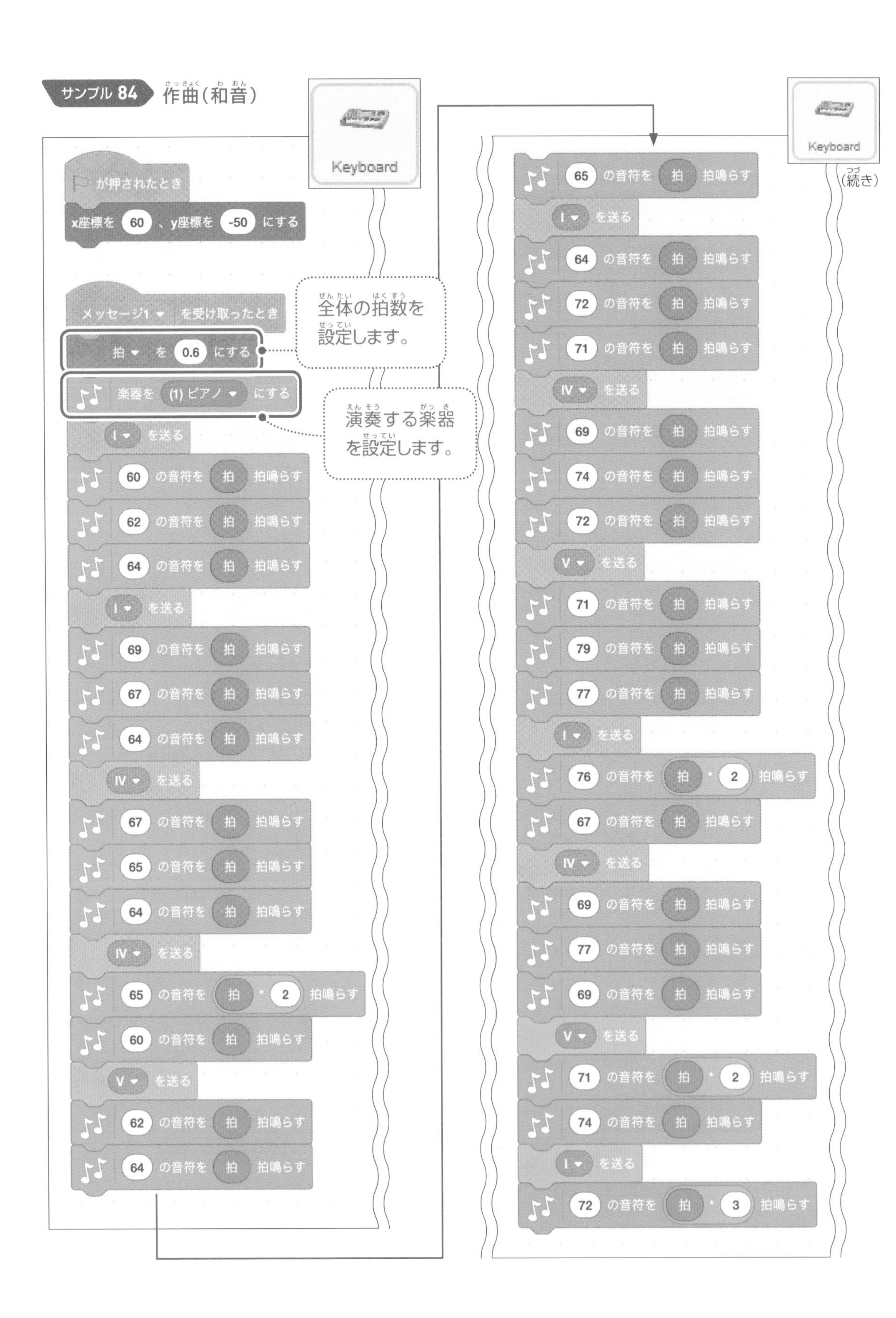
サンプル 84
作曲（和音）
Keyboard
が押されたとき
x座標を 60 、y座標を -50 にする
メッセージ1 を受け取ったとき
拍 を 0.6 にする
全体の拍数を設定します。
楽器を (1) ピアノ にする
演奏する楽器を設定します。
I を送る
60 の音符を 拍 拍鳴らす
62 の音符を 拍 拍鳴らす
64 の音符を 拍 拍鳴らす
I を送る
69 の音符を 拍 拍鳴らす
67 の音符を 拍 拍鳴らす
64 の音符を 拍 拍鳴らす
IV を送る
67 の音符を 拍 拍鳴らす
65 の音符を 拍 拍鳴らす
64 の音符を 拍 拍鳴らす
IV を送る
65 の音符を 拍 * 2 拍鳴らす
60 の音符を 拍 拍鳴らす
V を送る
62 の音符を 拍 拍鳴らす
64 の音符を 拍 拍鳴らす
Keyboard
（続き）
65 の音符を 拍 拍鳴らす
I を送る
64 の音符を 拍 拍鳴らす
72 の音符を 拍 拍鳴らす
71 の音符を 拍 拍鳴らす
IV を送る
69 の音符を 拍 拍鳴らす
74 の音符を 拍 拍鳴らす
72 の音符を 拍 拍鳴らす
V を送る
71 の音符を 拍 拍鳴らす
79 の音符を 拍 拍鳴らす
77 の音符を 拍 拍鳴らす
I を送る
76 の音符を 拍 * 2 拍鳴らす
67 の音符を 拍 拍鳴らす
IV を送る
69 の音符を 拍 拍鳴らす
77 の音符を 拍 拍鳴らす
69 の音符を 拍 拍鳴らす
V を送る
71 の音符を 拍 * 2 拍鳴らす
74 の音符を 拍 拍鳴らす
I を送る
72 の音符を 拍 * 3 拍鳴らす

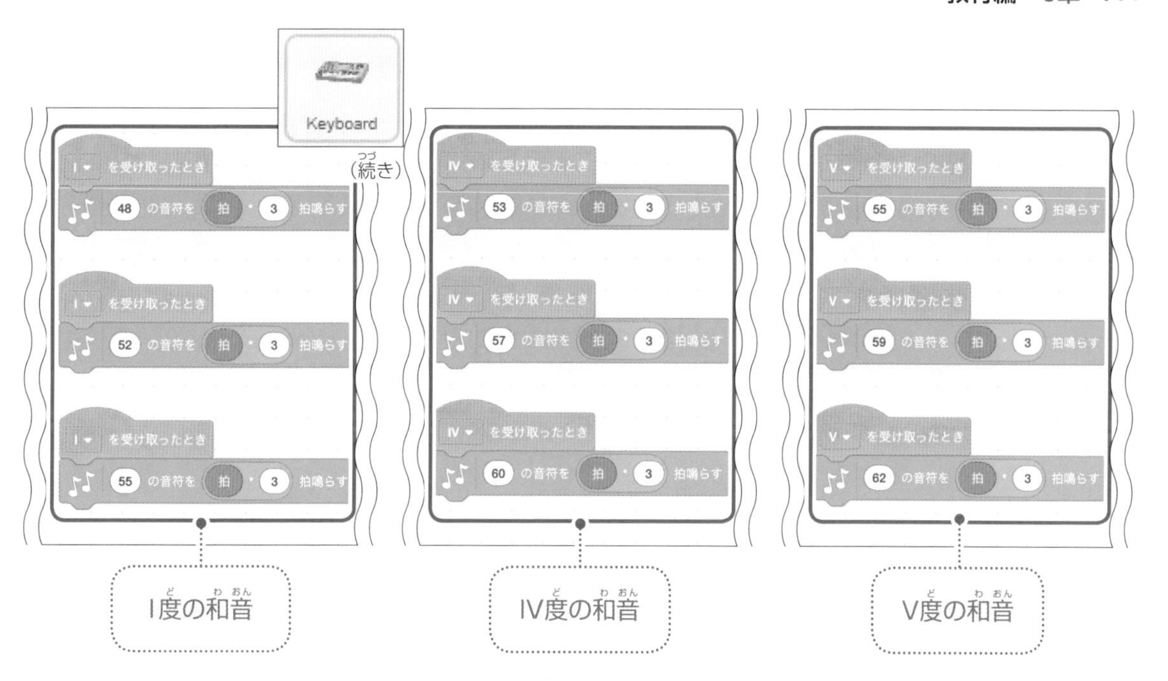

ポイント　様々な和音

和音は主要三和音以外にも、様々な種類があります。和音を変えると曲の表情が変わります。次に示すのはP259の和音を変更した例です。

作例 3：和音の応用

サンプル 85　85.sb3

図画工作

時間でペンの色が変わるお絵描き

マウスをドラッグすると、その軌跡が線になります。描く線の色は時間で変化します。ステージの右上に現在の色が表示されます。

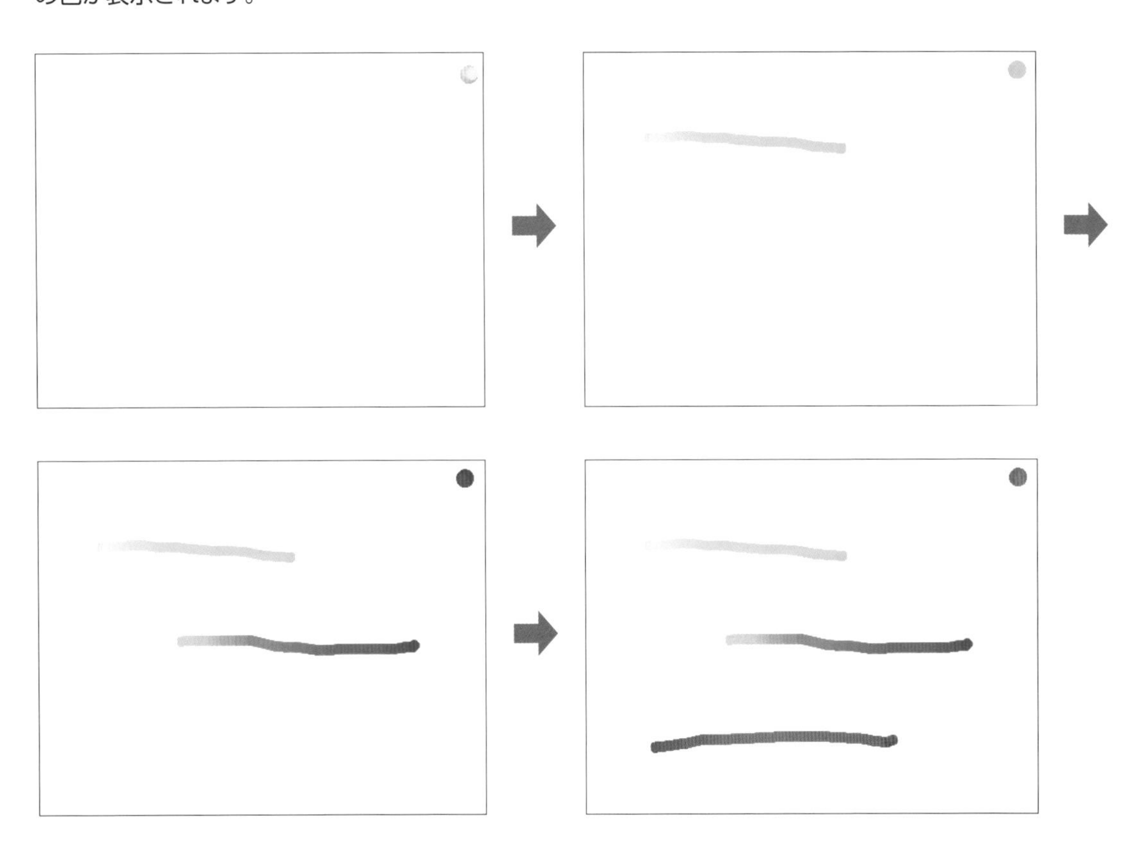

ポイント　拡張機能の「ペン」を追加する

拡張機能の「ペン」は、画面の左下の「拡張機能を追加」クリックし、「拡張機能を選ぶ」から「ペン」をクリックして追加します。拡張機能の「ペン」が追加されると、ブロックパレットに「ペン」のブロックが表示されます。

使用背景・スプライト

背景 なし　スプライト スプライト1(Cat)、Ball

コード

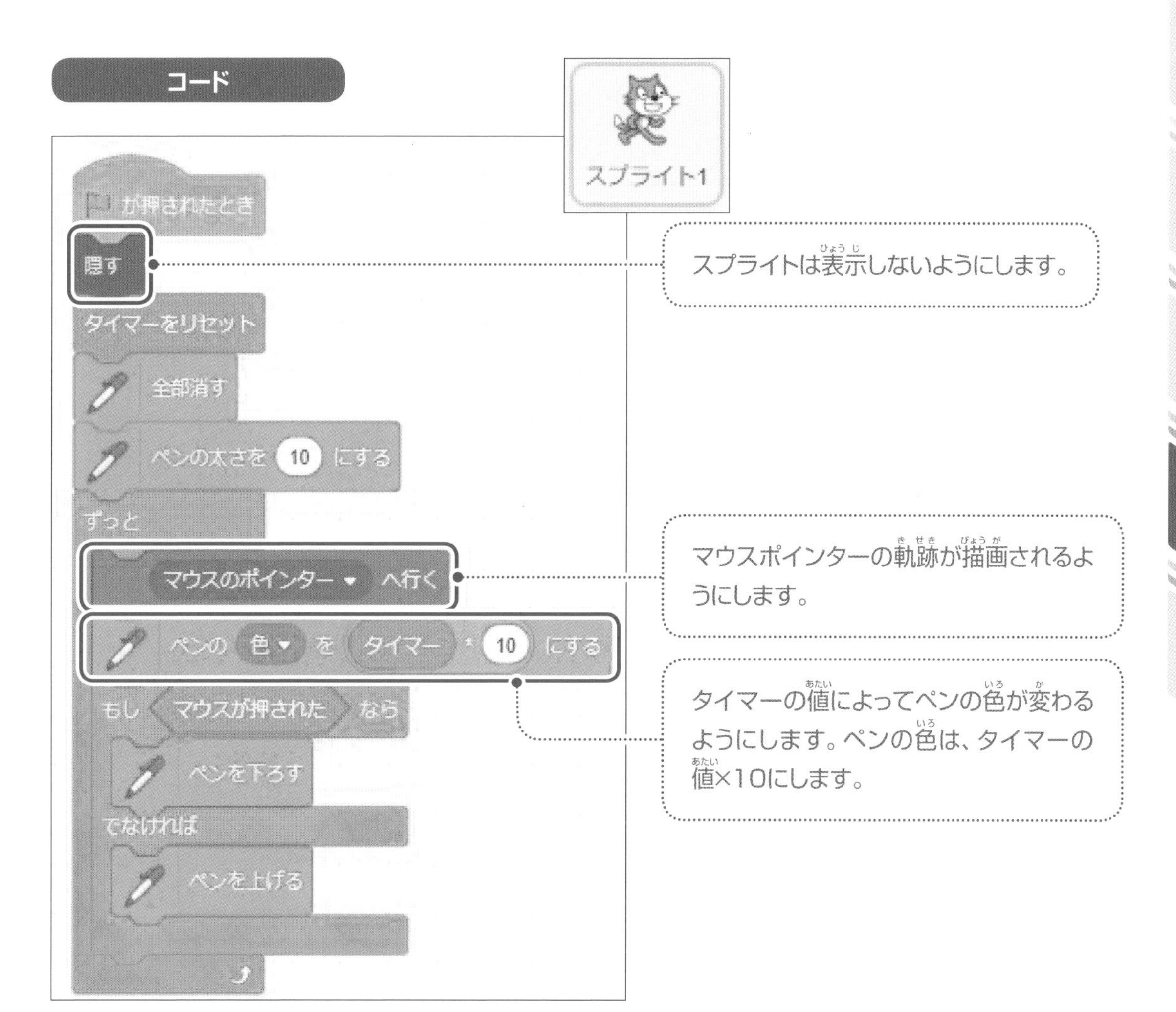

サンプル 85 時間でペンの色が変わるお絵描き

ポイント ペンの色・鮮やかさ・明るさ

ペンは「色」「鮮やかさ」「明るさ」などを、「ペン」のブロックにより値で指定することができます。また、実際にこれらの値を反映させた場合の状態を、ブロックに表示される色の部分をクリックして確認することができます。

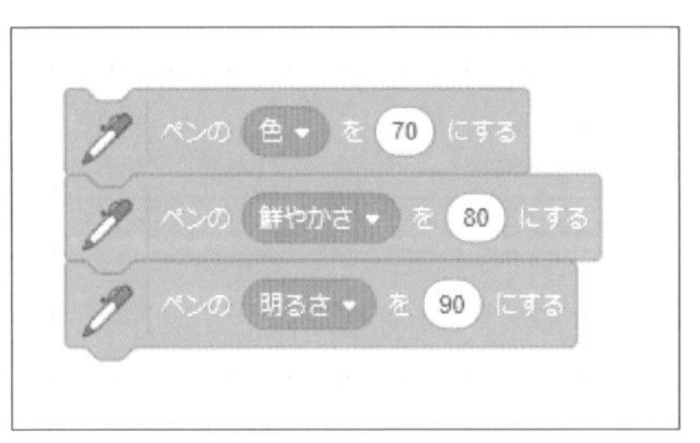

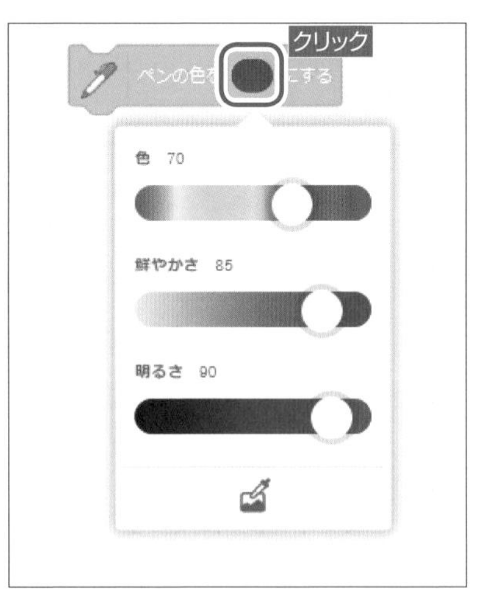

ポイント **明るさ以外の変化**

「ペン」のブロックでペンの色以外の要素も変化させることができます。次の例では、ペンの色に加えて明るさも変化させています。

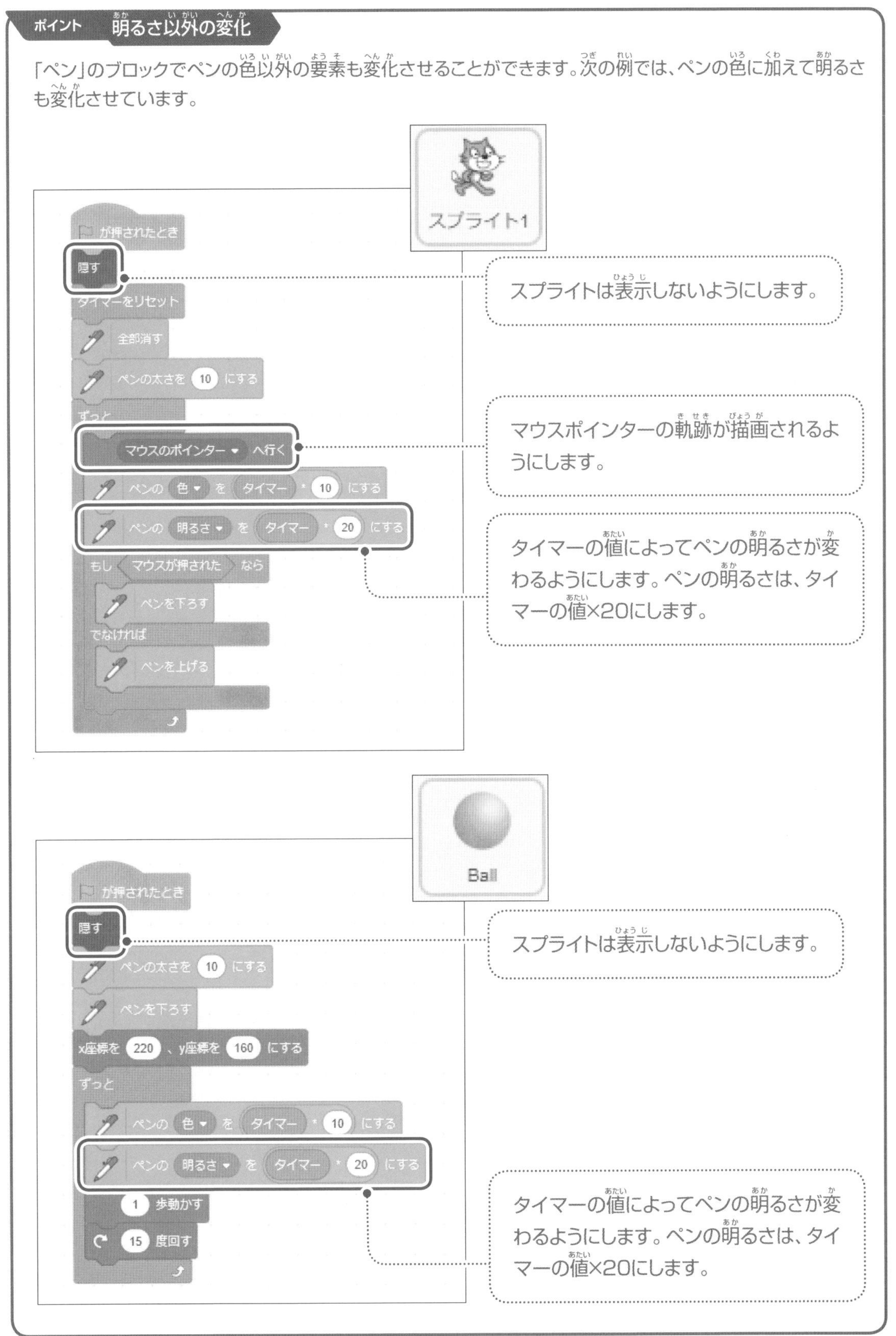

サンプル 86　86.sb3

図画工作

鏡像お絵描き

マウスをドラッグすると、その軌跡が線になります。描く線の色はの時間で変化します。ステージの右上に現在の色が表示されます。また、鏡像（Y軸に対して線対称の図形）が自動的に描かれます。

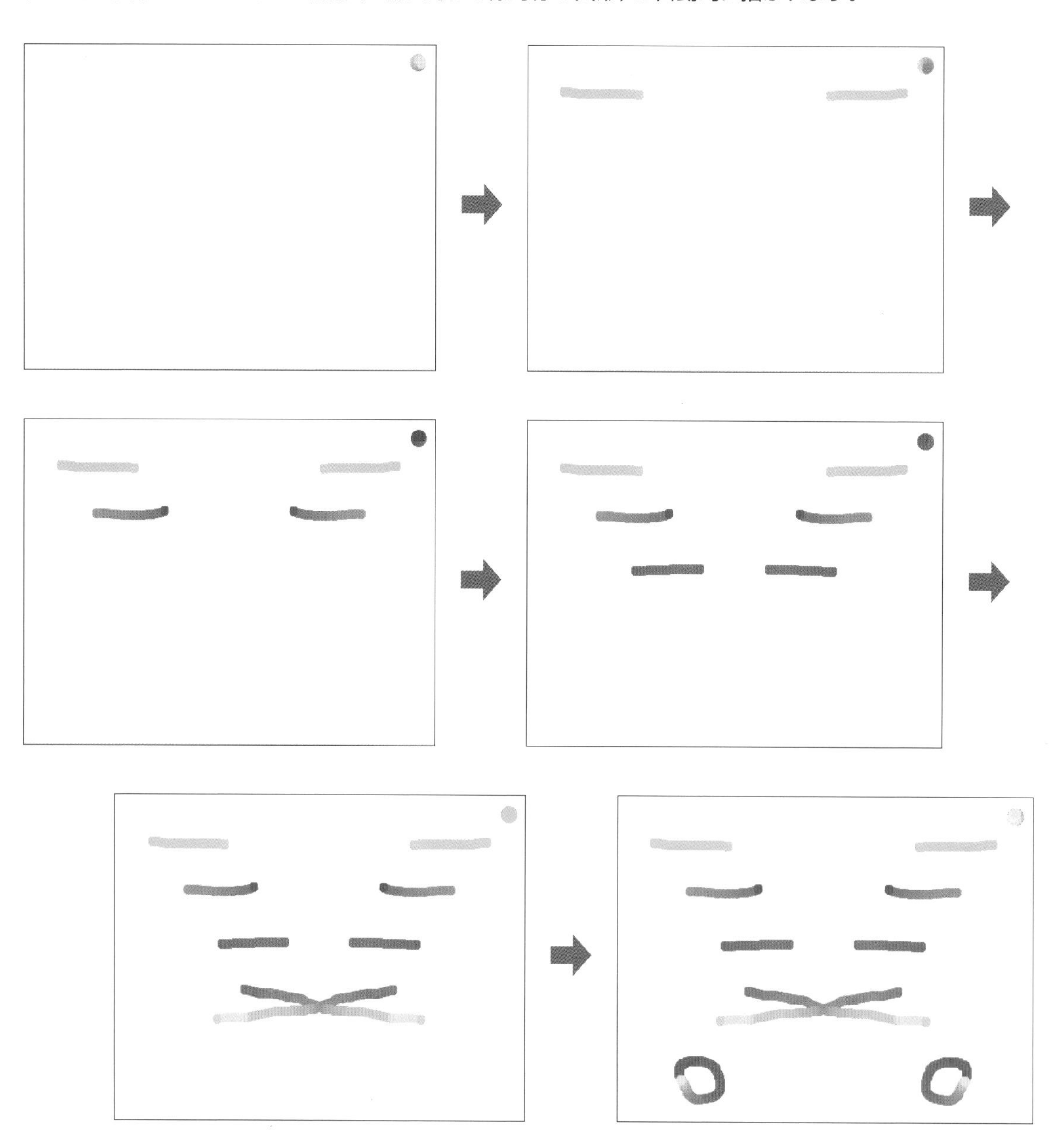

使用背景・スプライト

背景 なし　スプライト スプライト1(Cat)、Cat、Ball

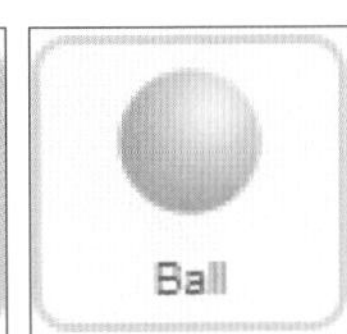

コード

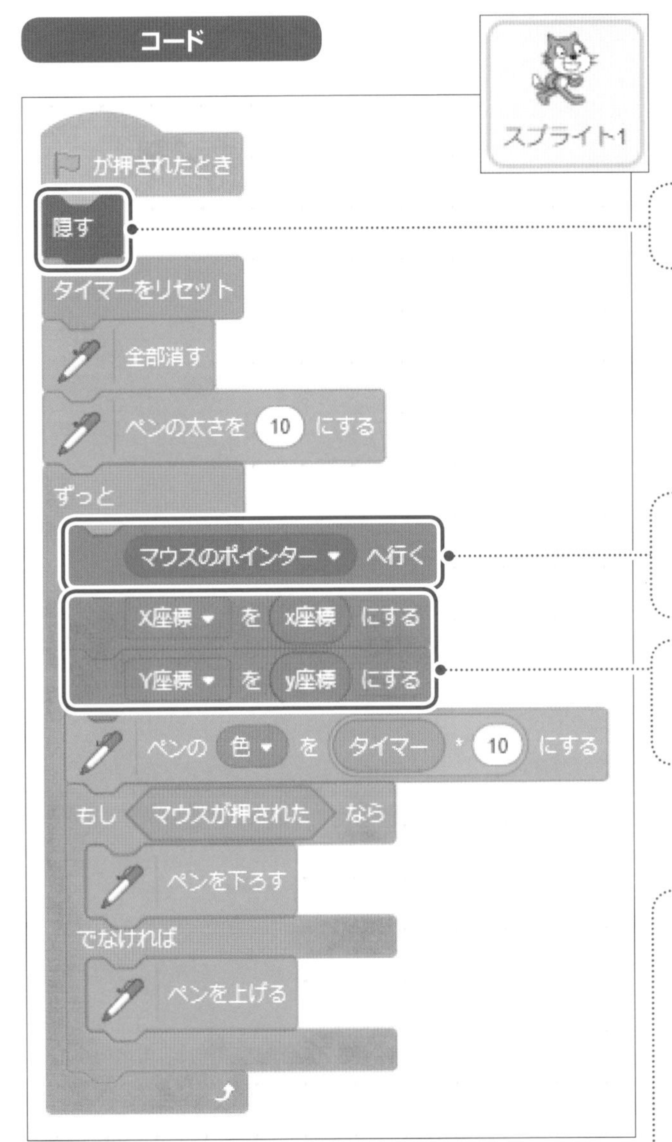

スプライトは表示しないようにします。

マウスポインターの軌跡が描画されるようにします。

マウスの位置を、変数「x座標」、変数「y座標」に格納します。

変数を作成します。変数はステージに表示しないので、□に✓を入れないようにします。

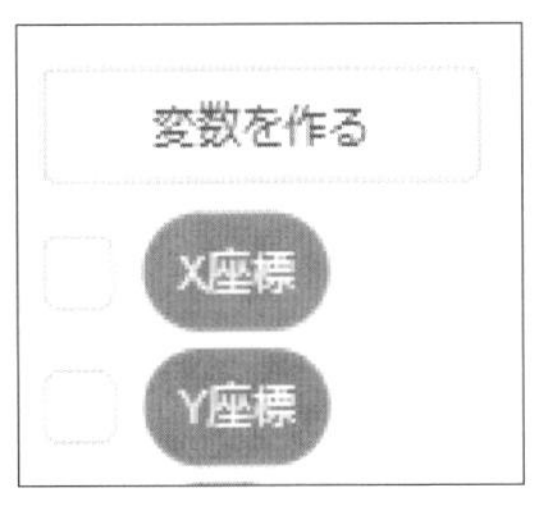

サンプル 86 鏡像お絵描き

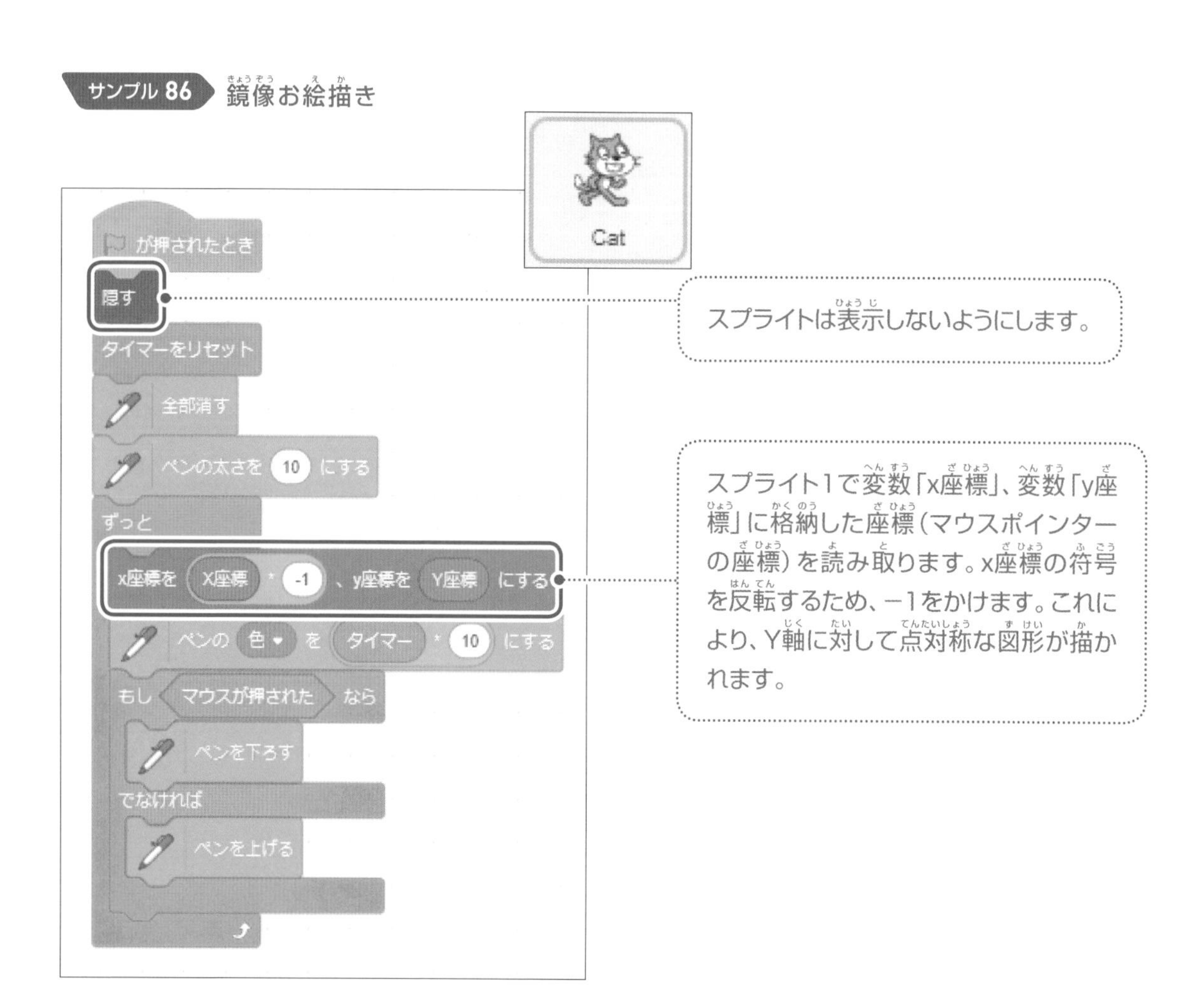

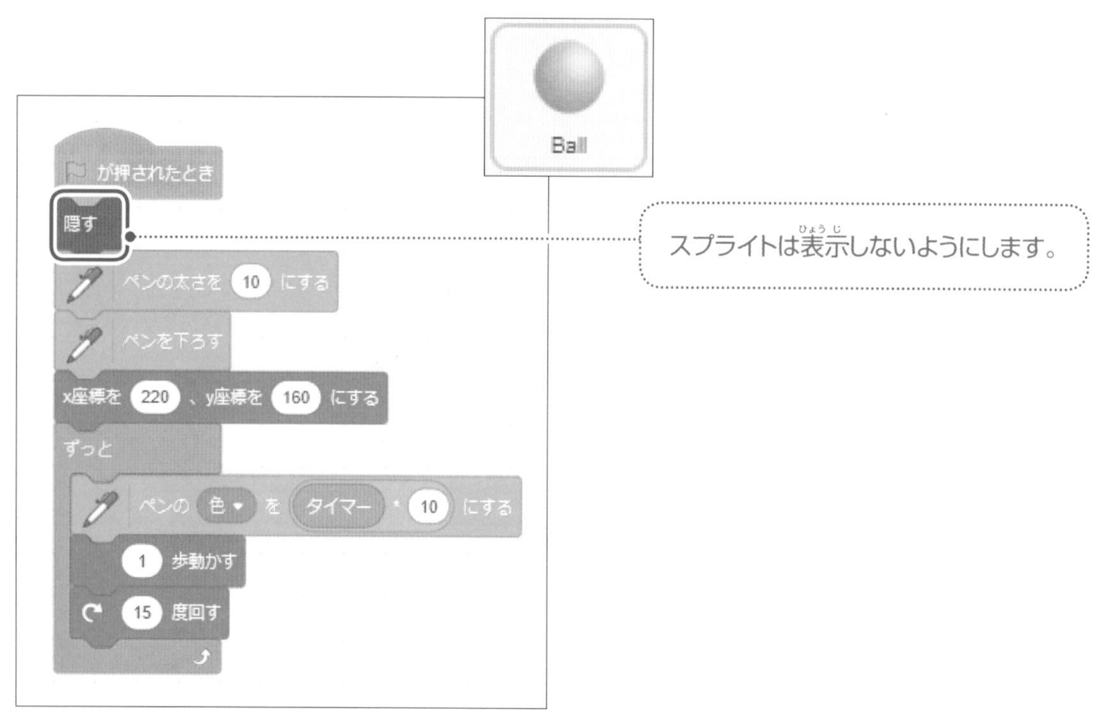

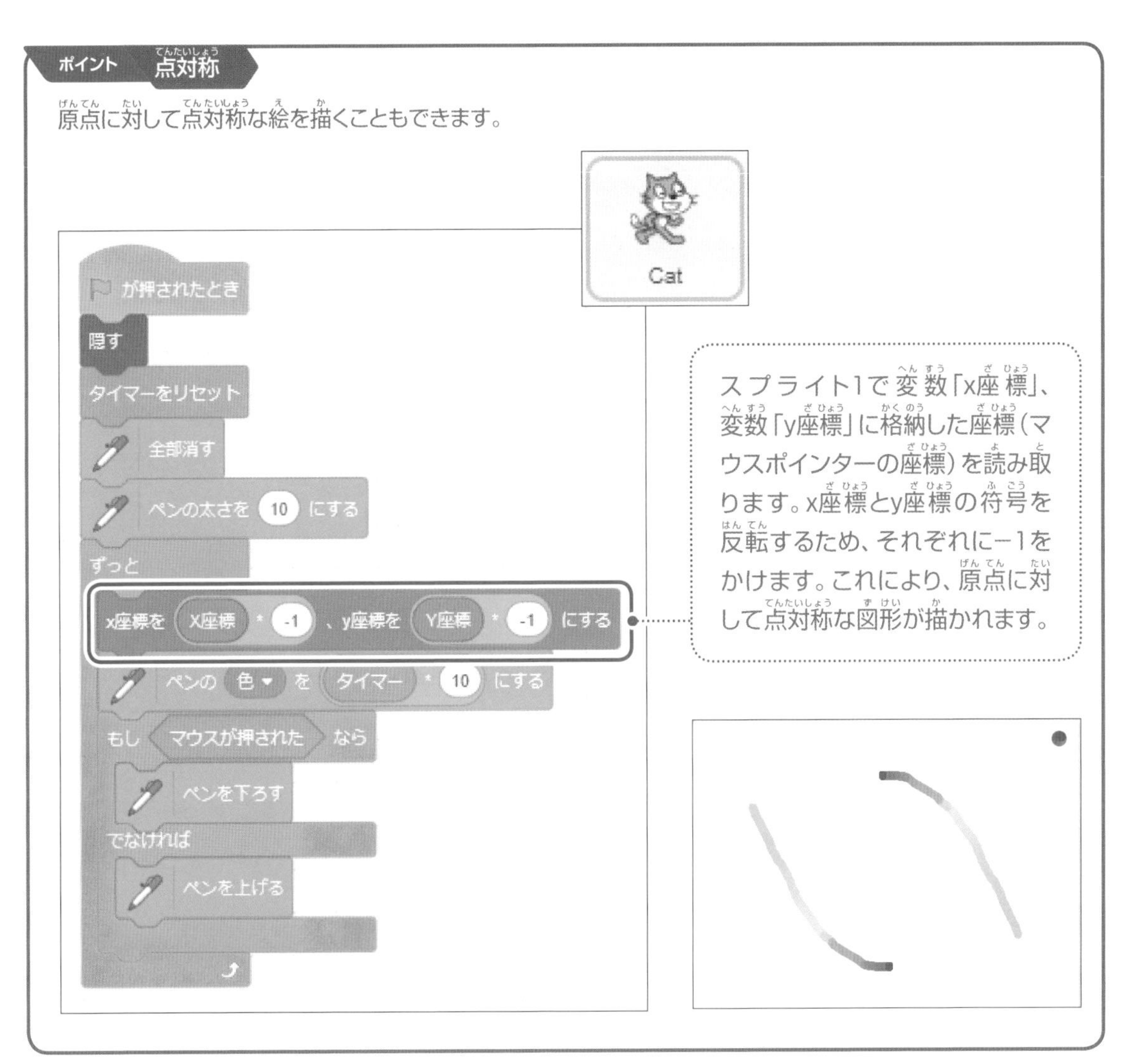
ポイント 点対称
原点に対して点対称な絵を描くこともできます。
Cat
が押されたとき
隠す
タイマーをリセット
全部消す
ペンの太さを 10 にする
ずっと
x座標を X座標 * -1 、y座標を Y座標 * -1 にする
ペンの 色 を タイマー * 10 にする
もし マウスが押された なら
ペンを下ろす
でなければ
ペンを上げる
スプライト1で変数「x座標」、変数「y座標」に格納した座標（マウスポインターの座標）を読み取ります。x座標とy座標の符号を反転するため、それぞれに−1をかけます。これにより、原点に対して点対称な図形が描かれます。

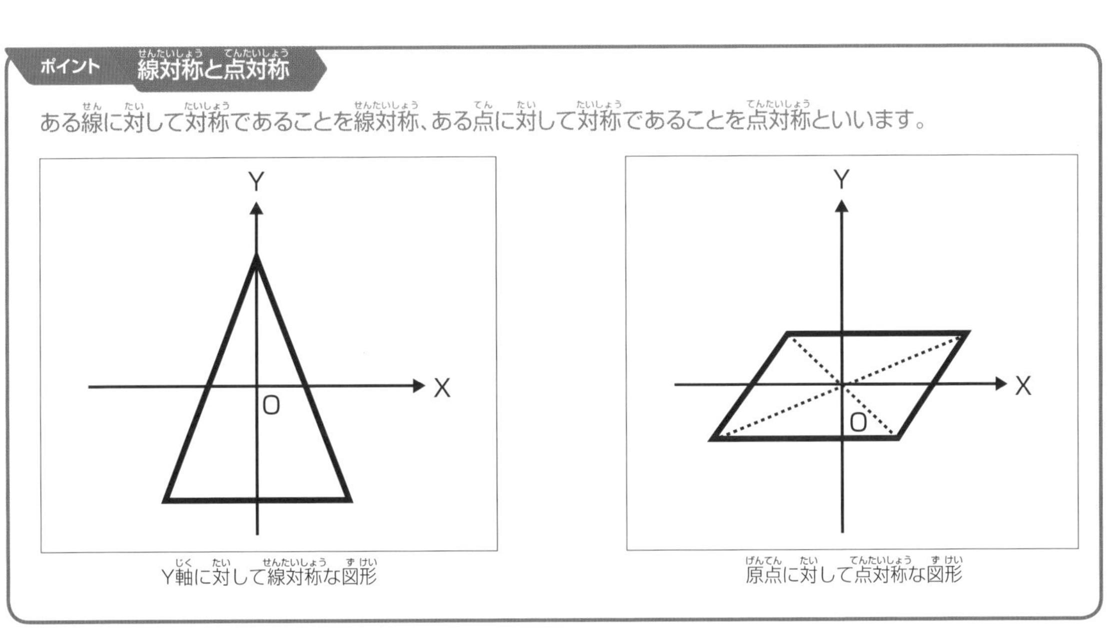
ポイント 線対称と点対称
ある線に対して対称であることを線対称、ある点に対して対称であることを点対称といいます。
Y
X
O
Y
X
O
Y軸に対して線対称な図形
原点に対して点対称な図形

0 1 2 3 4 5 6

サンプル 87 87.sb3

家庭

各地の名物料理

地図の上の印をクリックすると、その都道府県の名物料理が表示されます。

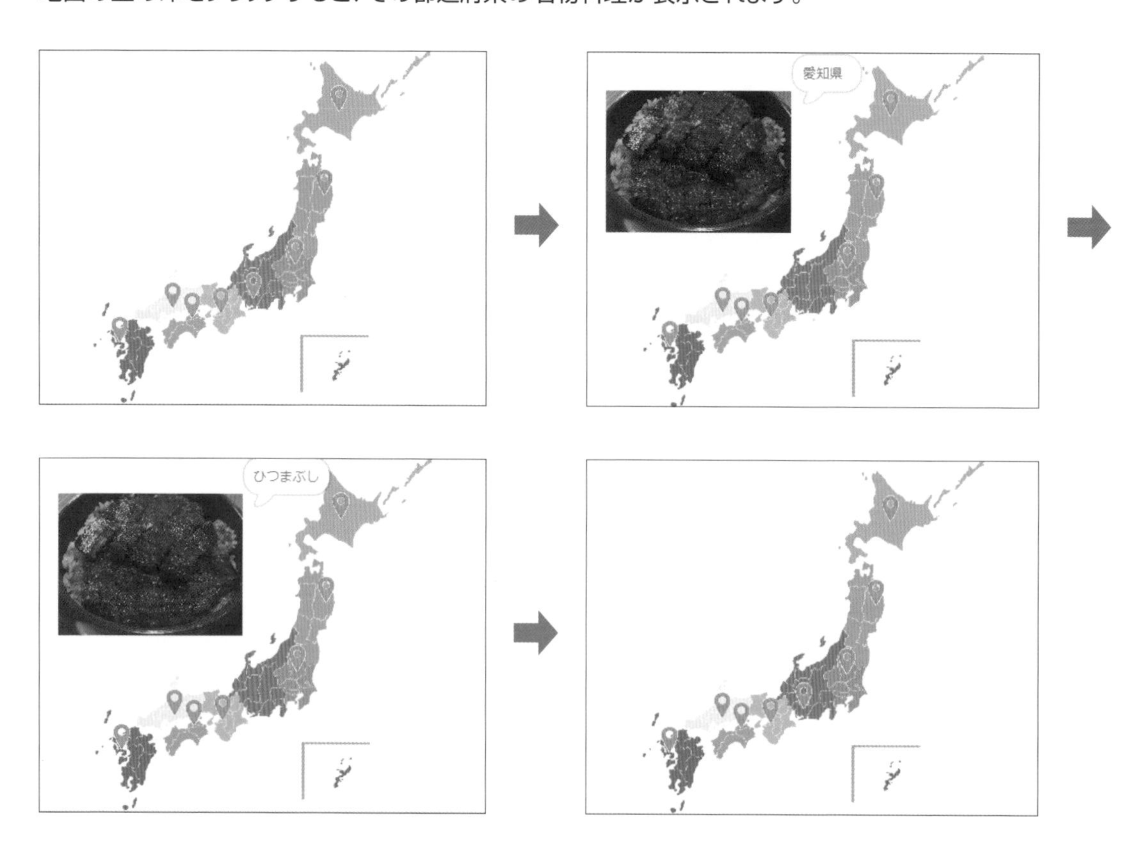

使用背景・スプライト

背景 日本地図　スプライト 印、印2、印3、印4、印5、印6、印7、印8

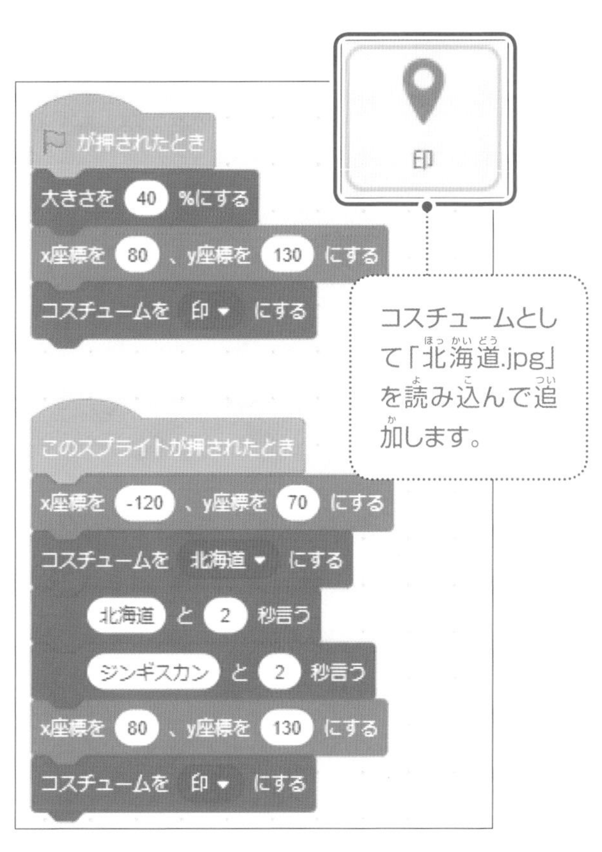
印
が押されたとき
大きさを 40 %にする
x座標を 80 、y座標を 130 にする
コスチュームを 印 にする
コスチュームとして「北海道.jpg」を読み込んで追加します。
このスプライトが押されたとき
x座標を -120 、y座標を 70 にする
コスチュームを 北海道 にする
北海道 と 2 秒言う
ジンギスカン と 2 秒言う
x座標を 80 、y座標を 130 にする
コスチュームを 印 にする

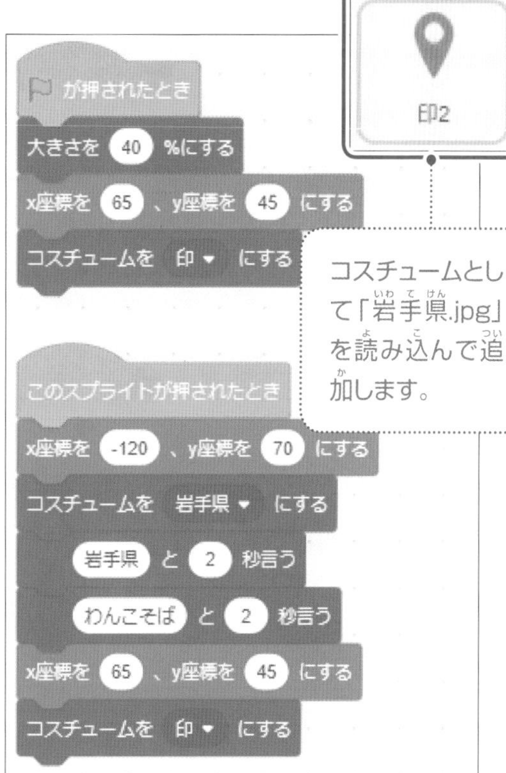
印2
が押されたとき
大きさを 40 %にする
x座標を 65 、y座標を 45 にする
コスチュームを 印 にする
コスチュームとして「岩手県.jpg」を読み込んで追加します。
このスプライトが押されたとき
x座標を -120 、y座標を 70 にする
コスチュームを 岩手県 にする
岩手県 と 2 秒言う
わんこそば と 2 秒言う
x座標を 65 、y座標を 45 にする
コスチュームを 印 にする

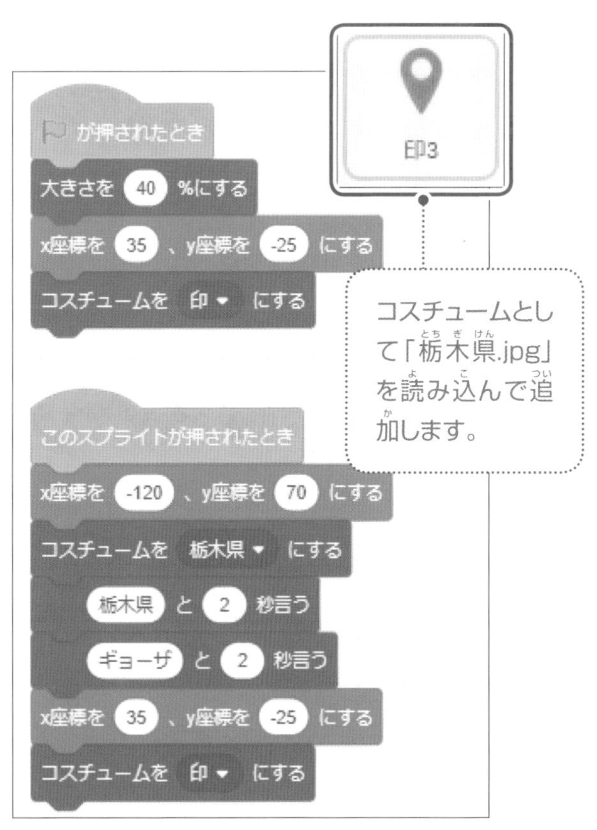
印3
が押されたとき
大きさを 40 %にする
x座標を 35 、y座標を -25 にする
コスチュームを 印 にする
コスチュームとして「栃木県.jpg」を読み込んで追加します。
このスプライトが押されたとき
x座標を -120 、y座標を 70 にする
コスチュームを 栃木県 にする
栃木県 と 2 秒言う
ギョーザ と 2 秒言う
x座標を 35 、y座標を -25 にする
コスチュームを 印 にする

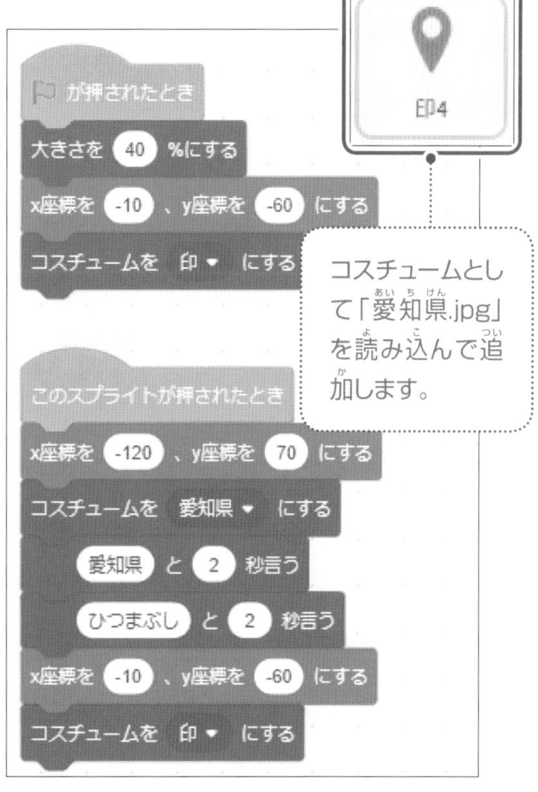
印4
が押されたとき
大きさを 40 %にする
x座標を -10 、y座標を -60 にする
コスチュームを 印 にする
コスチュームとして「愛知県.jpg」を読み込んで追加します。
このスプライトが押されたとき
x座標を -120 、y座標を 70 にする
コスチュームを 愛知県 にする
愛知県 と 2 秒言う
ひつまぶし と 2 秒言う
x座標を -10 、y座標を -60 にする
コスチュームを 印 にする

サンプル 87 各地の名物料理

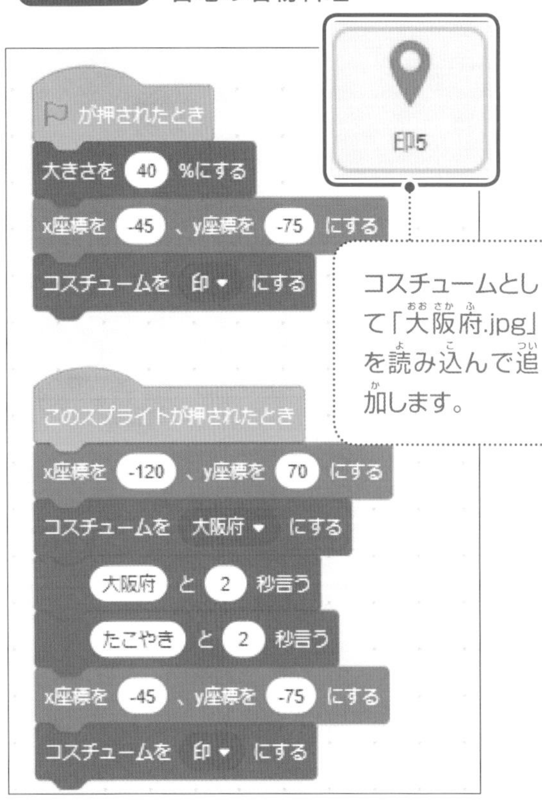

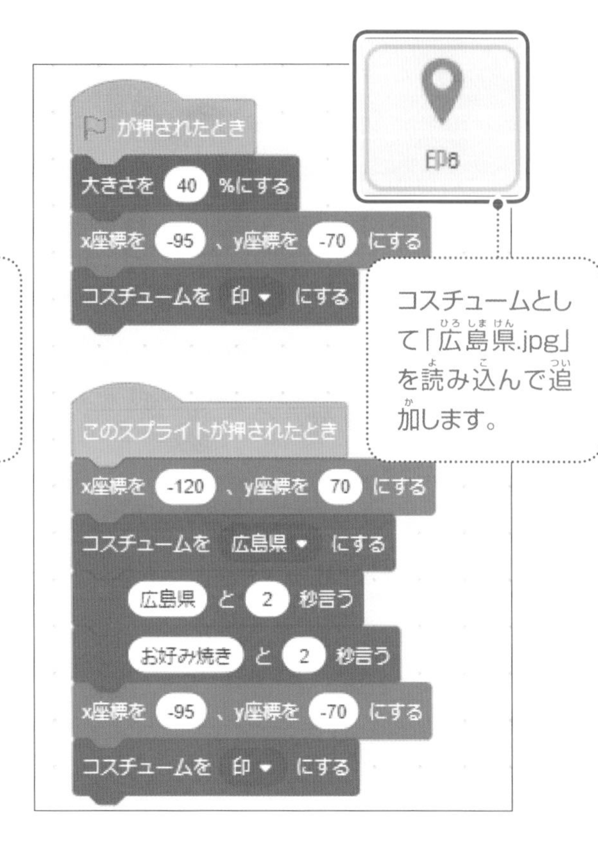

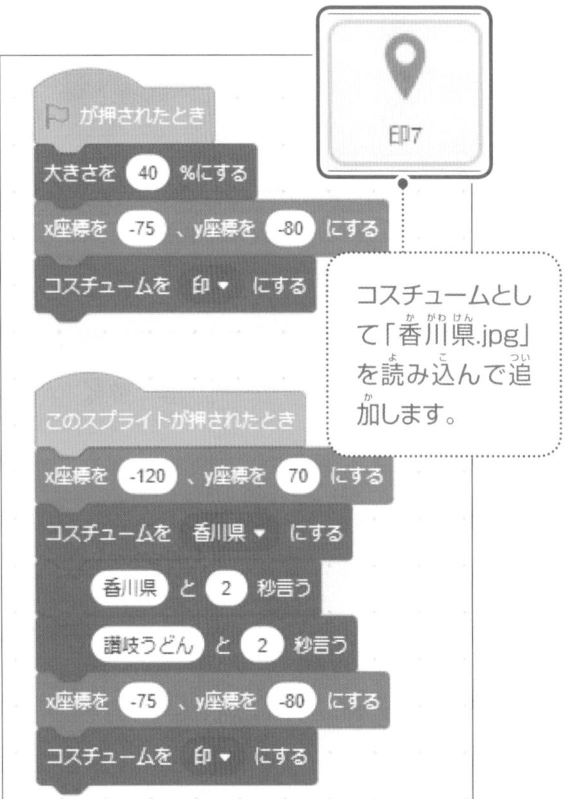

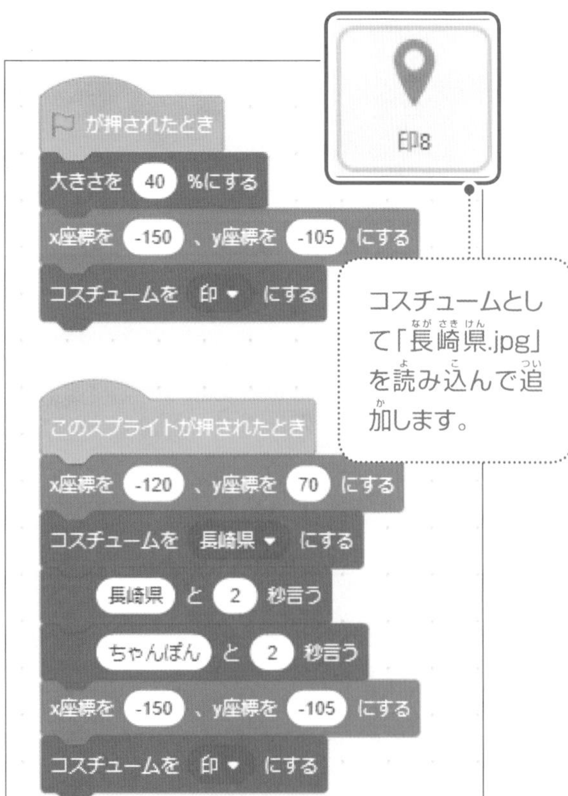

ポイント **素材の利用**

背景やスプライト（スプライトのコスチューム）は、自分で作成した絵や写真を素材として利用できます。ここで使用している素材は本書のダウンロードサイトよりダウンロードできます。

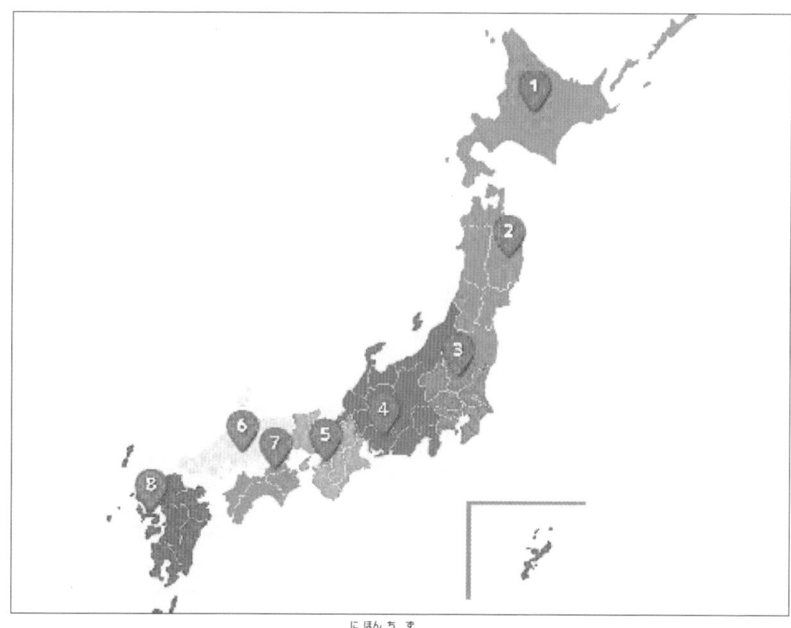

日本地図.jpg

印.png

北海道.jpg
（ジンギスカン）

岩手県.jpg
（わんこそば）

栃木県.jpg
（餃子）

愛知県.jpg
（ひつまぶし）

大阪府.jpg
（たこ焼き）

広島県.jpg
（お好み焼き）

香川県.jpg
（讃岐うどん）

長崎県.jpg
（ちゃんぽん）

サンプル 88　88.sb3

体育

いろいろな球技

球技のアイコン画像が表示されます。球技のアイコン画像をクリックすると、球技写真が全画面表示されます。また、球技の簡単な説明が表示されます。全画面表示された球技の写真は、設定した時間が経過すると消えます。

使用背景・スプライト

背景 Blue Sky 2　スプライト サッカー、テニス、バスケットボール、バドミントン、バレーボール、野球

Blue Sky 2

コード

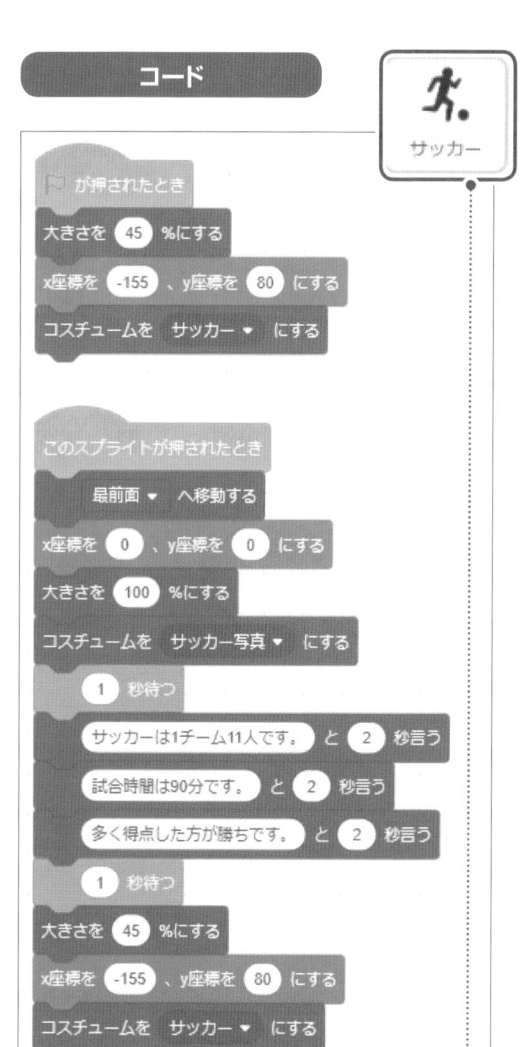

スプライトとして「サッカー.jpg」を読み込みます。また、コスチュームとして「サッカー写真.jpg」を読み込んで追加します。

スプライトとして「テニス.jpg」を読み込みます。また、コスチュームとして「テニス写真.jpg」を読み込んで追加します。

サンプル 88 いろいろな球技

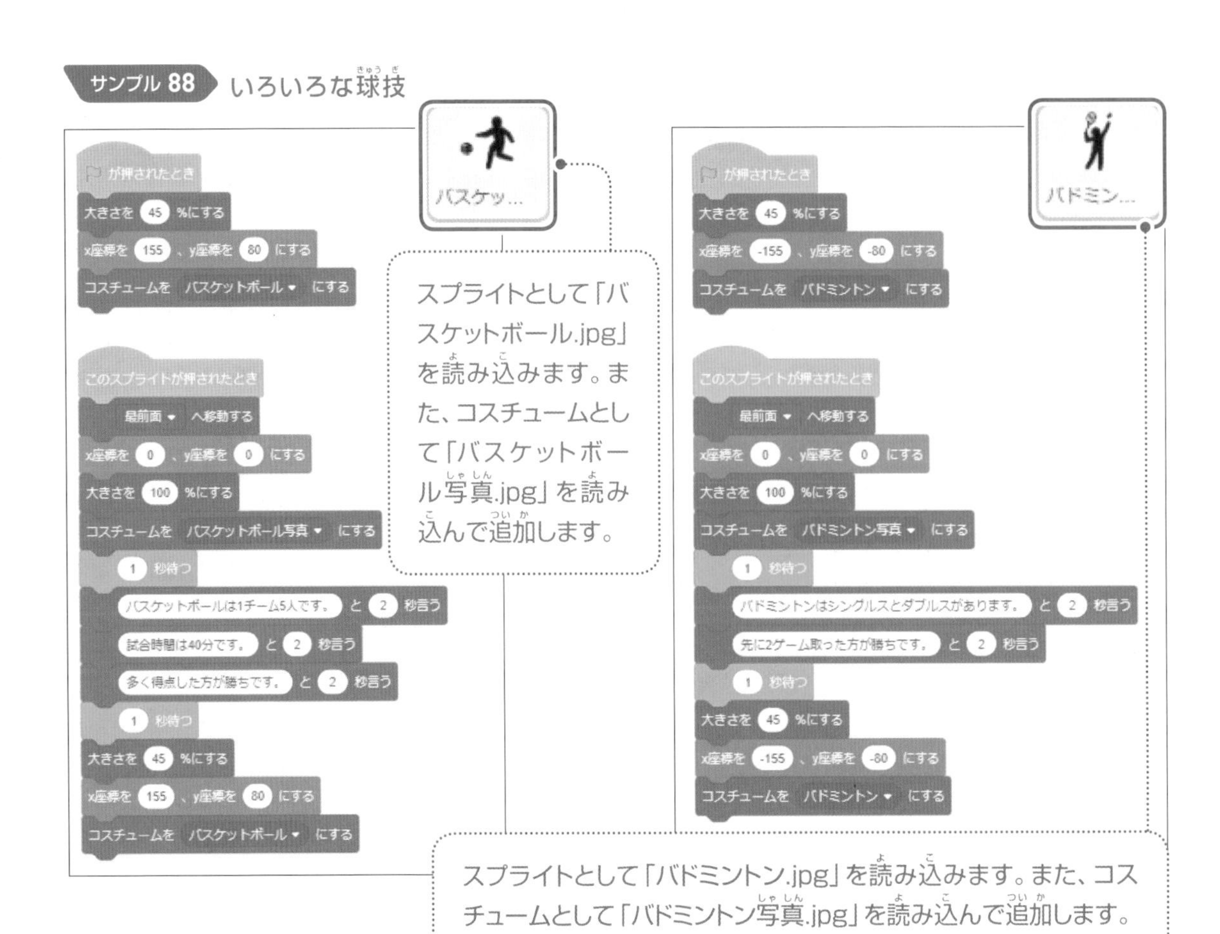

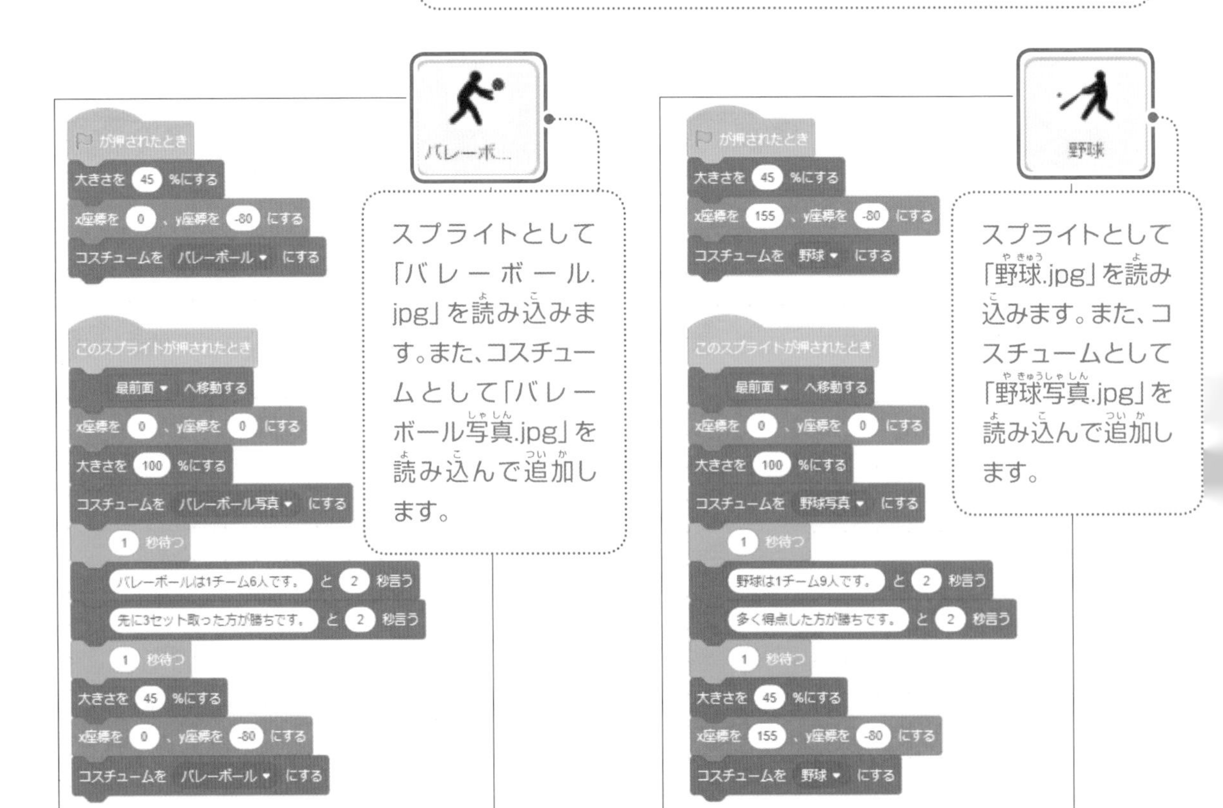

ポイント　素材の利用

背景でスプライト（スプライトのコスチューム）は、自分で作成した絵や写真を素材として利用できます。ここで使用している素材は本書のダウンロードサイトよりダウンロードできます。

サッカー.jpg

テニス.jpg

バスケットボール.jpg

バドミントン.jpg

バレーボール.jpg

野球.jpg

サッカー写真.jpg

テニス写真.jpg

バスケットボール写真.jpg

バドミントン写真.jpg

バレーボール写真.jpg

野球写真.jpg

サンプル 89　89.sb3　英語

英単語クイズ

動物がランダムに表示されます。表示された動物の名前を英語で入力します。正解の場合は動物が「正解です。」と言います。不正解の場合は動物が「不正解です。」と言い、正しい英単語を言います。

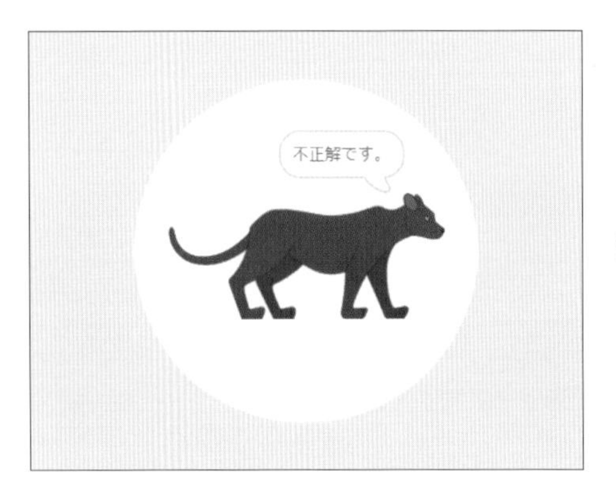

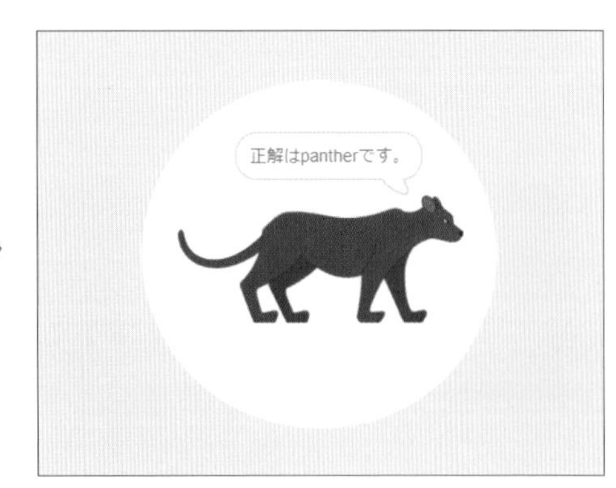

使用背景・スプライト

背景 Light　スプライト Bear

コード

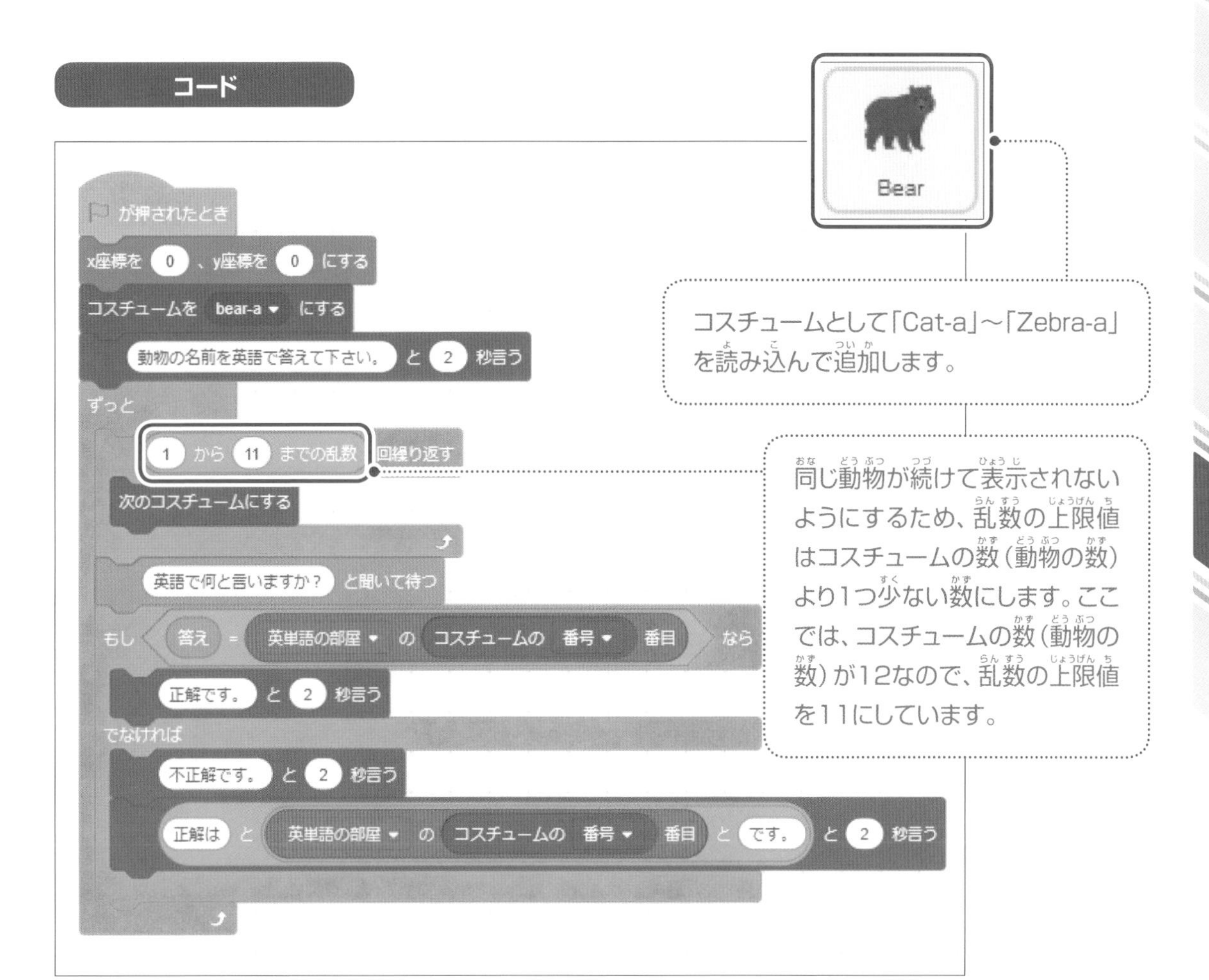

リストを作成します。リストはステージに表示しないので、□に✓を入れないようにします。

リストを作る

英単語の部屋

サンプル89 英単語クイズ

ポイント 複数のコスチュームの利用

「コスチュームを選ぶ」から複数のコスチュームを追加することができます。ここでは、1つのスプライトのコスチュームとして、12匹の動物のコスチュームを利用しています。

コスチューム1
(bear-a)

コスチューム2
(cat-a)

コスチューム3
(dog1-a)

コスチューム4
(elephant-a)

コスチューム5
(fox-a)

コスチューム6
(giraffe-a)

コスチューム7
(horse-a)

コスチューム8
(lion-a)

コスチューム9
(monkey-a)

コスチューム10
(panther-a)

コスチューム11
(rabbit-a)

コスチューム12
(zebra-a)

コスチュームの追加は、「コスチュームを選ぶ」から追加したいコスチュームをクリックして追加していきます。ここでは、「bear-a」のコスチュームとして、さらに11個のコスチュームを読み込んでいます。

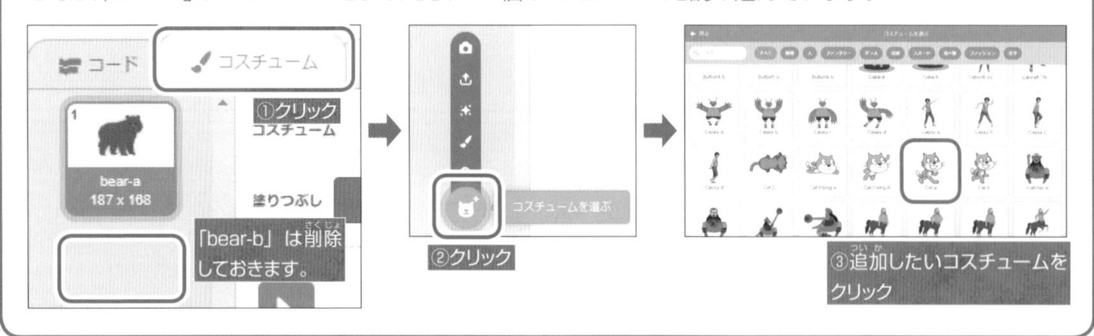

ポイント　リストの作成と、リストの要素へのデータの入力

リストを作り、リストの要素へデータを入力します。まず、リストを作成します。リストは「リストを作る」ボタンをクリックし、リスト名を入力して作成します。

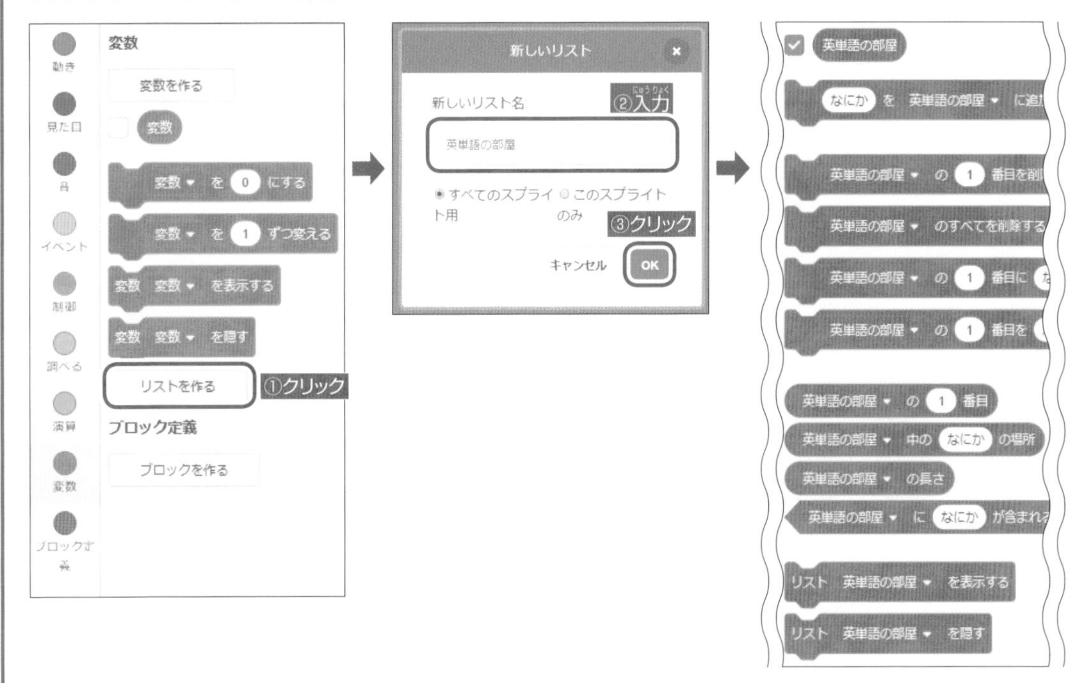

次に、+をクリックして、リストの要素を必要な数だけ作成し、各要素にデータを入力していきます。ここでは、データとして動物の名前を英語で入力します。

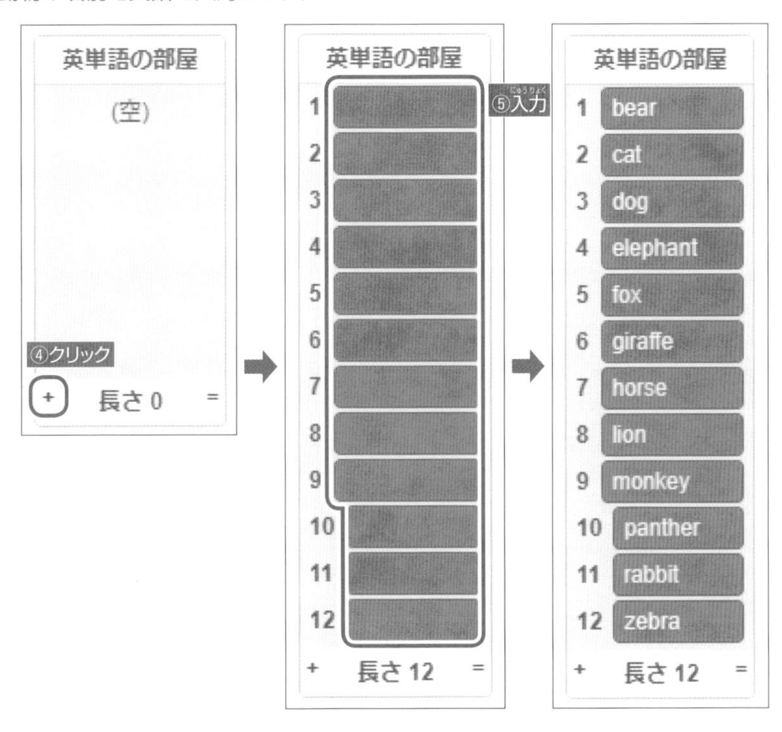

英会話

左に女の子、右に男の子がいます。女の子から会話が始まり、女の子と男の子が交互に会話します。右上のアメリカ国旗、日本国旗をクリックすると、それぞれ英語、日本語での会話に切り替えることができます。

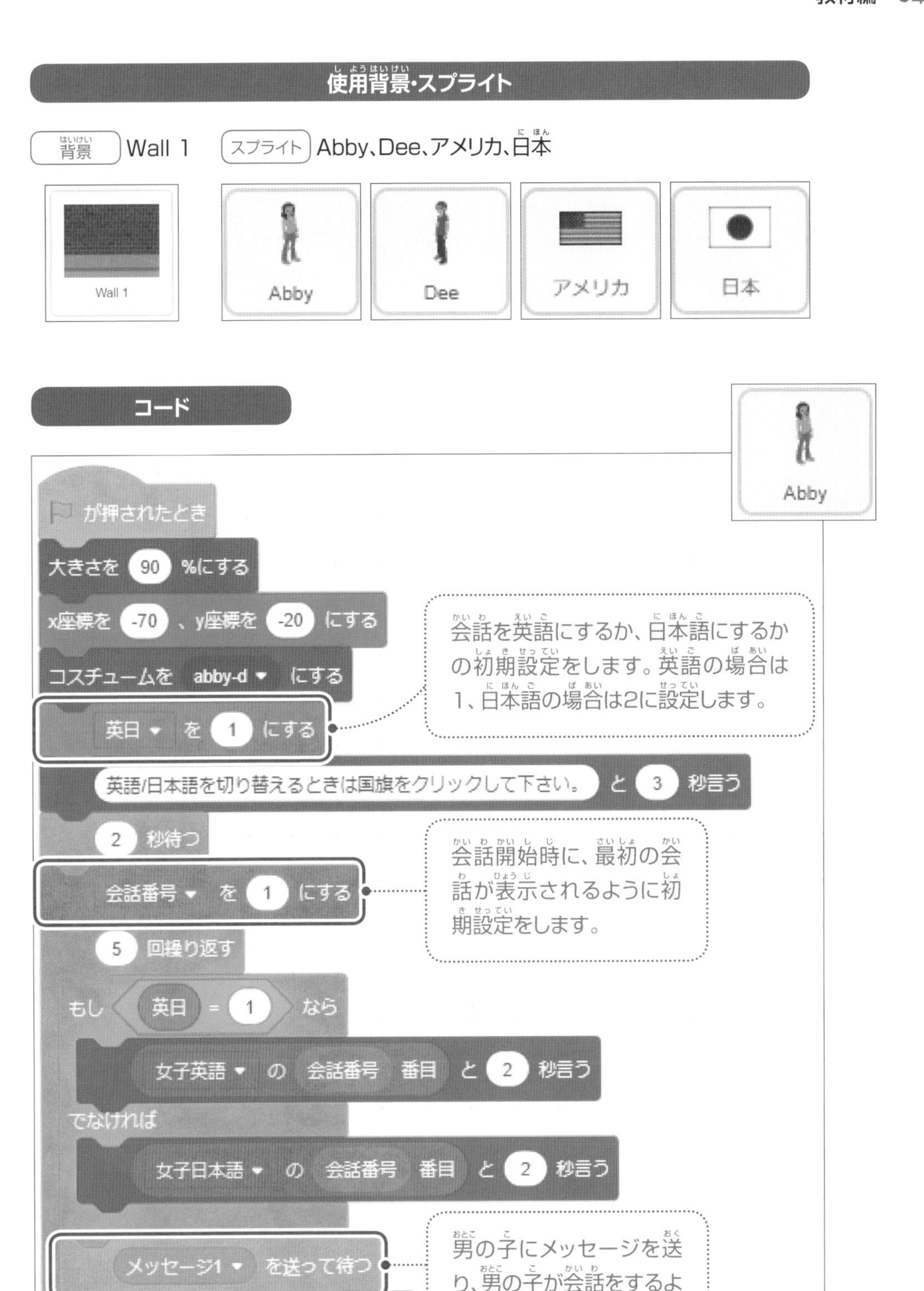
使用背景・スプライト
背景 Wall 1
スプライト Abby、Dee、アメリカ、日本
Wall 1
Abby
Dee
アメリカ
日本
コード
Abby
が押されたとき
大きさを 90 %にする
x座標を -70 、y座標を -20 にする
コスチュームを abby-d にする
英日 を 1 にする
英語/日本語を切り替えるときは国旗をクリックして下さい。 と 3 秒言う
2 秒待つ
会話番号 を 1 にする
5 回繰り返す
もし 英日 = 1 なら
女子英語 の 会話番号 番目 と 2 秒言う
でなければ
女子日本語 の 会話番号 番目 と 2 秒言う
メッセージ1 を送って待つ
会話番号 を 1 ずつ変える
会話を英語にするか、日本語にするかの初期設定をします。英語の場合は1、日本語の場合は2に設定します。
会話開始時に、最初の会話が表示されるように初期設定をします。
男の子にメッセージを送り、男の子が会話をするようにします。

サンプル 90 英会話

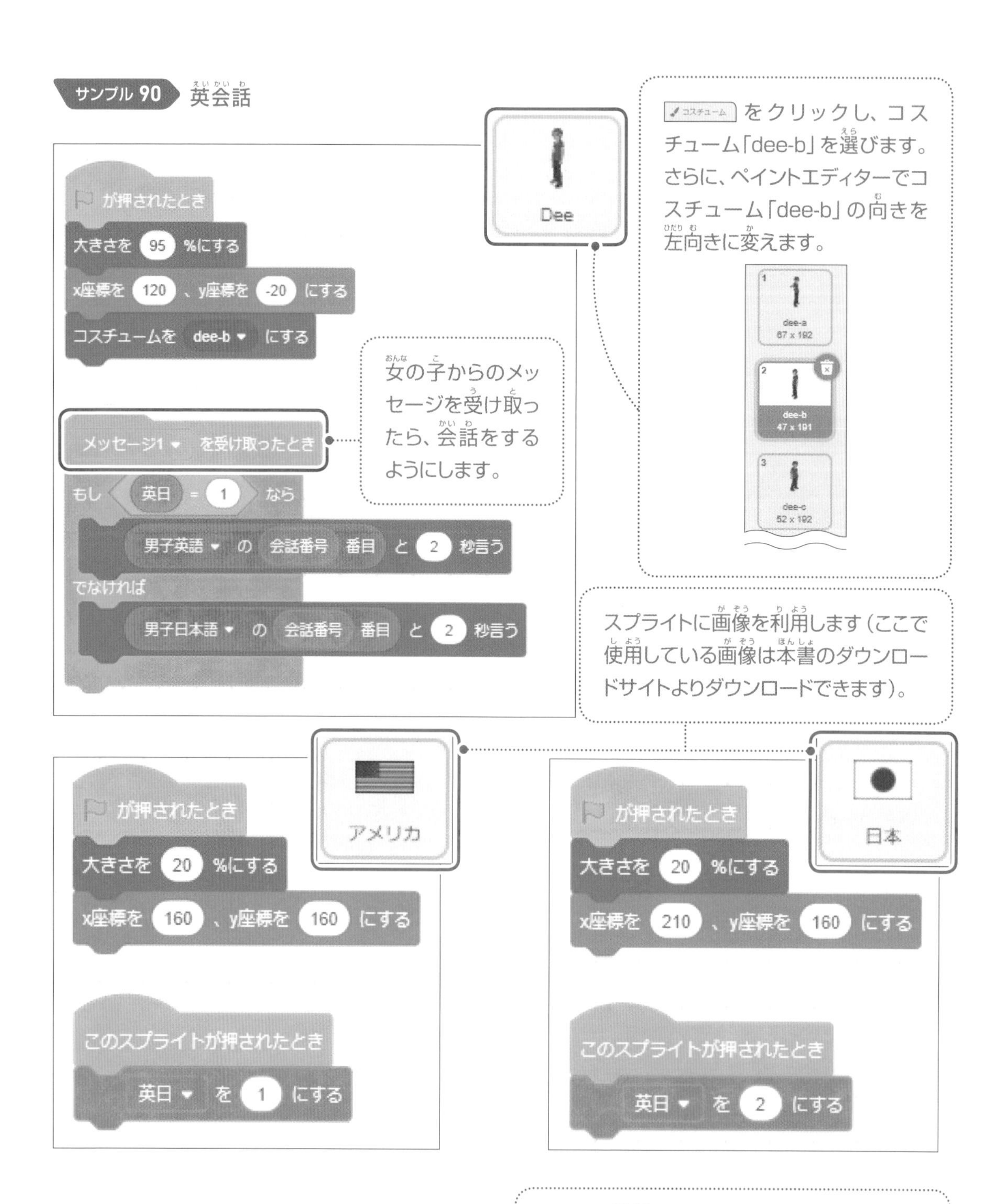

リストを作成します。リストはステージに表示しないので、□に✓を入れないようにします。

変数を作成します。変数はステージに表示しないので、□に✓を入れないようにします。

ポイント　英語・日本語切り替えと、会話のセリフの変更

スプライトは、メッセージを送受信することにより会話を行います。ここでは、繰り返しのブロックを使い、スプライトに交互に会話を行わせています。会話のセリフはリストから読み込んで表示しています。リストの中のセリフを変えて、表示させるセリフを変えることができます。また、英語の場合は英語のリストから、日本語の場合は日本語のリストから会話の内容を読み込み表示させます。

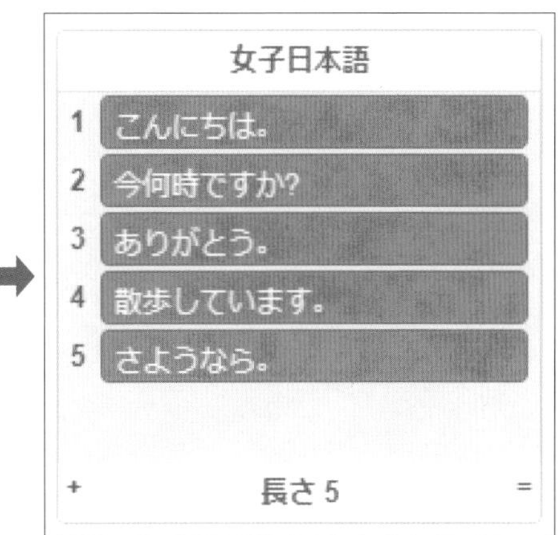

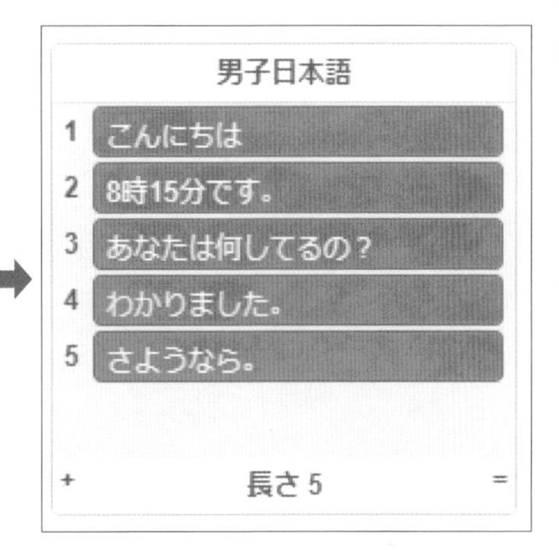

Windowsのペイント

Windowsのペイントで、画像の作成、画像のサイズの変更、画像の切り抜き、文字の挿入などができます。Windwosのペイントは次のようにして起動できます。

スタートボタンからのペイントの起動

ペイントに画像を読み込んだ画面

外部デバイス利用編

メイキーメイキーについて

メイキーメイキーとは

メイキーメイキー（Makey Makey）は、キーボードのスペースキーや矢印キーを、電気を通すものに置き換えることができる装置です。メイキーメイキーはワニ口クリップがあると、電気を通すものとの接続がしやすくなります。ワニ口クリップは、メイキーメイキーを購入すると付属品として付いている場合があります。

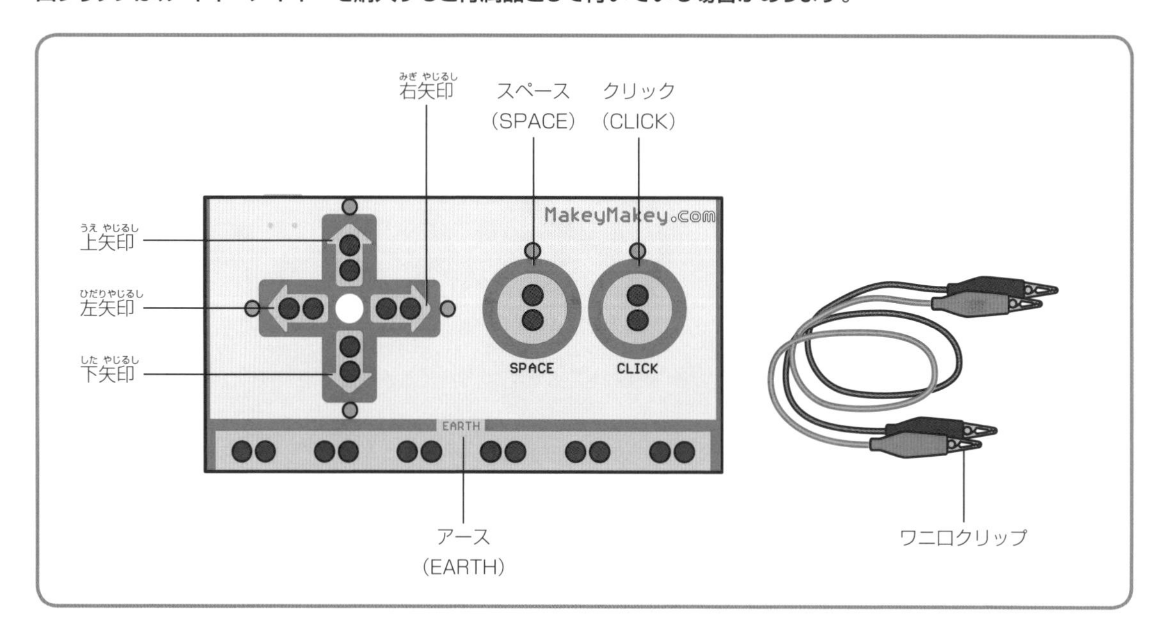

メイキーメイキーとパソコンの接続

スクラッチでメイキーメイキーを利用するには、パソコンなどに接続して利用します。

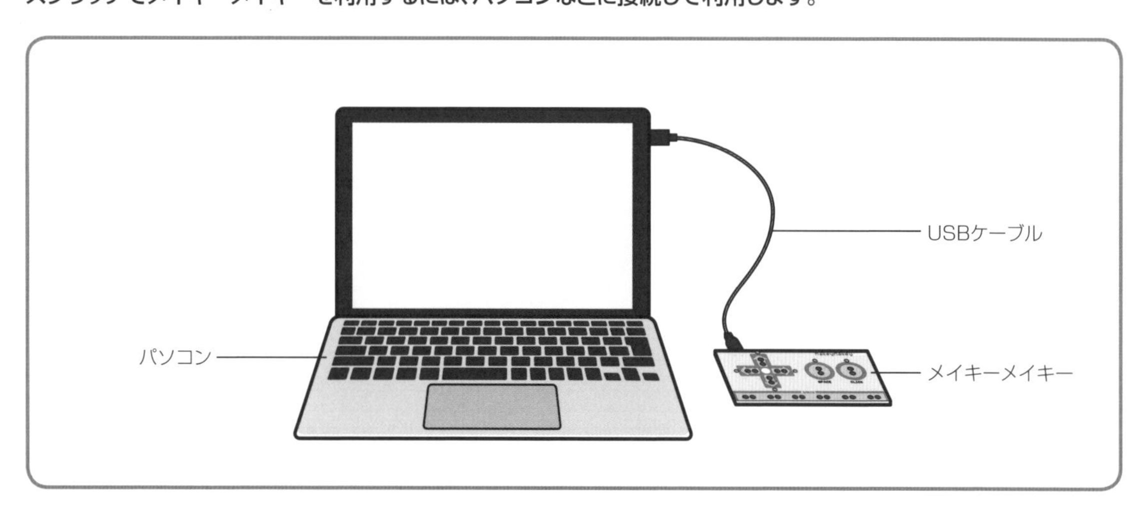

メイキーメイキーを使う準備

メイキーメイキーをパソコンなどに接続すると、そのままキーボードなどとしてすぐに使えます。また、メイキーメイキーの拡張機能をスクラッチに読み込むと、メイキーメイキーのブロックが使えるようになります。

サンプル 91　91.sb3　メイキーメイキー

ネコにしゃべらす

メイキーメイキーのアース(EARTH)に接続したコードの先端に触れたまま、スペース(SPACE)に接続したコードの先端に触れると、ネコがしゃべります。

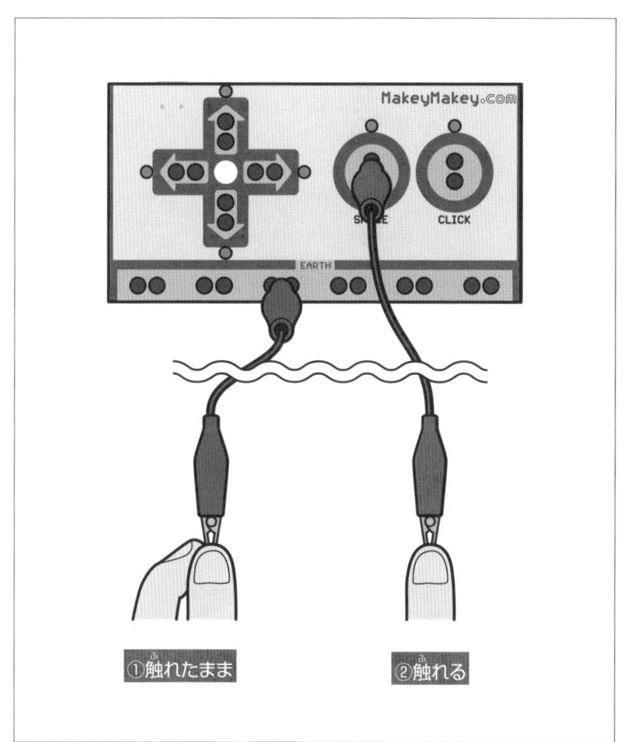

コード

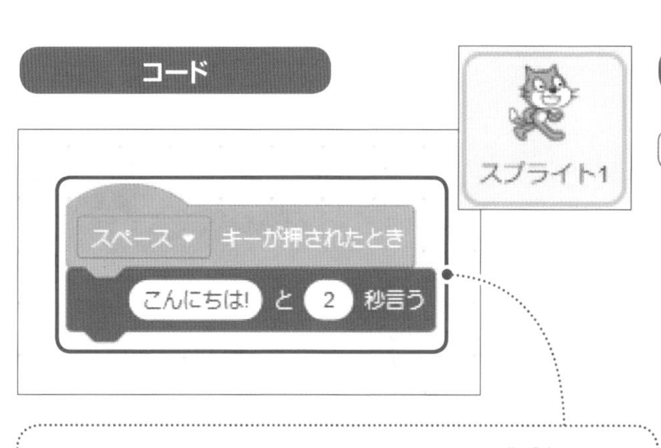

メイキーメイキーのスペース(SPACE)に接続されたコードの先端に触れると、ネコがしゃべるようにします。

使用背景・スプライト

背景 なし　スプライト スプライト1(Cat)

サンプル 92　92.sb3　メイキーメイキー

フルーツで演奏

メイキーメイキーの左矢印に接続したコードの先端をリンゴに取り付けます。右矢印に接続したコードの先端をバナナに取り付けます。スペース（SPACE）に接続したコードの先端をミカンに取り付けます。メイキーメイキーのアース（EARTH）に接続したコードの先端に触れたまま、リンゴに触れると太鼓が鳴り、バナナに触れるとドラムが鳴り、ミカンに触れるとシンバルが鳴ります。

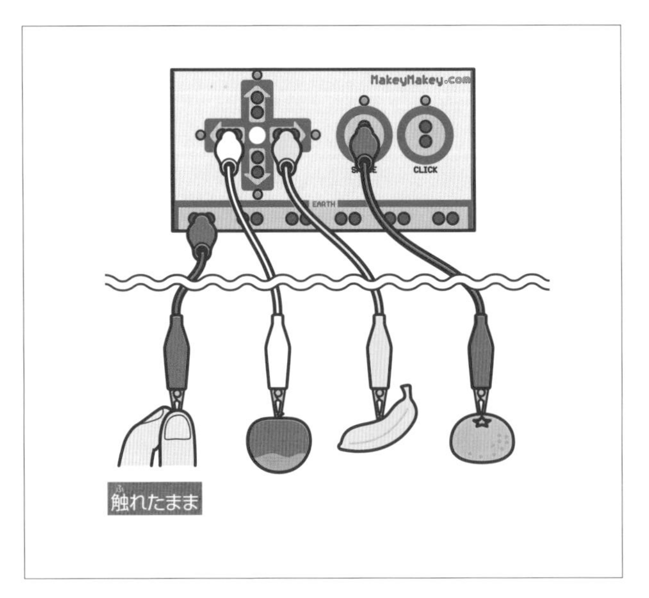

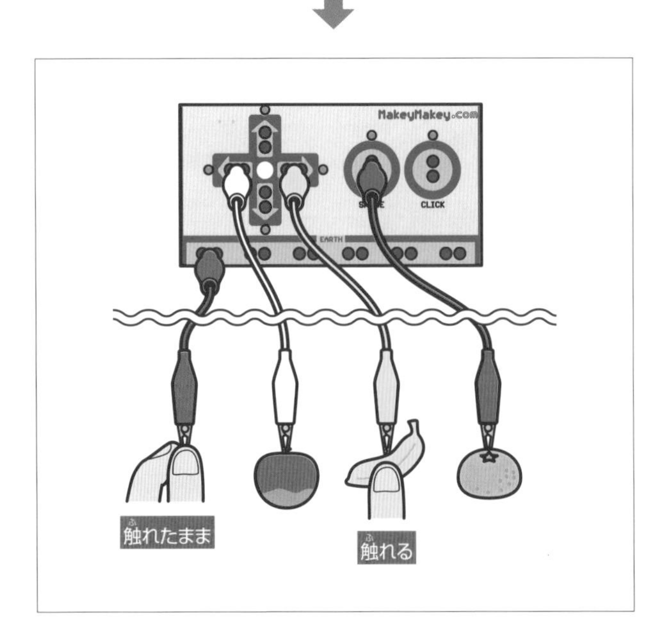

音が鳴ります

使用背景・スプライト

背景 Concert　スプライト Drums Conga、Drum Kit、Drum-cymbal、Apple、Bananas、Orange

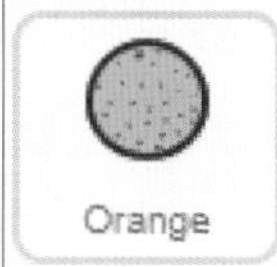

コード

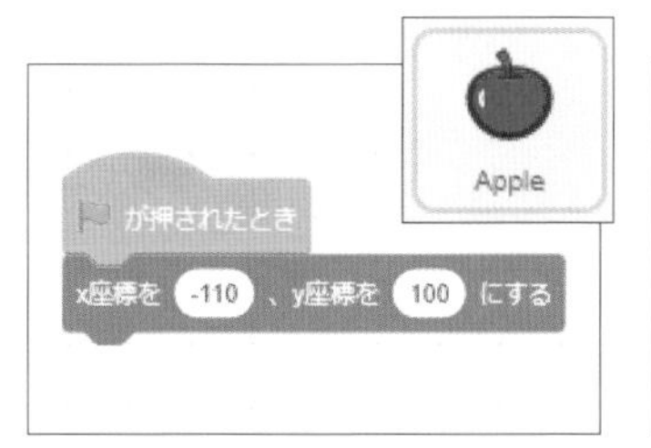

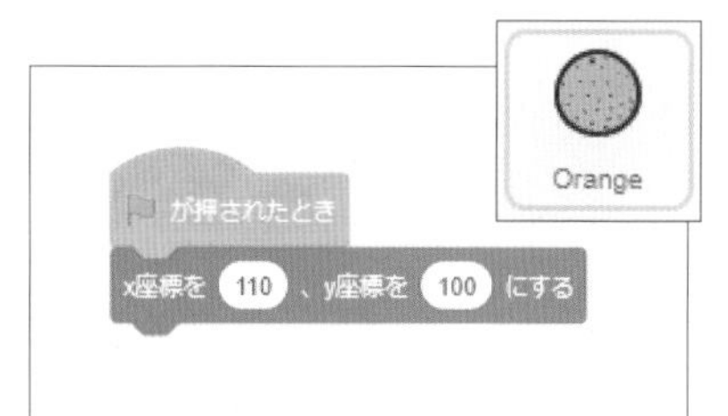

ポイント 電気を通すもの

電気を通す物であればどんなものでも入力に使えます。
金属だけでなく、フルーツも電気を通すので使えます。
缶詰めは、ワニ口クリップを取り付けやすく便利です。
アース（EARTH）も、手で直接触れるのではなく、缶詰めなどに接続しておくと、操作がしやすくなります。

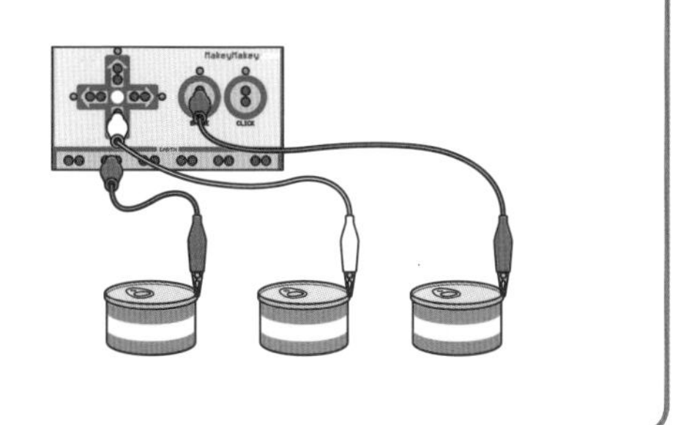

サンプル 93　93.sb3　メイキーメイキー

ネコがリンゴへ向かってダッシュ

メイキーメイキーのアース（EARTH）に接続したコードの先端に触れたまま、左矢印、右矢印に接続したコードの先端に交互に触れるとネコが右に動きます。ネコがリンゴに触れたら、「いただきます!!」としゃべりゴールします。ゴールするまでのタイムが表示されます。

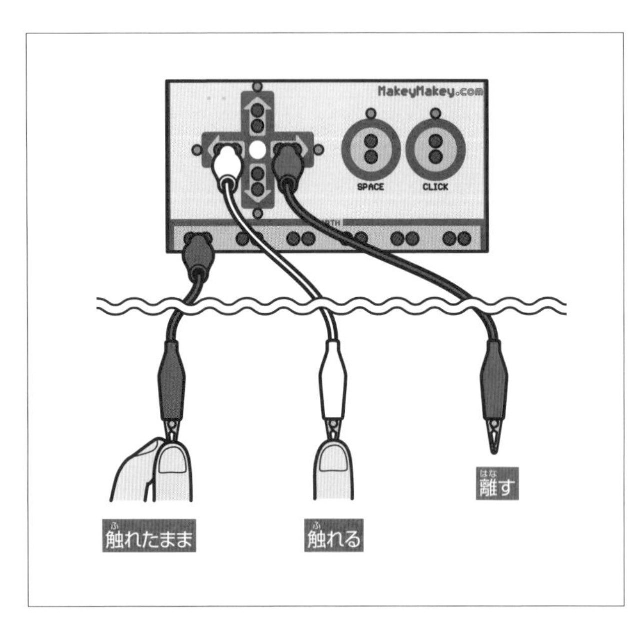

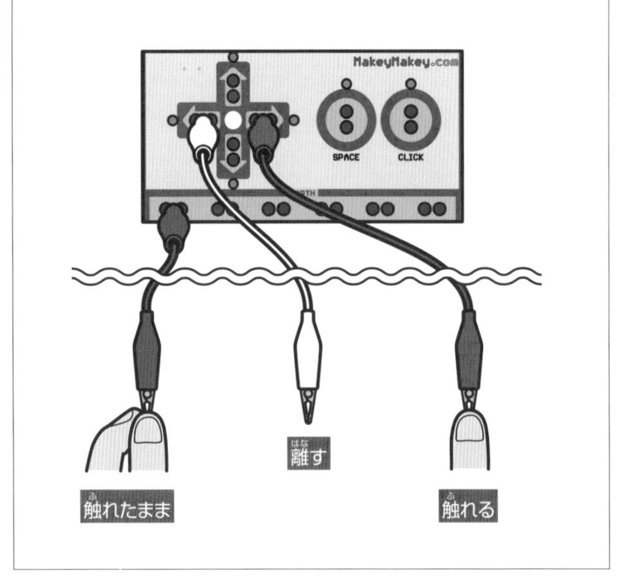

使用背景・スプライト

背景 Blue Sky　スプライト スプライト1（Cat）、Apple

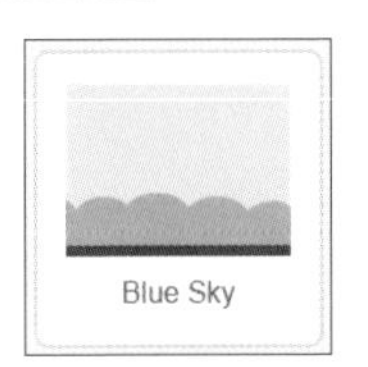

コード

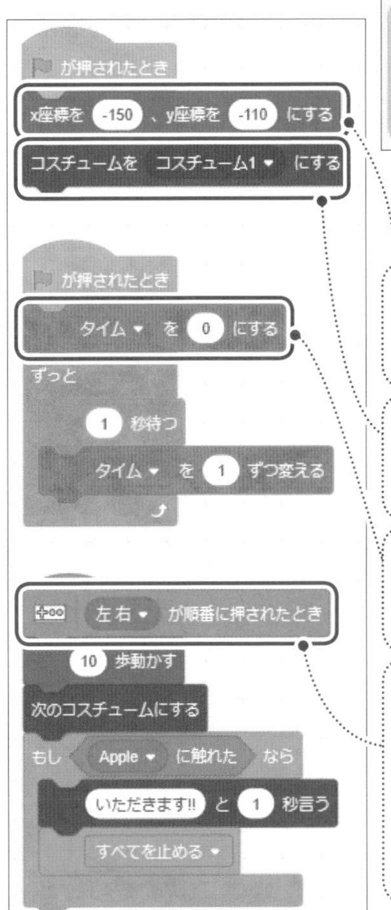

ネコのスタート位置を初期化します。

ネコのコスチュームを初期化します。

タイムを初期化（0に）します。

メイキーメイキーの左矢印と右矢印に接続されたコードの先端に交互に触れると、ネコが動くようにします。

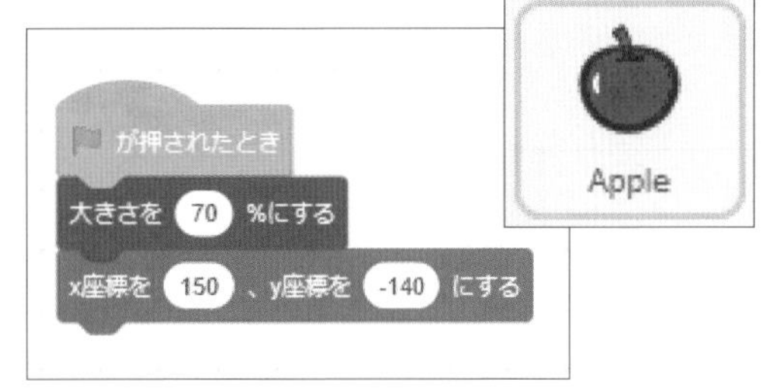

リストを作成します。変数はステージに表示するので、□に✓を入れます。

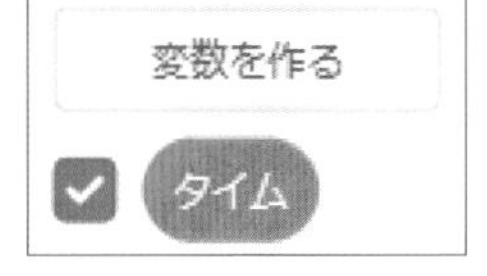

ポイント　メイキーメイキーの拡張機能の追加

スクラッチでメイキーメイキーを使うときは、画面左下の「拡張機能の追加」をクリックし、「拡張機能を選ぶ」から「メイキーメイキー」をクリックして追加します。拡張機能の「メイキーメイキー」が読み込まれると、メイキーメイキーのブロックが使えるようになります。

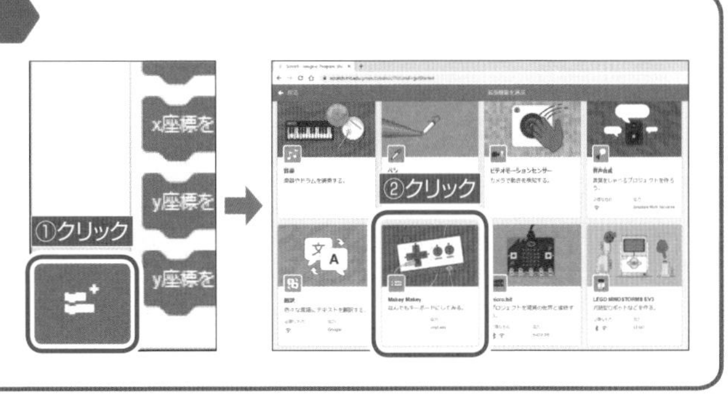

マイクロビットについて

マイクロビットとは

マイクロビット（micro:bit）は、内蔵されているセンサーにより、温度や明るさを計測したり、LEDに情報を表示できる小型のコンピューターです。マイクロビットには様々な機器を接続することもできます。

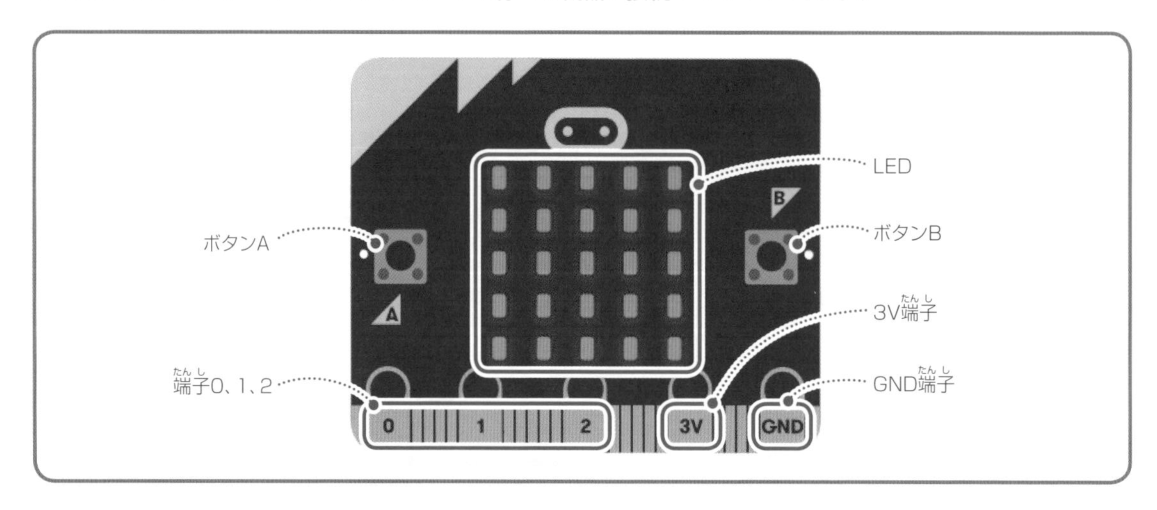

マイクロビットとパソコンの接続

スクラッチでマイクロビットを利用するには、パソコンなどに接続して利用します。

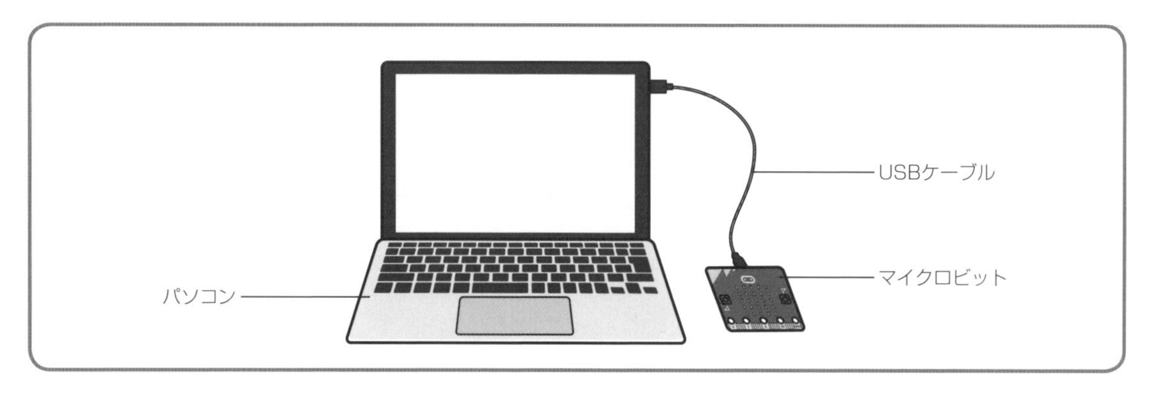

マイクロビットを使う準備

スクラッチでマイクロビットを初めて使う場合は、マイクロビットを使用するパソコンなどに接続し、次の手順で行います。

スクラッチの画面左下の「拡張機能を追加」をクリックします。

なお、パソコンや通信の環境により、異なる手順が必要な場合や、手順通り行ってもうまく動作しないこともあります。

「拡張機能を選ぶ」から、「micro:bit」をクリックして選びます。

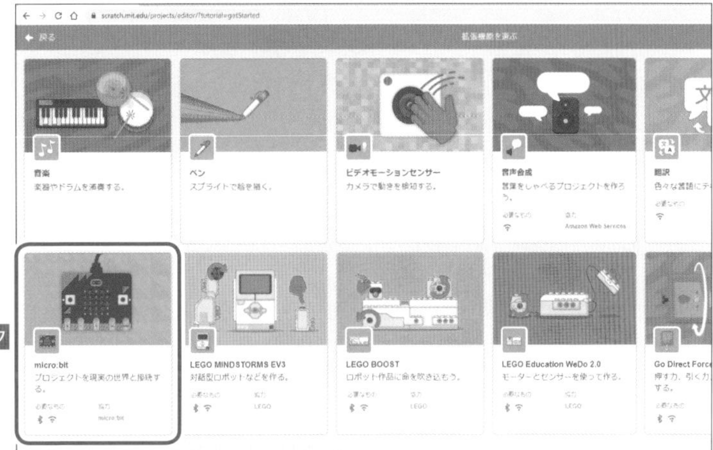

「ヘルプ」をクリックします。

「ヘルプ」をクリックすると、「Scratch Link」をダウンロードする画面に移動します。「Scratch Link」は、スクラッチとマイクロビットを接続するためのツールです。

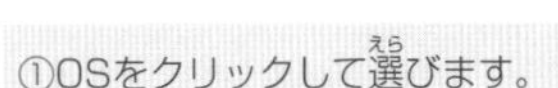
①OSをクリックして選びます。

ここでは、「Windows」を選んでいます。

②「直接ダウンロード」をクリックし、「Scratch Link」をダウンロードします。

③ ^ をクリックします。

④「フォルダを開く」をクリックします。

WebブラウザーがGoogle Chromeの場合は、「ダウンロード」フォルダに保存されます。

Webブラウザーにより、ダウンロードの画面が多少異なります。

ここでは、WebブラウザーにGoogle Chromeを使用しています。

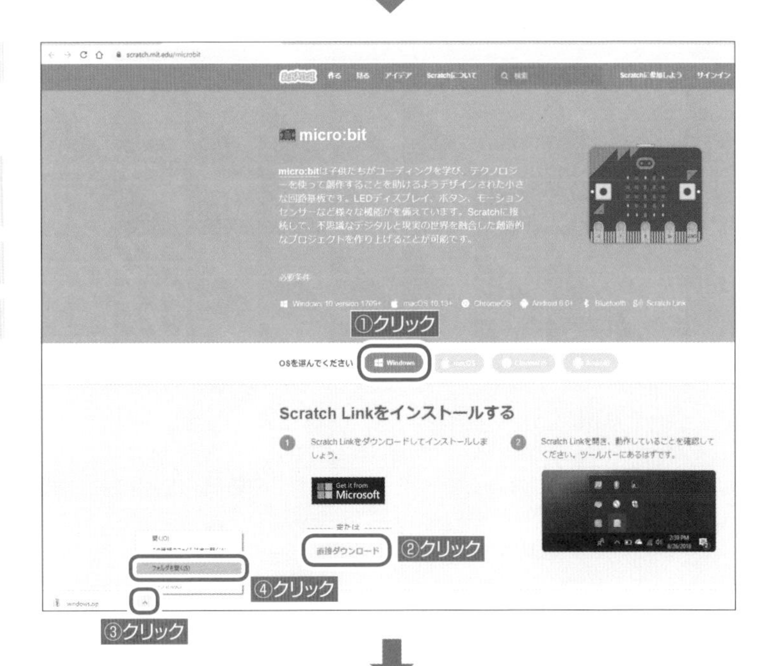

「ScratchLinkSetup.msi」をダブルクリックし、「Scratch Link」のインストールを開始します。

ZIPファイルをダブルクリックすると「ScratchLinkSetup.msi」が表示されます。

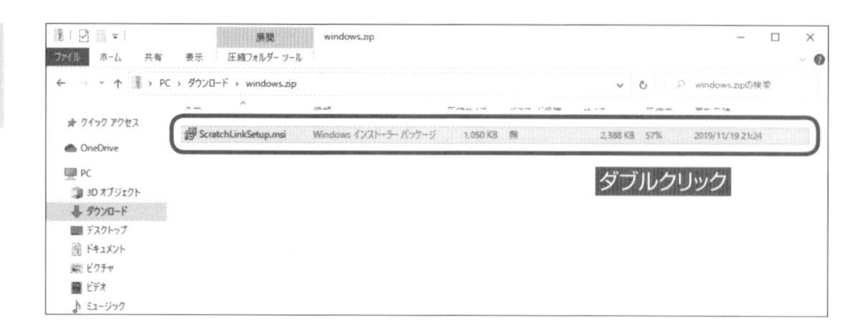

「Next」をクリックします。

①「Launch Scratch Link」をクリックし、□に✓を入れます。

②「Finish」をクリックします。

インストールが正しく行われ、スクラッチとマイクロビットが接続できた場合は、タスクバーに「Scratch Link」のアイコンが表示されます。

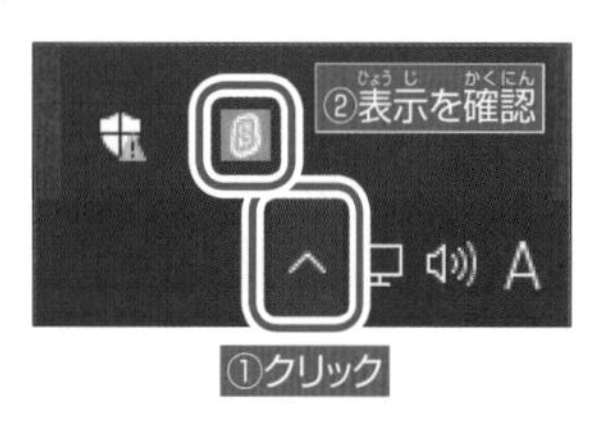

①スクロールバーをドラッグして、画面を下にスクロールさせ、「Scratch micro:bit HEX」のインストールの表示が見えるようにします。

「Scratch micro:bit HEX」は、スクラッチからマイクロビットを動かすためのツールです。

②「Scratch micro:bit HEX」をクリックします。

③「windows.zip」をクリックします。

④「フォルダを開く」をクリックします。

WebブラウザーがGoogle Chromeの場合は「ダウンロード」フォルダに保存されます。

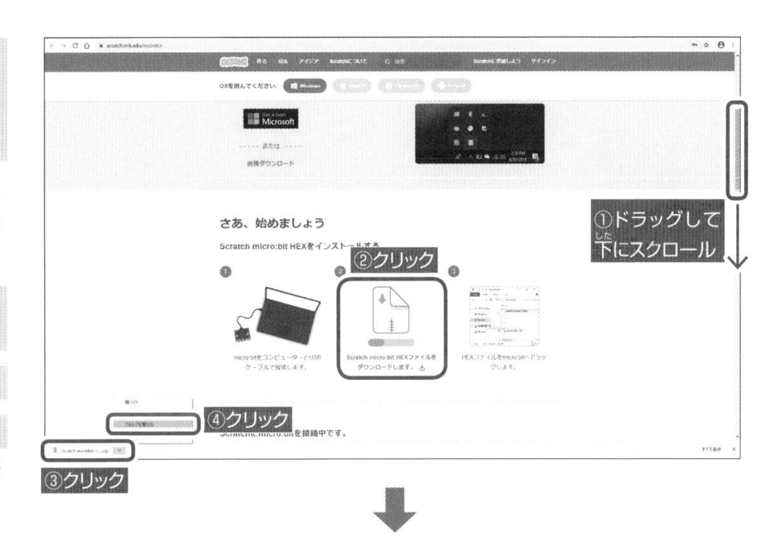

「Scratch-microbit.hex」をマイクロビットにコピーします。

ZIPファイルをダブルクリックすると「Scratch-microbit.hex」が表示されます。

マイクロビットは外部ドライブとして表示されます。ここでは「D」ドライブとして表示されています。

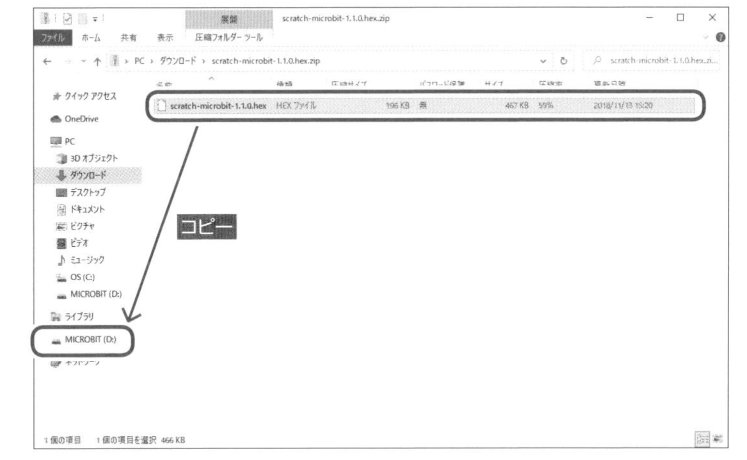

ポイント スクラッチでマイクロビットが動かないとき

スクラッチでマイクロビットを動かせない場合、マイクロビットとスクラッチの通信が切れていることが考えられますので通信させます。まず、「OS(C:) > Program Files(x86) > Scratch Link」フォルダの中にある「ScratchLink.exe」をダブルクリックします。その後、❶をクリックし、「接続する」をクリックします。複数のマイクロビットが表示される場合は、接続したいマイクロビットを選んで「接続する」をクリックします。
なお、上記を行ってもスクラッチでマイクロビットが動かない場合は、パソコンを再起動し、P294の「マイクロビットを使う準備」をやり直してみてください。また、パソコンなどの機能や通信環境により操作が異なる場合があります。

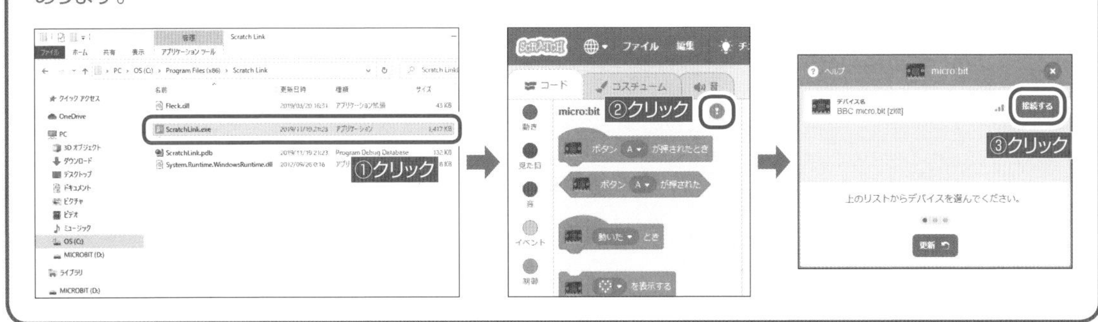

サンプル94 94.sb3

マイクロビット

ハートを表示

マイクロビットのボタンAを押すとLEDにハートが表示されます。ボタンBを押すとLEDの表示が消えます。

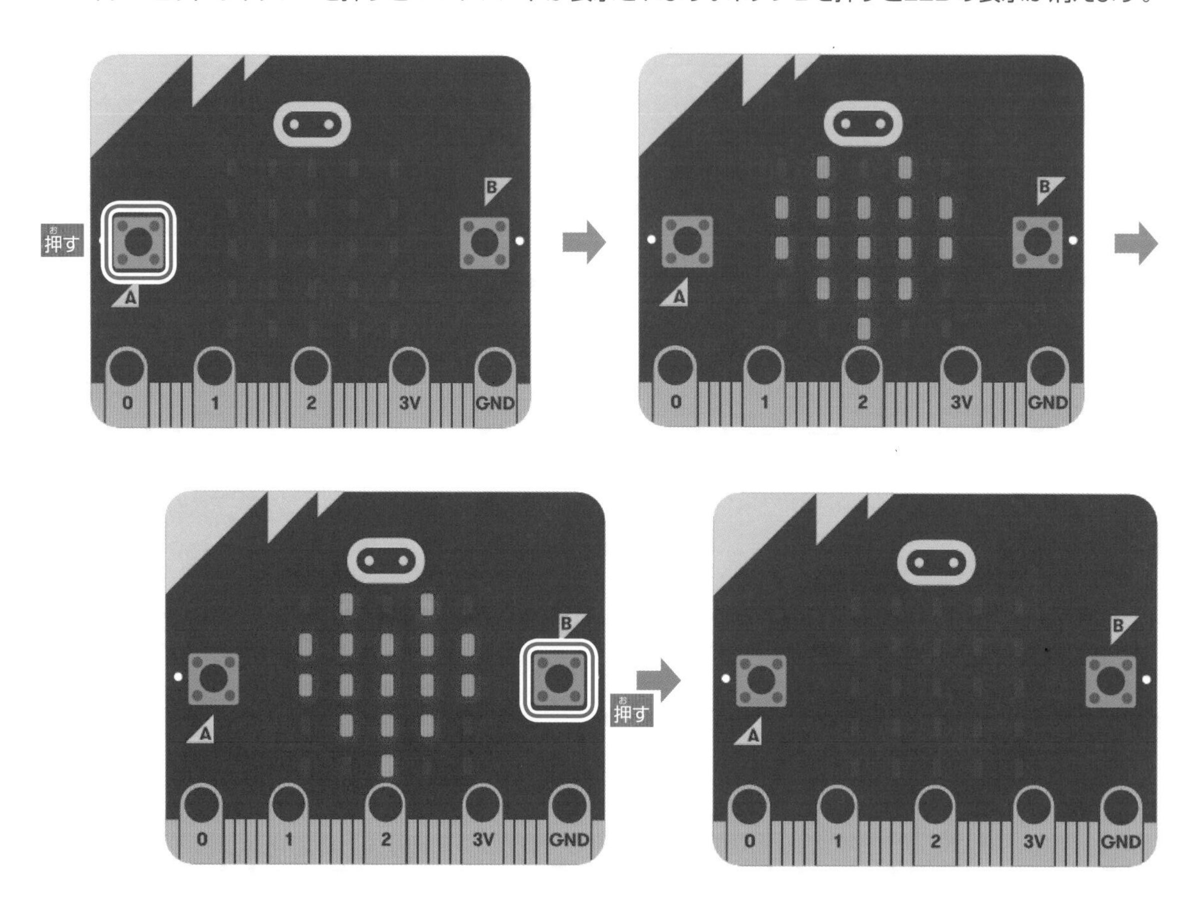

ポイント マイクロビットの拡張機能の追加

スクラッチでマイクロビットを使うときは、画面左下の「拡張機能」をクリックし「拡張機能を選ぶ」から、「マイクロビット」をクリックして追加します。拡張機能の「マイクロビット」が読み込まれると、マイクロビットのブロックが使えるようになります。

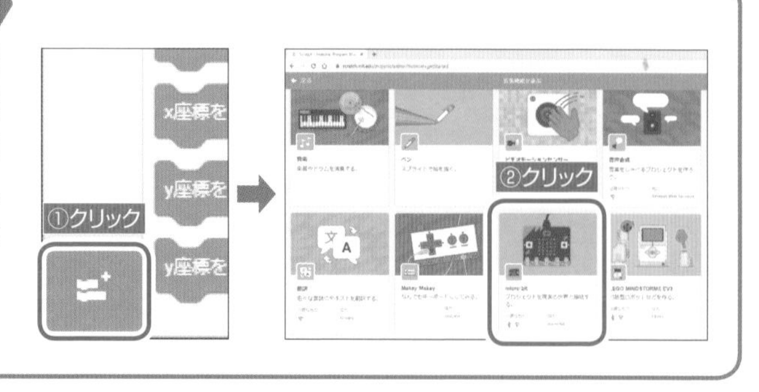

コード

使用背景・スプライト

背景 なし

スプライト スプライト1（Cat）

マイクロビットのボタンAが押されたとき、マイクロビットのLEDにハートを表示させます。

マイクロビットのボタンBが押されたとき、マイクロビットのLEDの表示が消えるようにします。

ポイント　マイクロビットのブロックエディター

スクラッチのブロック（プログラム）でマイクロビットを動作させることができますが、マイクロビットのブロックエディターのシミュレーターにより動作を確認することもできます。マイクロビットのブロックエディターは、次のURLにアクセスして使用します。（新しいプロジェクト）をクリックしてプロジェクトを作成すると、ブロックエディターが表示されます。

https://makecode.microbit.org/

マイクロビットのブロックエディターのブロック（プログラム）とスクラッチのブロック（プログラム）は多少異なりますが、同じようなブロックにより同様のプログラムを作成することができます。

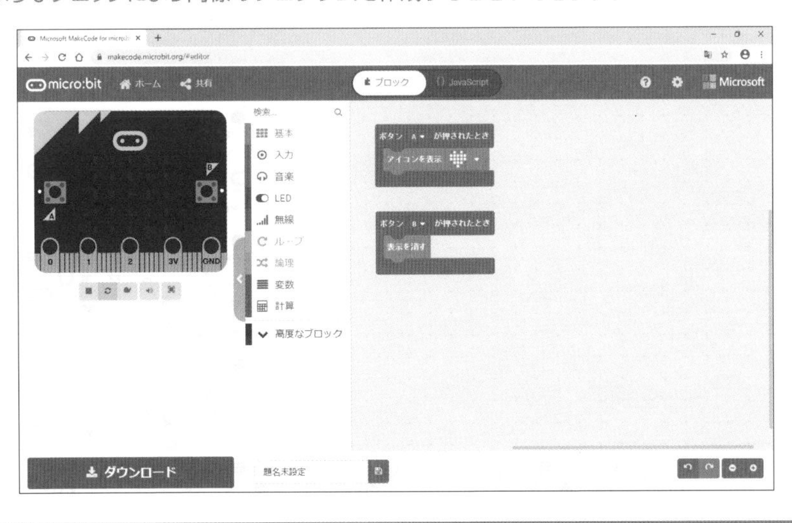

サンプル 95　95.sb3　マイクロビット

文字を表示

マイクロビットのボタンAを押すとLEDに「Scratch」の文字が流れるように表示されます。マイクロビッドを動かす（揺らす）とLEDに「S」「c」「r」「a」「t」「c」「h」の文字が1秒ごとに表示されます。ボタンBを押すとLEDの表示が消えます。

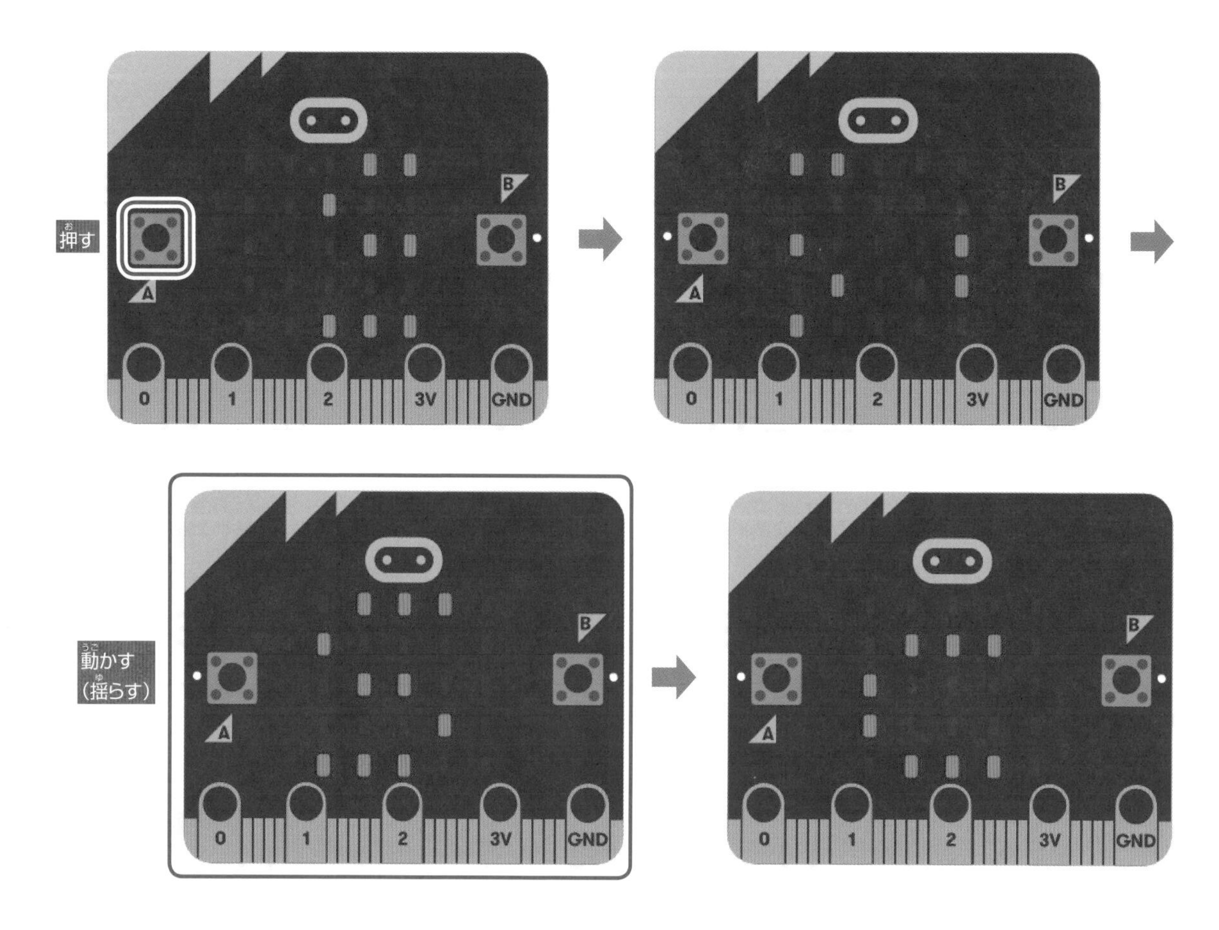

使用背景・スプライト

背景 なし　スプライト スプライト1（Cat）

コード

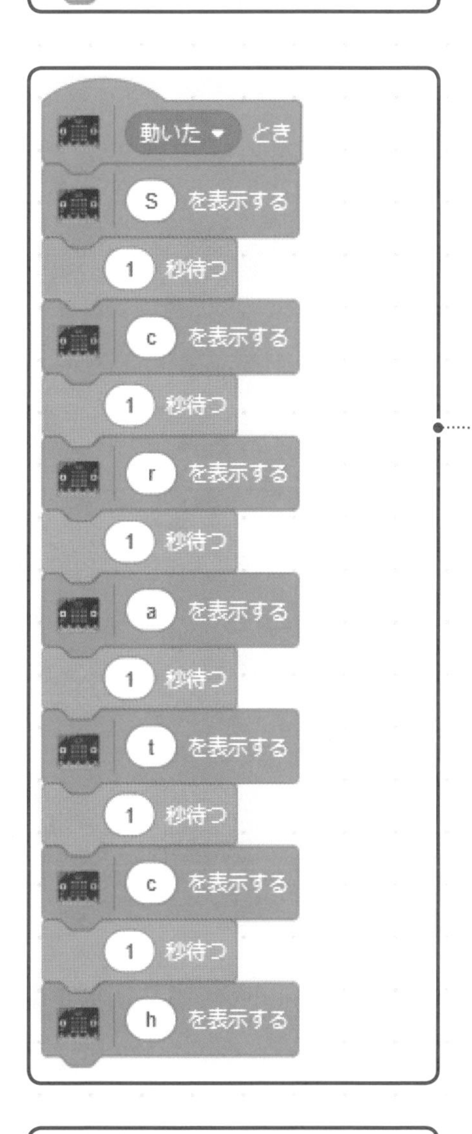

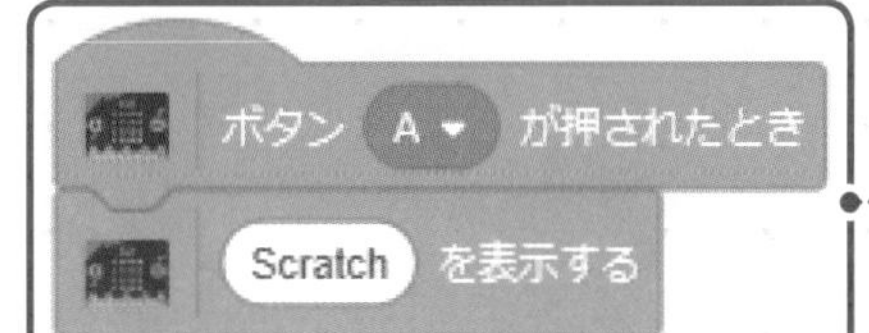

マイクロビットのボタンAが押されたとき、マイクロビットのLEDに流れるように「Scratch」と表示させます。

マイクロビットを揺らすなどして動かしたとき、マイクロビットのLEDに「S」「c」「r」「a」「t」「c」「h」と1秒ごとに表示させます。

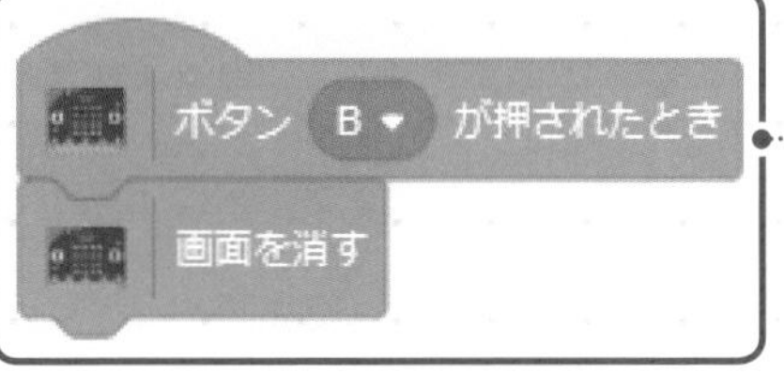

マイクロビットのボタンBが押されたとき、マイクロビットのLEDの表示が消えるようにします。

サンプル 96 96.sb3

マイクロビット

模様を表示

マイクロビットのボタンAを押すとLEDに1秒ごとに模様が表示されます。ボタンBを押すとLEDの表示が消えます。

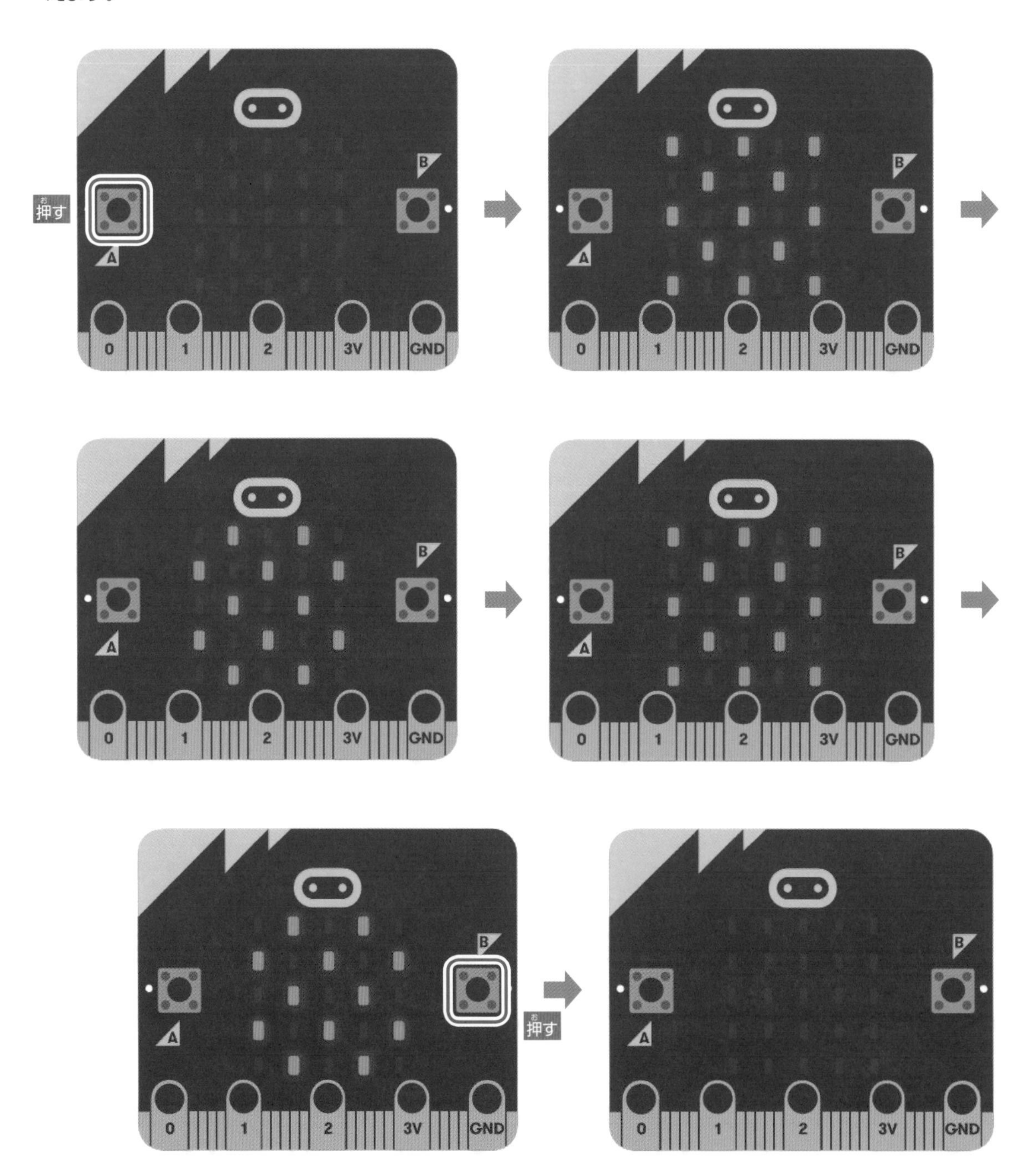

コード

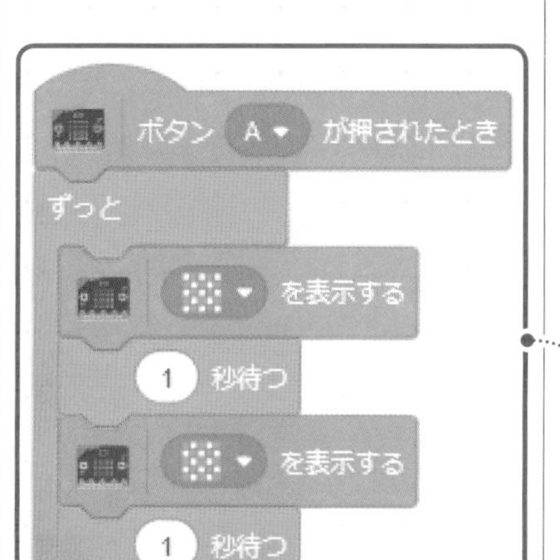

マイクロビットのボタンAが押されたとき、マイクロビットのLEDに模様を1秒ごとに交互に表示させます。

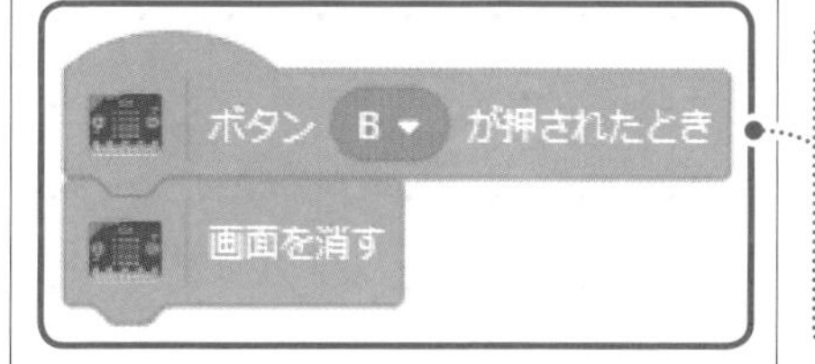

マイクロビットのボタンBが押されたとき、マイクロビットのLEDの表示が消えるようにします。

使用背景・スプライト

背景　なし

スプライト　スプライト1（Cat）

ポイント　模様の描き方

LEDへ表示させる模様の作成には［を表示する］のブロックを使います。まず、▼をクリックします。次に、下にある▦をクリックしてLEDの表示を消します。次に、LEDに表示させたい□をクリックします。最後に▼をクリックします。

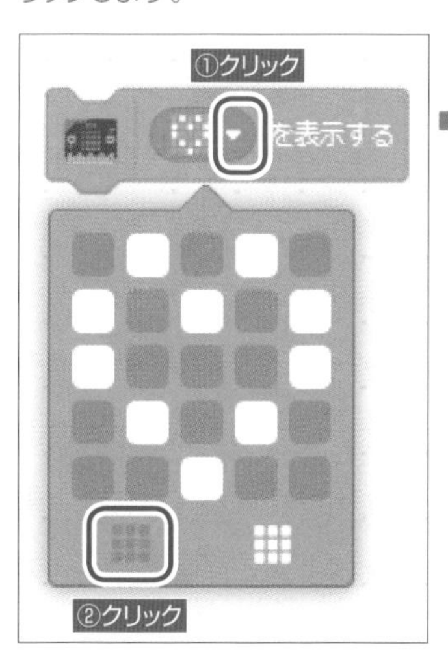

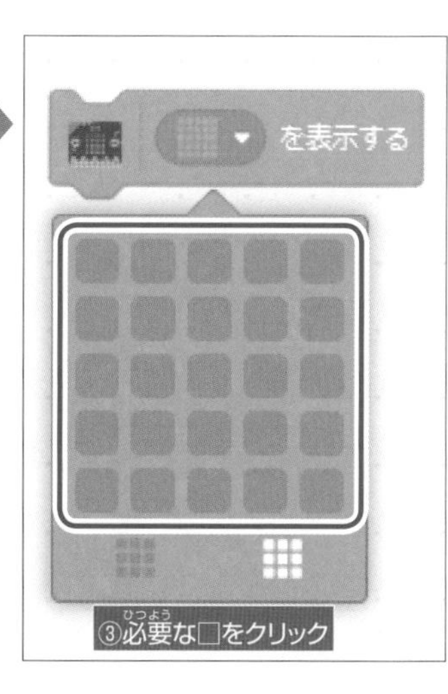

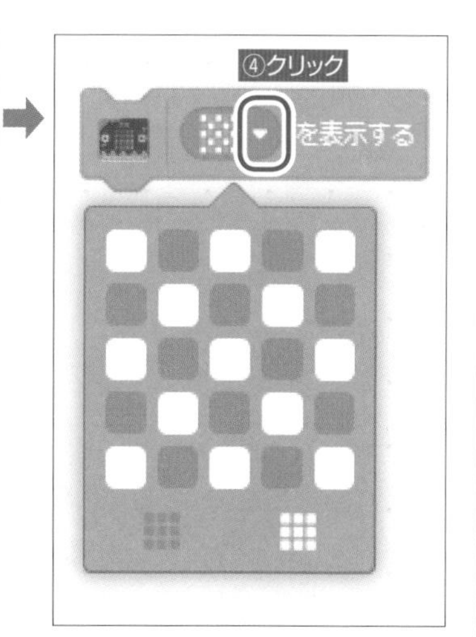

サンプル 97　97.sb3　マイクロビット

ピンをつないで模様を表示

マイクロビットの端子0と端子GNDをつなぐと、マイクロビットのLEDに模様が表示されます。端子1と端子GNDをつなぐと、マイクロビットのLEDに別の模様が表示されます。端子2と端子GNDをつなぐと、マイクロビットのLEDの表示が消えます。

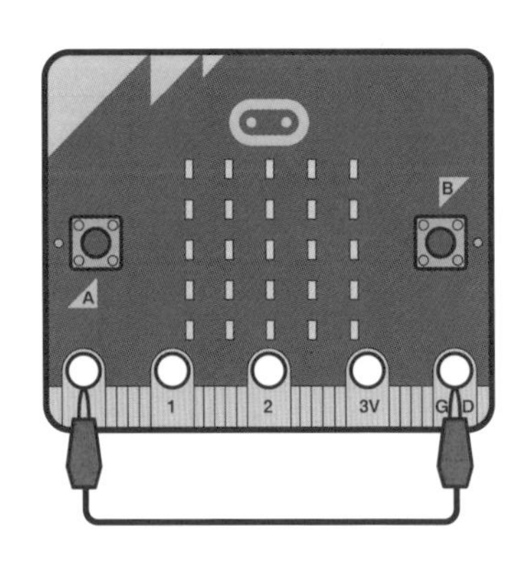

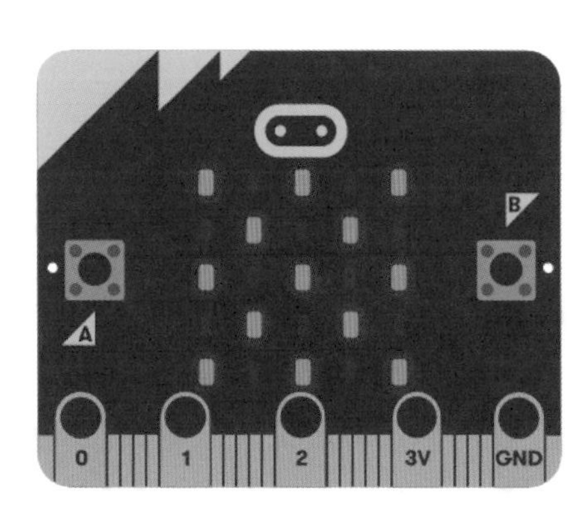

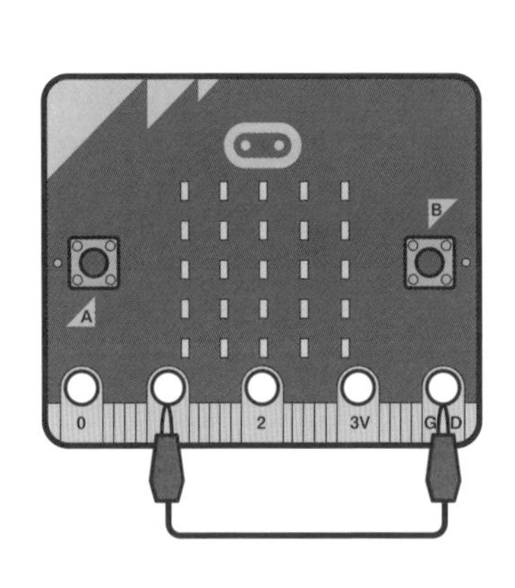

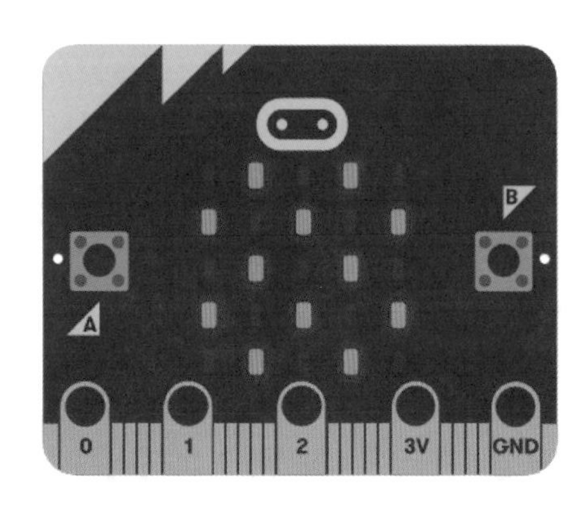

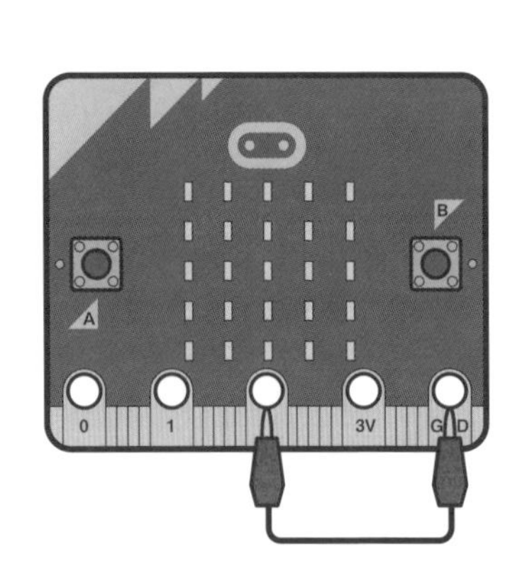

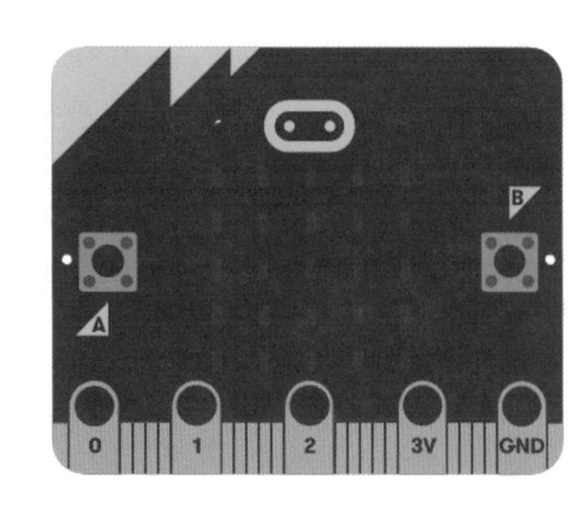

使用背景・スプライト

背景 なし　　スプライト スプライト1（Cat）

コード

マイクロビットの端子0と端子GNDをつなげたとき、マイクロビットのLEDに右の模様を表示させます。

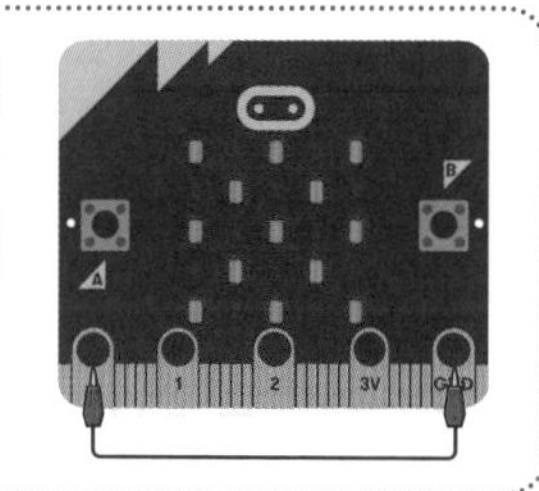

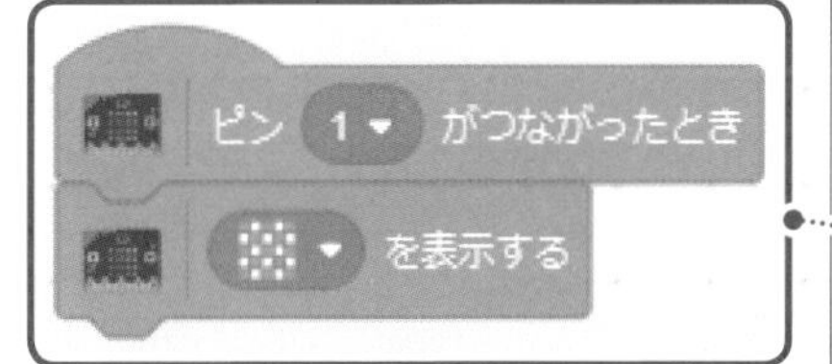

マイクロビットの端子1と端子GNDをつなげたとき、マイクロビットのLEDに右の模様を表示させます。

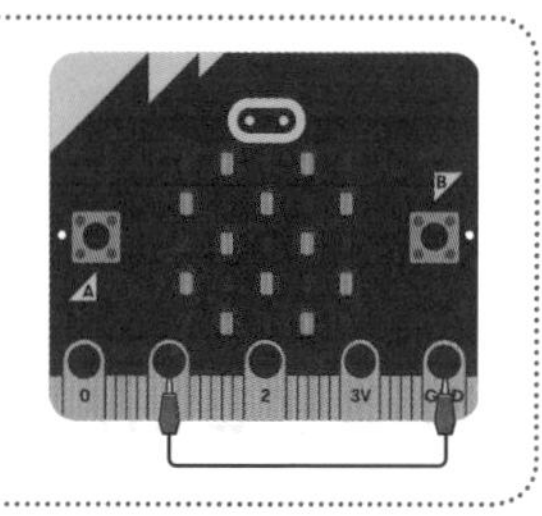

マイクロビットの端子2と端子GNDをつなげたとき、マイクロビットのLEDの表示が消えるようにします。

ポイント ピンのつなぎ方

マイクロビットの端子と端子をつなぐときは、針金などの電気を通すものを使います。金属製のクリップを曲げて使うなど、身の回りのものを利用しましょう。端子と端子は右の図のようにしてつなぎます。ここでは端子0と端子GNDをつないでいる様子を示しています。

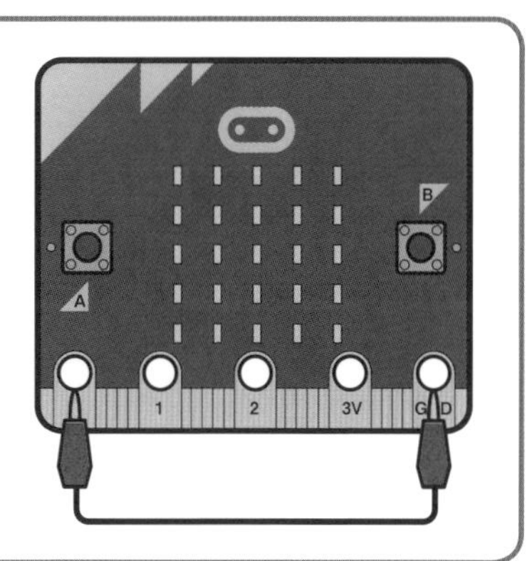

ネコの走りに合わせて動く模様

ステージのネコの走りに合わせて、マイクロビットのLEDに表示される模様が変わります。

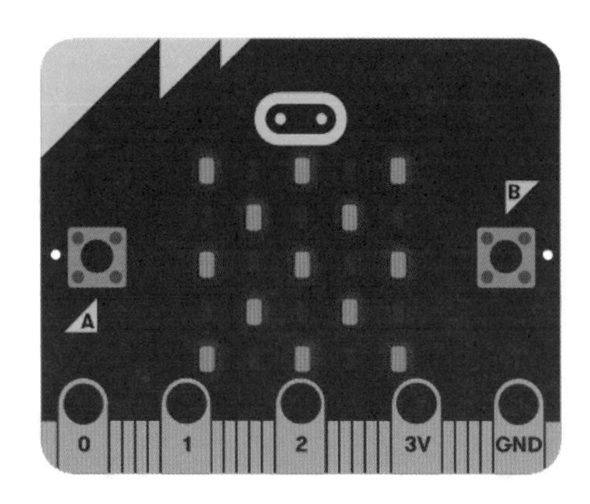

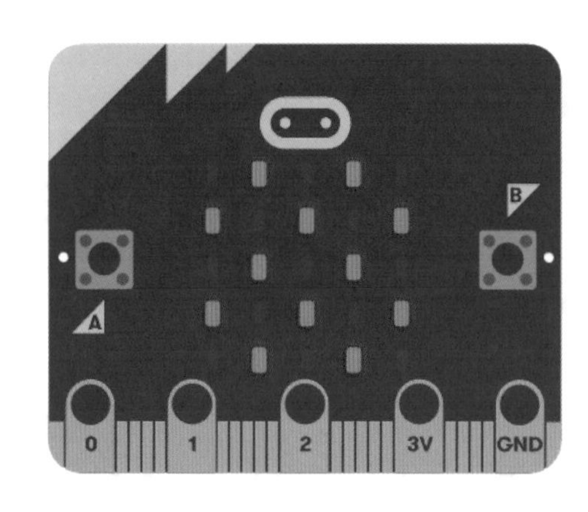

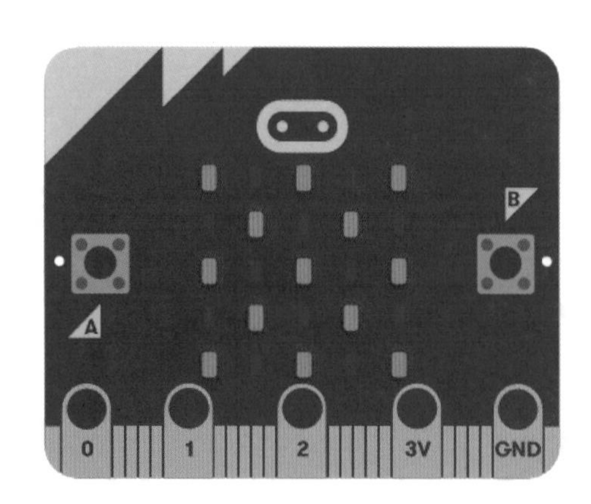

使用背景・スプライト

背景 Blue Sky　スプライト スプライト1（Cat）

コード

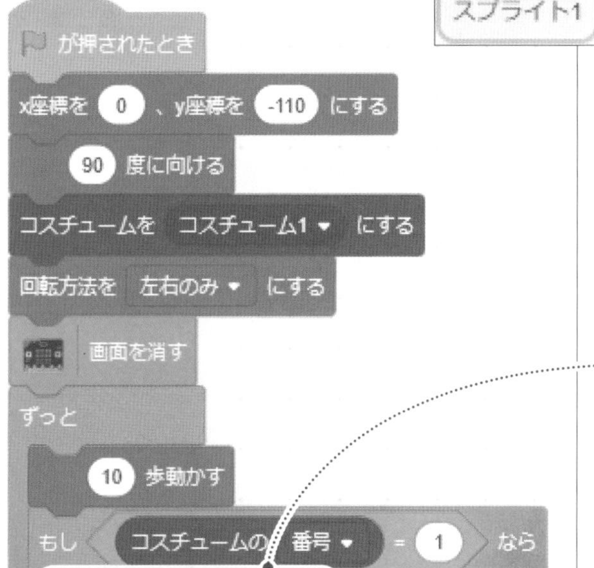

ネコのコスチュームが「コスチューム1」のとき、マイクロビットのLEDの表示を次のようにします。

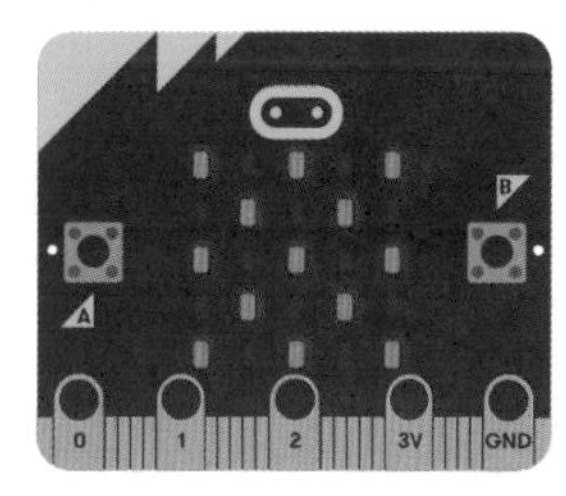

ネコのコスチュームが「コスチューム2」のとき、マイクロビットのLEDの表示を次のようにします。

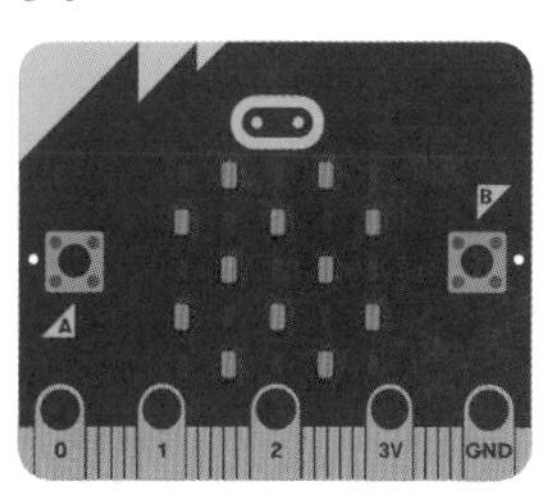

ポイント　処理の速度

ステージのネコは、ステージにネコを走らせるだけの場合よりも、マイクロビットのLEDの表示を切り替えながら走らせる場合の方が、走る速度が遅くなります。これは、マイクロビットに関する処理が増えるためです。

水平を測る

水平を測定したい対象物にマイクロビットの下辺をあてると、水平の場合はネコが「水平です。」としゃべります。水平でない場合はネコが傾いている方向と角度をしゃべります。

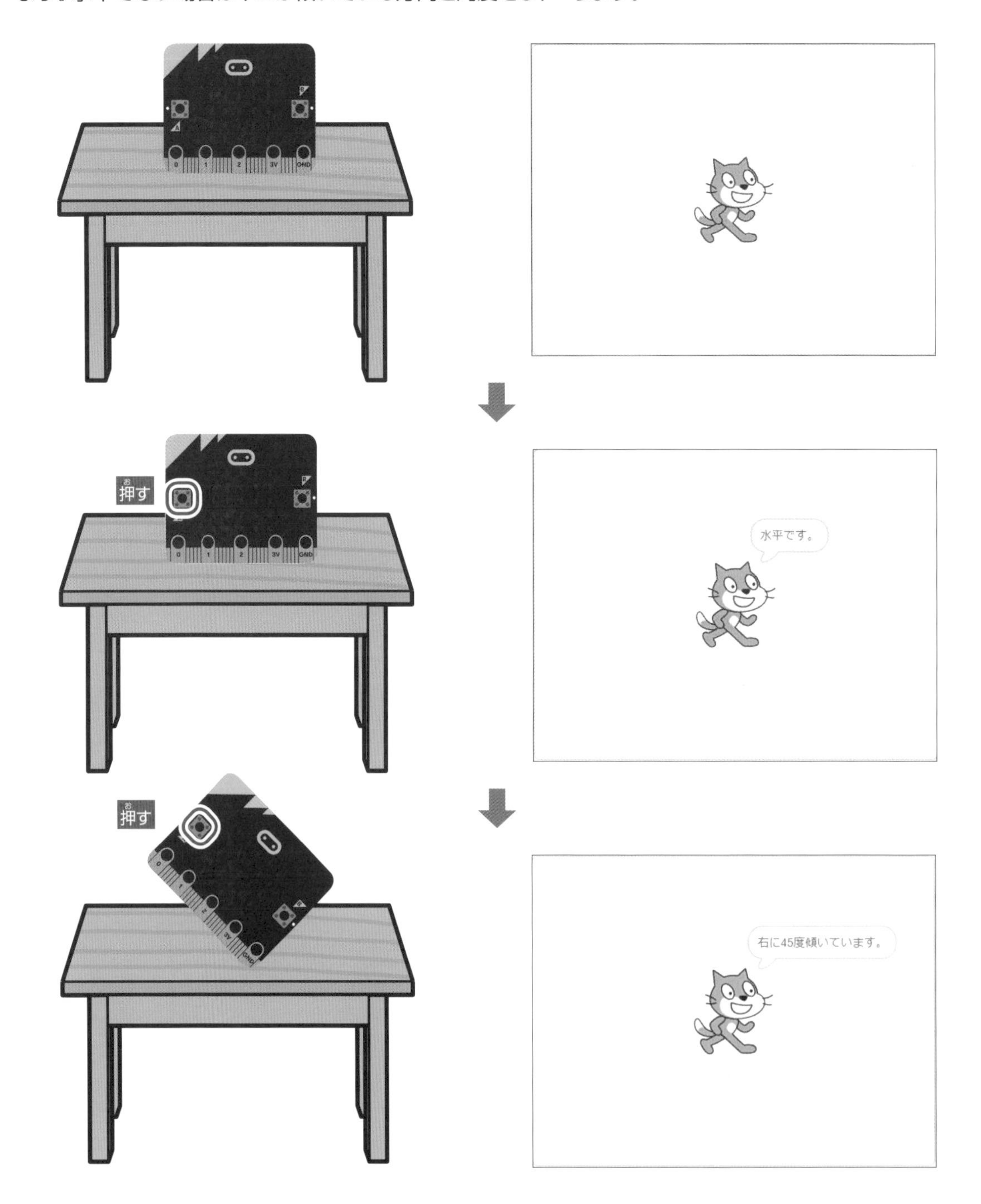

使用背景・スプライト

背景 なし　スプライト スプライト1(Cat)

コード

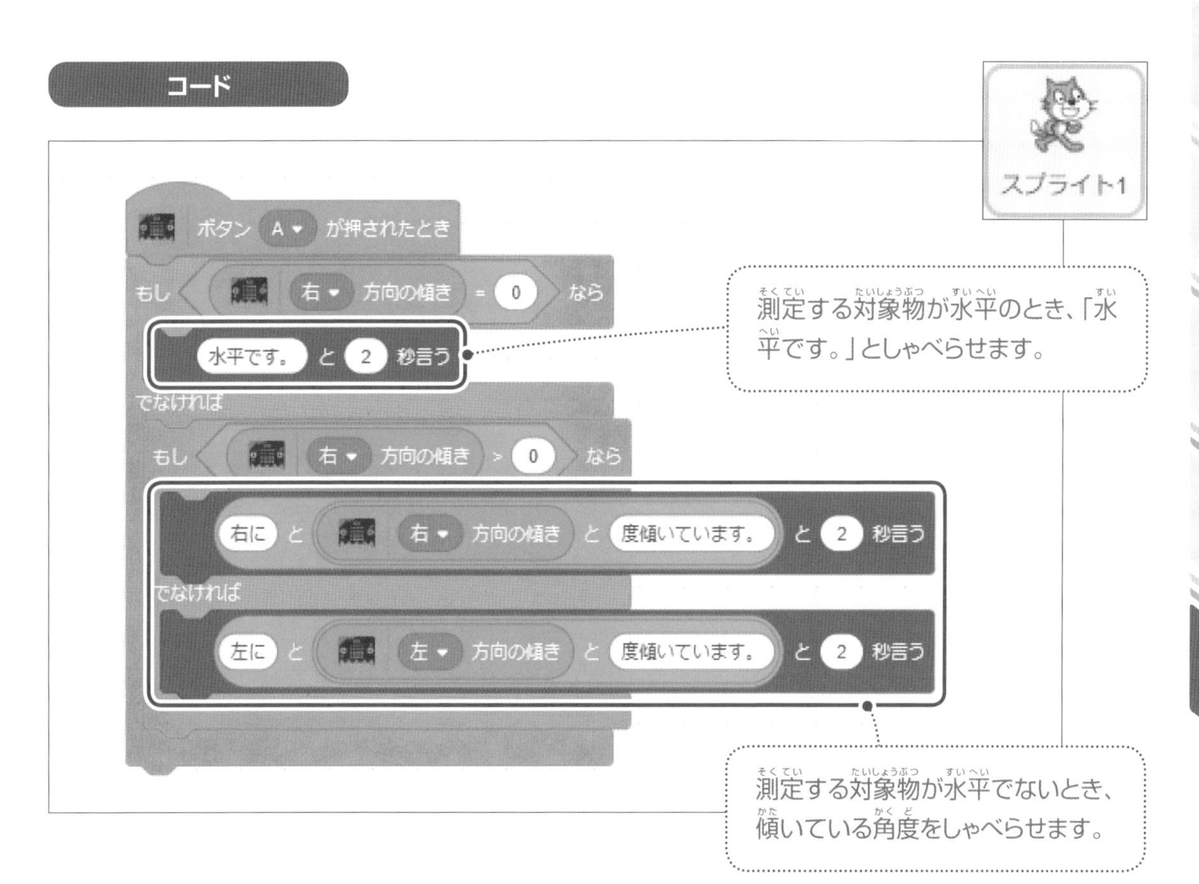

ポイント　水平の測り方

水平の測定は、マイクロビットの下辺を対象物に付けて行います。パソコンなどとマイクロビットをUSBケーブルで接続している場合は、少し長めのUSBケーブルを利用すると測定しやすくなります。なお、マイクロビットのセンサーが示す値は、周囲の環境などにより多少異なる場合があります。

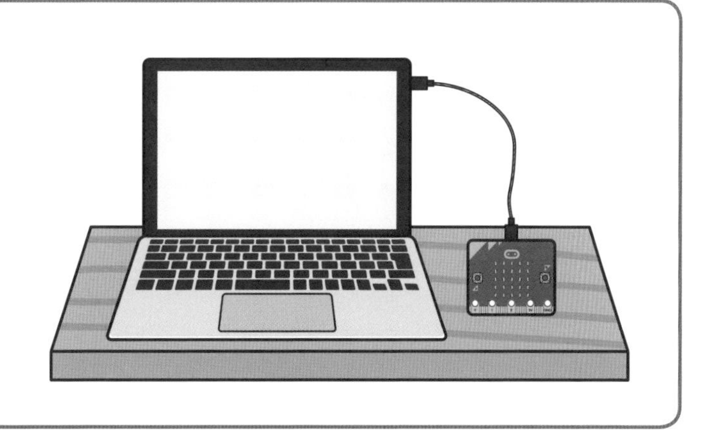

サンプル 100　100.sb3　マイクロビット

揺らしてネコを走らす

マイクロビットを動かす（揺する）と、ネコが走ります。マイクロビットを動かし（揺すり）続けると、ネコも走り続けます。

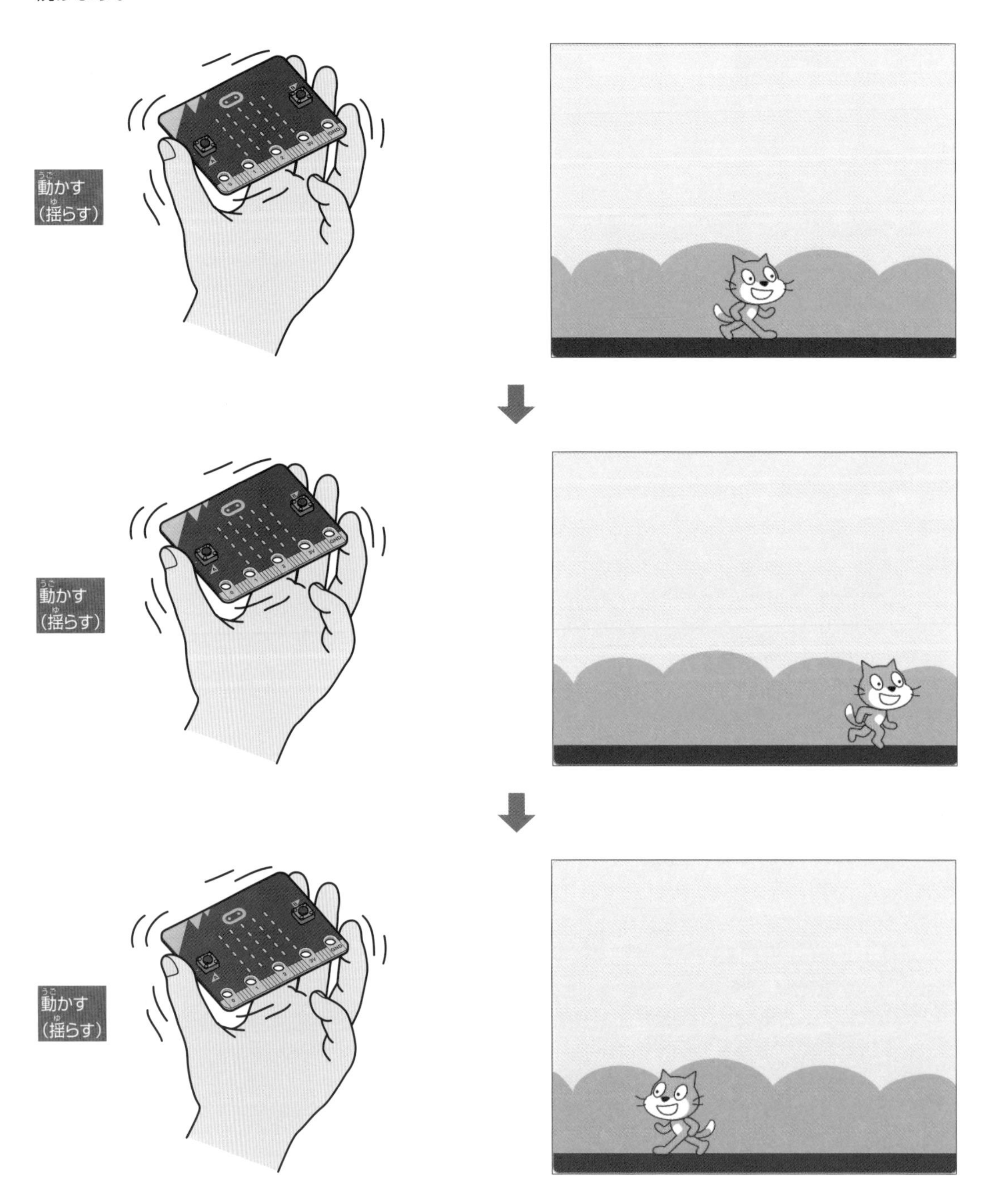

使用背景・スプライト

背景 Blue Sky　スプライト スプライト1 (Cat)

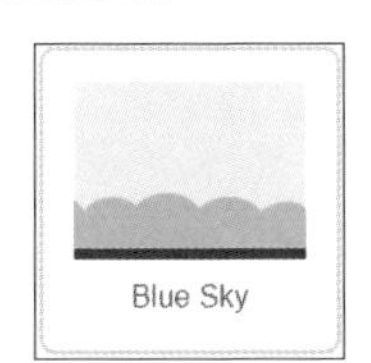

コード

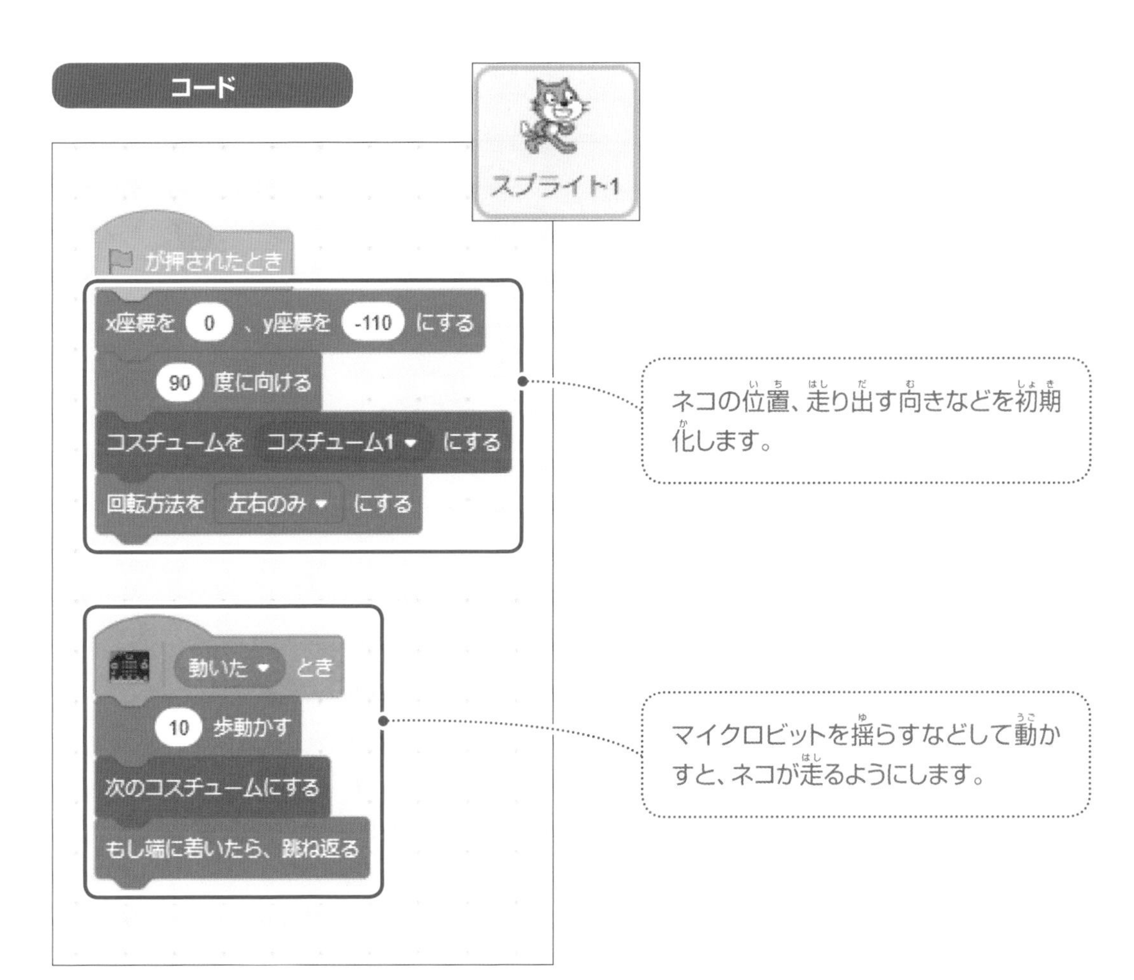

付録1 Scratchアプリのインストールと実行

スクラッチ3.0では、パソコンなどにインストールして使用するScratchアプリが用意されています。インストールすれば、インターネットにつながっていなくても使用することができます。なお、Webブラウザーにより公式サイトにアクセスして使用する方法については、0章2（P010）で説明しています。

Scratchアプリのダウンロードの手順

❶Webブラウザーでスクラッチの公式サイト「https://scratch.mit.edu」にアクセスします。
❷画面の下の方にある「ダウンロード」をクリックします。

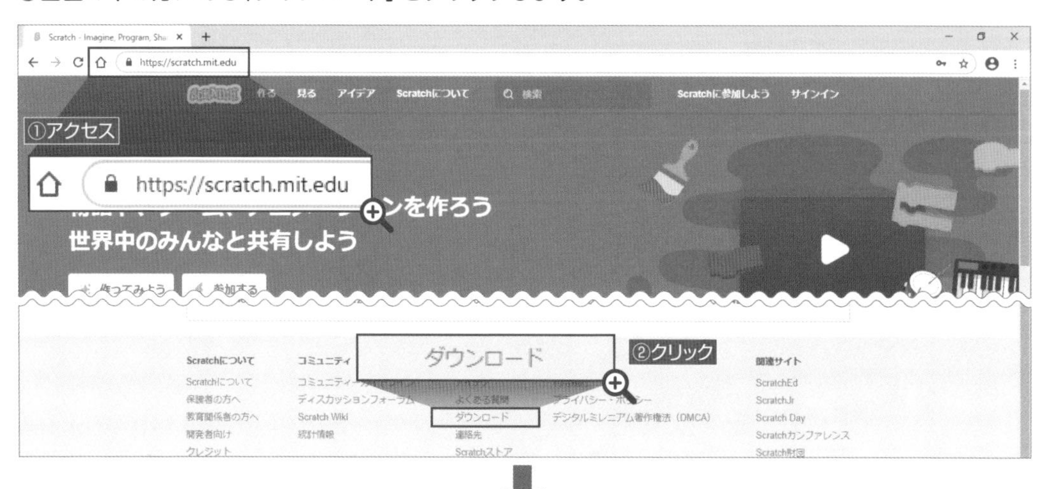

❶使用しているOSをクリックします。

ここでは「Windows」を選んでいます。

❷直接ダウンロードをクリックし、ファイルを保存します。

Windowsを使用している場合は「ダウンロード」フォルダに保存されます。

Scratchアプリのインストールの手順

インストール用のファイル「Scratch Setup 3.19.2」をダブルクリックします。

・「3.19.2」の部分は、スクラッチのアップデートにより数字が変わります。
・ここでは「ダウンロード」フォルダに保存したファイルをダブルクリックしています。

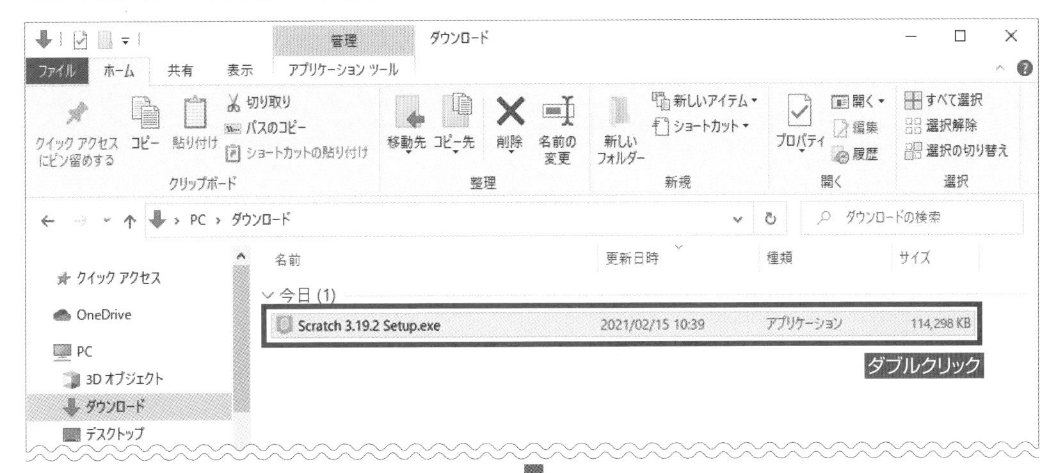

インストールが開始され、「インストールしています。」が表示されます。

インストールは自動的に終了し、デスクトップに「Scratch 3」のアイコンが作成されます。

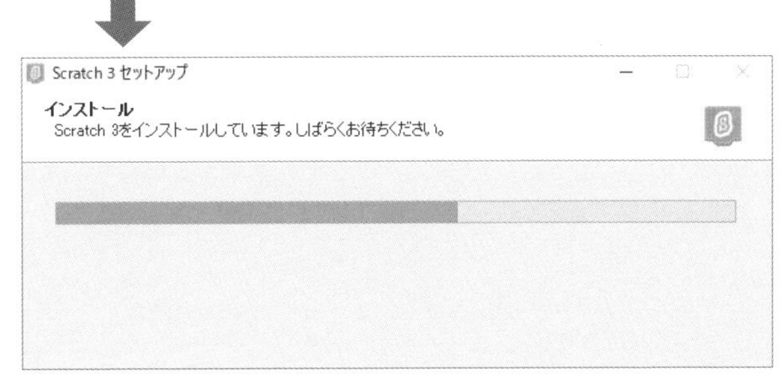

Scratchアプリの起動

デスクトップにある、「Scratch 3」のアイコンをダブルクリックします。

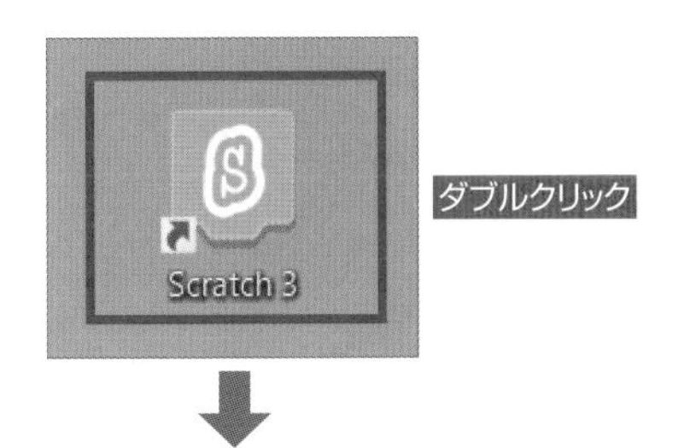

「Scratch 3」が起動し、「Scratch 3」の画面が表示されます。

プログラミングを開始することができます。

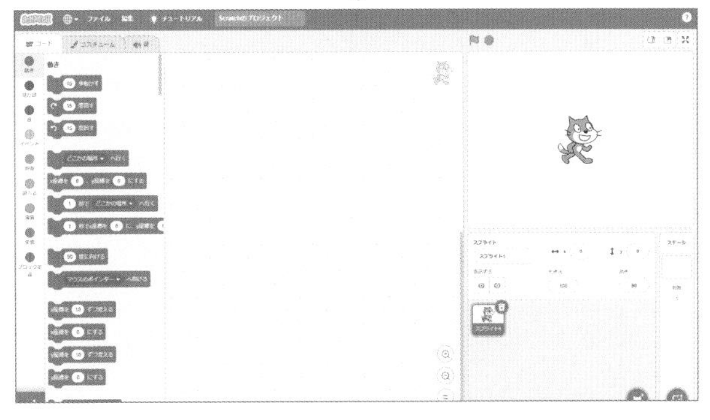

付録2 スクラッチへの参加登録とサインイン

スクラッチは、公式サイトで参加登録（Scratchアカウントの作成）をすることができます。スクラッチ公式サイトで参加登録を行い、サインインすることにより、スクラッチをより楽しく便利に使うことができます。

参加登録

❶Webブラウザーでスクラッチの公式サイト「https://scratch.mit.edu」にアクセスします。
❷「Scratchに参加しよう」をクリックします。

❶「ユーザー名」と「パスワード」を自分で考えて入力します。
❷「次へ」をクリックします。

パスワードは、人に見られないようにするため「*」で表示されます。

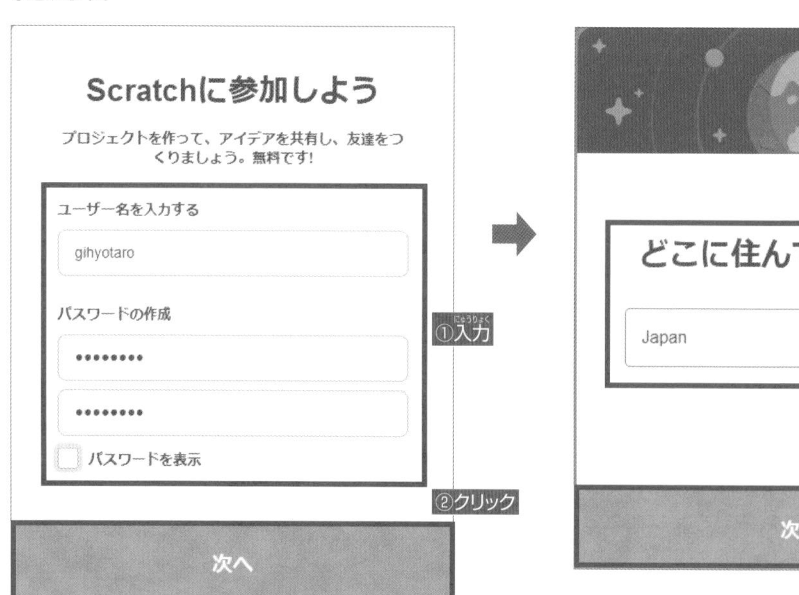

❶住んでいる地域を選択します。
❷「次へ」をクリックします。

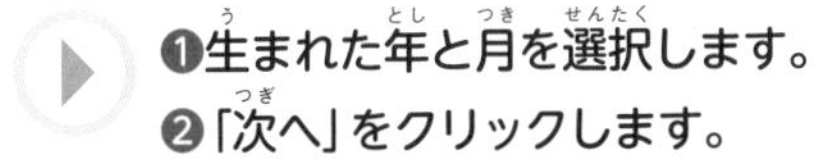

❶生まれた年と月を選択します。
❷「次へ」をクリックします。

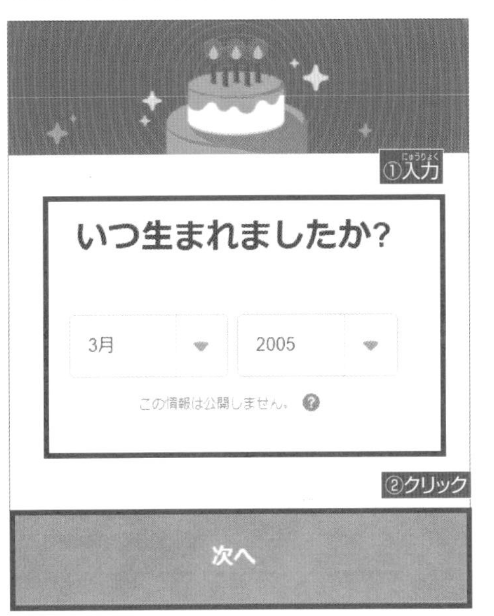

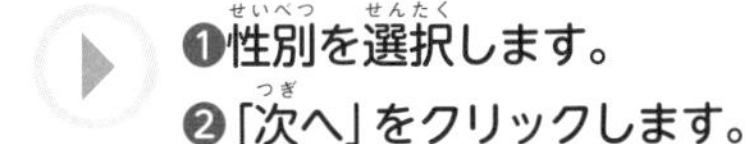

❶性別を選択します。
❷「次へ」をクリックします。

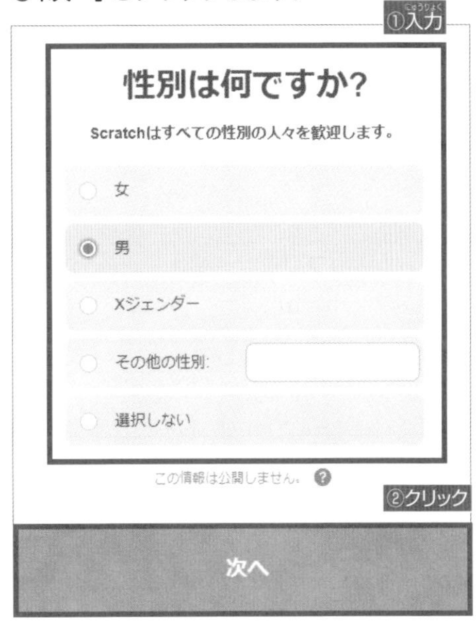

❶メールアドレスを入力します。
❷「アカウントを作成する」をクリックします。

❶ユーザー名、メールアドレスが表示されるので、正しいか確認します。
❷「はじめよう」をクリックします。

登録した電子メールアドレス宛に、スクラッチから認証メールが届きますので、メールに表示されているリンクをクリックして認証を行います。

❶登録が完了し、スクラッチの公式ページが表示されます。
❷登録したユーザー名が表示されます。

サインイン

❶Webブラウザーでスクラッチの公式サイト「https://scratch.mit.edu」にアクセスします。
❷「サインイン」をクリックします。
❸「ユーザー名」と「パスワード」を入力します。
❹「サインイン」をクリックします。

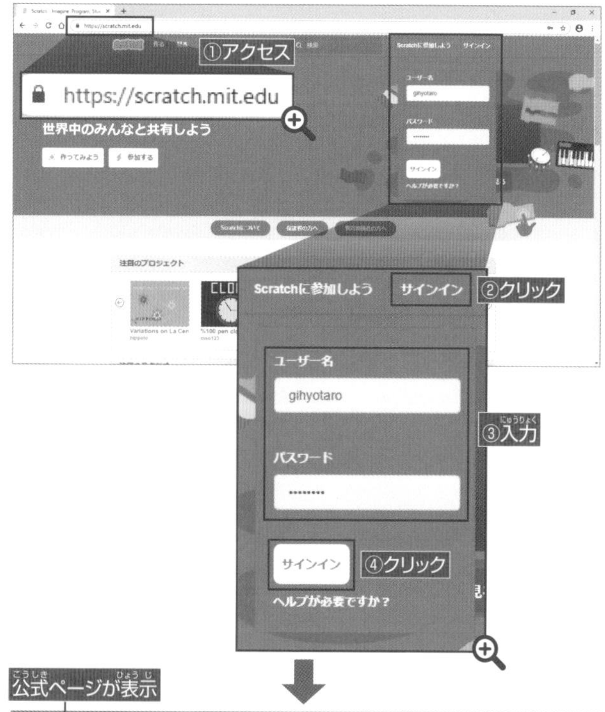

サインインが完了し、スクラッチの公式ページが表示されます。
ユーザー名が表示されます。

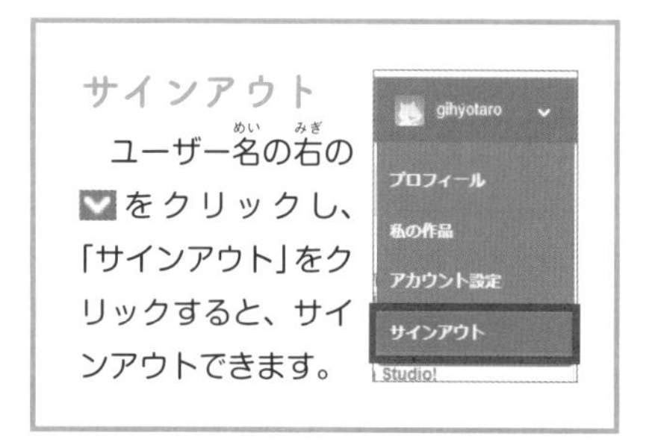

サインアウト

ユーザー名の右の をクリックし、「サインアウト」をクリックすると、サインアウトできます。

付録3 サインインして広がるスクラッチの世界

スクラッチは、登録してサインインを行うと、次のようなことができます。

作品のアップロード
自分の作品を公開することができます。

フォロー
他のユーザーをフォローし、そのユーザーの作品にすばやくアクセスすることができます。

スタジオの作成
自分の主宰するスタジオ（グループ）を作り、参加者どうしで作品集を作ることができます。

自分の作品の公開

サインインを行います。

❶「作る」をクリックします。

ブロックを並べるなどして、作品を作成します。

❶作品のタイトルを入力します。
❷「共有する」をクリックします。

・タイトル入力欄には「Untitled」と表示されていますので、消してからタイトルを入力します。
・P315の認証が完了していない場合は「共有」が表示されません。

作品の共有（公開）が完了し、作品名が表示されます。

❶ユーザー名の右の をクリックします。
❷「私の作品」をクリックします。

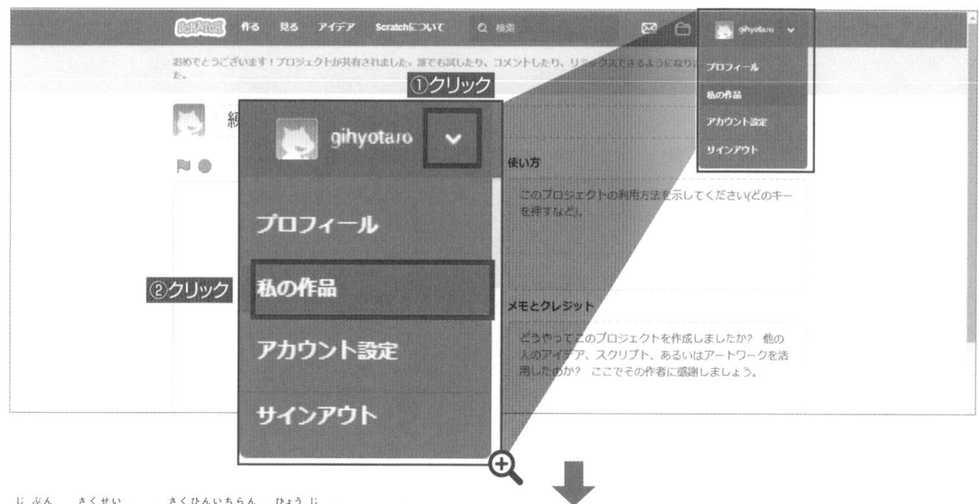

自分の作成した作品一覧が表示されます。

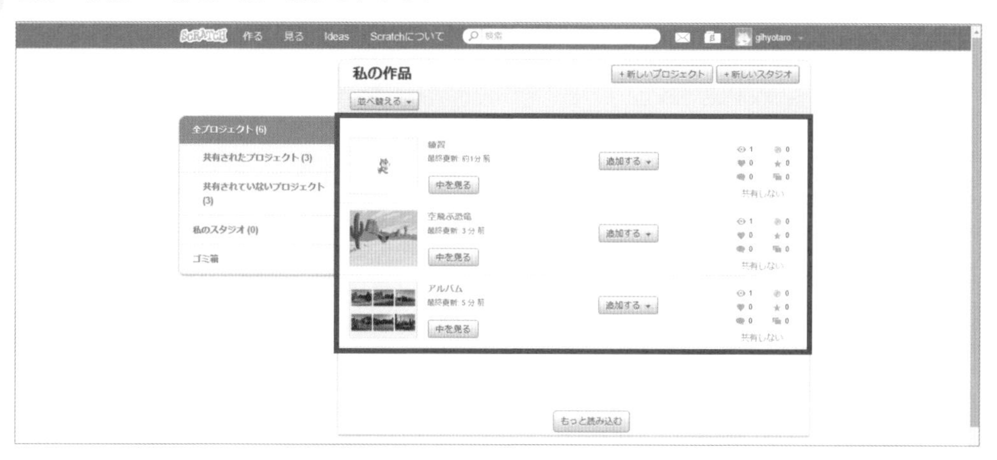

作品の公開をやめたいときや、作品を削除したいとき

作品の公開をやめるときは、「共有しない」をクリックします。また、作品を削除したいときは、「共有しない」をクリックしたあと、「削除」をクリックします。

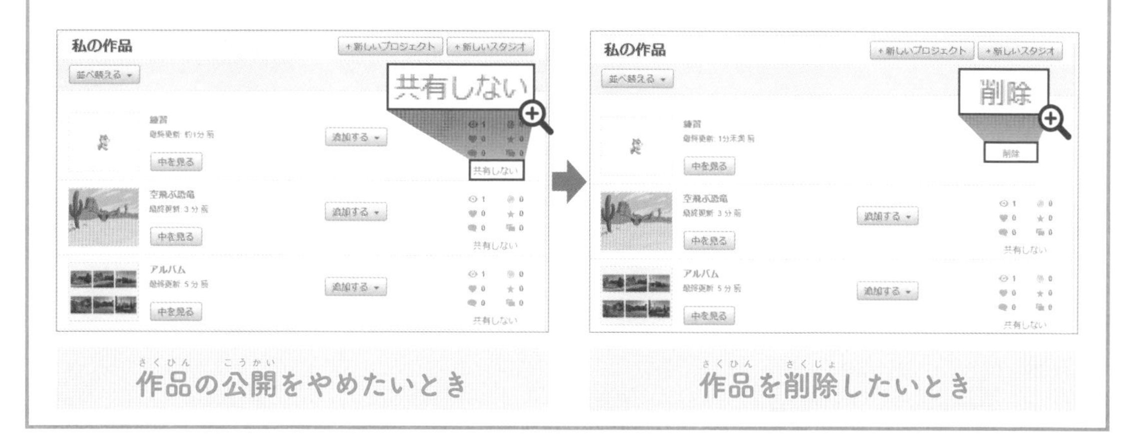

作品の公開をやめたいとき　　作品を削除したいとき

著者プロフィール

松下 孝太郎（まつした こうたろう）

神奈川県横浜市生。

横浜国立大学大学院工学研究科人工環境システム学専攻博士後期課程修了 博士（工学）。

現在、(学)東京農業大学 東京情報大学総合情報学部 教授。

画像処理、コンピュータグラフィックス、教育工学等の研究に従事。

教育面では、プログラミング教育、シニアへのICT教育、留学生へのICT教育等にも注力しており、サイエンスライターとしても執筆活動および講演活動を行っている。

山本 光（やまもと こう）

神奈川県横須賀市生。

横浜国立大学大学院環境情報学府情報メディア環境学専攻博士後期課程満期退学。

現在、横浜国立大学教育学部 教授。

数学教育学、離散数学、教育工学等の研究に従事。

教育面では、プログラミング教育、教員養成、著作権教育にも注力しており、サイエンスライターとしても執筆活動および講演活動を行っている。

●本書サポートページについて

本書はインターネットで訂正情報やサンプルファイルの提供をしています。ブラウザから技術評論社ホームページ（https://gihyo.jp/book/）にアクセスして、「本を探す」で「スクラッチプログラミング事例大全集」と入力して検索してください。詳しくは本書の使い方（6ページ）を参照してください。

カバー ●小野貴司（やるやる屋本舗）

編集・DTP ●BUCH⁺

Special Thanks

プログラム制作 ●伊藤大夢（サンプル62、68）、斉藤椋太（サンプル54）、高沢優生（サンプル56）

編集協力 ●大友克彦、塩田武佐心、小林勇斗、菅田華

イラスト ●松下久瑠美（サンプル30、63、65）

作曲・楽曲提供 ●渡邉杏花里（サンプル83、84）

・サンプル29、49、74、75の写真は、著者（松下孝太郎）が2019年8月に撮影したものです。
・サンプル87の日本地図はStartPoint（http://www.start-point.net）様ご提供の素材を利用して作成しました。
・サンプル88の写真はそれぞれ次の作者によるものです。サッカー写真（Rick Dikemon）、テニス写真（Scott Brenner）、バスケットボール写真（Massimo Finizio）、バトミントン写真（Wilson Dias）、バレーボール写真（shaka）、野球写真（Ruhrfisch）。

スクラッチプログラミング事例大全集

2020年9月29日 初版 第1刷発行
2024年3月19日 初版 第5刷発行

著　者 松下孝太郎、山本光
発行者 片岡 巌
発行所 株式会社技術評論社
東京都新宿区市谷左内町21-13
電　話 03-3513-6150 販売促進部
03-3267-2270 書籍編集部
印刷・製本 株式会社加藤文明社

定価はカバーに表示してあります。

ISBN978-4-297-11502-9 C3055
Printed in Japan

●本書へのご意見、ご感想は技術評論社ホームページ（https://gihyo.jp/）または以下の宛先へ書面にてお受けしております。電話でのお問い合わせにはお答えいたしかねますので、あらかじめご了承下さい。

〒162-0846 東京都新宿区市谷左内町21-13
株式会社技術評論社書籍編集部「スクラッチプログラミング事例大全集」係
FAX：03-3267-2271